교류회로이론

사공건역

대영사

머리말 Preface

교류회로이론(혹은 회로이론II)은 전문대학 및 공과대학 전기·전자공학 관련 학과에서 전기공학을 공부하려는 학생에게는 반드시 배워야 하는 기본적이며 중요한 교과목의 하나이다.

따라서, 전기·전자분야의 기술을 이해하고 응용하기 위하여서는 교류회로이론을 정확히 이해해야 함은 물론 응용할 수 있는 능력을 길러야 한다.

따라서, 역자는 이런 중요성을 인식하고 다년간 회로이론을 강의해 온 경험에 의한 바, 본 교재가 제일 적합함을 알게 되었고, 이번에 이 책을 번역하게 되었다.

이 책에서는 물리적인 의미를 잘 이해할 수 있도록 많은 예제를 들어 설명하고 있으며, 대부분의 교재내용이 비교적 알기 쉽도록 저술되고 있다. 10장 2단자망, 11장 4단자망은 기사시험에 대비할 수 있도록 예제가 많이 편집되어 있다.

또한 이 책은 주당 3시간 강의할 수 있는 분량이며, 많은 예제를 넣어 전기회로에 대한 이해를 돕도록 기술되어 있고, 연습문제를 광범위하게 수록하고 있어 실력 향상에 도움이 될 것으로 믿는다.

번역을 함에 있어 여러가지로 부족한 점이 없지 않으나, 전기공학도로서 회로이론을 이해함에 있어 조금이나마 도움이 되었으면 한다.

끝으로 이 책을 편집함에 있어 많은 협조를 해주신 대영사 김재현 사장을 위시한 직원 여러분께 심심한 사의를 표한다.

2006년 2월

사공 건 씀

차례

Contents

제 3 장 교류 전력 / 82

제 4 장 상호유도회로 / 99

제 5 장 벡터 궤적 / 112

제 6 장 교류 회로망 / 135

제 7 장 다상 교류 / 181

제 8 장 대칭좌표법 / 239

제 9 장 왜형파 교류 / 268

제 10 장 2단자망 / 294

제 11 장 4단자회로 / 318

제 12 장 분포 정수회로 / 358

제 13 장 과도현상 / 389

CHAPTER 1

정현파 교류

제 1 절 서 론

전기회로에는 전원의 기전력 또는 전압의 종류, 회로의 상태에 따라 시간적으로 변화하는 전류가 흐른다.

그림 1-1은 여러 종류의 전류가 시간에 따라 변화하는 모양을 표시한 것인데, 그림 (a)와 같이 시간의 변화에 따라 크기와 방향이 일정한 전류를 **직류**(direct current : D.C.)라 하고, 그림 (b), (c)와 같이 시간의 변화에 따라 전류의 크기와 방향이 일정한 주기를 가지고 규칙적으로 변화하는 전류를 **교류전류** 또는 **교류**(alternating current : A.C.)라 한다.

교류에는 그림 (b)와 같이 파형이 정현파 모양으로 변화하는 **정현파 교류**(sine wave A.C.)와 그림 (c)와 같이 정현파에 대해 변형되어 있는 파형 즉, **왜형파 교류**(distorted wave A.C.)로 나눌 수 있다.

일반적으로 교류라고 하는 것은 정현파 교류를 의미한다. 그림 (d)는 직류에 작은 교류가 합성된 것으로 이를 **맥류**(pulsating current)라 하고, 그림 (e)와 같이 시간에 따라 충격적으로 변화를 하는 전류를 **펄스 전류**(pulse current)라 한다. 또한 그림 (f)에서 a, b곡선과 같이 회로의 개폐, 회로정수의 변화 등에 따라 과도적으로 흐르는 전류를 **과도 전류**(transient current)라고 한다.

이상은 단지 전류에 대해서만 설명하였는데 기전력이나 전압도 전류와 같이 분류할 수 있다. 즉 직류전압, 교류전압(또는 교번전압), 왜형파 교류전압, 펄스전압, 과도전압 등으로 부른다.

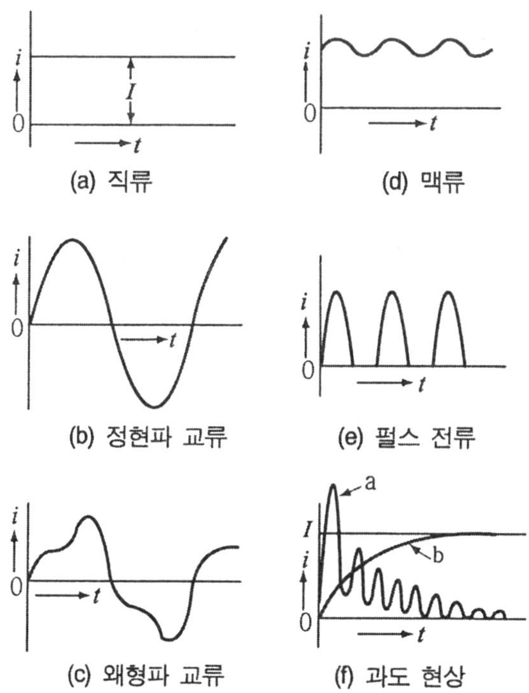

그림 1-1 각종 전류의 파형

제 2 절 정현파 교류 기전력의 순시치와 위상

2-1 정현파 교류 기전력의 발생

그림 1-2와 같이 자속밀도 B [Wb/m^2]의 평등자계 내에 자계와 직각으로 놓여진 길이 l [m]의 도체가 원점 a를 기점으로 하여 v [m/s]의 일정한 각속도로 원운동을 하는 경우를 생각해 보자.

그림 1-2와 같이 기점으로부터 ϕ [rad] 만큼 앞선 점의 속도를 v라 하면 v는 자계와 직각방향인 속도 $v \sin \phi$와 자계와 평행방향인 속도 $v \cos \phi$로 분해할 수 있다. 이때 $v \sin \phi$의 속도가 자속을 직각으로 자르는 속도가 되고, $v \cos \phi$의 속도는 자속을 자르는 것과는 아무런 관계가 없다. 따라서 도체는 1초 동안에 $Blv \sin \phi$ [Wb/s]의 자속을 자르고, 1 [Wb/s]의 비율로 자속을 자르면 1 [V]의 기전력이 유기되므로, 도체에 발생하는 유기기전력 e는 다음 식 (1-1)과 같이 된다.

$$e = Blv \sin \phi = E_m \sin \phi \text{ [V]} \tag{1-1}$$

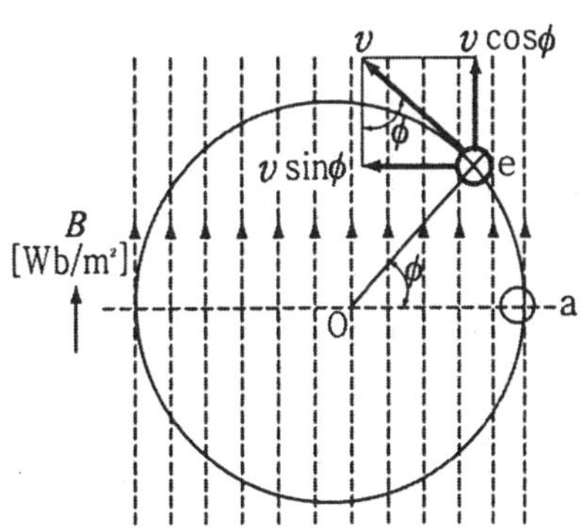

그림 1-2 정현파 기전력의 발생

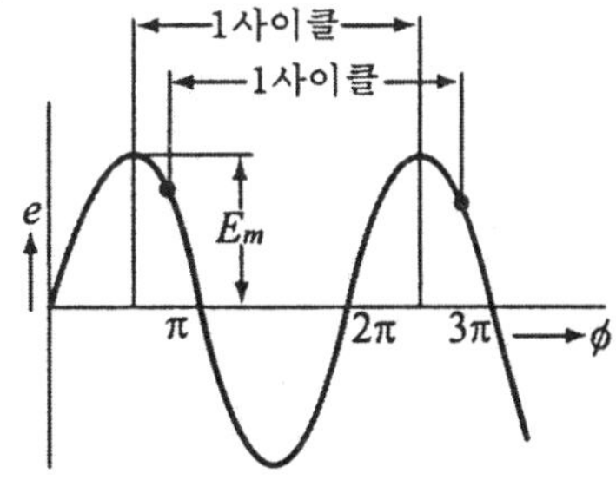

그림 1-3

그림 1-3은 이것을 그림으로 표시한 것인데 그림에서 기전력이 한번 변화하여 처음의 상태가 되기까지를 **1 주기**(cycle)라 하고, 1초 동안의 사이클의 수를 **주파수**(frequency)라 한다. 주파수의 단위는 헤르쯔(Hertz : 기호 Hz)를 사용한다.

2-2 교류의 순시치

정현파 기전력은 그림 1-2에서와 같이 발생되는 것만은 아니다. 그러나 1주기의 각을 2π[rad]로 표시하면 정현파 교류를 식 (1-1)과 같이 수학적으로 표시할 수 있다.

교류이론에서는 공간각에 관계없이 1주기의 각을 2π[rad]로 정하여 이것을 특히 **전기각**(electric angle)이라 한다. 전기각으로 표시하면 1초 동안에 변화하는 전기각은 $\omega = 2\pi f$[rad/s]로 되어, 1초 동안의 전기각의 변화를 표시하는 ω를 **각주파수**(angular frequency) 또 **각속도**(angular velocity)라 한다.

지금 **주기** T, **파장** λ, 주파수 f, 진공 중의 빛의 속도를 $c_0 \fallingdotseq 3\times 10^8$[m/s]라 하면, 이들 사이에는

$$T = \frac{1}{f} = \frac{2\pi}{\omega} \text{ [s]} \tag{1-2}$$

$$\lambda = \frac{c_0}{f} = \frac{3\times 10^8}{f} \text{ [m]} \tag{1-3}$$

의 관계가 있음을 알 수 있다.

식 (1-1)을 각주파수 ω 및 주파수 f로 표시하면 다음 식 (1-4)와 같다.

$$e = E_m \sin \omega t = E_m \sin 2\pi f t \text{ [V]} \tag{1-4}$$

이때, e를 **순시치**(instantaneous value)라 하고, E_m을 **최대치**(maximum value) 또는 **진폭**(amplitude)이라 한다.

식 (1-4)는 그림 1-2의 a점을 기점으로 한 것이지만 a점 보다 회전 방향으로 θ[rad]만큼 앞선 점을 기점으로 하면 $\phi = \omega t + \theta$로 되므로, 순시치의 식은

$$e = E_m \sin(\omega t + \theta) = E_m \sin(2\pi f t + \theta) \tag{1-5}$$

로 표시되며, 이것이 **교류기전력을 표시하는 일반식**이다. 식 (1-4)는 식 (1-5)의 $\theta=0$인 특수한 경우를 표시한 식이다.

이상은 정현파 기전력에 관해서만 설명하였지만, 정현파 교류전압 v나 전류 i의 순시치의 일반식도 아래와 같이

$$v = V_m \sin(\omega t + \theta_1)$$

$$i = I_m \sin(\omega t + \theta_2)$$

로 표시된다.

2-3 교류의 위상

식 (1-4) 및 식 (1-5)를 그림으로 표시하면 그림 1-4(a)와 같게 된다. 즉 e와 e'의 기전력은 최대치, 주파수, 파형 등은 모두 똑 같지만 시간적으로 파형이 뒤져서 e는 ωt, e'는 $\omega t+\theta$의 정현파형으로 파형의 상태가 변화하고 있다.

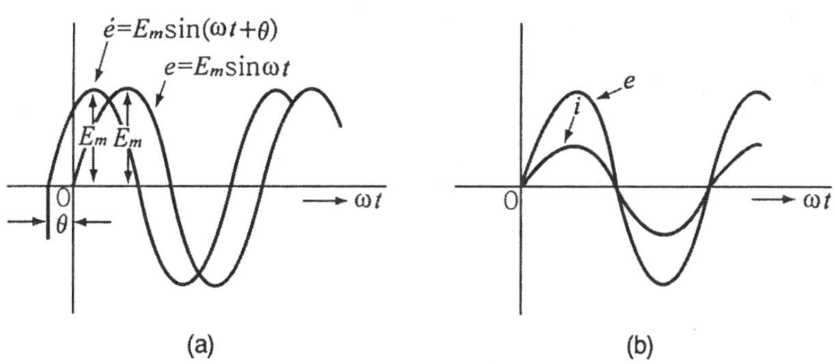

그림 1-4 위상

여기서, ωt나 $\omega t+\theta$를 시간 t에 대한 **위상**(phase) 또는 **위상각**(phase angle)이라 한다.

특히 $t=0$인 때의 위상을 **초위상**(initial phase) 또는 **초위상각**(initial phase angle)이라 한다. 그러나 보통 $t=0$일 때의 위상을 위상 혹은 위상각이라 하는 경우가 많기 때문에 앞으로는 이렇게 부르기로 한다.

그림 1-4(a)와 같이 두 개의 교류 e, e'가 다음과 같이 표시될 때는 $t=0$일 때의 위상이 다르다.

$$e = E_m \sin(\omega t)$$

$$e' = E_m \sin(\omega t + \theta)$$

$t=0$일 때 e의 위상은 0, e'의 위상은 θ이므로 이들 사이에는 $0 \sim \theta = \theta$ [rad]의 위상의 차가 생긴다. 이 θ를 **상차**(phase difference) 또는 **위상차**라 한다.

위상이 큰 e'쪽이 e보다 위상이 θ만큼 **앞선다** 또는 **앞섬**(lead)이라 말하고, e는 e'보다 위상이 θ만큼 **뒤진다** 또는 **뒤짐**(lag)이라 말한다.

그림 1-4(b)의 e, i와 같이 위상이 같을 때, e와 i는 **동상**(in phase) 또는 **동위상**이라 한다.

例題 1. $i = I_m \sin(\omega t + \theta)$인 전류와 $e = E_m \cos(\omega t - \phi)$인 기전력과의 사이의 상차는 얼마인가?

解答 전류 및 기전력의 순시치를 i 및 e라 하면

$$i = I_m \sin(\omega t + \theta)$$

$$e = E_m \cos(\omega t - \phi) = E_m \sin(\omega t - \phi + \pi/2)$$

$$= E_m \sin(\omega t + \pi/2 - \phi)$$

가 된다. 위 식에서 알 수 있는 바와 같이 $t=0$인 때의 i 및 e의 위상각은 각 θ 및 $\pi/2 - \phi$이다.

따라서 e에 대한 i의 상차는

$$(\pi/2 - \phi) - \theta = \pi/2 - (\phi + \theta)$$

만큼 위상이 뒤진다. 즉 e와 i의 상차는

$\pi/2 - (\phi + \theta)$이다.

제3절 실효치와 평균치

3-1 실효치(effective value)

어떤 저항에 순시치 i인 교류를 통했을 때의 교류의 평균전력이 동일 저항에 직류 I를 통했을 때의 소비전력과 같다면, i는 실제로 I와 같은 효과가 있으므로 I의 값을 교류 i의 **실효치**(effective value)라 정의한다.

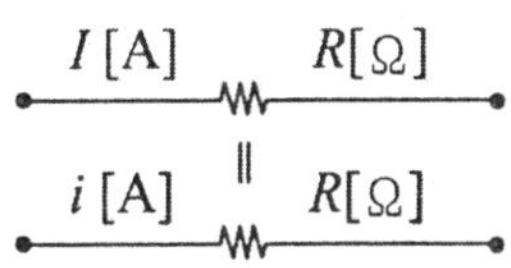

그림 1-5 실효치의 정의

그림 1-5와 같이 저항 R에 직류 전류 I가 흐를 때 저항 R에서 소비되는 전력 P_{dc}는 I^2R[W]이다. 같은 저항 R에 교류 전력 i가 흐를 때, 저항 R에서 소비되는 전력 P_{ac}는 T를 주기라 하면 다음과 같이 표현할 수 있다.

$$P_{ac}=\frac{1}{T}\int_0^T i^2Rdt=\left(\frac{1}{T}\int_0^T i^2dt\right)R$$

따라서, $P_{ac}=P_{dc}$라 두면

$$I^2=\frac{1}{T}\int_0^T i^2dt$$

$$\therefore\ I=\sqrt{i^2\text{의 평균}}=\text{교류의 실효치} \tag{1-6}$$

의 관계가 있다. 즉 **교류의 실효치는 각 순시치의 제곱의 평균의 평방근**(root mean square value : rms)으로 정의할 수 있다.

그러므로 $i=I_m\sin\omega t$[A]의 정현파 전류의 실효치 I는 정의에 의해서

$$I^2=\frac{1}{T}\int_0^T I_m{}^2\sin^2\omega t dt$$

이다. $\omega t = x$라 두면, $dt = \frac{1}{\omega} dx$이고

$T = \frac{2\pi}{\omega}$이며, 따라서

$$I^2 = \frac{I_m^{\ 2}}{2\pi}\int_0^{2\pi}\sin^2 x\,dx = \frac{I_m^{\ 2}}{4\pi}\int_0^{2\pi}(1-\cos 2x)dx$$

$$= \frac{I_m^{\ 2}}{4\pi}\left(x - \frac{\sin 2x}{2}\right)\Big|_0^{2\pi} = \frac{1}{2}I_m^{\ 2}$$

$$\therefore\ I = \frac{I_m}{\sqrt{2}} = 0.707\, I_m \qquad (1\text{-}7)$$

됨을 알 수 있다. 즉 **정현파교류의 실효치는 최대치**의 $1/\sqrt{2}$ **배**이다.

이상은 전류의 예를 들었지만, 전압이나 기전력의 경우도 마찬가지이다. 일반적으로 우리가 교류의 전압이나 전류를 표시할 때는 보통 실효치로서 나타낸다. 예를 들면, 가정의 전등전압이 100 [V]라든가, 전동기의 전류가 10 [A]라든가 또는 송전전압이 220 [kV]라 하는 것은 모두 실효치를 의미한다.

일반적으로 사용되고 있는 교류에서는 특별히 규정하지 않는 한 실효치를 의미하며, 모든 교류 전류계 및 전압계의 눈금은 실효치를 나타내고 있다.

3-2 평균치(average value)

교류의 평균치는 +파와 -파가 동형이므로 1주기 사이를 평균하면 영(zero)이 된다. 따라서 교류의 평균치는 반파의 평균치로서 다음식 (1-8)과 같이 표시한다.

$$I_m = \frac{2}{T}\int_0^{T/2} i\,dt \qquad (1\text{-}8)$$

예를 들면, $i = I_m \sin\omega t$의 평균치 I_{av}는

$$I_{av} = \frac{2}{T}\int_0^{T/2} I_m \sin\omega t\,dt = \frac{\omega I_m}{\pi}\int_0^{\pi}\sin\omega t\,dt$$

$$= \frac{I_m}{\pi}\left|-\cos\omega t\right|_{\omega t=0}^{\omega t=\pi} = \frac{2}{\pi}I_m$$ 의 관계가 있다.

즉, **정현파 교류의 평균치는 최대치**의 $2/\pi$ **배**이다.

例題 2. 그림 1-6과 같은 파형인 전류의 실효치와 평균치를 구하여라.

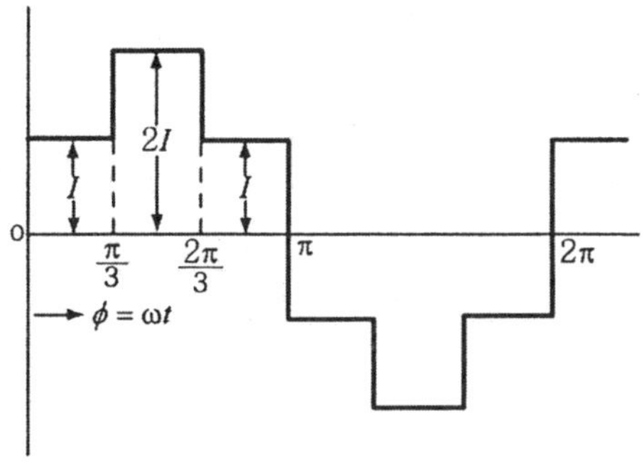

그림 1-6

解答 실효치는 정의에 의해 root mean square value이므로

$$실효치=\sqrt{\frac{[I^2+(2I)^2+I^2]\frac{\pi}{3}}{\pi}}$$

$$=\sqrt{\frac{I^2+4I^2+I^2}{3}}=\sqrt{\frac{6I^2}{3}}=\sqrt{2}\,I \text{ 가 되고,}$$

평균치는 반파의 평균을 구하면 되므로

$$평균치=\frac{(I+2I+I)\frac{\pi}{3}}{\pi}=\frac{4}{3}I \text{ 가 된다.}$$

例題 3. 그림 1-7과 같은 $i=I_m\sin\omega t$ [A]인 정현파 교류의 전파 정류 및 반파 정류 파형의 평균치와 실효치를 구하여라.

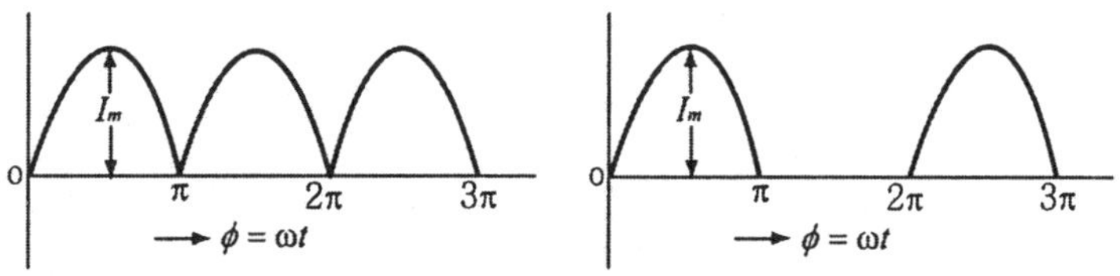

(a) 전파 정류 (b) 반파 정류

그림 1-7

解答 (a) 전파정류 : 정현파 교류의 부(-)파의 부분이 정(+)파로 되었기 때문에 정현파 교류의 실효치 및 평균치와 같다.

즉, 실효치 $=I_m/\sqrt{2}$ 이고, 평균치 $=I_m \times \frac{2}{\pi}$ 이다.

(b) 반파정류 : 평균치 I_{av}, 실효치 I, $\omega t=\phi$라 하면

$$I_{av}=\frac{1}{2\pi}\int_0^{\pi} I_m \sin\phi d\phi=\frac{I_m}{2\pi}[-\cos\phi]_0^{\pi}=\frac{I_m}{\pi}$$

$$I=\sqrt{\frac{1}{2\pi}\int_0^{\pi}(I_m\sin\phi)^2 d\phi}=\sqrt{\frac{I_m^{\ 2}}{2\pi}[\frac{\phi}{2}-\frac{\sin 2\phi}{4}]_0^{\pi}}=\sqrt{\frac{I_m^{\ 2}}{4}}=\frac{I_m}{2}$$

가 된다.

제 4 절 정현파 교류의 벡터 표시

4-1 회전벡터

$v=V_m\sin(\omega t+\theta)$의 정현파 교류가 있을 때 그림 1-8(a)와 같이 교류의 최대치 V_m와 같은 벡터 $\overline{OA}$을 생각하여, 이를 X축으로부터 θ[rad]만큼 앞선 위치를 $t=0$인 기점으로 하고, O를 중심으로 하여 반시계 방향으로 ω [rad/s]의 일정한 각속도로 회전시키면 V_m의 Y축상의 투영 $\overline{Oa}$는 t_1초 후의 교류의 순시치 $v=V_m\sin(\omega t_1+\theta)$를 나타낸다. 그러므로, 횡축에 임의의 시각 t에서의 회전각 ωt를 잡고, 종축에는 회전하는 벡터 V_m의 Y축 상의 투영을 잡아서 그래프(graph)를 그리면 그림 (b)의 v와 같은 정현파형 $V_m\sin(\omega t_1+\theta)$를 나타낸다. 이와 같이 회전하는 벡터를 일반적으로 **회전벡터**(rotating vector)라 한다.

이로부터 보통 정현파 교류는 $t=0$때의 위상 θ의 위치를 기점으로 $\omega=2\pi f$의 일정 각속도로 반시계방향으로 회전하는 최대치의 회전 벡터로 표시할 수 있으며, 그 Y축 상의 투영은 교류의 순시치를 나타낸다.

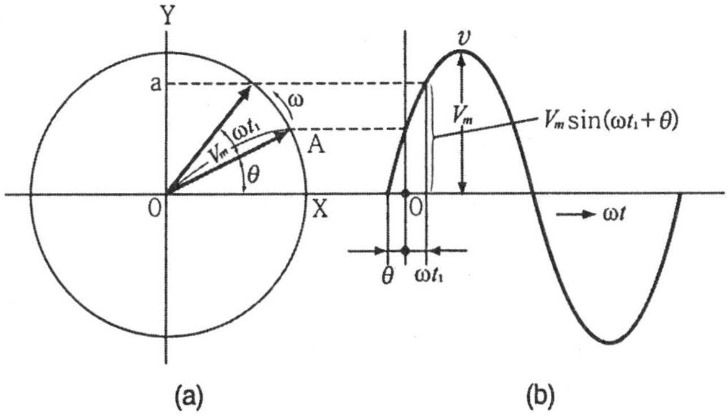

그림 1-8 회전 벡터와 정현파 교류

따라서,

$$i_1 = I_{1m} \sin(\omega t + \theta_1)$$

$$i_2 = I_{2m} \sin(\omega t + \theta_2)$$

$$v = V_m \sin(\omega t - \theta_3)$$

의 교류를 $t=0$ 때의 회전 벡터로 표시하면 그림 1-9와 같이 표시할 수 있다.

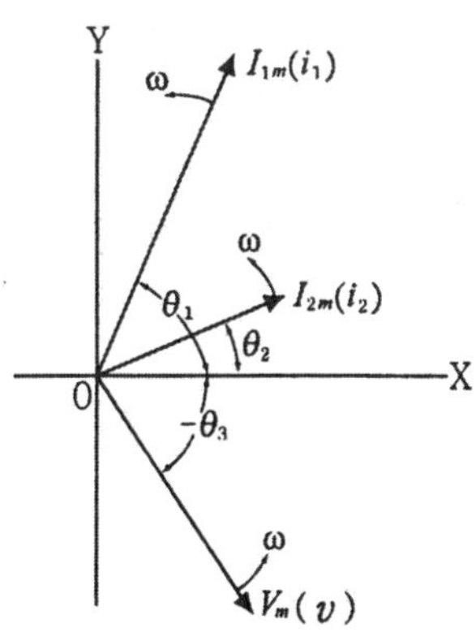

그림 1-9 회전 벡터

교류의 순시치의 합은 수학적으로 합산하여 구할 수도 있지만 같은 주파수의 정현파 교류일 때에는 회전 벡터를 응용하여 간단히 구할 수 있다.

예를 들면, $i_1 = I_{1m} \sin(\omega t + \theta_1)$, $i_2 = I_{2m} \sin(\omega t + \theta_2)$인 교류가 있을 때 i_1 및 i_2는 그림 1-10과 같이 I_{1m}와 I_{2m}의 회전 벡터로 표시할 수 있다.

따라서, I_{1m}와 I_{2m}의 평행 사변형의 대각선 I_{0m}을 구해 보면, I_{0m}의 Y축상의 투영은 i_1+i_2를 표시한다. 따라서 I_{1m}와 I_{2m}의 회전 벡터의 벡터 합이 됨을 알 수 있다.

일반적으로 어느 벡터 I를 표시하는 데는 $\dot{I}$, I, $\vec{I}$와 같은 여러 가지 표시방법이 있지만 여기에서는 $\dot{I}$와 같이 문자 위에 점(·)을 붙여서 표시하기로 한다.

이 방법을 사용하여 그림 1-10의 $\dot{I}_{0m}=\dot{I}_{1m}+\dot{I}_{2m}$의 형으로 벡터의 합임을 나타낸다.

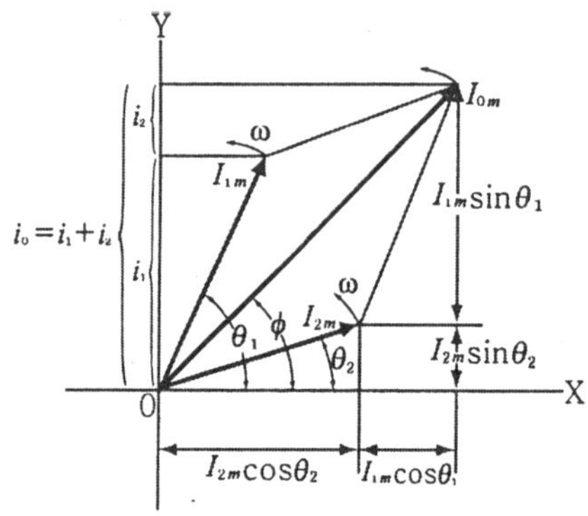

그림 1-10 회전 벡터의 합

교류의 순시치의 차를 구할 때도 같은 방법으로 $\dot{I}_{1m}-\dot{I}_{2m}=\dot{I}_{1m}+(-\dot{I}_{2m})$이 되므로 그림 1-11과 같이 $\dot{I}_{2m}$을 180° 회전시켜 $-\dot{I}_{2m}$의 회전 벡터로 하여 $\dot{I}_{1m}$와 $\dot{I}_{2m}$의 합 $\dot{I}_{0m}'$를 구하면 $\dot{I}_{0m}'$의 회전 벡터 i_1-i_2를 나타낸다.

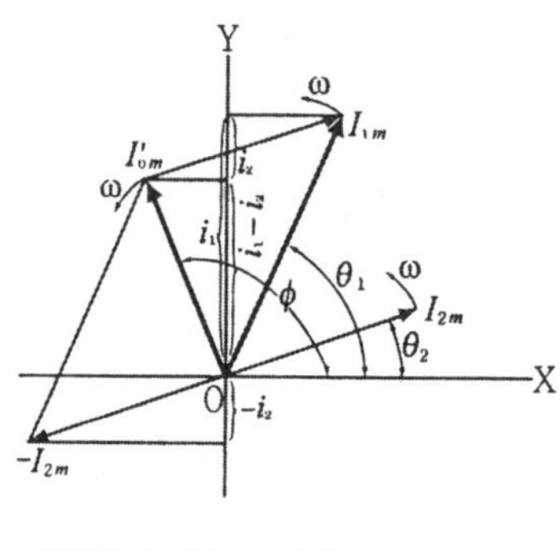

그림 1-11 회전 벡터의 차

4-2 정지벡터

그림 1-10, 1-11에서 회전 벡터는 반시계방향으로 ω의 각속도로 회전하고 있음을 알 수 있다.

그러나, 각속도가 같으므로 시간이 변하여도 회전 벡터 상호간의 크기나 위상 관계는 변하는 일이 없다. 그러므로 각 교류의 최대치와 위상 관계만을 알려면 회전 벡터를 정지시킨 **정지 벡터**(position vector)를 생각해 보면 잘 알 수 있다.

그림 1-10의 회전 벡터를 정지 벡터로 표시하면 그림 1-12와 같이 된다.

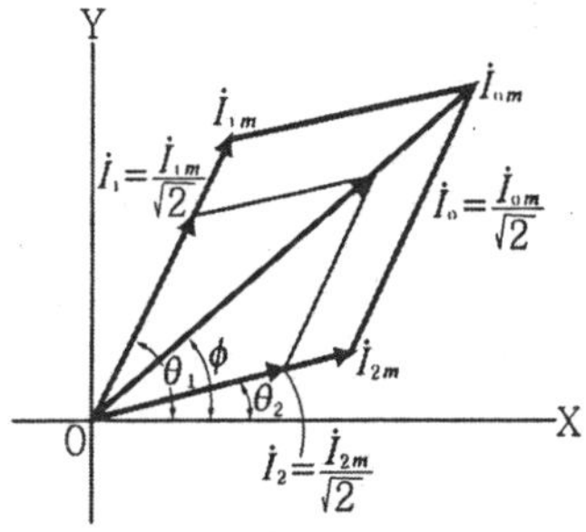

그림 1-12 정지 벡터

또 I_{1m}, I_{2m}, I_{0m}의 최대치의 정지 벡터를 $1/\sqrt{2}$배 해주면, 각각 실효치의 크기와 위상 관계를 표시하는 정지 벡터로 된다.

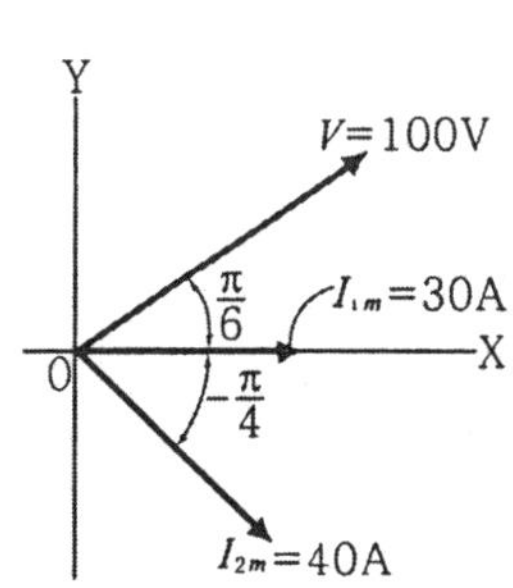

그림 1-13 전압과 전류의 벡터

일반적으로 정현파 교류 회로에서는 주파수가 같은 전압이나 전류의 실효치의 크기, 위상 관계를 알면 충분한 경우가 많다. 그러므로 교류 회로에서는 실효치의 정지 벡터를 사용하여 간단하게 교류회로의 계산을 한다.

그러므로 특별히 기술하지 않는 한 실효치의 정지 벡터를 보통 벡터(vector)라 한다. 그림 1-13은 실효치 100 [V], 위상각 $\frac{\pi}{6}$인 전압 $\dot{V}$와 30 [A]로 위상각 0인 전류 $\dot{I}_1$, 40 [A]로 위상각 $-\frac{\pi}{4}$인 전류 $\dot{I}_2$의 벡터를 나타낸 것이다.

제 5 절 벡터의 합과 차

주파수가 같고 위상각 0인 $\dot{I}_1$, 위상각 $\frac{\pi}{3}$인 $\dot{I}_2$, 위상각 $-\frac{\pi}{6}$인 $\dot{V}$의 정현파 교류의 전류나 전압은 그림 1-14(a)와 같이 정지 벡터로 표시할 수 있다. 이때 위상각이 0이고 X축 상에 있는 $\dot{I}_1$과 같은 벡터를 **기준벡터**(reference vector)라 한다. 일반적으로 이와 같이 그려진 그림을 **벡터도**(vector diagram)라 하는 데, 실제로 벡터도는 기준 벡터와의 상호 관계(크기 및 위상)만이 중요하므로 X, Y 좌표를 생략하여 그림 (b)와 같이 표시한다. 또한 기준 벡터의 선택은 필요에 따라 편리한 벡터를 기준 벡터로 선택한다.

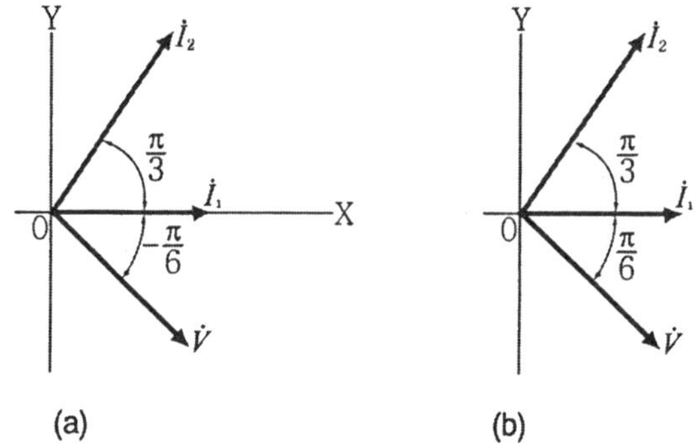

그림 1-14 벡터도

벡터의 합과 차는 대수적 합과 차를 구하는 것과는 달리 아래의 벡터의 합과 차로 구한다.

벡터 합 : 벡터 합을 구하는 방법으로는 그림 1-15의 그림 (a)와 (b)의 두 가지 방법이 있다.

그림 (a)는 $\dot{I}_1$과 $\dot{I}_2$의 합 $\dot{I}$를 구하는데 $\dot{I}_1$과 $\dot{I}_2$의 벡터로 평행사변형을 그려 그 대각선에 의하여 $\dot{I}=\dot{I}_1+\dot{I}_2$를 구하는 방법이고, 그림 (b)는 $\dot{I}_1$벡터의 화살꼭지에 $\dot{I}_2$벡터의 꼬리가 오도록 평행하게 옮긴 후 $\dot{I}_1$의 꼬리에서 $\dot{I}_2$벡터의 꼭지로 직선을 그어 $\dot{I}=\dot{I}_1+\dot{I}_2$를 구하는 방법이다.

따라서, $\dot{I}$의 크기와 위상 ϕ는 그림에서

$$\left.\begin{aligned} I &= \sqrt{(I_1\cos\theta_1+I_2\cos\theta_2)^2+(I_1\sin\theta_1+I_2\sin\theta_2)^2} \\ \phi &= \tan^{-1}\frac{I_1\sin\theta_1+I_2\sin\theta_2}{I_1\cos\theta_1+I_2\cos\theta_2} \end{aligned}\right\} \qquad (1\text{-}9)$$

로 구할 수 있다.

그림 (b)의 방법은 여러 개의 벡터를 차례차례 합 하는데 이용하면 편리한 방법이다.

그림 (c)는 그림 (b)의 방법에 의하여 $\dot{V}=\dot{V}_1+\dot{V}_2+\dot{V}_3+\dot{V}_4$의 벡터도를 구하는 방법을 표시한 것이다.

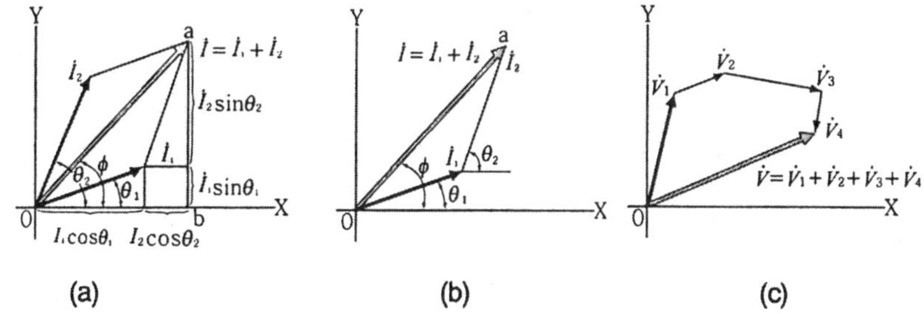

그림 1-15 벡터의 합

벡터 차 : 벡터 차를 구하려면 $\dot{I}=\dot{I}_1-\dot{I}_2=\dot{I}_1+(-\dot{I}_2)$가 되므로 빼는 쪽의 벡터 $\dot{I}_2$의 위상을 180° 방향을 바꾼 $-\dot{I}_2$로 하고 $\dot{I}_1$과 $(-\dot{I}_2)$의 벡터 합을 구하면 된다. 이것을 그림으로 표시하면 그림 1-16과 같이 된다.

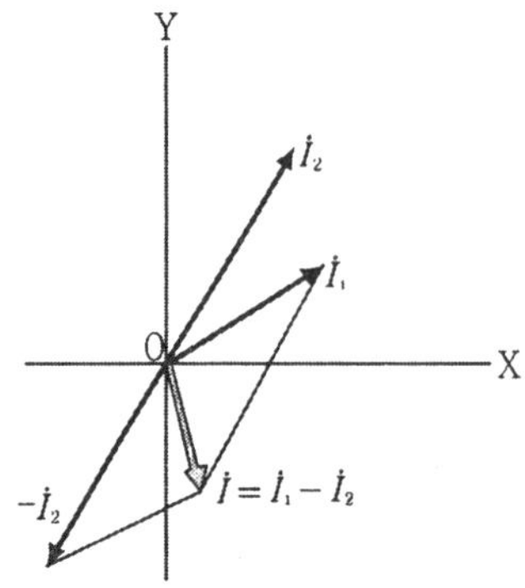

그림 1-16 벡터의 차

例題 4. 주파수가 같고, 실효치 10[A], 위상각 $\frac{\pi}{6}$인 전류 $\dot{I}_1$과 실효치 14[A], 위상각 $\frac{\pi}{3}$인 전류 $\dot{I}_2$가 있다. 다음과 같이 벡터의 합과 차를 구하여라.

$\dot{I}_a=\dot{I}_1+\dot{I}_2$

$\dot{I}_b=\dot{I}_1-\dot{I}_2$

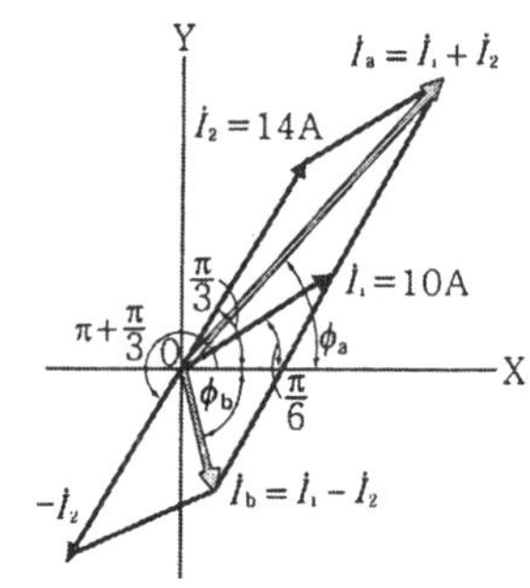

그림 1-17

解答 이것을 벡터도로 그리면 그림 1-17과 같다. 그림 1-17에서 전류 $\dot{I}_a$ 및 $\dot{I}_b$는 식 (1-9)에 의하여

$$|\dot{I}_a| = I_a=\sqrt{\left(10\cos\frac{\pi}{6}+14\cos\frac{\pi}{3}\right)^2+\left(10\sin\frac{\pi}{6}+14\sin\frac{\pi}{3}\right)^2}$$

$$=\sqrt{15.76^2+17.124^2}=23.2\,[\mathrm{A}]$$

$$\phi_a = \tan^{-1}\frac{17.124}{15.76} = \tan^{-1}1.084 = 47°18'$$

가 되고, 또한 벡터 차를 구해 보면 다음과 같다.

$$|\dot{I}_b| = I_b = \sqrt{\left\{10\cos\frac{\pi}{6} + 14\cos\left(\pi + \frac{\pi}{3}\right)\right\}^2 + \left\{10\sin\frac{\pi}{6} + 14\sin\left(\pi + \frac{\pi}{3}\right)\right\}^2}$$

$$= \sqrt{1.76^2 + (-7.124)^2} = 7.3\,[\mathrm{A}]$$

$$\phi_b = \tan^{-1}\frac{-7.124}{1.76} = \tan^{-1} - 4.084 = -76°14'$$

제 6 절 벡터의 복소수표시법

정현파 교류전압 및 전류를 평면상의 벡터로 표시하는 방법을 배웠다. 여기서는 평면상의 점의 위치 및 벡터를 **복소수**(complex number)로 표시하고, 또 정현파 교류의 여러 가지 관계를 복소수에 의하여 구하는 방법에 대해 알아보자.

복소수는 이미 수학에서 배운 바와 같이 **실수**(real number)와 **허수**(imaginary number)의 합으로 표시되는 수로, 실수 a, b와 **허수단위** j를 붙여서 다음과 같이 표시된다.

$$\dot{A} = a + jb \tag{1-10}$$

여기서, a를 **실수부**(real part), b를 **허수부**(imaginal part)라 하며, 허수단위 j는

$$j = \sqrt{-1} \quad j^2 = -1 \tag{1-11}$$

의 관계가 있다.

복소수의 **절대치** $|A| = A$ 및 **편각**(argument) 혹은 **위상각** θ는 다음과 같이 표시된다.

$$\left.\begin{aligned} |\dot{A}| &= A = \sqrt{a^2 + b^2} = \sqrt{(실수부)^2 + (허수부)^2} \\ \theta &= \tan^{-1}\frac{b}{a} = \tan^{-1}\frac{허수부}{실수부} \end{aligned}\right\} \tag{1-12}$$

$\dot{A} = a + jb$의 복소수를, X축을 **실수축**(real axis), Y축을 **허수축**(imaginary axis)

으로 취한 **복소평면**(complex plane)으로 표시하면 그림 1-18의 한 점 P를 표시하며, 그 절대치는 $\overline{OP}$의 크기이고 편각은 θ인 것을 의미한다.

이와 같이 벡터를 복소수로 표시하는 방법을 **벡터기호법**(vector symbolic method) 또는 **복소 기호법**이라 한다.

식 (1-10)은 복소수를 **직각좌표식**으로 표시한 것이나, 이 외에 복소수를 절대치 $|\dot{A}|=A$와 편각 θ로 표시하는 **극좌표식**으로 표시하는 방법도 있다.

그림 1-18에서는 $a=A\cos\theta$, $b=A\sin\theta$로 표시되므로 식 (1-10)은

$$\dot{A}=a+jb=A\cos\theta+jA\sin\theta=A(\cos\theta+j\sin\theta) \tag{1-13}$$

이 된다. Euler의 정리에서

$$\varepsilon^{j\theta}=\cos\theta+j\sin\theta(\text{단, } \varepsilon\text{은 자연 대수의 밑}) \tag{1-14}$$

의 관계가 있으므로 식 (1-13)은 $A\varepsilon^{j\theta}$로 표시할 수 있다.

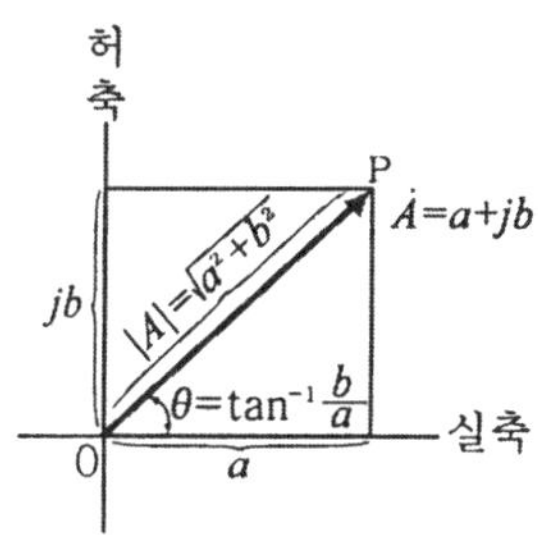

그림 1-18 벡터의 복소수 표시

여기서, θ는 편각을 나타내므로 $\varepsilon^{j\theta}$를 간단히 $\angle\theta$라 하면

$$\dot{A}=A\,\varepsilon^{j\theta}=A\underline{/\theta} \tag{1-15}$$

로 표시할 수 있다. 이것을 복소수의 **극좌표식 표시법**이라 한다.

그림 1-19와 같은 벡터의 크기 A_1, 위상각 θ_1의 벡터 $\dot{A}_1$을 $\dot{A}_1=A_1\underline{/\theta_1}$으로 표시할 수 있다. θ_1은 실축으로부터 반시계방향으로 취한 경우를 (+)로 하고 있으므로 그림 1-19의 $\dot{B}$와 같이 실축으로부터 시계방향으로 취한 각이 θ_2일 때는 (−)로 되어 $-\theta_2$가 되므로, $\dot{B}$는 다음과 같이 표시할 수 있다.

$$\dot{B} = B\varepsilon^{-j\theta_2} = B\underline{/-\theta_2} = B\overline{\backslash\theta_2} \tag{1-16}$$

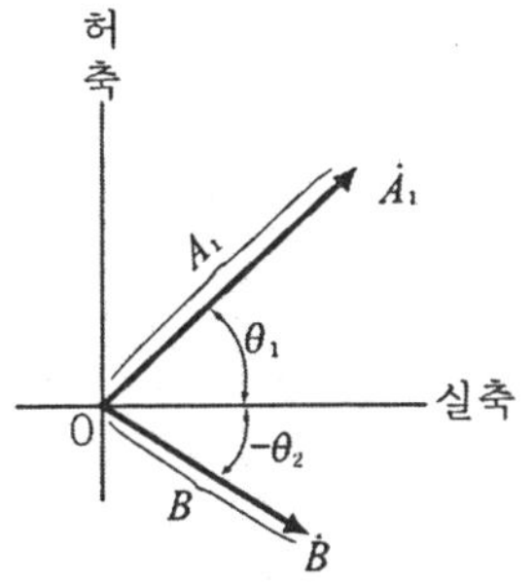

그림 1-19

이상과 같이 벡터를 복소수로 표시하는 방법에는 그림 1-20의 (a)와 같이 직각 좌표식과 그림 (b)와 같은 극좌표식이 있다.

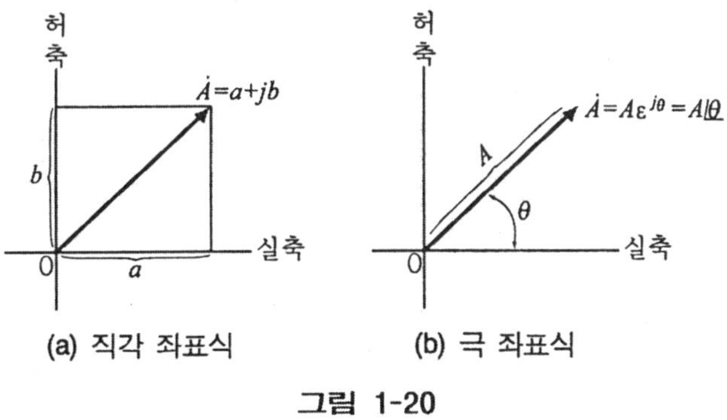

(a) 직각 좌표식 (b) 극 좌표식

그림 1-20

例題 5. $\dot{V}_1 = 24 + j7$ [V], $\dot{V}_2 = 40\angle\frac{\pi}{4}$ [V], $\dot{V}_3 = 30\angle -\frac{\pi}{6}$인 교류 전압을 복소 평면도에 표시하여라.

解答 이를 그림으로 그려보면, 그림 1-21과 같다.

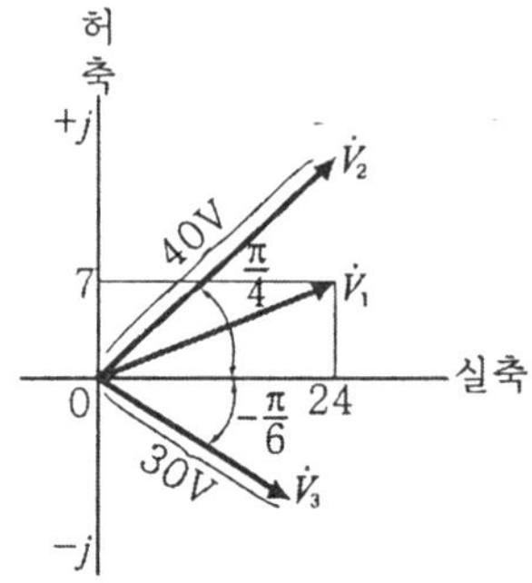

그림 1-21

例題 6. 그림 1-22와 같이 $\dot{V}$, $\dot{I}$의 벡터가 있을 때 이것을 기호법에 의하여 전압 $\dot{V}$를 직각좌표식, 전류 $\dot{I}$를 극좌표식으로 표시하여라.

解答 그림 1-22에서

$\dot{V}=100\angle\frac{\pi}{6}=100\left(\cos\frac{\pi}{6}+j\sin\frac{\pi}{6}\right)=86.6+j50$ [V] 가 되고,

또한 $\dot{I}=48-j14$ [A]이므로, 절대치와 편각은 식 (1-12)에서

$I=\sqrt{48^2+14^2}=50$ [A]

$\phi=\tan^{-1}\frac{-14}{48}=\tan^{-1}(-0.29125)\fallingdotseq-16°18'$이 된다.

따라서 $\dot{I}$를 극좌표식으로 표시하면 다음과 같다.

$\dot{I}=50\varepsilon^{-j\phi}=50\angle-\phi=50\angle-16°18'$

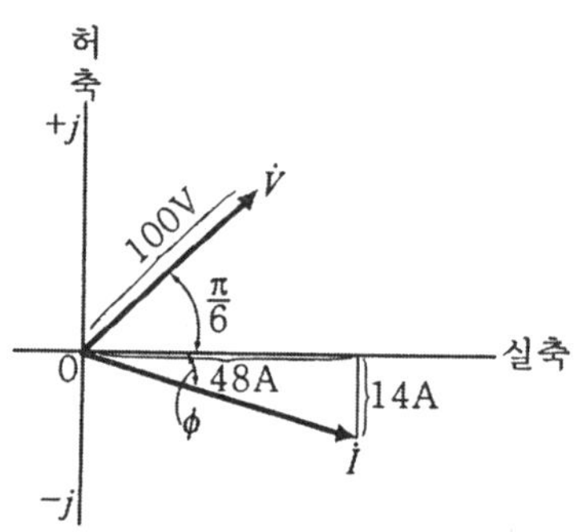

그림 1-22

제 7 절 복소수의 계산

7-1 복소수의 합과 차

위에서 설명한 관계를 이용하여 벡터를 복소수로 계산하여 보기로 하자. 지금, 두 복소수 $\dot{I}_1 = a + jb$, $\dot{I}_2 = c + jb$가 있을 때, 이들의 합과 차를 구하면 다음과 같다.

$$\left.\begin{aligned}\dot{I}_1 + \dot{I}_2 &= (a+jb) + (c+jd) = (a+c) + j(b+d) \\ \dot{I}_1 - \dot{I}_2 &= (a+jb) - (c+jb) = (a-c) + j(b-d)\end{aligned}\right\} \quad (1\text{-}17)$$

이 관계를 그림으로 나타내면 그림 1-23 (a), (b)와 같게 된다.

즉, **두 복소수의 합 또는 차는 각 복소수의 실수부는 실수부, 허수부는 허수부끼리, 합 또는 차를 구하면 된다.**

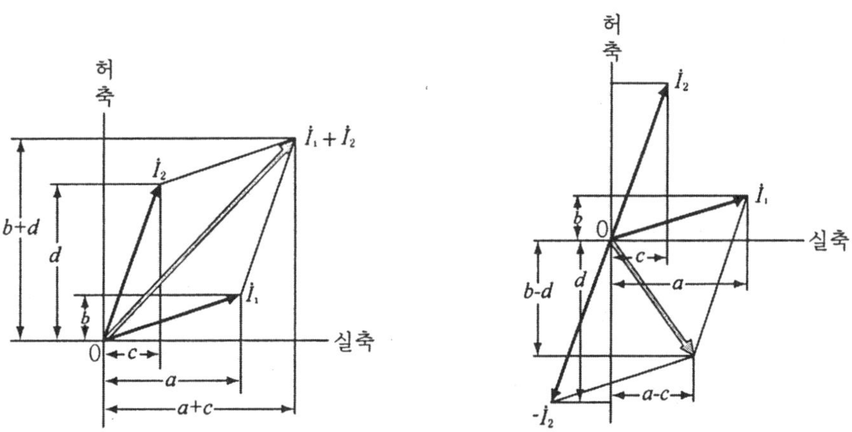

(a) 복소수의 합은 벡터 합　　(b) 복소수의 차는 벡터 차

그림 1-23

例題 7. 어느 기준 벡터에 대하여 30° 앞선 200 [V]의 전압 $\dot{V}_1$과 90° 뒤진 200 [V]의 전압 $\dot{V}_2$가 있다. 두 전압의 $\dot{V}_1 + \dot{V}_2$ 및 $\dot{V}_1 - \dot{V}_2$를 복소기호법에 의하여 계산하여라.

解答 식 (1-14) 및 식 (1-15)에서

$$\dot{V}_1 = 200\,\varepsilon^{j30} = 200\,\underline{/30^\circ} = 200(\cos 30^\circ + j\sin 30^\circ) = 200\left(\frac{\sqrt{3}}{2} + j\frac{1}{2}\right)$$
$$= 100\sqrt{3} + j100$$
$$\dot{V}_2 = 200\,\varepsilon^{-j90} = 200\,\underline{/-90^\circ} = 200\cos(-90^\circ) + j\sin(-90^\circ)$$
$$= 200\,(0 - j) = -j200$$
$$\therefore\ \dot{V}_1 + V_2 = (100\sqrt{3} + j100) + (-j200) = 100\sqrt{3} - j100 = 100(\sqrt{3} - j)$$
$$\dot{V}_1 - V_2 = (100\sqrt{3} + j100) - (-j200) = 100\sqrt{3} + j300 = 100(\sqrt{3} + j3)$$

이다.

7-2 복소수의 곱하기

곱하기의 계산은 $j \times j = j^2 = -1$임을 기억에 두고 대수적으로 계산하여 정리하면 된다. 지금,

$$\dot{I}_1 = a + jb = |\dot{I}_1|\varepsilon^{j\theta_1} \text{ 단, } |\dot{I}_1| = \sqrt{a^2 + b^2},\quad \theta_1 = \tan^{-1}\frac{b}{a}$$

$$\dot{I}_2 = c + jd = |\dot{I}_2|\varepsilon^{j\theta_2} \text{ 단, } |\dot{I}_2| = \sqrt{c^2 + d^2},\quad \theta_2 = \tan^{-1}\frac{d}{c}$$

의 벡터가 있을 때, 두 벡터의 곱은 다음과 같다. 직각좌표식의 경우

$$\begin{aligned}\dot{I}_1 \times \dot{I}_2 &= (a + jb)(c + jd) = ac + jad + jbc + j^2bd \\ &= (ac - bd) + j(ad + bc)\end{aligned} \tag{1-18}$$

과 같이 되고, 극좌표식의 경우는

$$\dot{I}_1 \times \dot{I}_2 = |\dot{I}_1|\varepsilon^{j\theta_1} \times |\dot{I}_2|\varepsilon^{j\theta_2} = |\dot{I}_1| \cdot |\dot{I}_2|\varepsilon^{j(\theta_1 + \theta_2)} \tag{1-19}$$

혹은

$$\dot{I}_1 \times \dot{I}_2 = |\dot{I}_1|\angle\theta_1 \times |\dot{I}_2|\angle\theta_2 = |\dot{I}_1| \cdot |\dot{I}_2|\,\underline{/\theta_1 + \theta_2} \tag{1-20}$$

가 된다. 이상의 결과에서 알 수 있듯이 두 개의 벡터 $\dot{I}_1$, $\dot{I}_2$를 곱할 때는 각

복소수의 절대치의 곱 $\dot{I}_1 \cdot \dot{I}_2$를 절대치로 하고 각 복소수의 편각의 합 $\theta_1 + \theta_2$를 위상각으로 하는 벡터가 된다.

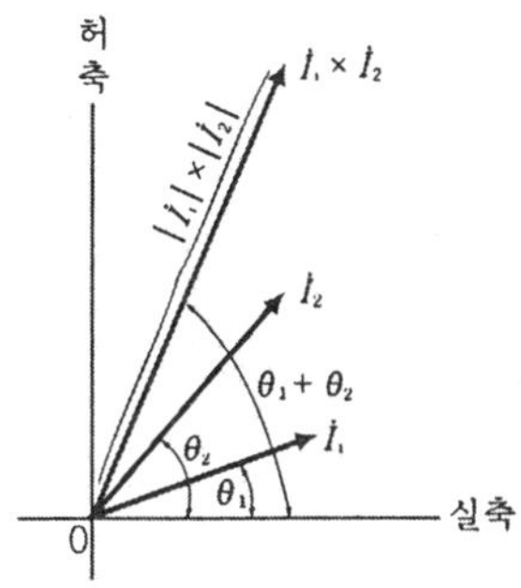

그림 1-24

이것을 그림으로 나타내면 그림 1-24와 같다. 다시 말하면 어떤 벡터에 $\dot{A} = a + jb = A(\cos\theta + j\sin\theta) = A\varepsilon^{j\theta}(|\dot{A}| = A = \sqrt{a^2 + b^2},\ \theta = \tan^{-1} b/a)$를 곱한 것은 그 벡터를 A 배하여 위상을 θ 만큼 앞서게 하면 된다.

따라서, 어떤 벡터의 크기를 그대로 두고 위상만을 θ 만큼 앞서게 하려면

$$\angle\theta = \varepsilon^{j\theta} = \cos\theta + j\sin\theta \qquad (1\text{-}21)$$

를 곱하여 주면 된다.

예를 들면, 어느 벡터의 위상을 $\pi/2$ [rad]만큼 앞서게 하려면

$$\cos\frac{\pi}{2} + j\sin\frac{\pi}{2} = j \qquad (1\text{-}22)$$

를 곱하면 된다.

7-3 복소수의 나누기

직각좌표식 표시의 복소수를 나눌 때는 일반적으로 분모를 유리화하기 위하여 분모의 **공액복소수**(conjugate)를 분모, 분자에 곱하여 정리한다.

공액복소수란 어떤 복소수의 허수부의 부호를 반대로 한 것으로 $\dot{V}$의 복소

수의 공액수는 $\bar{V}$, $\dot{I}$의 공액수는 $\bar{I}$와 같이 표시한다.

예를 들면

$$\left.\begin{aligned} &\dot{V}= V_1+j V_2\text{라 하면} \quad \bar{V}= V_1-j V_2 \\ &\dot{I}=I_1-jI_2\text{라 하면} \quad \bar{I}=I_1+jI_2 \end{aligned}\right\} \tag{1-23}$$

$$\left.\begin{aligned} \therefore \quad &\dot{V}\bar{V}=(V_1+jV_2)(V_1-jV_2)= {V_1}^2+{V_2}^2 \\ &\dot{I}\bar{I}=(I_1-jI_2)(I_1+jI_2)={I_1}^2+{I_2}^2 \end{aligned}\right\} \tag{1-24}$$

로서 항상 정(+)의 값이 된다.

다음에

$$\dot{V}= a+jb= V\varepsilon^{j\theta_1}= V\angle\theta_1 \ (\text{단}, V=\sqrt{a^2+b^2}, \ \ \theta_1=\tan^{-1}b/a)$$

$$\dot{I}= c+jd=I\varepsilon^{j\theta_2}=I\angle\theta_2 \ (\text{단}, I=\sqrt{c^2+d^2}, \ \ \theta_2=\tan^{-1}d/c)$$

가 있을 때, $Z= V/I$의 나누기하는 방법을 생각해 보자.

직각좌표식 표시의 나누기 :

$$\begin{aligned} \dot{Z} &= \frac{\dot{V}}{\dot{I}}=\frac{a+jb}{c+jd}=\frac{(a+jb)(c-jd)}{(c+jd)(c-jd)} \\ &=\frac{ac+bd+j(bc-ad)}{c^2+d^2}=\frac{ac+bd}{c^2+d^2}+j\frac{bc-ad}{c^2+d^2} \end{aligned} \tag{1-25}$$

따라서

$$|\dot{Z}|=Z=\sqrt{\left(\frac{ac+bd}{c^2+d^2}\right)^2+\left(\frac{bc-ad}{c^2+d^2}\right)^2}=\frac{\sqrt{a^2+b^2}}{\sqrt{c^2+d^2}}=\frac{V}{I}$$

$$\theta=\tan^{-1}\frac{bc-ad}{ac+bd}=\tan^{-1}\frac{\frac{b}{a}-\frac{d}{c}}{1+\frac{b}{a}\cdot\frac{d}{c}}$$

$$=\tan^{-1}\frac{b}{a}-\tan^{-1}\frac{d}{c}=\theta_1-\theta_2 \tag{1-26}$$

가 된다.

극좌표식 표시의 나누기 :

$$\left.\begin{aligned} \dot{Z} &= \frac{\dot{V}}{\dot{I}} = \frac{V\varepsilon^{j\theta_1}}{I\varepsilon^{j\theta_2}} = \frac{V}{I}\varepsilon^{j(\theta_1-\theta_2)} \\ \text{또는}\quad \dot{Z} &= \frac{\dot{V}}{\dot{I}} = \frac{V\angle\theta_1}{I\angle\theta_2} = \frac{V}{I}\angle\theta_1-\theta_2 \end{aligned}\right\} \qquad (1\text{-}27)$$

식 (1-26) 및 식 (1-27)로 부터 다음과 같음을 알 수 있다. **두 개의 벡터 $\dot{V}, \dot{I}$의 몫 $\dot{V}/\dot{I}$는 각 복소수의 절대치의 몫 V/I를 절대치로 하고, 각 복소수의 편각의 차 $\theta_1-\theta_2$를 위상각으로 하는 벡터가 된다.**

즉, 어떤 벡터를 $\dot{I}=I\angle\theta_2$로 나눈다는 것은 그 벡터를 $1/I$배 하여 위상을 θ_2만큼 뒤지게 하면 된다.

例題 8. $\dot{A}=96+j28$, $\dot{B}=4-j3$일 때 $\dot{A}/\dot{B}$를 구하여라.

解答 $\dot{C}=\dfrac{\dot{A}}{\dot{B}}=\dfrac{96+j28}{4-j3}$

분모를 유리화 하면

$$=\frac{(96+j28)(4+j3)}{(4-j3)(4+j3)}=\frac{300+j400}{4^2+3^2}=12+j16$$

이 된다.

7-4 복소수의 제곱 또는 제곱근

복소수의 n제곱 또는 n제곱근을 계산하는 데에는 지수함수 또는 극좌표식을 사용하는 것이 편리하다.

지금, $\dot{A}=A\varepsilon^{j\theta}$라고 할 때 $\dot{A}$의 n제곱 및 n제곱근은 다음과 같이 계산한다.

$$\dot{A}^n=(|\dot{A}|\varepsilon^{j\theta})^n=|\dot{A}|^n\varepsilon^{jn\theta}=|\dot{A}|^n\angle n\theta \qquad (1\text{-}28)$$

$$\dot{A}^{\frac{1}{n}}=(|\dot{A}|\varepsilon^{j\theta})^{\frac{1}{n}}=|\dot{A}|^{\frac{1}{n}}\varepsilon^{\frac{j\theta+2m\pi}{n}}=|\dot{A}|^{\frac{1}{n}}\angle\frac{\theta+2m\pi}{n} \qquad (1\text{-}29)$$

단, $(m=1,\ 2,\ \cdots n-1)$

식 (1-29)에서 아는 바와 같이 n 제곱근은 n 개 존재한다.

例題 9. $\dot{A}=-\frac{1}{2}+j\frac{\sqrt{3}}{2}$ 의 3제곱 및 3제곱근을 구하여라.

解答 $\dot{A}=-\frac{1}{2}+j\frac{\sqrt{3}}{2}=\sqrt{\frac{1}{4}+\frac{3}{4}}\ \underline{/-\tan^{-1}\sqrt{3}}=1\ \underline{/120^\circ}$

$\dot{A}^3(1\ \underline{/120^\circ})^3=1\ \underline{/360^\circ}=1+j0$

$\dot{A}^{\frac{1}{3}}(1\ \underline{/120^\circ})^{\frac{1}{3}}=1\ \underline{/40^\circ}=0.766+j0.643$

$\dot{A}^{\frac{1}{3}}(1\ \underline{/480^\circ})^{\frac{1}{3}}=1\ \underline{/160^\circ}=0.940+j0.342$

$\dot{A}^{\frac{1}{3}}(1\ \underline{/840^\circ})^{\frac{1}{3}}=1\ \underline{/280^\circ}=0.139+j0.990$

1 연/습/문/제 Exercise

01 우리들 가정에 들어오는 교류 전압(실효치)이 110 [V], 60 [Hz]이라 하면, 위상이 $\pi/6$ [rad]인 때의 교류 전압의 순시치를 나타내는 식을 구하여라.

02 $i = I_m \sin(\omega t + \theta)$ [A]의 교류가 흐르고 있을 때, 이 교류의 최대치, 실효치, 평균치, 각주파수, 위상(초위상)을 구하여라.

03 $v = V_m \sin(\omega t + \pi/6)$인 전압과 $i = I_m \sin(\omega t - \pi/4)$인 전류의 파형을 그림으로 그리고 상차를 표시하여라.

04 어느 발전기에서 발생하는 정현파 기전력의 평균치가 637 [V]일 때 그 실효치와 최대치는 얼마인가?

05 그림 1-25와 같은 파형인 교류 전압의 순시치 v를 식으로 나타내어라.

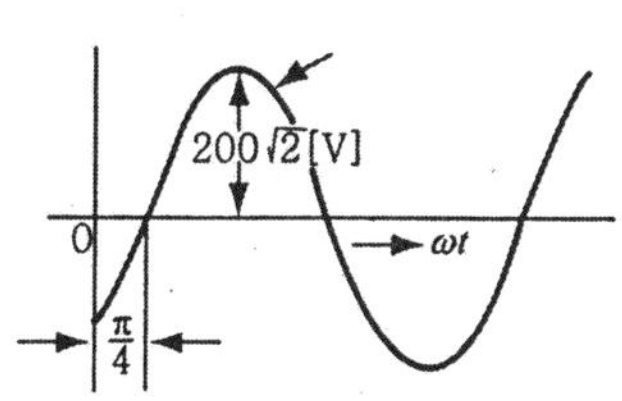

그림 1-25

06 그림 1-26과 같은 삼각파 및 장방형파의 실효치 및 평균치를 구하여라.

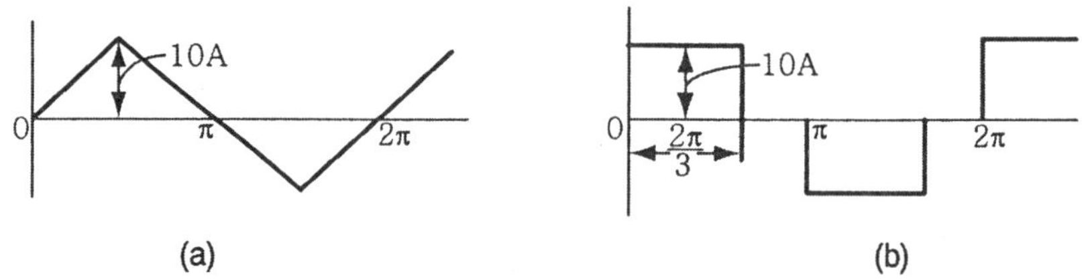

그림 1-26

07 $100\sqrt{2}\sin(377t+\pi/6)$ [V]인 교류가 $t=0$인 때 실효치의 정지 벡터를 기호법으로 표시하여라.

08 기준에 대하여 30° 앞선 $I_1=10$ [A]의 전류와 40° 뒤진 $I_2=20$ [A]의 전류의 벡터도를 그리고, 그림으로부터 $\dot{I}_1+\dot{I}_2$ 를 구하여라.

09 문제 8의 전류를 기호법으로 나타내고, $\dot{I}_1+\dot{I}_2$ 및 $\dot{I}_1-\dot{I}_2$ 를 계산하여라.

10 $\dot{I}=5-j5\sqrt{3}$ 및 $\dot{V}=3+j3$ 을 극좌표식으로 표시하여라.

11 그림 1-27의 $\dot{I}_1$ 및 $\dot{V}_1$ 의 벡터를 직각 좌표식으로 표시하여라.

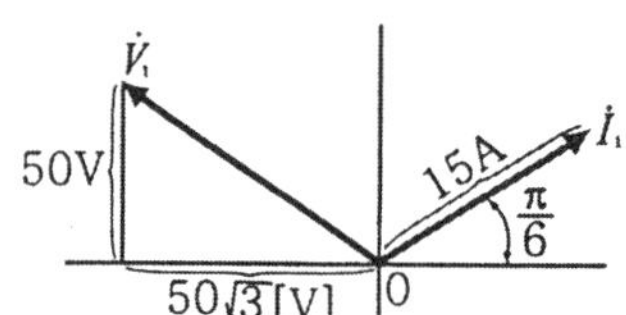

그림 1-27

12 그림 1-28의 벡터를 기호법으로 나타내어라.

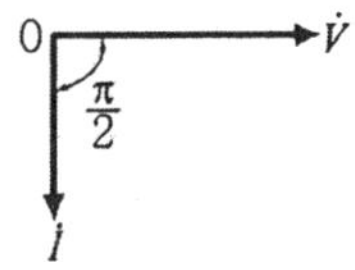

그림 1-28

13 $100\sqrt{3}+j100$ 의 벡터 보다 위상이 $120°$ 앞선 벡터를 구하여라.

14 $\dot{I}=3-j4$, $\dot{V}=24-j7$ 의 곱을 구하고, 그 절대치와 위상각을 구하여라.

15 $\dot{V}=100+j75$, $\dot{I}=3+j4$ 인 때 $\dot{V}/\dot{I}$ 의 절대치와 위상각을 구하여라.

16 $\dot{V}=80+j60$, $\dot{Z}=3+j4$ 인 때 $\dot{V}/\dot{Z}$ 의 절대치를 구하여라.

17 $\dot{V}=100(\cos 30°+j\sin 30°)$, $\dot{I}=10(\cos 45°-j\sin 45°)$인 때 $\dot{V}/\dot{I}$ 를 구하여라.

18 $\dot{V}=V_1+jV_2$, $\dot{Z}=R+j\omega L$인 때 $\dot{V}/\dot{Z}$ 를 구하여라.

CHAPTER 2

기본 교류회로

제 1 절 벡터의 정방향과 그 표시법

교류는 반 사이클 마다 흐르는 방향이 바뀌어 그 흐르는 방향이 일정하지 않다. 그러므로 교류회로의 전류나 전압이 어떠한 방향으로 흐를 때를 (+)로 할 것인가를 확실히 정해야 한다. 따라서, 교류회로를 배우기에 앞서 벡터의 (+)방향을 차후 어떻게 정할 것인가에 대해서 알아보기로 하자.

지금, 그림 2-1(a)의 실선의 화살표 방향으로 흐르는 전류를 (+)라고 했을 때, 그림 (b)와 같이 실선으로 표시된 정현파교류가 있다면, 이 교류의 순시치 i는

$$i = I_m \sin \omega t$$

로 표시할 수 있다.

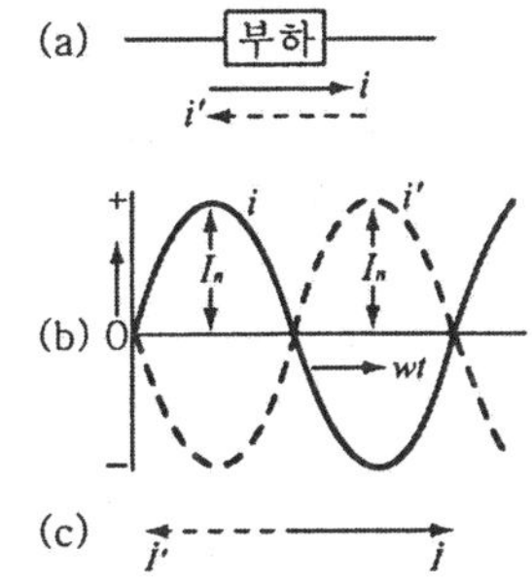

그림 2-1

이에 대해서 동일전류를 그림 (a)의 점선 화살표와 같이 i와 반대 방향으로 흐르는 전류를 (+)로 생각하면, 이 전류의 순시치 i'는

$$i' = -i = -I_m \sin \omega t$$

로 되어, 이것을 그림으로 표시하면 그림 (b)의 점선과 같은 곡선이 된다. 그러므로 i 및 i'의 실효치의 벡터를 $\dot{I}$ 및 $\dot{I}'$라 하면, 그림 (c)와 같이 180° 위상이 다른 정반대의 벡터가 된다.

일반적으로 교류회로에서는 기전력, 전압, 전류 벡터의 위상이나 크기의 상호 관계를 취급하므로 벡터의 (+)방향을 정하지 않으면 혼동이 일어나기 쉽다. 그러므로 교류회로에서는 단순한 회로인 경우를 제외하고는 기전력, 전압, 전류 등을 관련시켜 각각 (+)방향을 정하여 취급하는 것이 이해하기 쉽다. (+)방향은 화살표를 붙이거나, 극성 (+, −)을 표시하는 방법이 있지만 일반적으로 (+)방향을 화살표로 표시하면 다음과 같은 의미를 갖는다.

1-1 기전력 $\dot{E}$와 전류 $\dot{I}$의 (+)방향

일반적으로 기전력 $\dot{E}$는 어떤 순간의 기전력의 극성이 그림 2-2와 같이 되었을 때 그림과 같이 화살표를 붙여서 $\dot{E}$의 (+)방향을 표시한다.

그런데 기전력은 전위상승의 방향을 (+)의 방향으로 하고 있으므로 전류 $\dot{I}$도 기전력의 방향과 같은 방향을 (+)방향으로 하여 취급하는 것이 보통이다.

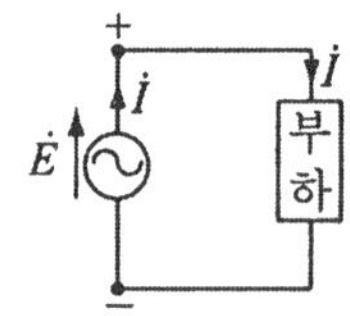

그림 2-2 기전력과 전류의 (+)방향

1-2 전압 $\dot{V}$의 (+)방향

그림 2-3과 같이 전류 $\dot{I}$가 흐르면 부하의 양단에 그림과 같은 극성의 전압이 생긴다. 이 전압의 (+)방향의 표시법에 관해서는 여러 가지 방법이 있으나 근본적으로는 다음과 같은 두 가지 방법이 있다.

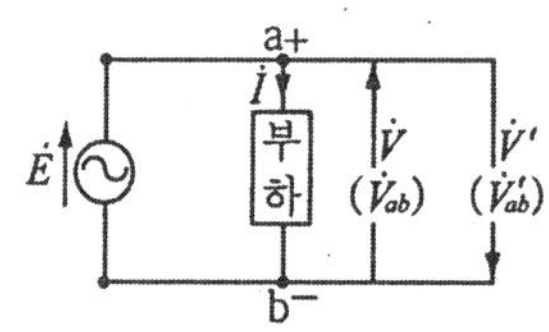

그림 2-3 전압의 (+)방향

(가) **전위상승의 방향**, 즉 **기전력의 방향을 전압의 (+)방향**으로 하여, +극성의 방향에 화살표를 붙여서 $\dot{V}$와 같이 표시하는 방법

(나) **전위강하(전압강하)의 방향을 전압의 (+)방향**으로 하여, $\dot{V}'$와 같이 -극성의 방향에 화살표를 표시하는 방법

이때, 전압은 특히 단자 ab 사이의 전압이라는 뜻에서 $\dot{V}_{ab}$, $\dot{V}'_{ab}$와 같이 표시한다.

(가), (나)와 같은 표시 방법을 무부하인 경우는 그림 2-4와 같다. 즉 (가)의 방법으로 표시하면 그림 (a)와 같이 기전력 $\dot{E}$에 의한 전위상승은 곧 ab 사이의 전위 상승으로 표시된 전압과 같게 되어

기전력 $\dot{E}$ = 전압 $\dot{V}$ (2-1)
(전위상승) (전위상승)

인 관계가 된다.

또한 (나)의 방식으로 표시하는 방법은 그림 (b)와 같이 기전력 $\dot{E}$에 의한 전위상승은, ab 사이의 전위강하(전압 강하, (-)의 전위 상승)와 같게 되어

기전력 $\dot{E}$ = 전압 $\dot{V}'$ (2-1)'
(전위상승) (전압강하)

의 관계가 된다.

이상 벡터의 (+)방향을 정하는 방법은 어떠한 방법을 사용하여도 좋으나 여기에서는 전압 벡터는 (가)의 방법에 의한 전위상승방향을 (+)방향으로 하여 V로 표시하고, 기전력 E와 구별하여 사용하기로 한다.

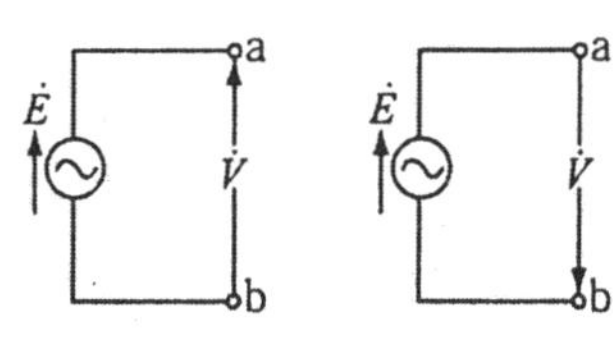

그림 2-4

제 2 절 저항회로

그림 2-5(a)와 같이 저항 $R[\Omega]$인 저항만의 회로에 $v = V_m \sin \omega t[\text{V}]$인 교번전압을 인가하였을 때 흐르는 순시전류 i는 오옴의 법칙(Ohm's law)에 의하여

$$i = \frac{v}{R} = \frac{V_m}{R} \sin \omega t[\text{A}] \tag{2-2}$$

가 된다. 단, 전류최대치 $I_m = \frac{V_m}{R}$로 된다. 이것을 그림으로 표시하면 그림 (b)와 같게 되어 v**와** i**는 동상**(in phase) 또는 **동위상**이 된다.

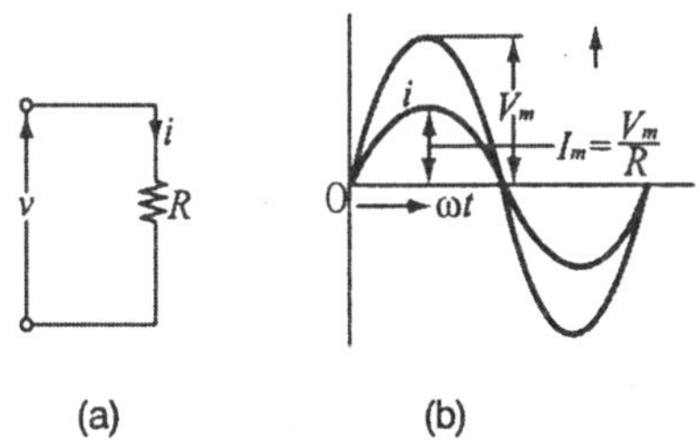

그림 2-5 저항 회로

이 전압과 전류의 실효치는 그림 2-6(b)와 같이 $\dot{V}$와 $\dot{I}$는 동위상이 되며, 그림 2-6(b)를 기호법을 사용하여 표시하면 다음과 같다.

$$\dot{V} = R\dot{I} \qquad \therefore\ R = \frac{\dot{V}}{\dot{I}} \tag{2-4}$$

이때, $\dot{V}$와 $\dot{I}$는 동위상이므로 R는 항상 실수로 된다.

그러므로, **기호법으로 저항 R를 취급할 때는 실수로 하여 취급한다.**

일반적으로 그림 (c)와 같이 X, Y축을 생략하여 벡터도를 그리는 경우가 많다.

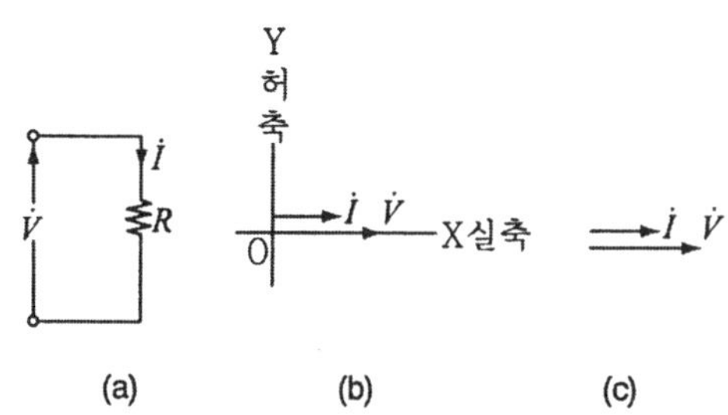

그림 2-6 저항 회로의 벡터도

제 3 절 자기인덕턴스 회로

그림 2-7(a)와 같이 L [H]의 자기 인덕턴스(self inductance)만의 회로에 $i=I_m \sin \omega t$[A]인 정현파 교류를 통하였을 때 L에는 자기유도작용에 의하여 기전력을 유도한다. 이 때 생긴 기전력을 역기전력(counter electro motive force)이라 하며 e_L의 방향을 그림과 같이 정하면 이것은 i를 흐르게 하기 위한 공급전압 v와 같으므로

$$v=e_L=L\frac{di}{dt}=L\frac{d(I_m \sin \omega t)}{dt}=L I_m \frac{d(\sin \omega t)}{d(\omega t)} \cdot \frac{d(\omega t)}{dt}$$

$$=\omega L I_m \cos \omega t=\omega L I_m \sin\left(\omega t+\frac{\pi}{2}\right)$$

$$\therefore\ v=\omega L I_m \sin\left(\omega t+\frac{\pi}{2}\right)=V_m \sin\left(\omega t+\frac{\pi}{2}\right) [\mathrm{V}] \qquad (2\text{-}5)$$

인 관계가 성립한다.

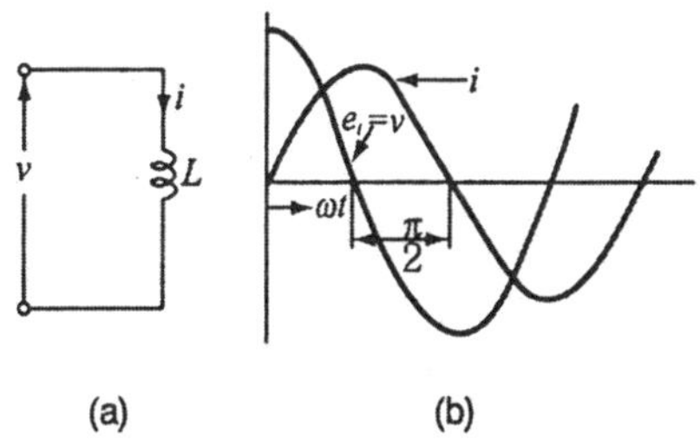

그림 2-7 인덕턴스만의 회로

따라서, 전압 v의 위상은 전류 i보다 $\frac{\pi}{2}$[rad] 앞선다. 이것을 반대로 설명하면 **전류의 위상은 전압의 위상보다 $\frac{\pi}{2}$[rad] 뒤진다.** 이 관계를 그림으로 표시하면 그림 2-7(b)와 같이 된다. 또한 전압과 전류의 최대치 V_m 및 I_m의 절대치의 관계는

$$V_m=\omega L I_m$$

이다.

그러므로 전압과 전류의 실효치를 V[V] 및 I[A]라 하면,
$V_m = \sqrt{2}\,V$, $I_m = \sqrt{2}\,I$의 관계가 있으므로

$$V = \omega LI = X_L I$$

$$\therefore\ X_L = \frac{V}{I}\ [\Omega] \tag{2-6}$$

과 같이 된다. 이 때, 전압 V와 전류 I와의 비 $X_L = \omega L$를 **유도성 리액턴스**(inductive reactance)라 하고, 단위는 저항과 같이 오옴[Ω]을 사용한다. 그림 2-8(a)의 $\dot{V}$와 $\dot{I}$의 벡터도는 식 (2-5)에 의하여 i는 v보다 $\frac{\pi}{2}$ 뒤진 위상이므로 그림 (b), (c)와 같게 된다.

그림 (b)는 전류를 기준 벡터, 그림 (c)는 전압을 기준 벡터로 한 것이다. 따라서, $\dot{V}$는 $\dot{I}$보다 $\frac{\pi}{2}$ 앞선 위상이므로 $\dot{V}$는 식 (2-6)에 의하여 $\dot{I}$를 ωL배 한 것의 위상을 $\frac{\pi}{2}$ 앞서게 한 것이 된다.

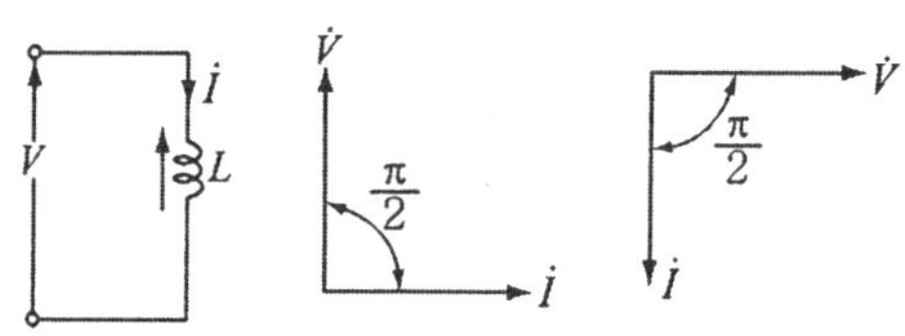

그림 2-8 인덕턴스 회로의 $\dot{V}$와 $\dot{I}$

기호법에서는 어떤 벡터를 $\frac{\pi}{2}$ 위상을 앞서게 하려면, 그 벡터에 j를 곱하여 주면 되므로 다음과 같은 관계식이 성립한다.

$$\dot{V} = j \times \omega L \dot{I} \qquad \therefore\ j\omega L = \frac{\dot{V}}{\dot{I}} \tag{2-7}$$

이와 같이 $\dot{V}/\dot{I}$의 벡터의 비는 $j\omega L$로 표시되므로 **기호법으로 유도성 리액턴스를 표시하려면 유도 리액턴스 $X_L = \omega L$에 j를 곱한 $jX_L = j\omega L$로 취급하면 된다.**

제 4 절 정전용량 회로

그림 2-9(a)와 같이 C[F]의 정전용량만의 회로에 $v = V_m \sin \omega t$[V]의 정현파 교류 전압을 인가하였을 때 흐르는 전류를 구하여 보자. 이 때 정전용량 C에 축적되는 전하 q는

$$q = Cv = CV_m \sin \omega t$$

가 된다. 그런데 i는 dq/dt이므로

$$i = \frac{dq}{dt} = \frac{d(Cv)}{dt} = \frac{d(CV_m \sin \omega t)}{dt} = \frac{d(CV_m \sin \omega t)}{d(\omega t)} \cdot \frac{d(\omega t)}{dt}$$

$$= \omega CV_m \cos \omega t = \omega CV_m \sin\left(\omega t + \frac{\pi}{2}\right) = I_m \sin\left(\omega t + \frac{\pi}{2}\right) \qquad (2\text{-}8)$$

단, $I_m = \omega CV_m$ (c)

인 관계가 된다. 따라서 **전류는 전압보다 위상이 $\frac{\pi}{2}$ [rad] 앞선다.**

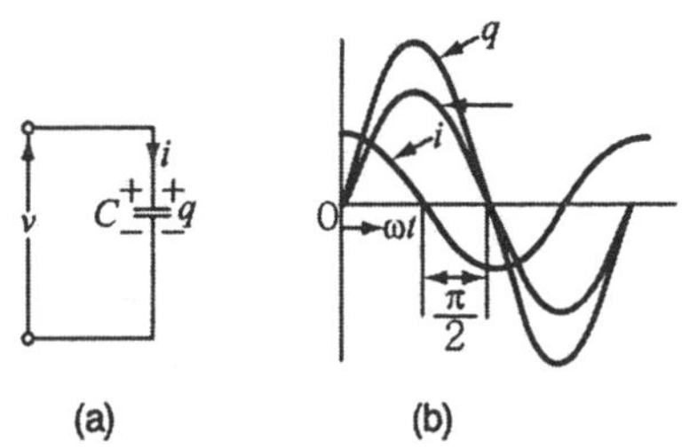

그림 2-9 정전용량 회로

이 관계를 그림으로 표시하면 그림 2-9(b)와 같다.

만일, 전류와 전압의 실효치를 I 및 V라 하고, 식 (c)에 $I_m = \sqrt{2}\,I$, $V_m = \sqrt{2}\,V$의 관계를 대입하면

$$V = \frac{I}{\omega C} = X_C I \qquad \therefore X_C = \frac{V}{I}\ [\Omega] \qquad (2\text{-}9)$$

의 관계가 성립한다.

이 전압 V와 전류 I와의 비 $X_C = 1/\omega C$를 **용량성 리액턴스**(capacitive reactance)라 하고, 오옴[Ω]의 단위를 사용한다. 그림 2-10(a)와 같이 C에 실효치 $\dot{V}$의 교류 전압을 인가했을 때 흐르는 전류 $\dot{I}$의 벡터도를 그리면, 식 (2-8)에 의하여 $\dot{I}$는 $\dot{V}$보다 위상이 $\pi/2$ [rad] 앞서고 있으므로 그림 2-10(b)나 (c)와 같이 된다.

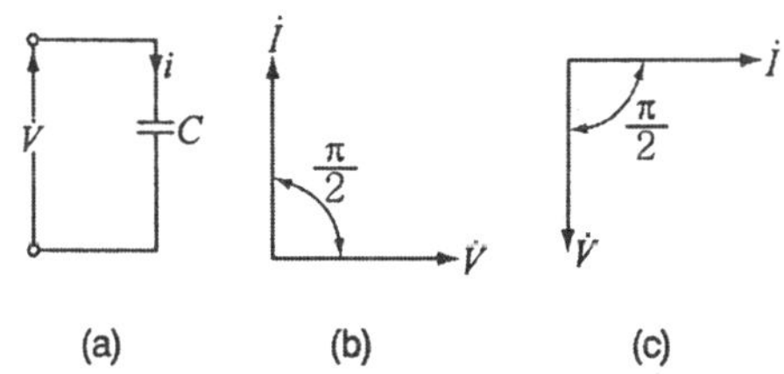

그림 2-10 정전용량 회로의 벡터도

이 관계를 기호법으로 표시하면 식 (2-9)의 관계로부터 $\dot{I}$는 $\dot{V}$를 ωC 배하여 $\frac{\pi}{2}$ 앞서게 하면 되므로

$$\dot{I} = j \times \omega C \dot{V}$$

$$\therefore \frac{\dot{V}}{\dot{I}} = \frac{1}{j\omega C} = -j\frac{1}{\omega C} \, [\Omega] \qquad (2\text{-}10)$$

로 된다.

이와 같이 $\dot{V}/\dot{I}$의 비는 $-jX_C$, $\frac{1}{j\omega C}$ 또는 $-j\frac{1}{\omega C}$로 표시되므로 **기호법으로 용량 리액턴스를 표시하려면 용량 리액턴스에 $-j$를 붙여서 $-j\frac{1}{\omega C}$ [Ω]로 하면 된다.**

제 5 절 R · L · C 직렬회로

5-1 $R \cdot L$ 직렬회로

그림 2-11(a)와 같이 $R[\Omega]$의 저항과 $L[\mathrm{H}]$의 자기 인덕턴스를 직렬로 연결하여 여기에 각주파수 $\omega[\mathrm{rad/s}]$, $V[\mathrm{V}]$의 정현파 교류전압을 인가했을 때 R와 L에 흐르는 전류를 $\dot{I}$, R 및 L 양단전압을 $\dot{V}_R$ 및 $\dot{V}_L$라 하면 식 (2-4) 및 식 (2-7)에 의하여

$$\dot{V}_R = R\dot{I}, \quad \dot{V}_L = j\omega L\dot{I}$$

의 관계가 성립한다. 그런데 공급전압 $\dot{V}$는 $\dot{V}_R$와 $\dot{V}_L$의 합이므로

$$\dot{V} = \dot{V}_R + \dot{V}_L = R\dot{I} + j\omega L\dot{I} = (R + j\omega L)\dot{I} \qquad \text{(a)}$$

로 된다. 이 관계를 벡터도로 그리면 그림 2-11(b)와 같이 된다.

이것은 $\dot{I}$를 기준 벡터로 하여 $\dot{V}_R = R\dot{I}$의 저항의 양단 전압은 전류와 동위상이고, $\dot{V}_L = \omega L\dot{I}$의 유도리액턴스 양단 전압은 전류보다 $\pi/2\,[\mathrm{rad}]$ 앞서므로 $\dot{V}_R + \dot{V}_L$이 공급전압 $\dot{V}$가 됨을 나타내고 있다. 다음 식 (a)에서 전류 $\dot{I}$를 구하면,

$$\dot{I} = \frac{\dot{V}}{R + j\omega L} = \frac{\dot{V}}{\dot{Z}}\,[\mathrm{A}] \qquad (2\text{-}11)$$

로 된다. 여기서, $\dot{Z}$는 $R + j\omega L$이다. (2-12)

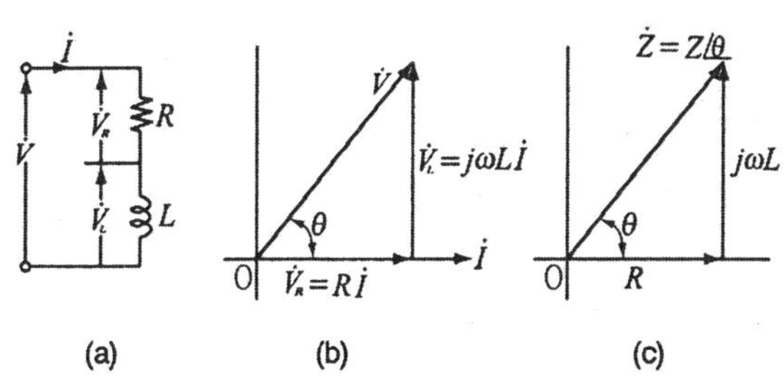

그림 2-11 $R \cdot L$ 직렬 회로

기호법으로 나타낸 $\dot{I}$와 $\dot{Z}$의 절대치와 위상각 θ_i, θ_z를 구하면

$$\dot{I}=\frac{\dot{V}}{R+j\omega L}=\frac{\dot{V}}{R+j\omega L}\cdot\frac{R-j\omega L}{R-j\omega L}=\frac{\dot{V}}{R^2+\omega^2L^2}(R-j\omega L)$$

$$\left.\begin{aligned}\therefore\quad |\dot{I}|&=I=\frac{V\cdot\sqrt{R^2+\omega^2L^2}}{R^2+\omega^2L^2}=\frac{V}{\sqrt{R^2+\omega^2L^2}}\,[\mathrm{A}]\\ \theta_i&=\tan^{-1}\frac{-\omega L}{R}\,((-)\text{이므로 뒤진전류})\end{aligned}\right\}\tag{2-13}$$

$$\left.\begin{aligned}|\dot{Z}|&=Z=\sqrt{R^2+\omega^2L^2}\,[\Omega]\\ \theta_z&=\tan^{-1}\frac{\omega L}{R}\end{aligned}\right\}\tag{2-14}$$

로 된다.

일반적으로 $R\cdot L\cdot C$의 교류회로에서는 식 (2-11)에 표시한 바와 같이

$$\dot{I}=\frac{\dot{V}}{\dot{Z}}\ \text{및}\ I=\frac{V}{Z}\,[\mathrm{A}]\tag{2-15}$$

의 형식으로 표시할 수 있는데, 이것을 **교류회로의 오옴의 법칙**(Ohm's law)이라 하고, 여기서 Z를 그 회로의 **임피던스**(impedance)라 하며, 단위로는 오옴 [Ω]을 사용한다. 특히 기호법으로 표시된 임피던스를 **벡터 임피던스**(vector impedance) 또는 **복소 임피던스**라 한다.

例題 1. 3[Ω]의 저항과 10.6[mH]의 자기 인덕턴스를 직렬로 하여 여기에 60 [Hz], 100[V]의 교류 전압을 인가하였을 때 회로의 벡터 임피던스와 임피던스의 크기 및 위상각, 전류의 크기 및 위상각을 구하여라.

解答 식 (2-12)에서

$$\dot{Z}=R+j\omega L=3+j(2\pi\times 60\times 10.6\times 10^{-3})$$

$$\fallingdotseq 3+j4\,[\Omega]$$

$$\therefore\ Z=\sqrt{3^3+4^2}=5\ [\Omega],$$

$$\theta_z=\tan^{-1}\frac{4}{3}=53^\circ \text{ 이다.}$$

또한 전압 $\dot{V}=V=100$ [V]을 기준 벡터로 했을 때 회로에 흐르는 전류

$\dot{I}$를 구하면 다음과 같다.

$$\dot{I}=\frac{\dot{V}}{\dot{Z}}=\frac{100}{3+j4}=\frac{100(3-j4)}{3^2+4^2}=4\,(3-j4)=12-j16\,[\mathrm{A}]$$

$$\therefore\ I=\sqrt{12^2+16^2}=20\,[\mathrm{A}]$$

$$\theta_i=\tan^{-1}\frac{-4}{3}=-53^\circ$$ (tangent가 (−)이므로 뒤진 전류)

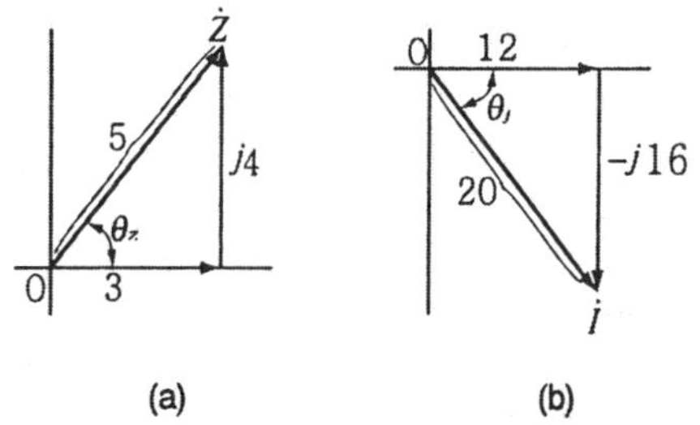

그림 2-12

5-2 $R\cdot C$ 직렬회로

그림 2-13(a)와 같이 $R[\Omega]$의 저항과 $C[\mathrm{F}]$의 정전용량을 직렬로 하여 여기에 각주파수 $\omega[\mathrm{rad/s}]$, $V[\mathrm{V}]$의 교류 전압을 인가했을 때 R와 C에 흐르는 전류 $\dot{I}$, R 및 C의 양단 전압을 $\dot{V}_R$, $\dot{V}_C$라 하면 식 (2-4) 및 식 (2-10)으로 부터 다음의 식 (2-16)과 같이 된다.

$$\dot{V}_R=R\dot{I},\qquad \dot{V}_C=-j\frac{1}{\omega C}\dot{I}$$

$$\dot{V}=\dot{V}_R+\dot{V}_C=R\dot{I}-j\frac{1}{\omega C}\dot{I}=\left(R-j\frac{1}{\omega C}\right)\dot{I}=\dot{Z}\dot{I}$$

$$\dot{I}=\frac{\dot{V}}{\dot{Z}}=\frac{\dot{V}}{R-j\frac{1}{\omega C}}=\frac{\dot{V}}{R-jX_C} \tag{2-16}$$

또는 $$\dot{Z}=R-j\frac{1}{\omega C} \tag{2-17}$$

이 된다.

이 관계를 벡터도로 표시하면 그림 2-13(b), (c)와 같다. 따라서 $\dot{I}$와 $\dot{Z}$의 크기와 위상각은 식 (2-16), (2-17)의 절대치와 위상각을 구하면 된다.

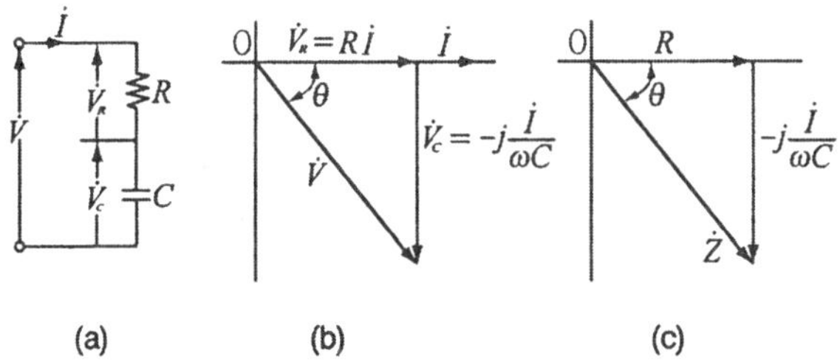

그림 2-13 $R \cdot C$ 직렬회로

즉 $|\dot{I}| = I = \dfrac{V}{R^2 + \left(\dfrac{1}{\omega C}\right)^2}$

$$\theta_z = \tan^{-1}\frac{-1/\omega C}{R} = -\tan^{-1}\frac{1}{\omega CR}$$

로 된다.

5-3 $R \cdot L \cdot C$의 직렬회로

그림 2-14(a)와 같이 $R \cdot L \cdot C$의 직렬회로에 교류 전압 $\dot{V}$를 인가하면

$$\dot{V} = \dot{V}_R + \dot{V}_L + \dot{V}_C = R\dot{I} + j\omega L\dot{I} - j\frac{1}{\omega C}\dot{I}$$

$$= \left[R + j\left(\omega L - \frac{1}{\omega C}\right)\right]\dot{I} = \dot{Z}\dot{I}$$

인 관계가 있다. 따라서 전류 $\dot{I}$와 임피던스 $\dot{Z}$는 식 (2-18)로 표시된다.

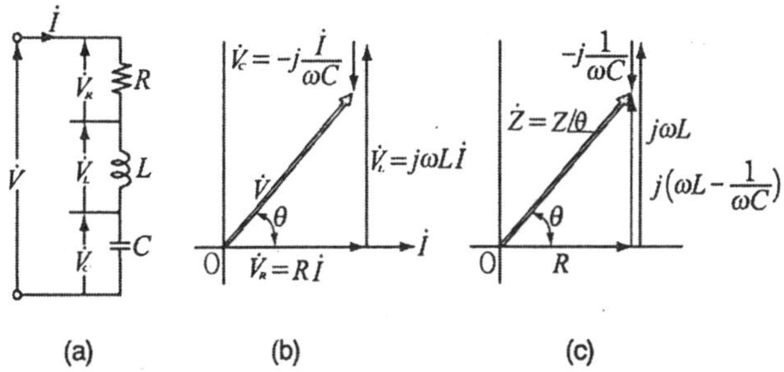

그림 2-14 $R \cdot L \cdot C$ 직렬회로

$$\left.\begin{aligned} \dot{I} &= \frac{\dot{V}}{R+j\left(\omega L - \dfrac{1}{\omega C}\right)} = \frac{\dot{V}}{\dot{Z}} \\ \dot{Z} &= R + j\left(\omega L - \frac{1}{\omega C}\right) = R + jX \end{aligned}\right\} \tag{2-18}$$

여기서, $X = \omega L - \dfrac{1}{\omega C}$ 를 **합성 리액턴스**(resultant reactance)라 한다.

또한 $\dot{I}$와 $\dot{Z}$의 절대치와 위상각을 구하면 식 (2-17), (2-18)로부터

$$\dot{I} = \frac{\dot{V}}{\dot{Z}} = \frac{\dot{V}}{\sqrt{R^2 + \left(\omega L - \dfrac{1}{\omega C}\right)^2}}$$

$$\theta_i = \tan^{-1}\frac{-\left(\omega L - \dfrac{1}{\omega C}\right)}{R} \tag{2-19}$$

$$Z = \sqrt{R^2 + \left(\omega L - \frac{1}{\omega C}\right)^2}$$

$$\theta_Z = \tan^{-1}\frac{\omega L - \dfrac{1}{\omega C}}{R} \tag{2-20}$$

됨을 알 수 있다.

이들 관계를 벡터도로 표시하면 그림 2-14(b), (c)와 같이 된다.

그런데 합성 리액턴스 $X = \omega L - \dfrac{1}{\omega C}$ 의 값은 $\omega L > \dfrac{1}{\omega C}$, $\omega L = \dfrac{1}{\omega C}$, $\omega L < \dfrac{1}{\omega C}$

인 조건에 의하여 X의 값이 정, 부 또는 0으로 변화하므로, 전류의 크기와 위상도 변화된다.

즉, 다음과 같은 관계가 성립한다.

$\omega L > \frac{1}{\omega C}$일 때, **유도성회로**(inductive circuit) : 전류는 전압보다 θ만큼 뒤진다. ($\theta > 0$)

$\omega L < \frac{1}{\omega C}$일 때, **용량성회로**(capacitive circuit) : 전류는 전압보다 θ만큼 앞선다. ($\theta < 0$)

$\omega L = \frac{1}{\omega C}$일 때, **직렬공진상태**(resonance state) : **전류와 전압은 동위상**이 된다. ($\theta = 0$)

제 6 절 R · L · C 병렬회로

그림 2-15(a)와 같이 $R \cdot L \cdot C$를 병렬로 연결하여 여기에 $\dot{V}$의 교류전압을 인가했을 때 각각에 흐르는 전류를 $\dot{I}_R$, $\dot{I}_L$, $\dot{I}_C$라 하면

$$\dot{I}_R = \frac{\dot{V}}{R}, \quad \dot{I}_L = \frac{\dot{V}}{j\omega L}, \quad \dot{I}_C = \frac{\dot{V}}{-j\frac{1}{\omega C}} = j\omega C\dot{V}$$

가 된다.

따라서, 전체 전류 $\dot{I}$는 다음 식 (2-21)과 같이 쓸 수 있다.

$$\dot{I} = \dot{I}_R + \dot{I}_L + \dot{I}_C = \frac{\dot{V}}{R} + \frac{\dot{V}}{j\omega L} + \frac{\dot{V}}{-j\frac{1}{\omega C}}$$

$$= \dot{V}\left[\frac{1}{R} + \frac{1}{j\omega L} + \frac{1}{-j\frac{1}{\omega C}}\right]$$

$$\therefore\ \dot{I}=\frac{\dot{V}}{\dfrac{1}{\dfrac{1}{R}-j\left(\dfrac{1}{\omega L}-\omega C\right)}}=\frac{\dot{V}}{\dot{Z}} \tag{2-21}$$

단, $\dot{Z}=\dfrac{1}{\dfrac{1}{R}-j\left(\dfrac{1}{\omega L}-\omega C\right)}$

그림 2-15(b), (c)는 전압 $\dot{V}$를 기준 벡터로 하여 전류 $\dot{I}$를 나타낸 것이다.

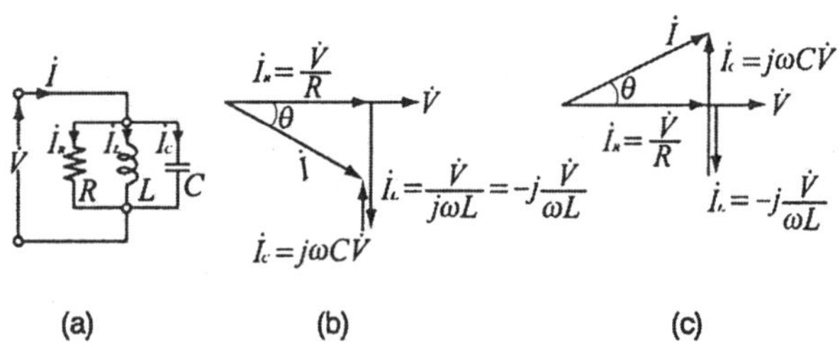

그림 2-15 $R\cdot L\cdot C$ 병렬회로

일반적으로 임피던스 Z의 역수 Y를 **어드미턴스**(admittance)라 하고, 단위로는 [mho] 또는 [℧]를 쓴다.

또한 벡터 임피던스 $\dot{Z}$의 역수 $\dot{Y}$도 벡터량이므로 **벡터 어드미턴스** 또는 **복소 어드미턴스**라 한다.

식 (2-21)을 벡터 어드미턴스를 사용하여 표시하면 다음과 같다.

$$\dot{I}=\left\{\frac{1}{R}-j\left(\frac{1}{\omega L}-\omega C\right)\right\}\dot{V}=\frac{\dot{V}}{\dot{Z}}=\dot{Y}\dot{V} \tag{2-22}$$

단, $\dot{Y}=\dfrac{1}{\dot{Z}}=\dfrac{1}{R}-j\left(\dfrac{1}{\omega L}-\omega C\right)$

일반적으로 벡터 어드미턴스가

$$\dot{Y}=G+jB \tag{2-23}$$

로 표시될 때, 실수부의 G를 **컨덕턴스**(conductance), 허수부 B를 **서셉턴스**(susceptance)라 한다.

다음 $R \cdot L \cdot C$의 병렬 회로에 있어서 식 (2-21)의 전류 $\dot{I}$에 대해서 좀더 자세히 알아 보자.

$\frac{1}{\omega L} > \omega C\left(\text{혹은 } \omega L < \frac{1}{\omega C}\right)$일 때, 유도성회로로 되어 뒤진 전류가 된다.

$\frac{1}{\omega L} < \omega C\left(\text{혹은 } \omega L > \frac{1}{\omega C}\right)$일 때, 용량성회로가 되어 앞선 전류가 된다.

$\frac{1}{\omega L} = \omega C$일 때, 병렬공진상태가 되어 전압과 전류는 동위상이 된다.

직렬공신상태 및 병렬공진상태에 대해서는 2-8절에서 다시 배우도록 한다.

제 7 절 임피던스 직병렬회로

7-1 임피던스 직렬회로

그림 2-16과 같이 $\dot{Z}_1$, $\dot{Z}_2$, $\cdots \dot{Z}_n$의 여러 개의 임피던스를 직렬로 연결하여 여기에 $\dot{V}$의 교류 전압을 인가했을 때 회로에 흐르는 전류를 $\dot{I}$라 하자.

이때 각 임피던스의 양단전압을 각각 $\dot{V}_1$, $\dot{V}_2$, $\dot{V}_3$, $\cdots \dot{V}_n$라 하면

$$\dot{V}_1 = \dot{Z}_1\dot{I},\quad \dot{V}_2 = \dot{Z}_2\dot{I},\quad \dot{V}_3 = \dot{Z}_3\dot{I},\quad \cdots \dot{V}_n = \dot{Z}_n\dot{I} \tag{2-24}$$

로 된다.

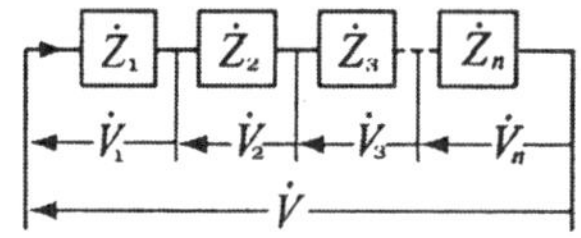

그림 2-16 임피던스 직렬회로

이 전압의 벡터 합이 공급전압 $\dot{V}$가 되므로

$$\dot{V} = \dot{V}_1 + \dot{V}_2 + \dot{V}_3 + \cdots\cdots + \dot{V}_n$$
$$= \dot{Z}_1\dot{I} + \dot{Z}_2\dot{I} + \dot{Z}_3\dot{I} + \cdots\cdots + \dot{Z}_n\dot{I}$$
$$= \dot{I}(\dot{Z}_1 + \dot{Z}_2 + \dot{Z}_3 + \cdots\cdots + \dot{Z}_n) = \dot{I}\dot{Z} \quad (2\text{-}25)$$

$$\dot{Z} = \dot{Z}_1 + \dot{Z}_2 + \dot{Z}_3 + \cdots\cdots + \dot{Z}_n = \Sigma Z_n \quad (2\text{-}26)$$

으로서, 이 $\dot{Z}$를 **합성 임피던스**라 하고, 이것을 그림으로 표시하면 그림 2-17과 같다.

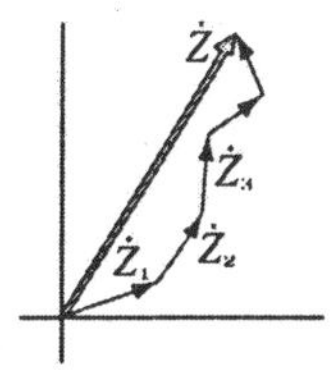

그림 2-17

따라서 **다수의 임피던스의 직렬회로에서 합성 임피던스는 각각의 벡터 임피던스의 합**이 됨을 알 수 있다.

그러므로 직렬회로일 때, 각 임피던스 양단의 전압 및 전체 전압의 비를 구해보면

식 (2-25) 및 식 (2-26)의 관계로부터

$$\dot{V}_1 : \dot{V}_2 : \cdots : \dot{V}_n = \dot{Z}_1\dot{I} : \dot{Z}_2\dot{I} \cdots : \dot{Z}_n\dot{I} = \dot{Z}_1 : \dot{Z}_2 : \cdots : \dot{Z}_n \quad (2\text{-}27)$$

로 된다.

즉, **임피던스가 직렬로 연결되었을 때 각각 임피던스의 전압분포는 벡터 임피던스에 비례함**(Voltage Divider Rule)**을 알 수 있다.**

그러므로 식 (2-27)로 부터 다음과 같이 표시할 수 있다.

$$\dot{V}_1 = \frac{\dot{Z}_1}{\dot{Z}}\dot{V}, \quad \dot{V}_2 = \frac{\dot{Z}_2}{\dot{Z}}\dot{V}, \quad \cdots \dot{V}_n = \frac{\dot{Z}_n}{\dot{Z}}\dot{V} \quad (2\text{-}28)$$

例題 2. 그림 2-18과 같이 $\dot{Z}_1 = 3 + j10\,[\Omega]$ $\dot{Z}_2 = 3 - j2\,[\Omega]$의 임피던스를 직렬로 하여 100[V]의 전압을 인가할 때 합성 임피던스, 전류 및 각각의 임피던스 양단 전압을 구하여라.

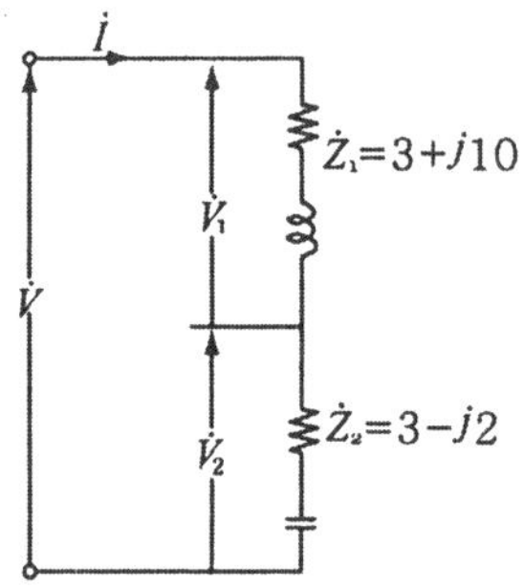

그림 2-18

解答 합성 임피던스 $\dot{Z} = \dot{Z}_1 + \dot{Z}_2 = 3 + j10 + 3 - j2 = 6 + j8\,[\Omega]$이고, $\dot{V}$를 기준 벡터로 하면 $\dot{V} = 100$ 이므로 $\dot{I}$는 다음과 같이 된다.

$$\therefore\ \dot{I} = \frac{\dot{V}}{\dot{Z}} = \frac{100}{6+j8} = \frac{100(6-j8)}{6^2+8^2} = 6 - j8$$

$$\dot{V}_1 = \dot{Z}_1\dot{I} = (3+j10)(6-j8) = (18+80) + j(60-24) = 98 + j36\,[\text{V}]$$

$$\dot{V}_2 = \dot{Z}_2\dot{I} = (3-j2)(6-j8) = (18-16) - j(12+24) = 2 - j36\,[\text{V}]$$

또한 $\dot{V}_1$, $\dot{V}_2$는 식 (2-28)로 부터 구하면 다음과 같다.

$$\dot{V}_1 = \frac{\dot{Z}_1}{\dot{Z}}\dot{V} = \frac{3+j10}{6+j8} \times 100 = 98 + j36\,[\text{V}]$$

$$\dot{V}_2 = \frac{\dot{Z}_2}{\dot{Z}}\dot{V} = \frac{3-j2}{6+j8} \times 100 = 2 - j36\,[\text{V}]$$

또 전압과 전류의 절대치 및 위상각을 구하면 다음과 같다.

$$Z = \sqrt{6^2+8^2} = 10\,[\Omega] \qquad \theta_z = \tan^{-1}\frac{8}{6}$$

$$I = \sqrt{6^2+8^2} = 10\,[\text{A}] \qquad \theta_z = \tan^{-1}\frac{-8}{6}$$

$$V_1 = \sqrt{98^2+36^2} = 104.4\,[\text{V}] \qquad \theta_{v1} = \tan^{-1}\frac{36}{98}$$

$$V_2 = \sqrt{2^2+36^2} = 36.1\,[\text{V}] \qquad \theta_{v2} = \tan^{-1}\frac{-36}{2}$$

7-2 임피던스 병렬회로

그림 2-19와 같이 $\dot{Z}_1$, $\dot{Z}_2$, $\dot{Z}_3$……의 임피던스를 병렬로 연결하여 여기에 $\dot{V}$의 교류 전압을 인가했을 때를 생각해 보자.

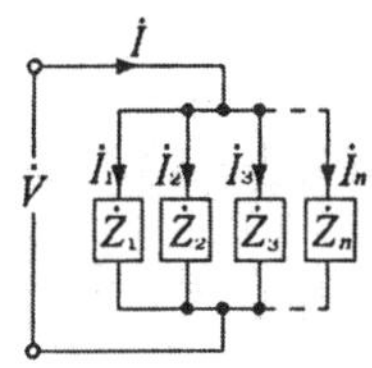

그림 2-19

전체 전류를 $\dot{I}$, 각각의 임피던스에 흐르는 전류를 $\dot{I}_1$, $\dot{I}_2$, $\dot{I}_3$……라 하면

$$\dot{I}_1=\frac{\dot{V}}{\dot{Z}_1},\ \dot{I}_2=\frac{\dot{V}}{\dot{Z}_2},\ \dot{I}_3=\frac{\dot{V}}{\dot{Z}_3}\cdots\cdots \tag{2-29}$$

가 되므로, 합성 벡터 임피던스를 $\dot{Z}$, 합성 벡터 어드미턴스를 $\dot{Y}$라 하면

$$\dot{I}=\dot{I}_1+\dot{I}_2+\dot{I}_3\cdots=\left[\frac{1}{\dot{Z}_1}+\frac{1}{\dot{Z}_2}+\frac{1}{\dot{Z}_3}+\cdots\cdots\right]\dot{V}=\frac{\dot{V}}{\dot{Z}} \tag{2-30}$$

$$\left.\begin{aligned}&\text{단,}\quad \frac{1}{\dot{Z}}=\frac{1}{\dot{Z}_1}+\frac{1}{\dot{Z}_2}+\frac{1}{\dot{Z}_3}+\cdots\cdots=\Sigma\frac{1}{\dot{Z}_n}\\ &\text{또한}\ \dot{Z}=\frac{1}{\dfrac{1}{\dot{Z}_1}+\dfrac{1}{\dot{Z}_2}+\dfrac{1}{\dot{Z}_3}+\cdots}=\frac{1}{\Sigma\dfrac{1}{\dot{Z}_n}}\end{aligned}\right\} \tag{2-31}$$

로 된다. 또한 어드미턴스를 사용하면 $\dot{Y}=1/\dot{Z}$라 하고, $\dot{Y}_1=1/\dot{Z}_1$, $\dot{Y}_2=1/\dot{Z}_2$, $\dot{Y}_3=1/\dot{Z}_3$……라고 하면 식 (2-31)은

$$\dot{Y}=\frac{1}{\dot{Z}}=\frac{1}{\dot{Z}_1}+\frac{1}{\dot{Z}_2}+\frac{1}{\dot{Z}_3}+\cdots\cdots=\dot{Y}_1+\dot{Y}_2+\dot{Y}_3+\cdots=\Sigma\dot{Y}_n$$

로 표시된다. 따라서, 식 (2-30)은

$$\dot{I}=(\dot{Y}_1+\dot{Y}_2+\dot{Y}_3+\cdots)\dot{V}=\dot{Y}\dot{V} \tag{2-32}$$

로서 표시할 수 있다.

이때 식 (2-31) 및 (2-32)의 $\dot{Z}$와 $\dot{Y}$는 각각 병렬회로의 합성 벡터 임피던스 및 합성 벡터 어드미턴스를 나타낸 것이다.

병렬회로의 전류는 식 (2-30) 및 (2-32)에서 구하여지지만 일반적으로 병렬회로에서는 식 (2-32)와 같이 합성 어드미턴스를 사용하여 계산하는 것이 편리한 경우가 많다.

다음, 식 (2-29), (2-30)의 관계로부터 각 전류비를 구하여 보면

$$\dot{I}_1 : \dot{I}_2 : \dot{I}_3 : \dot{I} = \frac{\dot{V}}{\dot{Z}_1} : \frac{\dot{V}}{\dot{Z}_2} : \frac{\dot{V}}{\dot{Z}_3} : \frac{\dot{V}}{\dot{Z}} = \frac{1}{\dot{Z}_1} : \frac{1}{\dot{Z}_2} : \frac{1}{\dot{Z}_3} : \frac{1}{\dot{Z}} \tag{2-33}$$

가 되어, 병렬 회로의 전류는 벡터 임피던스에 반비례하여 분류된다.

따라서, 각 지로전류는 다음과 같이 된다.

$$\dot{I}_1 = \frac{\dot{Z}}{\dot{Z}_1}\dot{I},\ \dot{I}_2 = \frac{\dot{Z}}{\dot{Z}_2}\dot{I},\ \dot{I}_3 = \frac{\dot{Z}}{\dot{Z}_3}\dot{I} \cdots\cdots \tag{2-34}$$

또한 벡터 어드미턴스를 사용하면

$$\dot{I}_1 = \frac{\dot{Y}_1}{\dot{Y}}\dot{I},\quad \dot{I}_2 = \frac{\dot{Y}_2}{\dot{Y}}\dot{I},\quad \dot{I}_3 = \frac{\dot{Y}_3}{\dot{Y}}\dot{I} \cdots\cdots$$

가 됨을 알 수 있다.(Current Divider Rule)

例題 3. 그림 2-20과 같은 임피던스 병렬 회로에 각주파수 ω[rad/s]의 전압을 인가했을 때 합성 임피던스와 합성 어드미턴스를 구하여라.

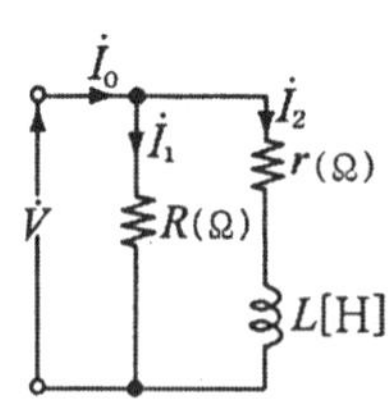

그림 2-20

解答 $\dot{Z}_1 = R$, $\dot{Z}_2 = r + j\omega L$, 합성 벡터 어드미턴스를 $\dot{Y}$, 합성 벡터 임피던스를 $\dot{Z}$라 하면

$$\dot{Y} = \dot{Y}_1 + \dot{Y}_2 = \frac{1}{\dot{Z}_1} + \frac{1}{\dot{Z}_2} = \frac{1}{R} + \frac{1}{r+j\omega L} = \frac{R+r+j\omega L}{R(r+j\omega L)}$$

$$= \frac{(R+r)r + \omega^2 L^2}{R(r^2+\omega^2 L^2)} - j\frac{R\omega L}{R(r^2+\omega^2 L^2)}$$

$$\dot{Z} = \frac{1}{\dot{Y}} = \frac{Rr + jR\omega L}{R+r+j\omega L} = \frac{(Rr+jR\omega L)(R+r-j\omega L)}{(R+r)^2+\omega^2 L^2}$$

$$= \frac{(R+r)Rr + R\omega^2 L^2}{(R+r)^2+\omega^2 L^2} + j\frac{R^2\omega L}{(R+r)^2+\omega^2 L^2}$$

이 되고, 또한 $\dot{Y}$ 및 $\dot{Z}$의 절대치는 다음과 같다.

$$Y = \frac{\sqrt{(R+r)^2+\omega^2 L^2}}{R\sqrt{r^2+\omega^2 L^2}}[\mho], \quad Z = \frac{R\sqrt{r^2+\omega^2 L^2}}{\sqrt{(R+r)^2+\omega^2 L^2}}[\Omega]$$

例題 4. 〔예제 3〕에서 각 지로 전류 $\dot{I}_1$, $\dot{I}_2$, $\dot{I}_0$는 얼마인가?

解答 $\dot{I}_1 = \dfrac{\dot{V}}{\dot{Z}_1} = \dfrac{\dot{V}}{R}$ $\quad \therefore \dot{I}_1 = \dfrac{\dot{V}}{R}$, $\quad \theta_1 = \tan^{-1}\dfrac{0}{R} = 0$

$$\dot{I}_2 = \frac{\dot{V}}{\dot{Z}_2} = \frac{\dot{V}}{r+j\omega L} = \frac{r-j\omega L}{r^2+\omega^2 L^2}\dot{V}$$

$$\therefore \dot{I}_2 = \frac{\dot{V}}{\sqrt{r^2+\omega^2 L^2}}, \quad \theta_2 = \tan^{-1}\frac{-\omega L}{r} = -\tan^{-1}\frac{\omega L}{r}$$

$$\dot{I}_0 = \dot{I}_1 + \dot{I}_2 = \left(\frac{1}{R} + \frac{1}{r+j\omega L}\right)\dot{V} = \frac{R+r+j\omega L}{R(r+j\omega L)}\dot{V}$$

$$\therefore \dot{I}_0 = \sqrt{I_1{}^2 + I_2{}^2} = \frac{\sqrt{(R+r)^2+\omega^2 L^2}}{R\sqrt{r^2+\omega^2 L^2}} \cdot \dot{V},$$

$$\theta_0 = -\tan^{-1}\frac{R\omega L}{(R+r)r+\omega^2 L^2}$$

例題 5. 그림 2-21과 같은 임피던스 병렬회로에서 $r[\Omega]$에 흐르는 전류가 $\dot{I}[A]$이었다고 하면 $\dot{I}_0$, $\dot{I}_1$의 크기는 얼마인가?

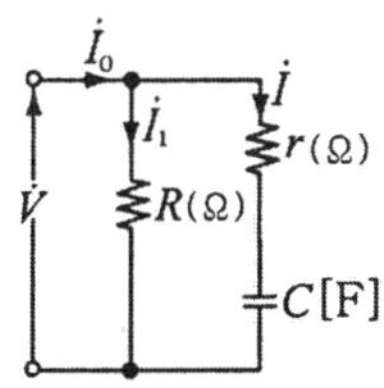

그림 2-21

解答 공급 전압 $\dot{V}$는 $\dot{I}$를 기준 벡터로 하면

$\dot{Z}_1 = R,\ \dot{Z}_2 = r - j\dfrac{1}{\omega C}$ 이므로

$$\dot{V} = \dot{Z}_2\dot{I} = \left(r - j\frac{1}{\omega C}\right)\dot{I}$$

$$\therefore\ \dot{I}_1 = \frac{\dot{V}}{\dot{Z}_1} = \frac{\dot{V}}{\dot{R}} = \frac{\left(r - j\dfrac{1}{\omega C}\right)\dot{I}}{\dot{R}}$$

$$\dot{I}_0 = \dot{I} + \dot{I}_1 = \dot{I} + \frac{\left(r - j\dfrac{1}{\omega C}\right)\dot{I}}{R} = \left(1 + \frac{r}{R} - j\frac{1}{R\omega C}\right)\dot{I}$$

$$= \left(\frac{R+r}{R} - j\frac{1}{R\omega C}\right)\dot{I}$$

따라서 $\dot{I}_1$, $\dot{I}_0$의 크기는 다음과 같다.

$$I_1 = \frac{\sqrt{r^2 + \dfrac{1}{\omega^2 C^2}}}{R}\cdot \dot{I}(A),\quad I_0 = \sqrt{\left(\frac{R+r}{R}\right)^2 + \left(\frac{1}{R\omega C}\right)^2}\cdot \dot{I}(A)$$

例題 6. 그림 2-22와 같이 일정 저항 r, 자기 인덕턴스 L, 가변 정전용량 C를 연결하였을 때 임피던스가 최대인 때의 C의 값 및 임피던스의 최대치를 구하여라. 단, 주파수는 f[Hz]이다.

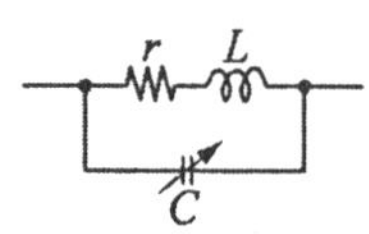

그림 2-22

解答 $\omega = 2\pi f$라 하면, r, L 직렬회로의 임피던스는 $\dot{Z}_1 = r + j\omega L$, 또한 C의 임피던스는 $\dot{Z}_2 = -j\dfrac{1}{\omega C}$ 이므로, 합성 임피던스는 다음과 같다.

$$\dot{Z} = \frac{1}{\dfrac{1}{\dot{Z}_1} + \dfrac{1}{Z_2}} = \frac{1}{\dfrac{1}{r + j\omega L} + \dfrac{1}{-j1/\omega C}}$$

$$= \frac{1}{\dfrac{r}{r^2 + \omega^2 L^2} - j\left(\dfrac{\omega L}{r^2 + \omega^2 L^2} - \omega C\right)}$$

Z가 최대가 되려면 분모의 허수부가 0이 되면 되므로

$$\frac{\omega L}{r^2+\omega^2 L^2}=\omega C \qquad \therefore\ C=\frac{L}{r^2+\omega^2 L^2}=\frac{L}{r^2+(2\pi f)^2 L^2}$$

또한 임피던스의 최대 Z_m 을 구하면 다음과 같다.

$$\dot{Z}_m=\frac{1}{\dfrac{r}{r^2+\omega^2 L^2}}=\frac{r^2+\omega^2 L^2}{r}=r+\frac{(2\pi f)^2 L^2}{r}$$

例題 7. 그림 2-23과 같은 임피던스 병렬회로에서 각각의 분로에 흐르는 전류의 크기가 같고, 위상이 90°의 상차를 이루는 조건을 구하여라. 단, 각주파수는 ω〔rad/sec〕이다.

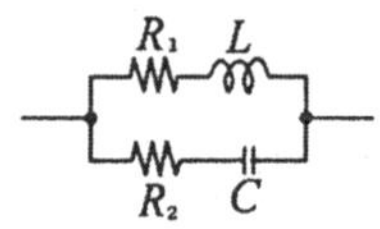

그림 2-23

解答 R_1 에 흐르는 전류를 $\dot{I}_1$, R_2 에 흐르는 전류를 $\dot{I}_2$ 공급 전압을 $\dot{V}$라 하면

$$\dot{I}_1=\frac{\dot{V}}{R_1+j\omega L} \qquad \dot{I}_2=\frac{\dot{V}}{R_2-j\dfrac{1}{\omega C}}$$

이 되고, 이때 $\dot{I}_2$ 는 $\dot{I}_1$ 보다 위상이 앞서므로 $\dot{I}_2=j\dot{I}_1$ 의 관계가 있다면 $\dot{I}_2$ 와 $\dot{I}_1$ 의 위상차는 90°로 된다.

$$\frac{\dot{V}}{R_2-j\dfrac{1}{\omega C}}=j\cdot\frac{\dot{V}}{R_1+j\omega L} \qquad \therefore\ R_2-j\frac{1}{\omega C}=\omega L-jR_1$$

복소수가 같게 되려면 실수부와 허수부가 각각 같게 되지 않으면 안되므로

$$R_2=\omega L,\quad \frac{1}{\omega C}=R_1$$

의 조건이 필요하다.

7-3 임피던스의 직병렬회로

그림 2-24(a)와 같이 $\dot{Z}_1$ …… $\dot{Z}_4$ 의 임피던스의 직병렬 회로에 전압 $\dot{V}$를 인가했을 때 전류, 전압 및 임피던스에 대하여 생각해 보자.

지금, 그림 (a)의 $\dot{Z}_2$ 와 $\dot{Z}_3$는 직렬이므로 이것을 그림 (b)과 같이 $\dot{Z}_2+\dot{Z}_3$

의 1개의 임피던스로 바꾸어 놓을 수 있다.

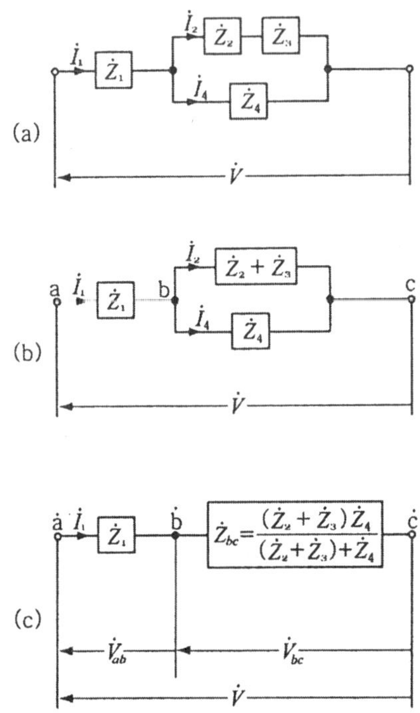

그림 2-24

그러므로 그림 (b)의 임피던스의 병렬 부분의 합성 임피던스 $\dot{Z}_{bc}$는 식 (2-31)로 부터

$$\dot{Z}_{bc}=\frac{(\dot{Z}_2+\dot{Z}_3)\dot{Z}_4}{(\dot{Z}_2+\dot{Z}_3)+\dot{Z}_4}$$

가 되므로, 그림 (b)는 그림 (c)와 같은 직렬회로로 바꾸어 놓을 수 있다.

따라서 ac 사이의 전 합성 임피던스 $\dot{Z}$는 다음과 같이 된다.

$$\dot{Z}=\dot{Z}_1+\dot{Z}_{bc}=\dot{Z}_1+\frac{(\dot{Z}_2+\dot{Z}_3)\dot{Z}_4}{(\dot{Z}_2+\dot{Z}_3)+\dot{Z}_4}$$

그러므로 전 전류 $\dot{I}_1$은

$$\dot{I}_1 = \frac{\dot{V}}{\dot{Z}}$$

에서 구하여진다. 또한 이 전류가 $(\dot{Z}_2+\dot{Z}_3)$와 $\dot{Z}_4$에 분류하는 전류를 $\dot{I}_2$, $\dot{I}_4$라 하면 식 (2-34)에 의하여 다음과 같이 된다.

$$\dot{I}_2 = \frac{\dot{Z}_4}{(\dot{Z}_2+\dot{Z}_3)+\dot{Z}_4}\dot{I}_1, \qquad \dot{I}_4 = \frac{\dot{Z}_2+\dot{Z}_3}{(\dot{Z}_2+\dot{Z}_3)+\dot{Z}_4}\dot{I}_1$$

또한 ab, bc 사이의 전압 $\dot{V}_{ab}$, $\dot{V}_{bc}$는

$$\dot{V}_{ab} = \dot{Z}_1\dot{I}_1 = \frac{\dot{Z}_1}{\dot{Z}_1+\dot{Z}_{bc}}\dot{V}$$

$$\dot{V}_{bc} = \dot{Z}_{bc}\dot{I}_1 = \frac{\dot{Z}_{bc}}{\dot{Z}_1+\dot{Z}_{bc}}\dot{V}$$

로 부터 구해진다.

例題 **8.** 그림 2-25와 같이 임피던스의 직병렬 회로가 있다. ac 사이에 100[V]의 교류전압을 인가할 때 합성임피이던스 및 각 분로전류와 전압을 구하라.

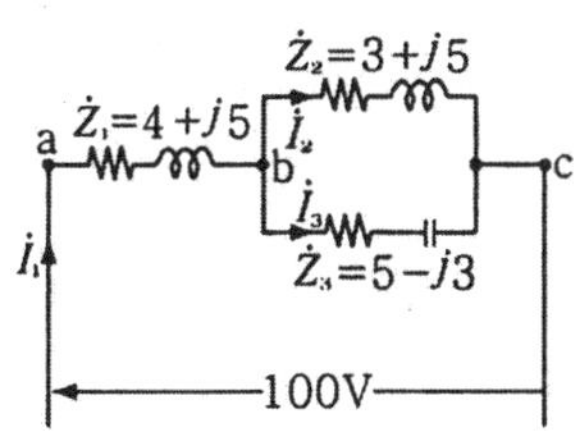

그림 2-25

解答 bc 사이의 합성임피던스 $\dot{Z}_{bc}$는 다음과 같다.

$$\dot{Z}_{bc} = \frac{\dot{Z}_2\dot{Z}_3}{\dot{Z}_2+\dot{Z}_3} = \frac{(3+j5)(5-j3)}{(3+j5)+(5-j3)} = \frac{15+j8}{4+j}$$

따라서 ac 사이의 전 합성임피던스 $\dot{Z}$는

$$\dot{Z} = \dot{Z}_1 + \dot{Z}_{bc} = 4 + j5 + \frac{15+j8}{4+j} = \frac{(4+j5)(4+j)+(15+j8)}{4+j}$$

$$= \frac{26+j32}{4+j} = \frac{(26+j32)(4-j)}{(4+j)(4-j)} = 8+j6$$

이 되고, 100 [V]의 전압 $\dot{V}$를 기준 벡터로 하면 $\dot{V} = V = 100$ [V]이므로 전체 전류 $\dot{I}_1$은 다음과 같이 된다.

$$\dot{I}_1 = \frac{\dot{V}}{\dot{Z}} = \frac{100}{8+j6} = \frac{100(8-j6)}{8^2+6^2} = 8-j6$$

$\dot{Z}_2$, $\dot{Z}_3$에 분류되는 전류를 $\dot{I}_2$, $\dot{I}_3$라 하면 식 (2-34)로 부터

$$\dot{I}_2 = \dot{I}_1 \times \frac{\dot{Z}_3}{\dot{Z}_2+\dot{Z}_3} = (8-j6) \times \frac{5-j3}{(3+j5)+(5-j3)} = 8-j6 \times \frac{5-j3}{8+j2}$$

$$\frac{40-18-j(30+24)}{8+j2} = \frac{11-j27}{4+j} = \frac{(11-j27)(4-j)}{4^2+1^2} = 1-j7$$

$$\dot{I}_3 = \dot{I}_1 \times \frac{\dot{Z}_2}{\dot{Z}_2 \times \dot{Z}_3} = (8-j6) \times \frac{3+j5}{(3+j5)+(5-j3)}$$

$$= \frac{27+j11}{4+j} = \frac{(27+j11)(4-j)}{4^2+1^2} = 7+j$$

이 되며, $\dot{I}_3 = \dot{I}_1 - \dot{I}_2 = 8-j6-(1-j7) = 7+j1$ 이 된다.

ab 및 bc 사이의 전압 $\dot{V}_{ab}$, $\dot{V}_{bc}$는

$$\dot{V}_{ab} = \dot{Z}_1\dot{I}_1 = (4+j5)(8-j6) = 32+30+j(40-24) = 62+j16$$

$$\dot{V}_{bc} = Z_{bc}I_1 = \dot{Z}_2\dot{I}_2 = \dot{Z}_3\dot{I}_3 = (5-j3)(7+j) = 35+3-j(21-5) = 38-j16$$

가 되며, 각각의 절대치와 위상각을 구하면 다음과 같다.

$Z = \sqrt{8^2+6^2} = 10$ [Ω] $\quad \theta_z = \tan^{-1}\frac{6}{8} = \tan^{-1}\frac{3}{4}$

$I_1 = \sqrt{8^2+6^2} = 10$ [A] $\quad \theta_{i1} = \tan^{-1}\frac{-6}{8} = \tan^{-1}\frac{-3}{4}$ (뒤진 위상)

$I_2 = \sqrt{1^2+7^2} \fallingdotseq 7.05$ [A] $\quad \theta_{i2} = \tan^{-1}\frac{-7}{1} = \tan^{-1}-7$ (뒤진 위상)

$I_3 = \sqrt{7^2+1^2} \fallingdotseq 7.05$ [A] $\quad \theta_{i3} = \tan^{-1}\frac{1}{7}$ (앞선 위상)

$V_{ab} = \sqrt{62^2+16^2} \fallingdotseq 64.03$ [V]

$\theta_{ab} = \tan^{-1}\frac{16}{62} = \tan\frac{-18}{31}$ (앞선 위상)

$V_{ab} = \sqrt{38^2+16^2} \fallingdotseq 41.22$ [V]

$\theta_{bc} = \tan^{-1}\frac{-16}{38} = -\tan^{-1}\frac{8}{19}$ (뒤진 위상)

이들 관계를 벡터로 표시하면 그림 2-26과 같다.

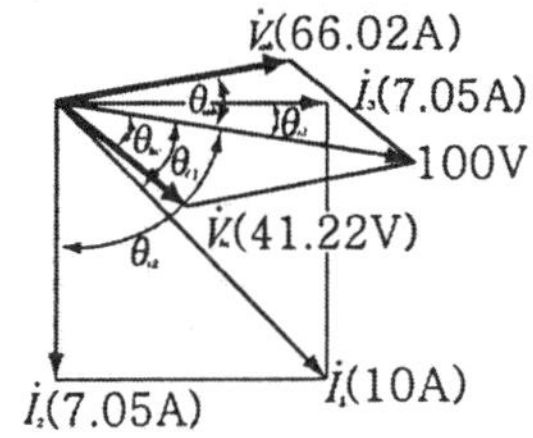

그림 2-26

例題 9. 그림 2-27과 같이 저항 $R[\Omega]$와 용량 리액턴스 $X_c[\Omega]$를 병렬로 연결하여, 여기에 $X[\Omega]$의 유도 리액턴스를 직렬로 접속한 회로가 있다. 단자 사이에 교류전압 V를 인가했을 때 R를 가감하여 회로에 흐르는 전류 I가 V와 동위상이 되기 위한 조건을 구하여라.

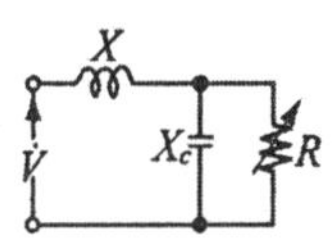

그림 2-27

解答 합성임피던스 $\dot{Z}=jX+\dfrac{-jRX_c}{R-jX_c}$ 이 되며,

따라서, 회로에 흐르는 전류 $\dot{I}$는 다음과 같이 된다.

$$\dot{I}=\frac{\dot{V}}{\dot{Z}}=\frac{\dot{V}}{jX+\dfrac{-jRX_c}{R-jX_c}}=\frac{\dot{V}}{jX+\dfrac{-jRX_c(R+jX_c)}{R^2+X_c^{\,2}}}$$

$$=\frac{\dot{V}}{\dfrac{RX_c^{\,2}}{R^2+X_c^{\,2}}+j\left(X-\dfrac{R^2X_c}{R^2+X_c^{\,2}}\right)}$$

$\dot{I}$와 $\dot{V}$가 동위상이 되기 위해서는 분모의 임피던스의 허수부가 0이 되어야 하므로

$$X-\frac{R^2X_c}{R^2+X_c^{\,2}}=0 \qquad \therefore\ R=X_c\sqrt{\frac{X}{X_c-X}}$$

의 조건이 필요하다. 그러나 R는 언제나 (+)이어야 하고, $X_c-X>0$, 즉 $X_c>X$인 조건을 만족해야 한다.

제 8 절 공진과 반공진

8-1 직렬공진

(1) 이상적인 직렬공진

그림 2-28과 같은 $L \cdot C$ 직렬회로의 임피던스 $\dot{Z}=j\left(\omega L-\frac{1}{\omega C}\right)$로 된다. 만일, $\omega L-\frac{1}{\omega C}=0$인 상태로 되었다면 $\dot{Z}=0$ 즉, 합성임피던스가 0으로 되어 전류는 무한대로 된다.

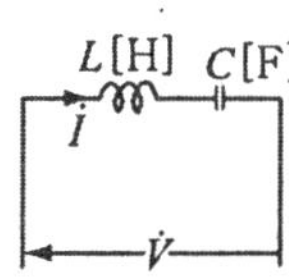

그림 2-28

이와 같은 상태를 이상적인 **직렬공진**(series resonance) 혹은 간단히 **공진**(resonance)이라고 한다.

(2) 일반적인 직렬공진

실제의 임피던스 직렬회로에서는 저항이 없는 회로는 없으므로 그림 2-29와 같이 $R \cdot L \cdot C$직렬 회로가 된다.

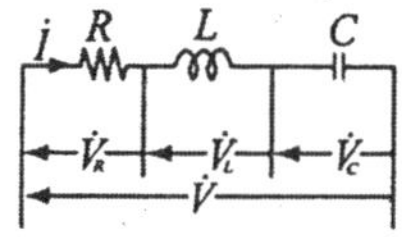

그림 2-29

이 회로의 전류 $\dot{I}$와 위상각 θ는 식 (2-16)으로 부터

$$\dot{I}=\frac{\dot{V}}{\sqrt{R^2+\left(\omega L-\frac{1}{\omega C}\right)^2}}, \quad \theta=\tan^{-1}\frac{\omega L-\frac{1}{\omega C}}{R} \qquad (2\text{-}35)$$

로 된다. 그러므로 $\omega L-\frac{1}{\omega C}=0$ 즉, $\omega L=\frac{1}{\omega C}$ 인 상태가 되면

$$\dot{I}=I_r=\frac{\dot{V}}{R}, \quad \theta=\tan^{-1}\frac{0}{R}=0$$

로 되어 $\dot{V}$와 $\dot{I}$는 동위상으로 전류는 최대가 된다.

따라서, $R \cdot L \cdot C$ 양단전압 $\dot{V}_R$, $\dot{V}_L$, $\dot{V}_C$는 다음과 같다.

$$\dot{V}_R=R\dot{I}_r=\dot{V}, \ \dot{V}_L=j\omega L\dot{I}_r, \ \dot{V}_C=-j\frac{1}{\omega C}\dot{I}_r \qquad (2\text{-}36)$$

이 때문에 일반적인 경우의 직렬공진은 ① **리액턴스성분이 0으로 되어 전압과 전류가 동위상이 되는 상태**, ② **임피던스가 최소로 전류가 최대로 되는 상태**를 말한다. ①과 ②의 상태는 약간의 차가 있을 때도 있으므로 보통은 비교적 간단히 취급하는 ①의 조건을 직렬공진의 조건으로 흔히 사용한다.

$R \cdot L \cdot C$ 직렬회로의 전원의 각주파수 ω를 변화시켰을 때 회로의 리액턴스 변화를 그림으로 표시하면 그림 2-30과 같다.

즉 ωL는 ω에 비례하고 $1/\omega C$은 ω에 반비례하여 변화하므로 합성 리액턴스 $X=j(\omega L-1/\omega C)$는 그림 2-30과 같이 변화한다.

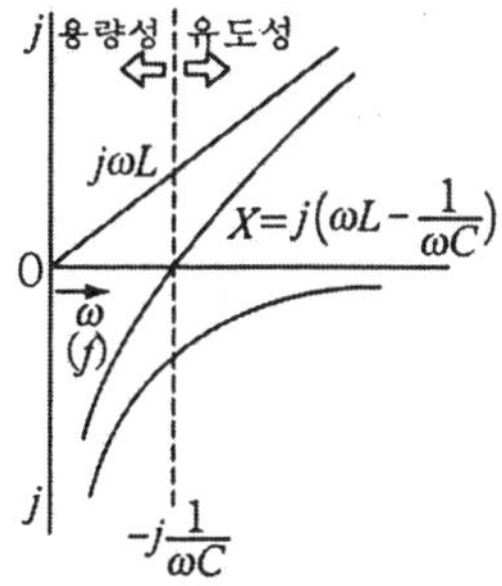

그림 2-30

그리하여 리액턴스 성분 0인 공진 시의 각주파수를 ω_r(주파수 f_r)이라 하면 공진 시에는 $\omega_r L = 1/\omega_r C$이므로 이 때의 ω_r 및 f_r는

$$\omega_r = \frac{1}{\sqrt{LC}}, \quad f_r = \frac{1}{2\pi\sqrt{LC}} \tag{2-37}$$

이다. 이 ω_r를 **공진 각주파수**(resonance angular frequency), f_r를 **공진주파수**(resonance frequency)라 하고, 이 때 흐르는 전류 I_r를 **공진전류**(resonance current)라 한다. 이상의 직렬공진 시에는 $\omega_r L$와 $1/\omega_r C$가 아무리 크더라도 리액턴스 성분은 $X = \omega_r L - 1/\omega_r C = 0$으로 된다.

따라서, 공진 전류 $\dot{I}_r = \dot{V}/R$는 R에만 관계되어 R가 작을수록 크게 되며 $\dot{V}_L = \omega_r L\dot{I}_r$, $\dot{V}_C = \dot{I}_r/\omega_r C$의 전압도 크게 된다.

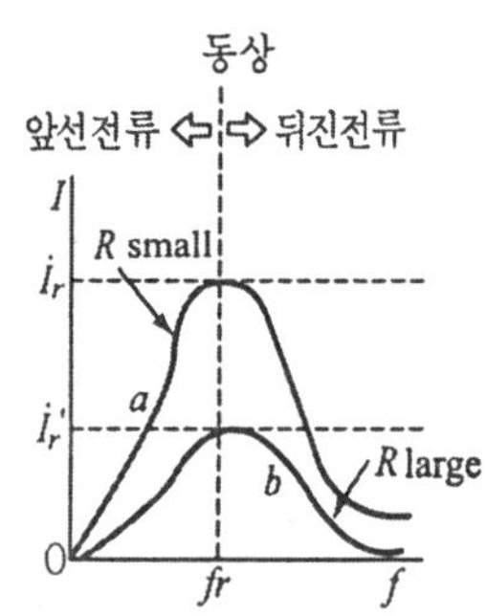

그림 2-31

일반적으로 그림 2-31과 같이 공진회로의 주파수 특성을 나타낸 곡선을 **공진곡선**(resonance curve)이라 한다.

(3) 전압 확대율

직렬공진 시에 있어서 $\dot{V}_L$ 및 $\dot{V}_C$의 공급 전압 $\dot{V}$에 대한 비율을 **전압확대율**이라 하고, 보통 Q의 기호로서 표시된다. 즉 식 (2-36)으로부터 전압확대율은

$$\left.\begin{aligned} Q_L &= \frac{\dot{V}_L}{\dot{V}} = \frac{\omega_r L \dot{I}_r}{R\dot{I}_r} = \frac{\omega_r L}{R} \\ Q_C &= \frac{\dot{V}_C}{\dot{V}} = \frac{\dot{I}_r/\omega_r C}{R\dot{I}_r} = \frac{1}{R\omega_r C} \end{aligned}\right\} \tag{2-38}$$

로 된다. 그래서 $\omega_r L = 1/\omega_r C$의 관계가 있으므로

$$Q = \frac{\omega_r L}{R} = \frac{1}{R\omega_r C} \tag{2-39}$$

로 된다. 따라서, 전압 확대율 Q의 값은 R에 비하여 $\omega_r L$ 혹은 $1/\omega_r C$가 클수록 커진다.

(4) 선택도

$R \cdot L \cdot C$의 직렬회로에 주파수가 다르고 크기가 같은 여러 가지의 전압을 인가하면 이때 흐르는 전류 중에서 공진주파수 f_r의 전압에 의하여 흐르는 전류가 가장 큰 공진전류 I_r로 되고, 다른 주파수의 전류는 I_r에 비해 매우 작다.

따라서, 주파수 f_r의 전압만은 Q배로 확대되어 L 또는 C의 양단에 나타나고, 다른 주파수의 전압은 매우 작다. 즉, $R \cdot L \cdot C$의 직렬 회로에서는 주파수 f_r의 전압만이 선택되어 확대 된다. 이 선택성은 그림 2-34의 공진곡선이 뾰족할수록 크다. 그리하여 이 뾰족함을 표시하는데 그림 2-32와 같이 공진 곡선의 f_r에 매우 가까운 곳에서의 전류 I를 취하고 이 전류에 대한 주파수 f_1, f_2(단, $f_1 < f_r < f_2$)를 취하였을 때

$$S = \frac{f_r}{f_2 - f_1} \tag{2-40}$$

을 생각하면, 이 S가 클수록 공진 곡선이 날카롭게 뾰족하다고 할 수 있다.

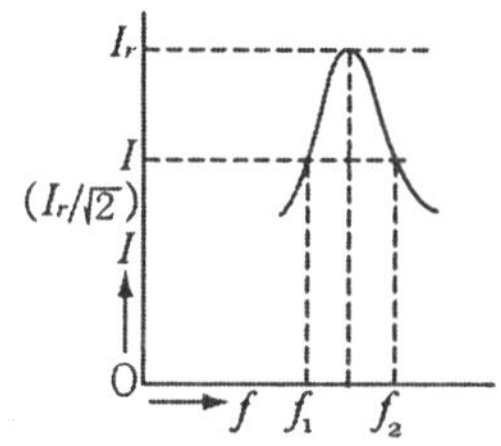

그림 2-32

때문에, 이 S를 **첨예도**(sharpness) 또는 **선택도**(selectivity)라고 한다.

일반적으로 선택도는 $\dot{I}=\dot{I}_r/\sqrt{2}$이 되었을 때의 f_1, f_2를 취해서 식 (2-40)으로 표시하는 것이 보통이므로 이때의 S와 Q의 관계를 알아 보기로 하자.

그림 2-32에서 공진각주파수가 ω_r 일 때 $\dot{I}_r=\dot{V}/R$이고, $\dot{I}=\dot{I}_r/\sqrt{2}$일 때의 각주파수를 ω_x라 하면

$$\dot{I}=\frac{\dot{I}_r}{\sqrt{2}}=\frac{\dot{V}}{\sqrt{2}\,R}=\frac{\dot{V}}{\sqrt{R^2+\left[\omega_x L-\dfrac{1}{\omega_x C}\right]^2}}$$

$$\therefore\ \sqrt{2}\,R=\sqrt{R^2+\left[\omega_x L-\frac{1}{\omega_x C}\right]^2} \tag{a}$$

와 같이 되고, 양변을 제곱하여 정리하면

$$\left[\omega_x L-\frac{1}{\omega_x C}\right]^2=R^2$$

$$\left[\frac{\omega_x L}{R}-\frac{1}{R\omega_x C}\right]^2=1 \tag{b}$$

와 같이 된다. 위 식에 $Q=\dfrac{\omega_r L}{R}=\dfrac{1}{R\omega_r C}$의 관계를 대입하여 정리하면 다음과 같다.

$$\frac{\omega_x Q}{\omega_r}-\frac{\omega_r Q}{\omega_x}=\pm 1 \tag{c}$$

$$\omega_x{}^2 \mp \frac{\omega_r}{Q}\omega_x - \omega_r{}^2 = 0 \tag{d}$$

이 ω_x는 위 식을 만족하고 또한 당연히 +값이어야 하므로 이 값을 ω_1, ω_2 라 하면 다음과 같이 된다.

$$\left.\begin{aligned} \omega_1 &= \frac{-\dfrac{\omega_r}{Q} + \sqrt{\left(\dfrac{\omega_r}{Q}\right)^2 + 4\,\omega_r{}^2}}{2} \quad (\omega_1 < \omega_r) \\ \omega_2 &= \frac{\dfrac{\omega_r}{Q} + \sqrt{\left(\dfrac{\omega_r}{Q}\right)^2 + 4\,\omega_r{}^2}}{2} \quad (\omega_2 > \omega_r) \end{aligned}\right\} \tag{2-41}$$

따라서

$$\omega_1\omega_2 = \omega_r{}^2, \qquad \omega_2 - \omega_1 = \frac{\omega_r}{Q} \tag{2-42}$$

의 관계가 있다.

이 관계를 식 (2-40)에 대입하면

$$S = \frac{f_r}{f_2 - f_1} = \frac{\omega_r}{\omega_2 - \omega_1} = \frac{\omega_r}{\dfrac{\omega_r}{Q}} = Q \tag{2-43}$$

로 된다.

즉 전압확대율 Q와 $\dot{I} = \dot{I}_r / \sqrt{2}$로 잡았을 때의 선택도 S는 같다.

이로부터 Q가 큰 $R \cdot L \cdot C$의 직렬 회로는 전압 확대율과 선택도가 모두 크다고 할 수 있다.

8-2 병렬공진

(1) 이상적인 병렬공진

그림 2-33(a)와 같이 $L \cdot C$병렬회로에 교류전압 $\dot{V}$를 인가했을 때, 흐르는 전체 전류를 $\dot{I}$, L, C에 흐르는 회로의 전류를 각각 $\dot{I}_L, \dot{I}_C$라 하면

$$\dot{I} = \dot{I}_L + \dot{I}_C = \frac{\dot{V}}{j\omega L} + j\omega C\dot{V}$$
$$= j\left(\omega C - \frac{1}{\omega L}\right)\dot{V} = \dot{Y}\dot{V}$$

$$\therefore\ I = \left(\omega C - \frac{1}{\omega L}\right)V \tag{2-44}$$

로 된다. 만일, $\omega C = \dfrac{1}{\omega L}$의 관계가 있으면 어드미턴스 $Y=0$이고, 임피던스 $\dot{Z}-1/\dot{Y}$은 무한대로 되어 합성 진류 $\dot{I}$는 0으로 된다.

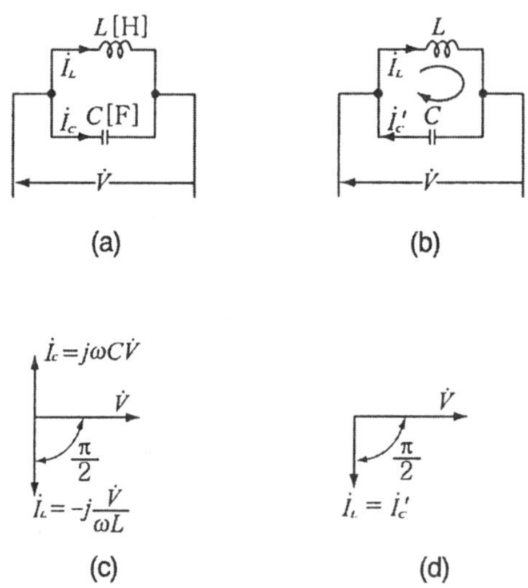

그림 2-33

이 전류 $\dot{I}$가 0으로 되는 것은, 병렬공진 시에는 그림 (b)와 같이 $\dot{I}_C$와 $\dot{I}_L$는 그 절대치가 같고 위상이 정반대로 되어 서로 상쇄되어 0으로 되기 때문이다. 이것은 또 그림 (a)의 $\dot{I}_C$에 대하여, 그림 (c)와 같이 전류의 정방향을 반대로 하여 $\dot{I}_C{}'$라 하면 그림 (d)와 같이 $\dot{I}_L = \dot{I}_C{}'$로 되어 그림 (c)와 같이 $\dot{I}_L$의 전류가 순환될 뿐이고 전원으로부터 전류 I는 공급되지 않는다고 생각할 수 있다. 그러므로 $L \cdot C$ 병렬공진회로를 **탱크회로**라고도 한다.

이상과 같이 $L \cdot C$ 병렬 회로의 임피던스가 무한대로 되어 전 전류가 0으로 되는 현상을 이상적인 **병렬공진**(parallel resonance) 또는 **반공진**(antiresonance)이라 한다.

반공진 때의 공진각주파수 ω_r, 주파수를 f_r라 하면 $\omega_r C = 1/\omega_r L$의 관계로부터

$$\omega_r = \frac{1}{\sqrt{LC}}, \qquad f_r = \frac{1}{2\pi\sqrt{LC}} \tag{2-45}$$

로 되어 직렬공진 때와 똑 같은 형태로 된다. 그림 2-34에 $L \cdot C$ 병렬 회로의 공급 전압을 일정하게 하고 주파수를 변화시켰을 때의 전류 변화를 표시하였다.

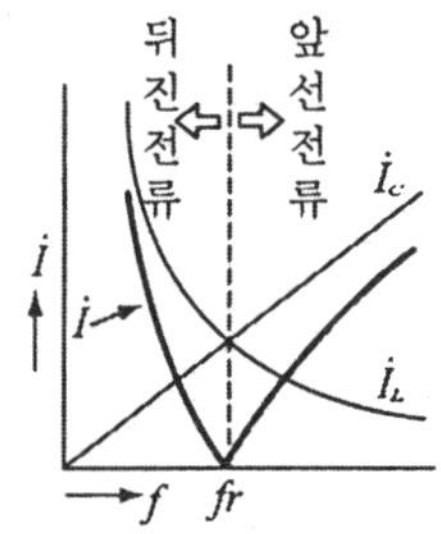

그림 2-34

(2) 일반적인 병렬공진

실제 회로에서는 저항을 무시할 수 없으므로 기본적으로 $R \cdot L \cdot C$ 병렬의 공진에 대하여 생각하지 않으면 안된다. 이러한 경우의 병렬 공진 조건은, ① 리액턴스가 0으로 되어 전압과 전류가 동위상으로 되었을 때, ② 임피던스가 최대로 되어 전류가 최소로 되었을 때의 두가지 경우로 정의되나, 일반적으로 그 차가 거의 없으므로 계산할 때에는 비교적 간단히 ①에 의하는 경우가 많다.

다음 그림 2-35의 회로에 전압 $\dot{V}$[V], 각주파수 ω[rad/s]의 전압을 인가했을 때의 병렬공진에 대하여 생각해 보자.

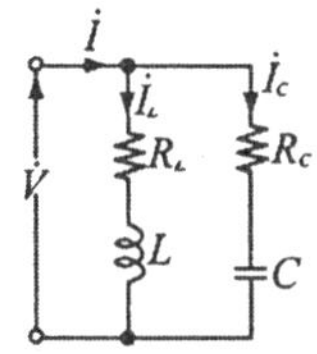

그림 2-35

회로의 합성 어드미턴스 $\dot{Y}$는 다음과 같이 표시된다.

$$\dot{Y}=\frac{1}{R_L+j\omega L}+\frac{1}{R_C-j\left(\frac{1}{\omega C}\right)}$$

$$=\left(\frac{R_L}{R_L{}^2+\omega^2L^2}+\frac{R_C}{R_C{}^2+\frac{1}{\omega^2C^2}}\right)-j\left(\frac{\omega L}{R_L{}^2+\omega^2L^2}-\frac{\frac{1}{\omega C}}{R_C{}^2+\frac{1}{\omega^2C^2}}\right)$$

(2-46)

따라서, 위 식의 허수부를 0으로 하면 전압과 전류는 동위상으로 되어 병렬공진조건으로 된다. 그러므로 공진 시의 각주파수를 ω_r라 하면 다음과 같은 관계식이 성립된다.

$$\frac{\omega_r L}{R_L{}^2+\omega_r{}^2L^2}=\frac{\frac{1}{\omega_r C}}{R_C{}^2+\frac{1}{\omega_r{}^2C^2}}$$

$$\left.\begin{aligned}\therefore\quad \omega_r&=\frac{1}{\sqrt{LC}}\cdot\sqrt{\left(R_L{}^2-\frac{L}{C}\right)/\left(R_C{}^2-\frac{L}{C}\right)}\\ f_r&=\frac{1}{2\pi\sqrt{LC}}\cdot\sqrt{\left(R_L{}^2-\frac{L}{C}\right)/\left(R_C{}^2-\frac{L}{C}\right)}\end{aligned}\right\}\qquad(2\text{-}47)$$

따라서 $R_L=R_C$ 혹은 $R_L=R_C=\sqrt{\frac{L}{C}}$의 상태로 되면 ω_r, f_r는 식 (2-45)의 이상적 병렬공진 시와 같게 된다.

例題 **10.** 그림 2-36에서 병렬공진 시의 C의 값, 합성임피던스 및 전체 전류를 구하여라.

解答 그림 2-36에서 전 전류 $\dot{I}$는

$$\dot{I}=\dot{I}_L+\dot{I}_C=\frac{\dot{V}}{R+j\omega L}+j\omega C\dot{V}=\left(\frac{1}{R+j\omega L}+j\omega C\right)\dot{V}$$

$$\therefore\ \dot{Y}=\frac{1}{R+j\omega L}+j\omega C=\frac{R}{R^2+\omega^2L^2}+j\left(\omega C-\frac{\omega L}{R^2+\omega^2L^2}\right) \tag{a}$$

와 같이 되고, 그러므로 허수부가 0일 때(병렬 공진)의 C는 식 b와 같다.

$$\omega C-\frac{\omega L}{R^2+\omega^2L^2}=0 \tag{b}$$

$$\therefore\ C=\frac{L}{R^2+\omega^2L^2} \tag{2-48}$$

이다. 또, 공진 때의 임피던스 $\dot{Z}_r$는 식 (a)에서 허수부가 0인 조건에 식 (2-48)의 조건을 포함시켜서

$$\dot{Z}_r=\frac{1}{\dot{Y}_r}=\frac{R^2+\omega^2L^2}{R}=\frac{L}{CR} \tag{2-49}$$

이 된다. 그러므로, 공진 전류 $\dot{I}_r$는 식 (2-50)과 같이 된다.

$$\dot{I}_r=\frac{\dot{V}}{\dot{Z}_r}=\frac{CRV}{L} \tag{2-50}$$

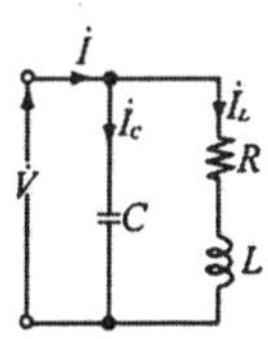

그림 2-36

2 연/습/문/제 Exercise

01 60 [Hz]에서 1 [Ω]의 리액턴스를 갖는 자기 인덕턴스 및 정전용량의 값을 구하라.

02 60 [Hz]에서 0.1 [Ω]의 유도리액턴스 및 1000 [Ω]의 용량리액턴스는 100 [MHz]에서는 각각 몇 [Ω]로 되느냐?

03 100 [Ω]의 저항 R, 유도 리액턴스 X_L, 용량 리액턴스 X_C에 각각 200 [V]의 교류 전압을 인가했을 때의 전압과 전류의 벡터도를 그려라.

04 그림 2-37과 같이 R[Ω]의 저항과 L[H]의 자기 인덕턴스의 직렬 회로에 직류 100 [V]를 인가했을 때 20 [A]가 흐르고, 60 [Hz]의 교류 100 [V]를 인가했을 때 20 [A]가 흘렀다. 이 때의 유도 리액턴스 및 자기 인덕턴스를 구하여라.

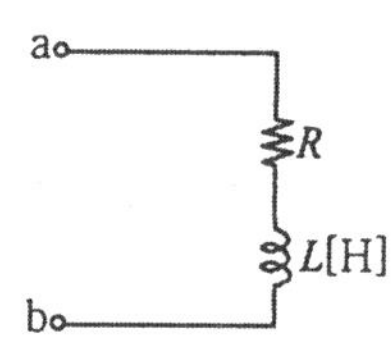

그림 2-37

05 그림 2-38과 같은 회로의 ab 단자에 210 [V]의 교류 전압을 인가하고 스위치 S를 좌측으로 넣었을 때 전압계 V가 120 [V]를 지시하였다. 지금 S를 우측으로 넣었을 때 전압계는 몇 [V]를 지시하느냐?

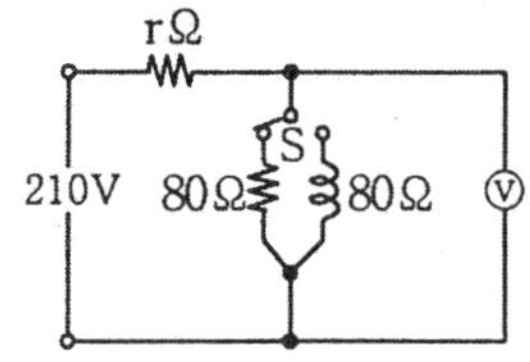

그림 2-38

06 저항 R을 인덕턴스 L와 직렬로 하였을 때의 벡터 어드미턴스, 컨덕턴스, 서셉턴스를 구하여라. 단, 각주파수는 ω[rad/sec]이다.

07 그림 2-39와 같은 저항과 리액턴스의 직병렬 회로가 있다. ab 단자간에 300 [V]의 교류 전압을 인가했을 때

(a) S를 열었을 때 cd 간의 전위차는 얼마인가?

(b) S를 개(開) 및 폐(閉)로 하였을 때 ab 단자에 유입하는 전류는 얼마인가?

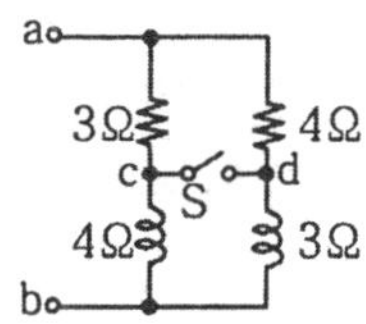

그림 2-39

08 그림 2-40과 같은 회로에서 합성임피던스가 주파수에 관계없게 되는 조건을 구하여라.

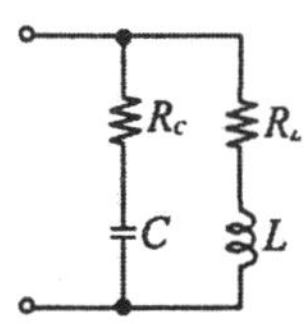

그림 2-40

09 그림 2-41과 같이 저항 R, 인덕턴스 L, 정전용량 C의 직병렬회로가 있다. ab 단자에 주파수 f[Hz]의 교류 전압을 인가했을 때 L를 가감하여 ab 단자의 전류와 전압이 동위상이 되기 위한 L의 조건을 구하라.

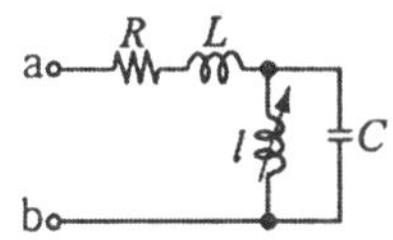

그림 2-41

10 그림 2-42의 회로에서 R에 흐르는 전류의 위상을 전 전압 E보다 45° 앞서기 위한 R의 값을 LC 및 ω로 표시하여라.

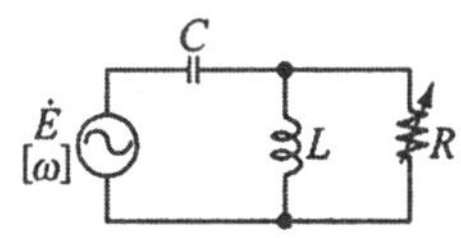

그림 2-42

11 그림 2-43의 회로를 1 [MHz]의 주파수에 공진시키기 위해서는 C_x를 얼마로 하면 좋은가?

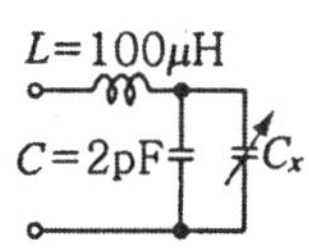

그림 2-43

12 그림 2-44와 같은 회로에 주파수 100 [kHz]의 정현파 전압을 인가했을 때 회로에 흐르는 전류 I를 최대로 하는 가변 용량 C_x의 값을 구하여라. 또 이 회로의 Q를 구하여라. 단, $L=100$ [mH], $R=100$ [Ω], $C=200$ [pF]이다.

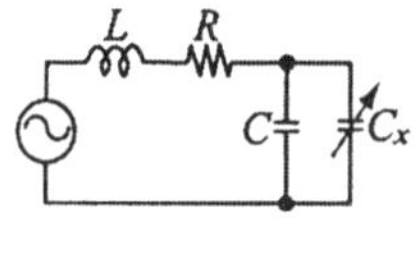

그림 2-44

13 그림 2-45에 표시한 회로의 공진 주파수 및 공진 시의 임피던스를 구하여라.

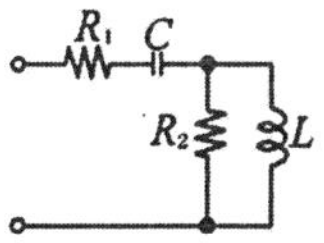

그림 2-45

14 그림 2-46과 같은 교류회로에서 콘덴서 C를 가감해서 얻을 수 있는 R의 단자 전압의 최대치를 구하여라. 단, 전압 V, 저항 R, 및 리액턴스 X는 불변이다.

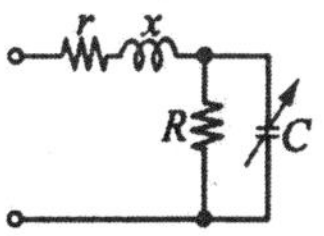

그림 2-46

CHAPTER 3

교류 전력

제 1 절 교류 전력

지금까지 교류회로의 전압, 전류를 구하는 방법을 알아 보았다. 또한 전력을 구하는 것도 회로 해석의 중요한 문제 중의 하나이다. 회로의 전압, 전류의 분포가 구해지면 순시전력은 $p=vi$에 의해 구한다. 그러나 실제적으로 p의 평균치 즉, 평균전력이 더 중요하다. 이것에 대하여 알아보자.

1-1 교류의 순시전력

그림 3-1과 같이 교류전원에서 부하의 단자에 $v=V_m \sin \omega t$의 교류 전압을 인가했을 때 $i=I_m \sin(\omega t-\theta)$의 교류 전류가 흐른다고 하면, 이 때의 순시전력 p는 전압과 전류의 곱으로 표시되므로

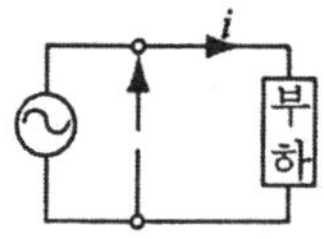

그림 3-1

$$p = vi = V_m \sin \omega t \cdot I_m \sin(\omega t - \theta) = V_m I_m \frac{\cos\theta - \cos(2\omega t - \theta)}{2}$$

$$= \frac{V_m I_m}{2}\cos\theta - \frac{V_m I_m}{2}\cos(2\omega t - \theta) \qquad (3\text{-}1)$$

로 된다. 즉, 교류의 각 순시의 전력은 전압과 전류의 상차각이 θ일 때 $\frac{V_m I_m}{2}\cos\theta$의 일정치의 전력과 시간과 함께 두 배의 주파수로 변화하는 $-\frac{V_m I_m}{2}\cos(2\omega t - \theta)$의 전력의 합으로 되어있다.

따라서 교류전력은 시간이 변화함에 따라 변화되고 있다. 이 전력 p를 교류의 **순시전력**(instantaneous power)이라 한다. p가 θ에 의하여 변화하는 모양은 그림 3-2와 같다. 그림에서 전력이 (+) 값일 때는 전원에서 부하에 전력을 공급하고 있으나, (−) 값일 때는 부하에서 전원으로 전력을 반환하는 것을 의미한다. 그러므로 실제로 전원이 부하에 공급하는 전력은 이 평균전력과 같다.

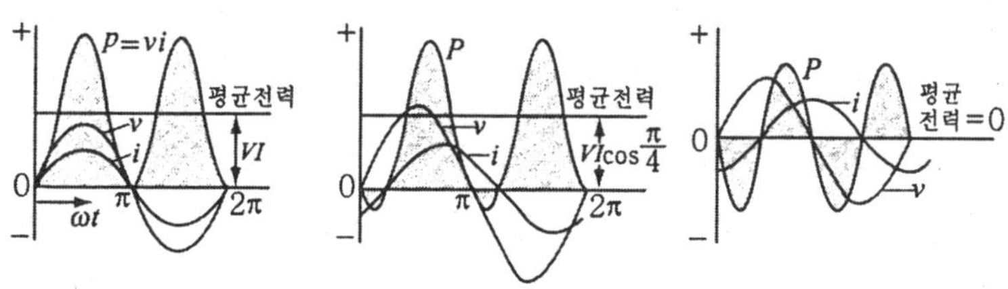

$\theta=0$ (a)　　$\theta=\frac{\pi}{4}$ (b)　　$\theta=\frac{\pi}{2}$ (c)

그림 3-2 교류의 순시전력

1-2 평균전력

평균전력은 식 (3-1)의 순시전력의 1주기 동안의 평균을 취하면 된다. 식

(3-1)의 제1항은 θ가 정해지면 일정한 값이 된다. 또 제2항은 두 배의 주파수로 변화하는 전력이므로 1주기 동안의 평균치는 0으로 된다.

그러므로 평균전력 P는 제 1항만으로 되며, 전압 및 전류의 실효치를 $V=V_m/\sqrt{2}$, $I=I_m/\sqrt{2}$라 하면,

$$P=\frac{V_m I_m}{2}\cos\theta=VI\cos\theta \tag{3-2}$$

로 표시된다. 이로 부터, 그림 3-3의 벡터도와 같이 실효치로 표시한 전압과 전류의 벡터가 $\dot{V}$ 및 $\dot{I}$이고 그 상차가 θ일 때의 평균전력은 식 (3-2)와 같이 표시할 수 있다. 일반적으로 교류에 의해서 만들어지는 각종 일은 이 평균전력에 의해서 만들어지는 것이며 **보통 교류전력이라고 하는 것은 이 평균전력을 말한다.**

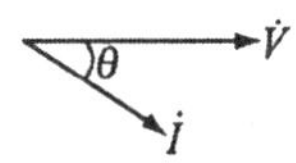

그림 3-3

1-3 역률

식 (3-2)와 같은 교류전력(평균전력)은 간단하게 실효치로 표시한 전압과 전류의 곱으로 나타낼 수가 없다. 그러나 전압×전류는 형상으로는 전력이므로 겉보기 전력이라는 의미로, VI를 **피상전력**(apparent power)이라 하며, **볼트 암페어**(volt ampere : VA)의 단위로 표시한다.

이 피상전력 VI에 $\cos\theta$라는 계수를 곱해서 비로서 교류전력으로 된다.

그러므로 $\cos\theta$는 전력으로 되는 비율이라는 의미로 **역률**(power factor)이라 한다. 따라서

$$\text{역율}=\frac{\text{전력}}{\text{피상전력}}=\frac{P}{VI}=\cos\theta \tag{3-3}$$

의 관계가 있다.

제 2 절 유효전력, 무효전력, 피상전력

2-1 유효전류와 무효전류

그림 3-4와 같이 전압 $\dot{V}$와 전류 $\dot{I}$의 상차가 θ일 때 이 전류는 전압과 동상분의 전류 $I_e = I\cos\theta$와 직각분의 전류 $I_r = I\sin\theta$로 분해할 수 있다.

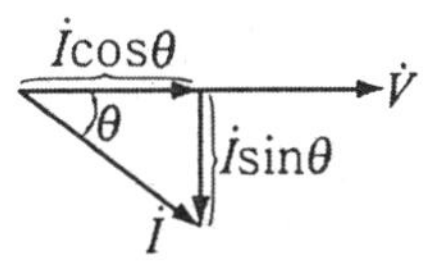

그림 3-4 유효전류와 무효전류

이 전류에 전압 V를 곱하면

$$\left.\begin{aligned} P &= VI_e = VI\cos\theta \\ P_r &= VI_r = VI\sin\theta \end{aligned}\right\} \qquad (3\text{-}4)$$

로 된다. 그리고 $P = VI_e = VI\cos\theta$는 식 (3-2)의 전력이다. 이때 전류 I중 전압과 동상분의 전류 $I_e = I\cos\theta$는 전력으로 되는 전류라고 하여 이것을 **유효전류**(watt current or active current)라 한다. 이에 대하여 $I_r = I\sin\theta$는 전압과 직각인 전류로서 전력으로 되지 않는 전류라는 의미로 **무효전류**(wattless current or reactive current)라 한다. 전류 대신에 전압을 전류와 동상 성분 V_e와 직각 성분 V_r로 분해하면, $V_e = V\cos\theta$, $V_r = V\sin\theta$로 되어 $P = V_e I$, $P_r = V_r I$로 생각할 수 있다. 이 때 V_e를 **유효분 전압**, V_r를 **무효분 전압**이라고 할 수 있다. 그러나 일반적으로 전류에 대해서 생각하는 경우가 많다.

2-2 무효전력과 유효전력

식 (3-4)에서 전압과 무효 전류와의 곱인 $P_r = VI\sin\theta$를 **무효전력**(reactive power or wattless power)이라 하며, 바아(var)의 단위로 표시한다. 이 무효전력에 대해 $VI\cos\theta$의 전력을 특히 **유효전력**(effective power)이라고 한다. 즉 $VI\cos\theta$에 있어서 $\cos\theta$를 역률이라고 부르는데 반해 $VI\sin\theta$에 있는 $\sin\theta$를 **무효율**이라고 한다.

다음에 이들 각종 전력의 관계를 알아 보자. 그림 3-4의 각각의 전류 벡터에 전압 V를 곱하면 그림 3-5와 같이 된다.

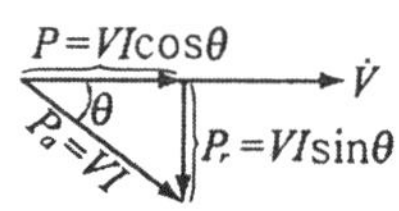

그림 3-5

그런데

$$\left.\begin{aligned} &\text{유효전력}: P = VI\cos\theta\,[\mathrm{W}] \\ &\text{무효전력}: P_r = VI\sin\theta\,[\mathrm{Var}] \\ &\text{피상전력}: P_a = VI\,[\mathrm{VA}] \end{aligned}\right\} \qquad (3\text{-}5)$$

의 관계가 있으므로 그림 3-5는 유효전력 P, 무효전력 P_r, 피상전력 P_a의 관계를 나타내는 벡터도를 표시한다. 그림에서 다음의 관계가 성립된다.

$$\left.\begin{aligned} &VI = \sqrt{(VI\cos\theta)^2 + (VI\sin\theta)^2} \\ &\therefore\ P_a = \sqrt{P^2 + P_r^{\,2}} \\ &\cos\theta = \frac{P}{P_a} = \frac{P}{\sqrt{P^2 + P_r^{\,2}}} \end{aligned}\right\} \qquad (3\text{-}6)$$

다음에는 $R \cdot L \cdot C$ 직렬회로에서 위의 각종 전력과 회로정수와의 관계를 알아 보자.

그림 3-6(a)와 같은 $\dot{Z}=R+jX$(단, $X=\omega L-1/\omega C$)의 회로에 교류 전압 $\dot{V}$를 인가했을 때 흐르는 전류를 $\dot{I}$라 하면 다음과 같이 된다.

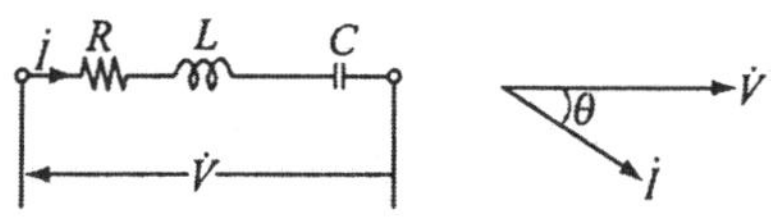

(a) (b)

그림 3-6

$$\left.\begin{aligned}&\dot{I}=\frac{\dot{V}}{R+jX}=\frac{\dot{V}}{Z\angle\theta}=\frac{\dot{V}}{Z}\angle-\theta\\&\text{단, } Z=\sqrt{R^2+X^2}\quad \theta=\tan^{-1}\frac{X}{R}\end{aligned}\right\} \tag{3-7}$$

이 관계를 벡터도로 표시하면 그림 (b)와 같이 된다.

이 회로의 역율 $\cos\theta$ 및 무효율 $\sin\theta$는 $\tan\theta=\dfrac{X}{R}$ 이므로

$$\left.\begin{aligned}&\cos\theta=\frac{1}{\sqrt{1+\tan^2\theta}}=\frac{1}{\sqrt{1+\left(\frac{X}{R}\right)^2}}=\frac{R}{\sqrt{R^2+X^2}}=\frac{R}{Z}\\&\sin\theta=\frac{\tan\theta}{\sqrt{1+\tan^2\theta}}=\frac{\frac{X}{R}}{\sqrt{1+\left(\frac{X}{R}\right)^2}}=\frac{X}{\sqrt{R^2+X^2}}=\frac{X}{Z}\end{aligned}\right\} \tag{3-8}$$

로 된다. 이것은 R와 X의 직렬회로의 역률과 무효률을 표시하는 식으로 그림 3-7과 같은 임피던스 삼각형을 생각하면 쉽게 유도된다. 식 (3-7), 식 (3-8)의 관계를 식 (3-5)에 대입하여 정리하면

$$\left.\begin{aligned}&P=VI\cos\theta=V\cdot\frac{V}{\sqrt{R^2+X^2}}\cdot\frac{R}{\sqrt{R^2+X^2}}=I^2R\\&P_r=VI\sin\theta=V\cdot\frac{V}{\sqrt{R^2+X^2}}\cdot\frac{X}{\sqrt{R^2+X^2}}=I^2X\\&P_a=VI=V\cdot\frac{V}{\sqrt{R^2+X^2}}=\left(\frac{V}{\sqrt{R^2+X^2}}\right)^2\sqrt{R^2+X^2}=I^2Z\end{aligned}\right\} \tag{3-9}$$

로 된다. 즉, RLC 회로에서 유효 전력은 저항 R에서만 소비되며, 또 무효 전력은 리액턴스 $X=\left(\omega L-\dfrac{1}{\omega C}\right)$에서만 생기게 됨을 알 수 있다.

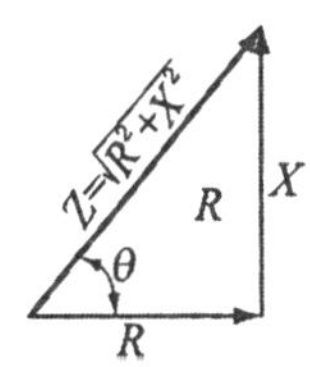

그림 3-7 임피던스 삼각형

2-3 등가저항과 등가리액턴스

일반적으로 아무리 복잡한 회로라도 회로의 전력 P와 P_r 및 전류가 정해지면 그림 3-8(a)와 같이 임피던스 $\dot{Z}=R+jX$의 저항 R와 리액턴스 X의 등가인 직렬회로로 치환할 수 있다.

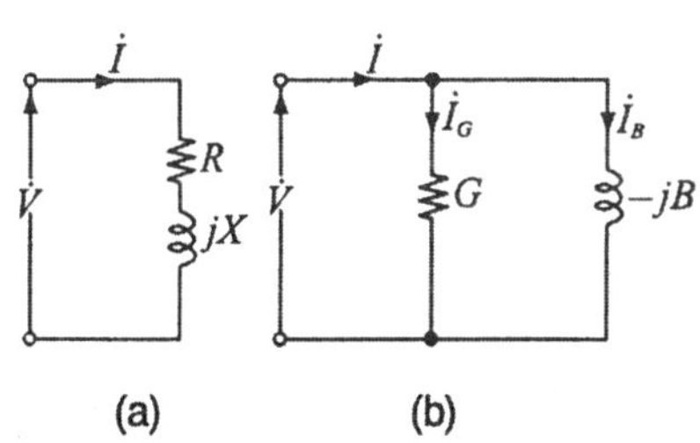

그림 3-8

따라서, 식 (3-9)의 관계로 부터

$$R=\frac{P}{I^2},\ X=\frac{P_r}{I^2},\ Z=\frac{P_a}{I^2} \tag{3-10}$$

로 됨을 알 수 있다. 이 때 R를 **등가저항**(equivalent resistance), X를 **등가리액턴스**(equivalent reactance), $Z=\sqrt{R^2+X^2}$를 **등가 임피던스**라 한다.

복잡한 교류회로라도 그림 3-8(b)와 같은 어드미턴스 $\dot{Y}=G-jB$의 **컨덕턴스** G와 **서셉턴스** B의 등가인 병렬회로로 치환할 수 있다.

이 경우 그림의 G중에서 유효전력 P가 소비되고, B중에서 무효전력 P_r가 생기므로 식 (3-6) 및 식 (3-9)로 부터

$$P=I_G{}^2\frac{1}{G}=(GV)^2\frac{1}{G}=GV^2,\quad P_r=I_B{}^2\frac{1}{B}=(BV)^2\frac{1}{B}=BV^2$$

$$P_a=\sqrt{P^2+P_r{}^2}=\sqrt{(GV^2)^2+(BV^2)^2}=\sqrt{G^2+B^2}\,V^2=YV^2$$

의 관계가 됨을 알 수 있다. 그러므로

$$G=\frac{P}{V^2},\quad B=\frac{P_r}{V^2},\quad Y=\frac{P_a}{V^2} \tag{3-11}$$

이 됨을 알 수 있다. 이때 G는 **등가 컨덕턴스**(equivalent conductance), B는 **등가 서셉턴스**(equivalent susceptance), Y는 **등가 어드미턴스**(equivalent admittance)라 한다.

例題 1. 그림 3-9와 같이 $\dot{Z}=4+j3\,[\Omega]$의 회로에 25 [V]의 교류 전압을 인가했을 때, 전력, 무효전력, 피상전력을 구하여라.

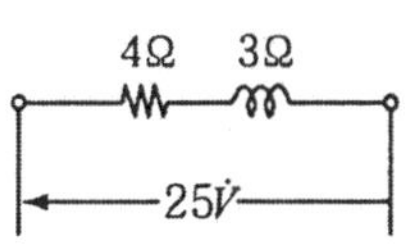

그림 3-9

解答 25 [V]를 기준 벡터로 하면, 흐르는 전류 $\dot{I}$는 다음과 같다.

$$\dot{I}=\frac{25}{4+j3}=\frac{25(4-j3)}{4^2+3^2}=4-j3$$

$$\therefore\ I=\sqrt{4^2+3^2}=5\,[\text{A}],\quad \theta=\tan^{-1}\frac{-3}{4}$$

전력의 관계는 식 (3-9)로 부터

$$P=I^2R=5^2\times4=100\,[\text{W}],\quad P_r=I^2X=5^2\times3=75\,[\text{Var}]$$

$$P_a=I^2Z=5^2\times\sqrt{4^2+3^2}=125\,[\text{VA}]$$

가 된다.

別解 식 (3-8)로 부터

$$\cos\theta = \frac{4}{\sqrt{4^2+3^2}} = \frac{4}{5} = 0.8, \quad \sin\theta = \sqrt{1-\cos^2\theta} = \sqrt{1-0.8^2} = 0.6$$

이므로 식 (3-5)에서

$$P = VI\cos\theta = 25\times5\times0.8 = 100\,[\mathrm{W}]$$

$$P_r = VI\sin\theta = 25\times5\times0.6 = 75\,[\mathrm{Var}]$$

$P_a = VI = 25\times5 = 125\,[\mathrm{VA}]$ 이다.

제 3 절 전력의 복소기호법에 의한 표시법

교류 전력을 복소수로 표시하는 방법에 대해 알아 보기로 하자.

그림 3-11에서와 같이

전압 $\dot{V} = V_e + jV_r = V\cos\phi_v + jV\sin\phi_v$

전류 $\dot{I} = I_e + jI_r = I\cos\phi_i + jI\sin\phi_i$

가 되며, $\phi_v > \phi_i$ 일 때 유효전력 P는

$$P = VI\cos\theta = VI\cos(\phi_v - \phi_i) = VI(\cos\phi_v\cos\phi_i + \sin\phi_v\sin\phi_i)$$

$$= V\cos\phi_v I\cos\phi_i + V\sin\phi_v I\sin\phi_i = V_eI_e + V_rI_r$$

로 표시할 수 있으며, 무효전력 P_r 는

$$P_r = VI\sin\theta = VI\sin(\phi_v - \phi_i) = VI(\sin\phi_v\cos\phi_i - \cos\phi_v\sin\phi_i)$$

$$= V\sin\phi_v I\cos\phi_i - V\cos\phi_v I\sin\phi_i = V_rI_e - V_eI_r$$

로 표시된다.

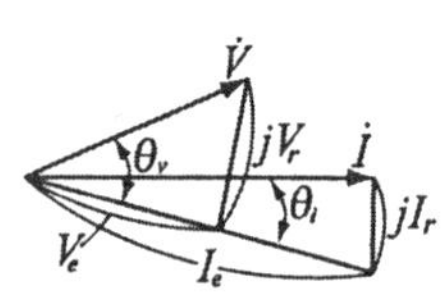

그림 3-10

지금 $\dot{V}$의 공액 벡터 $\bar{\dot{V}}$와 $\dot{I}$를 곱하여 구해보면 다음과 같이 된다.

$$\dot{P}_a = \bar{\dot{V}}\dot{I} = (V_e - jV_r)(I_e + jI_r)$$

$$= (V_e I_e + V_r I_r) - j(V_r I_e - V_e I_r) = P - jP_r \qquad (3\text{-}12)$$

또 $\dot{V}$와 $\dot{I}$의 공액 벡터 $\bar{\dot{I}}$를 곱하면

$$\dot{P}_a = \dot{V}\bar{\dot{I}} = (V_e + jV_r)(I_e - jI_r)$$

$$= (V_e I_e + V_r I_r) + j(V_r I_e - V_e I_r) = P + jP_r \qquad (3\text{-}13)$$

로 되어, 어느 것이나 실수부는 유효전력 P, 허수부는 무효전력 P_r을 나타낸다. 그러나 $\dot{V}$와 $\dot{I}$의 어느 것의 공액을 취하느냐에 따라서 허수부의 기호가 반대로 된다.

결국 $\bar{\dot{V}}\dot{I}$일 때는 뒤진 전류에 의한 지상 무효전력을 표시하는 허수부가 (−)로 되나, $\dot{V}\bar{\dot{I}}$일 때는 (+)로 된다. 그러므로 이상의 관계를 염두에 두면 어느 방법에 의하더라도 관계는 없다. 그러나 이 책에서는 그림 3-5와 일치시키는 의미로 $\bar{\dot{V}}\dot{I}$의 식 (3-12)의 방법을 쓰기로 한다.

식 (3-12)에서 $\bar{\dot{V}}\dot{I}$의 절대치와 위상각 θ를 구하면

$$\left.\begin{aligned} |\bar{\dot{V}}\dot{I}| &= \sqrt{P^2 + P_r^{\,2}} = P_a \\ \theta &= \tan^{-1}\frac{-P_r}{P} \end{aligned}\right\} \qquad (3\text{-}14)$$

로 되어, 피상 전력과 $\dot{V}$에 대한 $\dot{I}$의 위상차 θ를 알 수 있다.

그러므로 전력을 기호법으로 표시하면

$$P_a = P \pm jP_r \qquad (3\text{-}15)$$

의 형으로 표시할 수 있다. 이 $\dot{P}_a$를 **벡터 전력**이라 하며, P_a는 **피상전력**, P는 **유효전력**, P_r는 **무효전력**을 나타낸다.

例題 2. 어떤 임피던스에 교류 전압 $\dot{V}$를 인가할 때 $\dot{I}$의 전류가 흘러서 $\bar{\dot{V}}\dot{I} = P - jP_r$로 되었다. 이 때의 벡터 임피던스 $\dot{Z}$, 벡터 어드미턴스 $\dot{Y}$를 구하여라.

解答 $\dot{Z} = \dfrac{\dot{V}}{\dot{I}} = \dfrac{\dot{V}\bar{\dot{I}}}{\dot{I}\bar{\dot{I}}} = \dfrac{P+jP_r}{I^2} = \dfrac{P}{I^2} + j\dfrac{P_r}{I^2} = R + jX$

$\dot{Y} = \dfrac{\dot{I}}{\dot{V}} = \dfrac{\bar{\dot{V}}\dot{I}}{\bar{\dot{V}}\dot{V}} = \dfrac{P-jP_r}{V^2} = \dfrac{P}{V^2} - j\dfrac{P_r}{V^2} = G - jB$

例題 3. 어느 회로에 $\dot{V} = 50\sqrt{3} + j50$ [V]의 전압을 인가할 때 $\dot{I} = 15\sqrt{3} + j15$ [A]의 전류가 흘렀다. 부하 전력, 무효 전력 및 $\dot{V}$와 $\dot{I}$의 상차는 얼마인가?

解答 $\dot{P}_a = \bar{\dot{V}}\dot{I} = (50\sqrt{3} - j50)(15\sqrt{3} - j15) = 1500 - j1500\sqrt{3}$

$\therefore\ P = 1500$ [W], $P_r = 1500\sqrt{3}$ [Var]

$\theta = \tan^{-1}\dfrac{-1500\sqrt{3}}{1500} = \tan^{-1}(-\sqrt{3}) = -60°$(뒤진전류)

例題 4. 어느 부하에 $\dot{V} = 100\angle 30°$ [V]의 전압을 인가했을 때 $\dot{I} = 30\angle -30°$ [A]의 전류가 흘렀다. 이 때 부하의 유효전력, 무효전력, 피상전력을 구하여라.

解答 $\dot{V} = 100\angle 30°$이므로 $\bar{\dot{V}} = 100\angle -30°$로 된다.

그러므로 식 (3-12)에 의하여 다음과 같은 값을 얻을 수 있다.

$P_a = \bar{\dot{V}}\dot{I} = 100\angle -30 \times 30\angle -30 = 3000\angle(-30-30) = 3000\angle -60$

$= 3000(\cos 60 - j\sin 60) = 3000\left[\dfrac{1}{2} - j\dfrac{\sqrt{3}}{2}\right] = 1500 - j1500\sqrt{3}$

유효전력 $P = 1500$ [W]

무효전력 $= 1500\sqrt{3} = 2598$ [Var] (부이므로 뒤진 무효전력)

피상전력 $= \sqrt{(1500)^2 + (1500\sqrt{3})^2} = 3000$ [VA]

제 4 절 최대 전력

그림 3-11과 같이 전원측 임피던스가 $\dot{Z}_s = R_s + jX_s$, 부하측 임피던스가 $\dot{Z}_L = R_L + jX_L$의 회로가 있을 때 부하에 공급되는 전력을 최대로 하기 위해서는 양 임피던스 사이에 어떠한 관계가 있어야 하는지 알아 보자.

전원의 기전력을 $\dot{E}$라 하면 회로에 흐르는 전류 $\dot{I}$는 다음과 같이 표시된다.

$$\dot{I}=\frac{\dot{E}}{\dot{Z}_s+\dot{Z}_L}=\frac{\dot{E}}{(R_s+R_L)+j(X_s+X_L)}$$

부하 전력 P는

$$P=R_L I^2=\frac{R_L\dot{E}^2}{(R_s+R_L)^2+(X_s+X_L)^2}$$

$$=\frac{\dot{E}^2}{\left(\frac{(R_s+R_L)}{\sqrt{R_L}}\right)^2+\left(\frac{(X_s+X_L)}{\sqrt{R_L}}\right)^2} \tag{3-16}$$

로 되고, 이 P를 최대로 하기 위해서는 $\dot{E}$가 일정하면, 위 식의 분모를 최소로 하면 된다. 그러므로 우선 저항분이 일정하다고 하면 분모의 제 2항의 리액턴스분이 0이면 되므로 리액턴스를 부(용량성)로 하는 것이 가능할 경우에는

$$X_s+X_L=0 \qquad \therefore X_L=-X_s \text{ 또는 } X_s=-X_L \tag{3-17}$$

이면 된다. 이것은 결국 직렬공진의 상태이다.

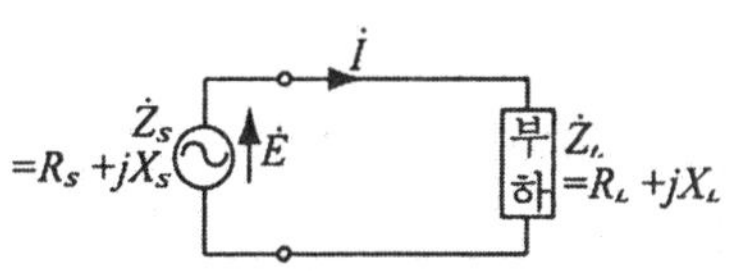

그림 3-11

다음에 리액턴스가 일정하고, 부하의 R_L가 변화했을 때 분모의 제 1항의 최소의 조건을 구하면 다음과 같이 된다.

$$\frac{d(R_s+R_L)^2/R_L}{dR_L}=0\text{라 놓으면 } R_L=R_s \tag{3-18}$$

그래서, $\dfrac{d^2(R_s+R_L)^2/R_L}{dR_L{}^2}>0$이므로 $R_L=R_s$일 때 최대전력으로 된다.

따라서, 식 (3-16) 및 (3-17)의 $X_L=-X_s$ 및 $R_L=R_s$의 조건을 만족하면 이상적인 최대 전력조건이 된다. 즉, 부하측과 전원측의 벡터 임피던스가 공액의 관계에 있을 때 부하전력은 최대로 된다.

그래서 부하의 최대 전력 P_m는 식 (3-15)에 식 (3-16), (3-17)의 관계를 대입하면

$$P_m = \frac{\dot{E}^2}{4R_s} \tag{3-19}$$

로 되고, 전원의 발생 전력은 $\dot{E}^2/2R_s$로 된다.

그리고 식 (3-18)에서 알 수 있는 바와 같이 전원측의 R_s가 작을수록 최대 전력은 커진다.

例題 5. 그림 3-12와 같은 회로에서 콘덴서의 용량 C를 변화시켜 소비 전력이 최대로 되는 조건을 구하여라. 단, 전원의 각주파수는 ω(rad/sec)이다.

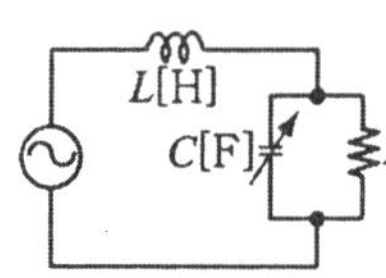

그림 3-12

解答 공급 전압을 $\dot{V}$라 하고, 전 전류를 $\dot{I}$, 저항에 흐르는 전류를 $\dot{I}_R$, 전 임피던스를 $\dot{Z}$라 하면 다음과 같이 표시할 수 있다.

$$\dot{I} = \frac{\dot{V}}{\dot{Z}} = \frac{\dot{V}}{j\omega L + \dfrac{-j\dfrac{R}{\omega C}}{R - j\dfrac{1}{\omega C}}} = \frac{\dot{V}\left(R - j\dfrac{1}{\omega C}\right)}{j\omega L\left(R - j\dfrac{1}{\omega C}\right) - j\dfrac{R}{\omega C}}$$

$$\therefore\ \dot{I}_R = \dot{I} \times \frac{-j\dfrac{1}{\omega C}}{R - j\dfrac{1}{\omega C}} = \frac{\dot{V}}{R(1-\omega^2 CL) + j\omega L}$$

전력 P는 저항에서만 소비되므로

$$P = RI_R{}^2 = R \cdot \left(\frac{\dot{V}}{\sqrt{R^2(1-\omega^2 CL)^2 + \omega^2 L^2}}\right)^2 = \frac{\dot{V}^2}{R(1-\omega^2 CL)^2 + \dfrac{\omega^2 L^2}{R}}$$

이 되고, 전력 P가 C의 변화에 따라 최대로 되기 위해서는 식 (a)의 분모가 최소로 되면 된다.

그러므로 변수 C를 포함하는 $1-\omega^2 CL=0$이며 되므로

$$1=\omega^2 CL, \quad \omega L=\frac{1}{\omega C}$$

의 관계가 성립되면 된다.

제 5 절 주파수가 다른 전압·전류간의 전력

지금, 전압 v, 전류 i가 다음과 같이 표시될 때

$$v=V_m \sin(\omega_1 t+\theta_1)$$

$$i=I_m \sin(\omega_2 t+\theta_2)$$

이다. 여기서, $\omega_1 \neq \omega_2$, $\omega_1=n\omega$, $\omega_2=m\omega$이고 n, m가 정수일 때,
전압 v와 전류 i사이의 순시전력 p는 다음과 같이 표시할 수 있다.

$$p=vi=V_m I_m \sin(\omega_1 t+\theta_1)\sin(\omega_2 t+\theta_2)$$

$$=V_m I_m \sin(n\omega t+\theta_1)\sin(m\omega t+\theta_2)$$

$$=\frac{V_m I_m}{2}[\cos\{(n-m)\omega t+(\theta_1-\theta_2)\}-\cos\{(n+m)\omega t+(\theta_1+\theta_2)\}]$$

이 때의 전력 P는 $V_m I_m/2$가 VI로 되므로

$$P=\frac{1}{2\pi/\omega}\int_0^{2\pi/\omega} p\,dt$$

$$=\frac{\omega VI}{2\pi}\left[\frac{\sin\{(n-m)\omega t+(\theta_1-\theta_2)\}}{(n-m)\omega}-\frac{\sin\{(n+m)\omega t+(\theta_1+\theta_2)\}}{(n+m)\omega}\right]_0^{2\pi/\omega}=0$$

로 된다.

그러므로 **주파수가 다른 전압과 전류사이의 전력은 0이다.**

3 연/습/문/제 Exercise

01 어떤 회로에 $130\sin(377t+\frac{\pi}{6})$ [V]의 전압을 인가할 때 $40\sin(377t-\pi/6)$ [V]의 전류가 흘렀다. 이 때의 전력 및 역률을 구하여라.

02 어떤 회로에 100 [V]의 교류 전압을 인가할 때 30° 위상이 뒤진 20 [A]의 전류가 흘렀다. 이때의 피상전력, 유효전력, 무효전력을 구하여라.

03 어떤 부하에 100 [V]의 전압을 인가했을 때 20 [A]의 전류가 흘러서 1.2 [kW]의 전력이 소비되었다. 이 회로의 유효전류 및 무효전류는 얼마인가?

04 변압기에 뒤진 역률 0.6으로 30 [kVA], 뒤진 역률 0.8로 20 [kVA], 역률 1로 22 [kW]의 부하가 걸려 있다. 이 변압기의 전 피상전력 및 합성 역률은 얼마인가?

05 그림 3-13(a) 및 (b)의 ab단자에서 본 역률을 구하여라. 단, $r=3$ [Ω]의 무유도 저항, $X=4$ [Ω]의 유도 리액턴스라 한다.

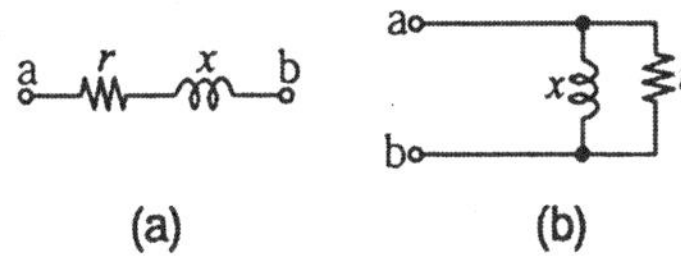

그림 3-13

06 그림 3-14와 같이 저항 R와 리액턴스 X의 병렬 회로에 교류 전원을 접속했을 때 각 계기는 다음 값을 지시했다. 이 때 R와 X의 값을 구하여라. 단, 계기의 손실은 무시한다.
전류계 Ⓐ의 지시 = 12.5 [A], 전압계 Ⓥ의 지시 = 300 [V], 전력계 Ⓦ의 지시 = 2250 [W]이다.

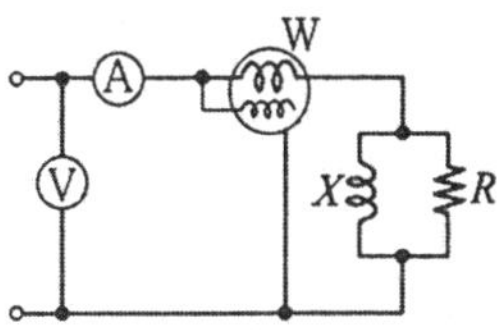

그림 3-14

07 어떤 임피던스 Z에 대하여, 기지 저항 R와 3개의 전류계 A_1, A_2, A_3를 그림 3-15와 같이 접속했을 때, 전류계의 지시가 I_1, I_2, I_3라고 하면, Z의 소비 전력이 $P=\frac{R}{2}(I_1{}^2-I_2{}^2-I_3{}^2)$으로 되는 것을 증명하여라.

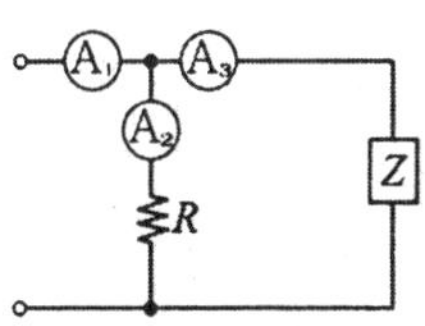

그림 3-15

08 어떤 임피던스 Z에 대하여, 기지 저항 11 [Ω]와 3개의 전압계 V_1, V_2, V_3를 그림 3-16과 같이 접속했을 때, $V_1=40$ [V], $V_2=26$ [V], $V_3=22$ [V]를 지시한다고 한다. 이 때 Z의 저항 r 및 리액턴스 x와 소비전력을 구하여라.

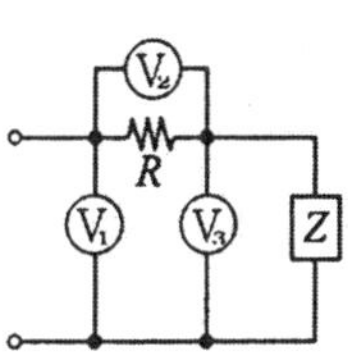

그림 3-16

09 25[kW], 뒤진 역률 80[%]의 부하에 병렬로 콘덴서를 접속하여, 합성 역률을 100[%]로 하려면 콘덴서의 [kVA] 용량은 얼마인가? 또 전압 3[kV], 주파수 60[Hz]이면 용량 [μF]은 얼마인가?

10 어떤 회로에 $\dot{V}=a+jb$[V]의 전압을 인가했을 때, $\dot{I}=c+jd$[A]의 전류가 흐른다고 한다. 이 때의 유효전력, 무효전력, 피상전력을 구하여라.

11 $\dot{Z}=3+j4$[Ω]의 회로에 100[V]의 교류 전압을 인가했을 때의 유효전력과 무효전력을 구하여라.

12 그림 3-17과 같은 교류 회로에서, 전압 V_0와 유도 리액턴스 x가 일정하다고 하면, 저항 r를 가감하여 ab 단자에 있어서 입력이 최대로 되는 r의 값을 구하여라.

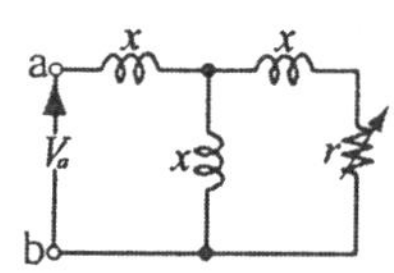

그림 3-17

13 그림 3-18과 같은 교류 회로에 있어서 저항 R를 가감할 때, 이 회로에서 소비되는 전력의 최대치를 구하여라. 여기서, 전압 V, 저항 r, 리액턴스 x는 일정하다고 한다.

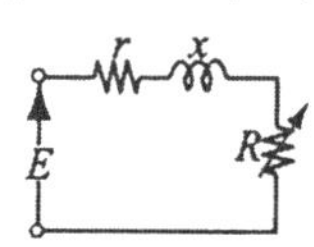

그림 3-18

14 그림 3-19와 같은 교류 회로에서 저항 R를 가감했을 때 저항에서 소비되는 최대전력을 구하여라. 여기서, $E=100$[V], $C=100$[μF], 주파수는 60[Hz]라 한다.

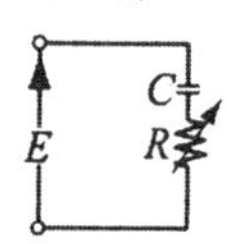

그림 3-19

CHAPTER 4

교류회로이론

상호유도회로

제 1 절 유도결합회로

두 개의 코일을 접근시켜 놓고 한 코일에 전류를 흘리면 이 전류에 의해 발생한 자속이 전부, 혹은 일부가 다른 코일과 쇄교하므로, 전류의 크기가 변화하면 다른 코일에도 쇄교하는 자속이 변화하여 Faraday의 법칙에 따라서 기전력이 유기된다.

이러한 현상을 **상호유도작용**이라 하고, 이와 같이 자기적으로 결합된 회로를 **유도결합회로**라 한다.

제 2 절 상호인덕턴스

지금 코일 1에 i_1의 전류가 흘러서 ϕ_1의 자속이 발생하여 코일 1만을 쇄교하는 자속을 ϕ_{11}, 코일 1과 코일 2를 동시에 쇄교하는 자속을 ϕ_{12}라 하면

$$\phi_1 = \phi_{11} + \phi_{12} \tag{4-1}$$

로 표시할 수 있다. 마찬가지로 코일 2에 i_2의 전류가 흘러서 ϕ_2의 자속이 발생하고 그 중에서 ϕ_{22}은 코일 2만을 쇄교하고 ϕ_{21}은 코일 1과 코일 2를 동시에 쇄교한다면

$$\phi_2 = \phi_{21} + \phi_{22} \tag{4-2}$$

로 나타낼 수 있다. 그런데 코일 1과 2의 권선수를 n_1, n_2라 하면 그 자기 인덕턴스(self inductance) L_1, L_2는

$$L_1 = \frac{n_1\phi_1}{i_1}, \qquad L_2 = \frac{n_2\phi_2}{i_2} \tag{4-3}$$

로 정의된다. 같은 방법으로 상호 인덕턴스 M_{12} 및 M_{21}을 정의하면

$$M_{12} = \frac{n_2\phi_{12}}{i_2}, \qquad M_{21} = \frac{n_1\phi_{21}}{i_2} \tag{4-4}$$

로 된다.

그런데 자속통로의 **자기저항**(reluctance)을 R이라고 하면, 권선수가 N인 코일에 전류 i가 흐르면 $\frac{Ni}{R}$의 자속이 발생하므로, 식 (4-4)는

$$M_{12} = \frac{n_1 n_2}{R_{12}}, \qquad M_{21} = \frac{n_2 n_1}{R_{21}} \tag{4-5}$$

로 된다. 일반적으로 ϕ_{12}와 ϕ_{21}의 자기회로(magnetic circuit)는 같으므로

$$R_{12} = R_{21} = R$$

$$\therefore\ M_{12}=M_{21}=\frac{n_1 n_2}{R}=M \tag{4-6}$$

로 표시할 수 있다. 이때 M을 **상호인덕턴스**(mutual inductance)라 하고 단위는 자기인덕턴스와 같이 헨리(henry; [H])를 사용한다.

제 3 절 결합계수

유도결합을 하고 있는 두 코일에서 ϕ_1에 대한 ϕ_{12}의 비율을 k_{12}라 하고, ϕ_2에 대한 ϕ_{21}의 비율을 k_{21}이라 하면,

$$k_{12}=\frac{\phi_{12}}{\phi_1},\qquad k_{21}=\frac{\phi_{21}}{\phi_2} \tag{4-7}$$

과 같이 된다. 따라서 식 (4-4)로 표시되는 상호인덕턴스는

$$\left.\begin{aligned} M_{12}&=\frac{n_2\phi_{12}}{i_1}=\frac{n_2 k_{12}\phi_1}{i_1}=\frac{n_2}{n_1}k_{12}\frac{n_1\phi_1}{i_1}=\frac{n_2}{n_1}k_{12}L_1 \\ M_{21}&=\frac{n_1\phi_{21}}{i_2}=\frac{n_1 k_{21}\phi_2}{i_2}=\frac{n_1}{n_2}k_{21}\frac{n_2\phi_2}{i_2}=\frac{n_1}{n_2}k_{21}L_2 \end{aligned}\right\} \tag{4-8}$$

$$\therefore\ M_{12}M_{21}=M^2=k_{12}k_{21}L_1L_2=k^2L_1L_2$$

로 쓸 수 있다. 여기서 k는

$$k=\sqrt{k_{12}k_{21}} \tag{4-9}$$

혹은

$$k=\frac{M^2}{\sqrt{L_1L_2}} \tag{4-10}$$

으로 되며, 이것을 **결합계수**(coupling coefficient)라 한다.

그런데 식 (4-7)에서

$$0\leq k_{12}\leq 1$$

$$0\leq k_{21}\leq 1$$

이므로, 결합 계수 k는

$$0 \leq k \leq 1 \tag{4-11}$$

의 범위 내의 값이다. $k=0$는 유도결합이 없는 경우이고 $k=1$은 **완전결합**(perfect coupling)의 경우이다.

즉, k는 유도결합의 정도를 나타내는 수치로서 k가 크면 **밀결합**(close coupling), k가 작으면 **소결합**(loose coupling)이라고 한다.

제 4 절 상호유도전압 및 코일의 극성표시

상호유도작용에 의해 발생한 역기전력을 **상호유도전압**이라고 하며, 이의 크기는

$$e_m = M\frac{di}{dt} \tag{4-12}$$

이다. 그런데 상호 유도전압은 렌즈의 법칙(Lenz's law)에 의해 그 방향이 결정된다. 즉, 코일 1의 전류에 의해서 발생한 자속 중에서 코일 2에 쇄교하는 자속이 코일 2의 전류에 의해서 발생한 자속과 같은 방향이면 $e_M > 0$이고, 반대 방향이면 $e_M < 0$이다.

그러나 우리가 많이 사용하고 있는 회로도에서 코일의 권선방향을 매번 표시하기가 어려우므로 유도결합을 하고 있는 두 코일의 상대적인 권선방향을 다음과 같이 점(dot)을 찍어서 표시한다. 즉, 점이 찍힌 단자로 유입하는 각 코일의 전류에 의해서 발생하는 자속의 방향이 서로 같도록 한다.

보기를 들면 그림 4-1(a)와 같이 점이 찍혀 있을 경우에는 두 개의 코일은 그림 4-1(b), 혹은 그림 4-1(c)와 같이 감겨 있음을 나타낸다.

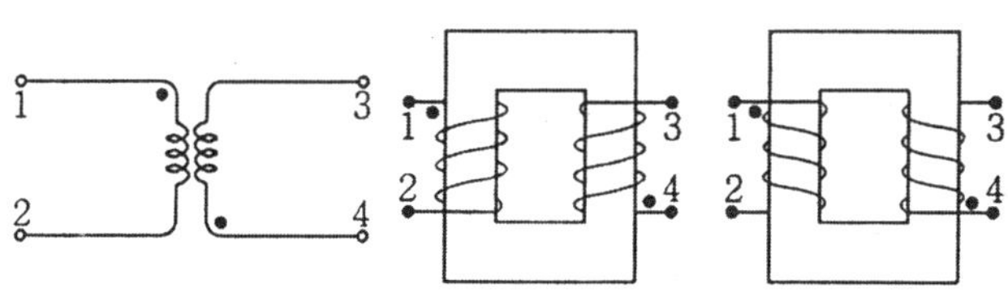

(a) (b) (c)

그림 4-1

(b) 혹은 (c) 어느 경우나 상호 유도전압의 방향이 같게 됨을 각자 증명해 보자.

例題 1. 그림 4-2와 같이 코일의 극성 및 전류의 방향이 주어졌을 때, 코일의 단자 전압 v_1, v_2를 구하여라.

解答 ① 그림 4-2(a) 및 (c)에서는 i_1, i_2는 모두 점이 찍힌 단자로 전류가 들어오므로 $e_m > 0$이다.

$$\therefore\ v_1 = L_1 \frac{di_1}{dt} + M\frac{di_2}{dt}$$

$$v_2 = M\frac{di_1}{dt} + L_2\frac{di_2}{dt}$$

② 그림 4-2(b) 및 (d)에서는 i_1은 점이 찍힌 단자로 들어오나 i_2는 점이 찍힌 단자로 들어오지 않으므로 $e_m < 0$이다.

$$\therefore\ v_1 = L_1 \frac{di_1}{dt} - M\frac{di_2}{dt}$$

$$v_2 = -M\frac{di_1}{dt} + L_2\frac{di_2}{dt}$$

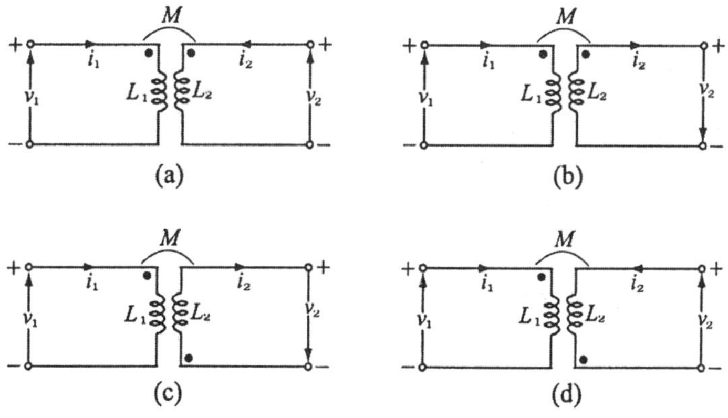

그림 4-2

제 5 절 두 코일의 직렬접속

두 개의 코일을 직렬로 접속하는 경우 극성을 고려하면 그림 4-3의 (a)와 (b) 두 가지 경우로 나눌 수 있다. 지금 그 합성 인덕턴스를 구해 보자.

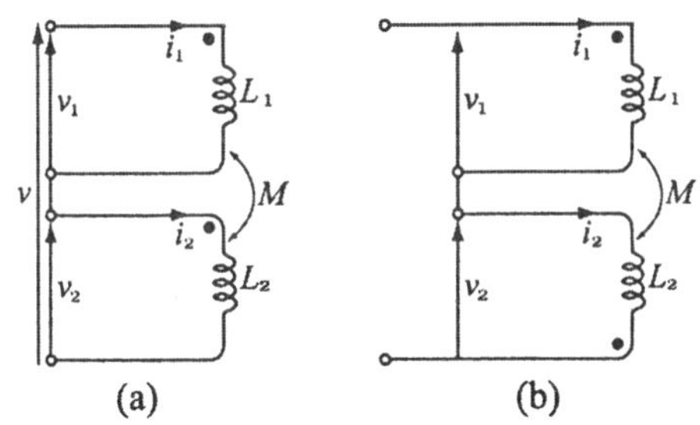

그림 4-3

그림 4-3(a)에서

$$\left.\begin{aligned} v_1 &= L_1\frac{di_1}{dt} + M\frac{di_2}{dt} \\ v_2 &= M\frac{di_1}{dt} + L_2\frac{di_2}{dt} \end{aligned}\right\} \qquad (4\text{-}13)$$

과 같이 표시할 수 있다. 그런데 $i_1 = i_2$ 이므로,

$$v = v_1 + v_2 = (L_1 + L_2 + 2M)\frac{di}{dt} = L\frac{di}{dt}$$

$$\therefore\ L = L_1 + L_2 + 2M \qquad (4\text{-}14)$$

로 된다. 그림 (b)에서는

$$\left.\begin{aligned} v_1 &= L_1\frac{di_1}{dt} - M\frac{di_2}{dt} \\ v_2 &= -M\frac{di_1}{dt} + L_2\frac{di_2}{dt} \end{aligned}\right\} \qquad (4\text{-}15)$$

$$\therefore\ v = (L_1 + L_2 - 2M)\frac{di}{dt} \qquad (\because i_1 = i_2 = i)$$

$$= L\frac{di}{dt}$$

$$\therefore\ L = L_1 + L_2 - 2M \tag{4-16}$$

로 된다. 이상을 종합하면 두 개의 코일을 직렬로 연결하면 그 합성 인덕턴스는 $L = L_1 + L_2 \pm 2M$임을 알 수 있다.

例題 2. 두 개의 코일 a, b가 있다. 두 개를 직렬로 접속하였더니 합성 인덕턴스가 119 [mH]이었다. 극성을 반대로 했더니 합성 인덕턴스가 11 [mH]이고, 코일 a의 자기 인덕턴스 $L_a = 20$ [mH]이라면, 코일 b의 자기 인덕턴스 L_b, 상호 인덕턴스 M, 결합계수 k를 구하여라.

解答

$L_1 = L_a + L_b + 2M = 119$

$L_2 = L_a + L_b - 2M = 11$

$L_1 + L_2 = 2(L_a + L_b) = 130$

$\therefore\ L_b = 65 - L_a = 45$ [mH]

$L_1 L_2 = 4M = 108$

$\therefore\ M = 27$ [mH]

$$k = \frac{M}{\sqrt{L_1 L_2}} = \frac{27}{\sqrt{45 \times 20}} = 0.9$$

참고 $\frac{di}{dt}$를 기호법으로 표시하면 i가 정현파인 경우 그 실효치를 $\dot{I}$, 각속도를 ω라 하면 $j\omega\dot{I}$가 된다. 따라서 식 (4-13)을 기호법으로 표시하면

$\dot{V}_1 = j\omega L_1 \dot{I}_1 + j\omega M \dot{I}_2$

$\dot{V}_2 = j\omega M \dot{I}_1 + j\omega L_2 \dot{I}_2$

가 된다.

제 6 절 상호유도회로의 등가회로

유도결합이 되어 있는 회로의 해석은 이미 배운 지식을 이용하면 해결은 되지만, 유도결합이 없는 경우보다 복잡하고 유도전압의 극성을 혼동하기 쉬우므로 등가회로(equivalent circuit)를 그려서 해석하는 것이 편리할 때가 많다.

지금 그림 4-4의 (a)에서 KVL을 적용시키면

$$V_g = R_1 I_1 + V_{ab}$$

$$= R_1 I_1 + j\omega L_1 I_1 \pm j\omega M I_2 = (R_1 + j\omega L_1) I_1 \pm j\omega M I_2 \tag{4-17}$$

$$0 = R_2 I_2 + V_{b'c}$$

$$= R_2 I_2 \pm j\omega M I_1 + j\omega L_2 I_2 = \pm j\omega M I_1 + (R_2 + j\omega L_2) I_2 \tag{4-18}$$

로 된다. 그림 4-2(b) 및 (c)의 회로에 대해서 전압방정식을 세워도 그 결과는 식 (4-17) 및 (4-18)과 같다.

따라서 그림 4-4의 (a) 및 (b)의 회로는 유도결합이 되어 있는 회로를 (c)와 같이 유도결합이 되어 있지 않은 도전 결합회로로 바꾸어 놓고 해석하여도 그 결과는 동일하다.

그림 4-4(c)에서 M의 부호를 결정하는 방법은 다음과 같다.

(a)에서 점 b와 b'는 다 같이 기준이 되는 전위로 b와 b'를 연결하여도 다른 곳의 전류 전압 분포에 변화가 없다. 즉 그림 (a)와 (b)는 등가이다.

그러면 $a \to b \to c$를 따라 전류가 흐른다고 가정하면, 코일 두 개는 직렬로 연결된 것과 같으므로 $a \to b \to b' \to c$ 혹은 $a \to b \to c$가 연결되어 두 개의 코일이 직렬로 접속되었다고 가정하면 단자 $a \to c$에서 본 합성인덕턴스는 $L_1 + L_2 \pm 2M$이 된다. 이때 M의 부호는 4-5절에서의 방법에 따른다. 등가회로의 단자 $a \to c$에서 본 합성인덕턴스도 같아야 하므로 L_1, L_2가 포함되는 부분의 M의 부호는 명백해진다. 그러면 나머지 하나의 M의 부호는 앞의 것과 반대로 하면 된다.

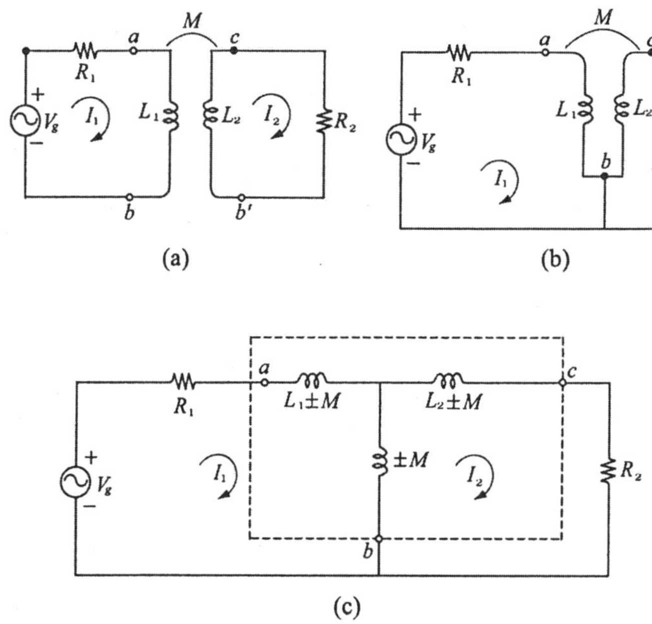

그림 4-4

例題 3. 그림 4-5는 단권변압기의 회로도이다. 등가회로를 그려라.

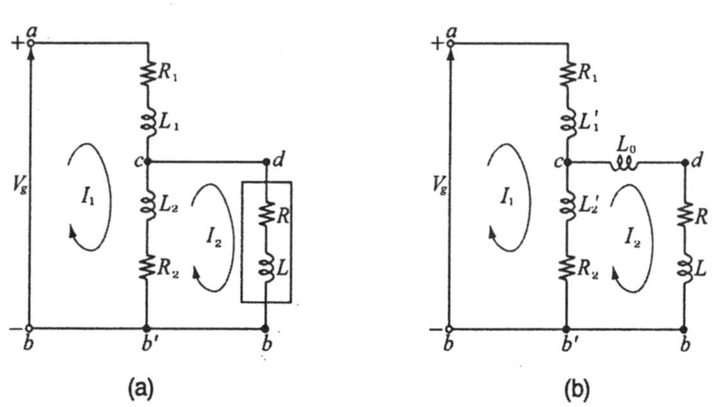

그림 4-5

解答 $c-d$사이를 개방(open)시키면 $a-b$사이의 등가 임피던스는 $R_1+R_2+j\omega(L+L_2-2M)$이다. 따라서 (b)에서 $L_1'=L_1-M$, $L_2'=L_2-M$이 되고 L_0는 M이 된다. (a) 및 (b)에 대해서 전압, 전류 방정식을 세워서 두 회로가 같게 됨을 각자 확인하여 보자.

4 연/습/문/제 Exercise

01 그림 4-6과 같은 결합회로를 자기 인덕턴스의 등가회로로 그려라.

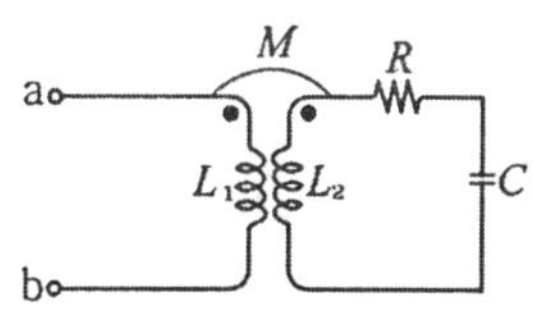

그림 4-6

02 그림 4-7과 같은 회로의 자기 인덕턴스를 포함하는 등가회로를 그리고, 등가 저항과 등가 리액턴스를 구하여라.

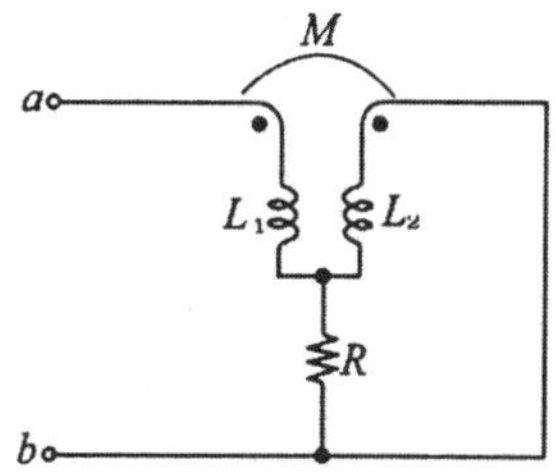

그림 4-7

03 그림 4-8과 같은 회로에서, 자기 인덕턴스 L_0, L_1이 상호 인덕턴스 M으로 결합되어 있을 때, ab 단자간의 등가저항과 등가리액턴스를 구하여라. 여기서, $\omega=2\pi f$로 한다.

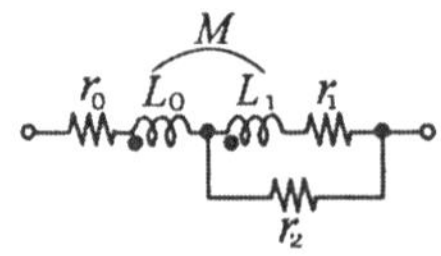

그림 4-8

04 그림 4-9의 회로에 있어서 상호 인덕턴스 M을 조정하여 수화기 T에 흐르는 전류가 영이 되었다. 이 때의 전원 주파수는 얼마인가?

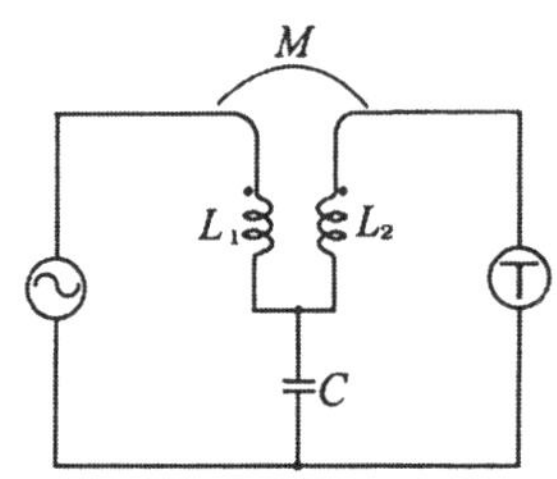

그림 4-9

05 그림 4-10의 ab 단자에 각주파수 ω의 기전력 E를 가했을 때, L_1에 흐르는 전류 I_1과 L_2에 흐르는 전류 I_2의 크기가 같고, 그 위상차가 $\pi/2$로 되는 조건을 구하여라. 여기서, L_1과 L_2 사이의 상호 인덕턴스를 M라 하고 $L_2 \neq M$로서 각각의 자속은 서로 합하여지는 방향으로 권선되어 있는 것으로 한다.

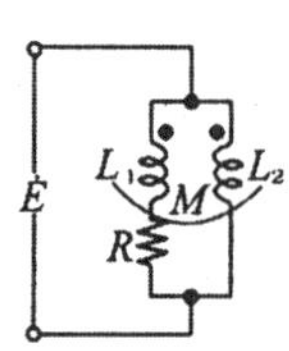

그림 4-10

06 그림 4-11과 같은 회로에 주파수 f의 교류 전압 E_0를 가했을 때, 저항 R의 값이 어떤 값이 되어도, 그 단자 전압 E와 E_0가 동상이 되기 위한 조건을 구하여라.

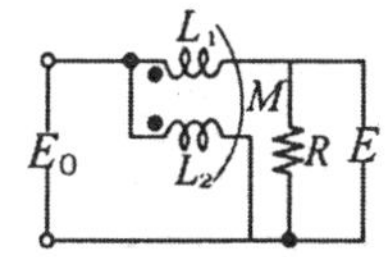

그림 4-11

07 그림 4-12와 같이 제1회로와 제2회로가 있다. 각각의 저항과 자기 인덕턴스는 R_1, R_2 및 L_1, L_2이다. 또 상호 인덕턴스는 M이다. 1차 회로가 주파수 f, 전압 E의 교류 전원에 접속되어 있을 때, 1차 회로의 전압과 전류가 45°의 상차각을 갖는 경우에 R_1의 크기를 구하여라.

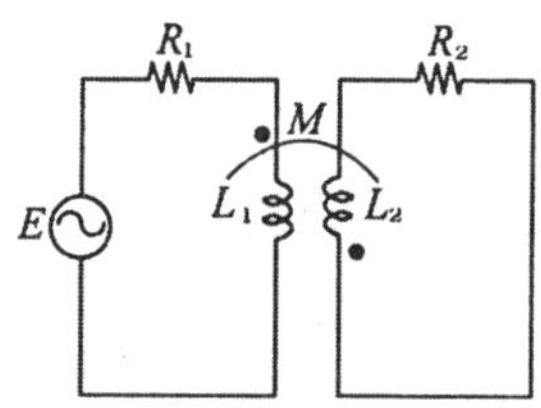

그림 4-12

CHAPTER 5

교류회로이론

벡터 궤적

제 1 절 벡터 궤적

교류회로의 전압, 전류, 전력, 임피던스, 어드미턴스 등의 전기적인 양은 이미 배운 바와 같이 벡터로 나타낼 수 있다. 이들 각종의 벡터는 회로의 전기적 조건이 변하면, 이것과 일정한 관계를 갖고, 그 크기나 위상이 변화한다. 따라서 이들 벡터의 화살 정점은 회로의 조건이 변화함에 따라 어떤 궤적을 그리게 된다. 이 벡터의 화살 정점이 그리는 궤적을 **벡터 궤적**(vector locus)이라 한다.

교류회로에 있어서 각종 벡터 궤적의 모양은 특수한 경우를 제외하고는 일반적으로 직선이나 원으로 되는 경우가 많으므로 여기서는 이들의 벡터 궤적을 중심으로 배우기로 한다.

이와 같은 벡터 궤적을 사용하면 회로의 전기적인 여러 가지 양의 변화에 따라 회로의 특성 변화를 그림으로부터 간단히 알 수 있어 편리한 점이 많다.

제 2 절 벡터 궤적이 직선으로 되는 벡터

여기에서, 교류 회로에 자주 나타나는 벡터 궤적이 직선으로 되는 벡터를 중심으로 알아보기로 하자.

(1) 일반적으로 $A = a + jb$의 벡터에 있어서, 실수부 또는 허수부만을 변화시키면, 벡터 궤적은 직선으로 된다.

$\dot{A}_1 = a_\lambda + jb$의 벡터가 있다. b는 일정하고 a_λ가 $+\infty$에서 $-\infty$까지 변화한다고 하면, 벡터 그림의 허수부 b는 일정하고, 실수부 a_λ는 $+\infty$에서 $-\infty$까지 변화하므로 $\dot{A}_1$의 벡터 궤적은 그림 5-1과 같이 X축에 평행으로 jb만큼 떨어진 $l_1 l_1'$의 직선으로 된다. 또 $\dot{A}_2 = a + jb_\lambda$의 벡터에서 a는 일정하고 b_λ가 $+\infty$에서 $-\infty$까지 변화하면 $\dot{A}_2$의 벡터 궤적은 그림 5-1의 Y축과 평행으로 a만큼 떨어진 직선 $l_2 l_2'$로 된다.

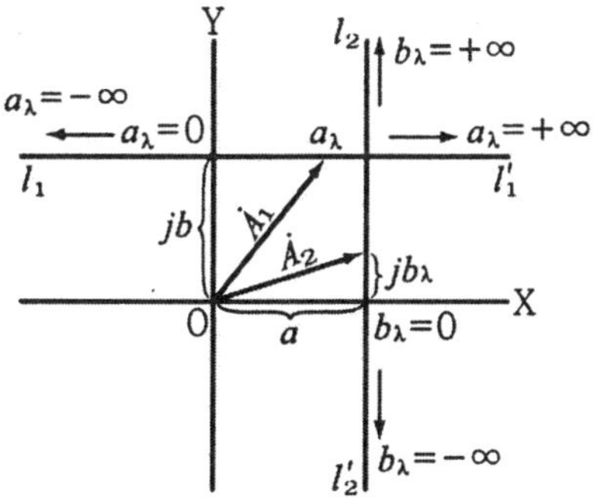

그림 5-1

例題 1. $\dot{Z}=R_\lambda+jwL$ 인 임피던스에서 R_λ가 0에서 ∞까지 변화시켰을 때 벡터 궤적은 그림 5-2와 같이 된다. 즉 jwL은 일정하고 R_λ가 0에서 ∞까지 변화하므로 X축에 평행으로 jwL만큼 떨어진 ab 직선으로 된다.

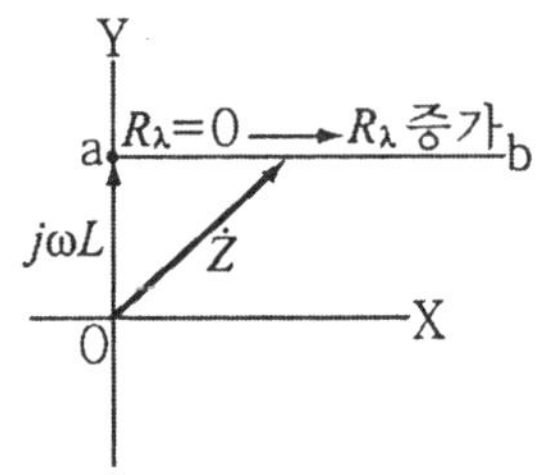

그림 5-2

例題 2. 그림 5-3(a)와 같은 $R[\Omega]$와 $L[H]$의 직렬회로가 있다. 전원 각주파수 ω_λ를 변화시켰을 때, $\dot{Z}=R+jw_\lambda L$의 벡터 궤적은 그림 5-3(b)와 같이 된다. 즉, R는 일정하고 $jw_\lambda L$은 변화하므로, 임피던스 $\dot{Z}$의 궤적은 그림과 같이 Y축에 평행으로 R만큼 떨어진 ab 직선이 된다.

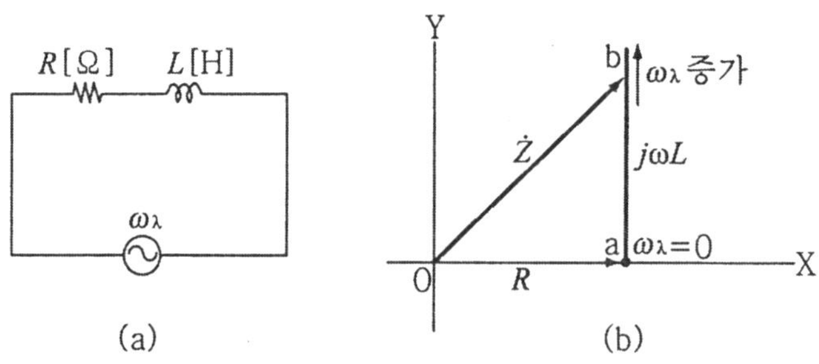

그림 5-3

例題 3. 그림 5-4(a)와 같이 $R[\Omega]$와 $C_\lambda[F]$를 직렬로 하여 이것을 각주파수 ω의 전원에 접속하여 C_λ만을 변화시켰을 때, 임피던스 $\dot{Z}=R-j\dfrac{1}{\omega C_\lambda}$의 벡터 궤적은 그림 5-4(b)와 같이 된다. 즉, R는 일정하고, $-j\dfrac{1}{\omega C_\lambda}$은

C_λ가 $+\infty$일 때 0이 되므로 C_λ가 감소함에 따라 그 절대치는 점차로 증가한다. 따라서 그림과 같이 Y축에 평행으로 R만큼 떨어진 ab 직선으로 된다.

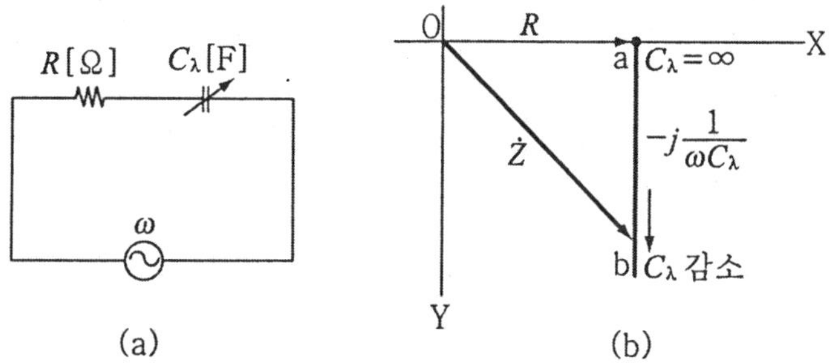

그림 5-4

(2) 벡터 궤적이 직선으로 되는 벡터 $\dot{A}$와 일정한 벡터 $\dot{B}$의 적 $\dot{A}\cdot\dot{B}$ 및 합 $\dot{A}+\dot{B}$의 벡터 궤적은 각각 직선으로 된다.

지름 벡터 궤적이 직선으로 되는 $\dot{A}=a+jb_\lambda$와 일정 벡터 $\dot{B}=c+jd$가 있을 경우

$$\dot{A}\dot{B}=(a+jb_\lambda)\dot{B}=a\dot{B}+jb_\lambda\dot{B} \tag{5-1}$$

$$\dot{A}+\dot{B}=(a+jb_\lambda)+\dot{B}=a+\dot{B}+jb_\lambda \tag{5-2}$$

로 된다. 따라서 이것을 그림으로 그리면 식(5-1), (5-2)는 그림 5-5(a), (b)와 같이 된다. 즉, 식(5-1)은 그림 (a)와 같이 일정 벡터 $\dot{B}$의 a배로 되는 벡터 $a\dot{B}$와 이것에 직각인 $jb_\lambda\dot{B}$의 합이 되고, b_λ는 변수이므로 $\dot{A}\dot{B}$의 벡터 궤적은 l_1l_1'와 같은 직선으로 된다. 또 식(5-2)는 그림 (b)와 같이 $a+\dot{B}=(a+c)+jd$는 일정하고 이것에 변수 jb_λ가 합하여지므로, $\dot{A}+\dot{B}$의 벡터 궤적은 Y축에 평행으로 $c+a$만큼 떨어진 l_2l_2'의 직선으로 된다.

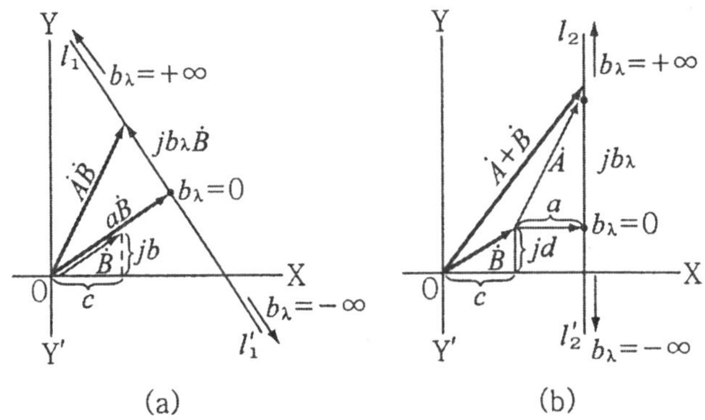

그림 5-5

제 3 절 벡터 궤적이 원으로 되는 벡터

벡터 궤적이 직선으로 되는 벡터 $\dot{A}$에 대하여 역수관계를 갖는 $\dot{B}=1/\dot{A}$의 벡터가 있을 때, 두 벡터의 궤적의 관계에 대해 알아보기로 하자.

例題 4. 그림 5-6(a)와 같은 임피던스 $\dot{Z}=R_\lambda+j\omega L=\dot{Z}\angle\theta$의 벡터 궤적은 이미 배운 바와 같이 그림 5-6(b)와 같은 직선 ab로 된다. 그러나 이 역수인 어드미턴스 $\dot{Y}=1/\dot{Z}$의 벡터 궤적은 어떻게 될까?

$$\dot{Y}=\frac{1}{\dot{Z}}\angle-\theta=\frac{1}{R_\lambda+j\omega L} \tag{5-3}$$

$$\therefore\ \dot{Y}(R_\lambda+j\omega L)=1$$

양변을 변화하지 않는 정수 $j\omega L$로 나누어 정리하면,

$$\dot{Y}-j\frac{R_\lambda}{\omega L}\dot{Y}=\frac{1}{j\omega L}=-j\frac{1}{\omega L} \tag{5-4}$$

로 된다. 이 벡터의 그림을 그리면, 그림 5-6(b)와 같이 되고, $\dot{Y}-j\dfrac{R_\lambda}{\omega L}\dot{Y}$의 벡

터 합은 $-j\frac{1}{\omega L}$의 일정한 값으로 된다. 이때 ∠Ocd는 항상 직각으로 되기 때문에 $\dot{Y}$의 화살 꼭지점의 궤적, 즉 $\dot{Y}$의 벡터 궤적은 R_λ의 변화에 따라 $-j\frac{1}{\omega L}$을 지름으로 하는 반원 Ocd로 된다.

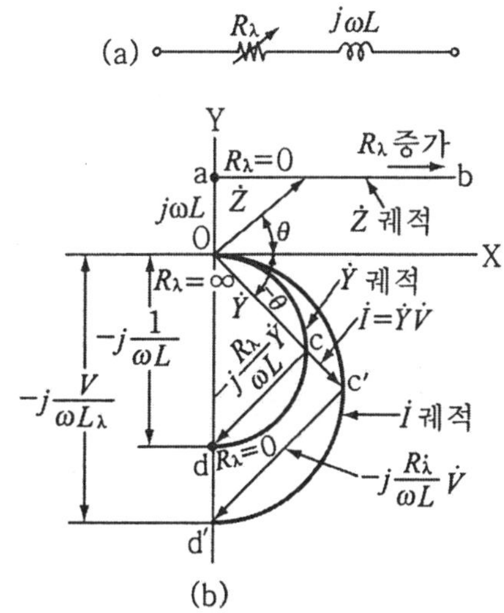

그림 5-6

다음에는 이 어드미턴스 $\dot{Y}$에 일정한 전압 $\dot{V}$를 가했을 때 흐르는 전류 $\dot{I}$의 궤적을 생각하여 보자. 인가한 전압 $\dot{V}$를 기준 벡터로 하여 $\dot{V}=V$로 하면

$$\dot{I}=\dot{Y}\dot{V}=\frac{\dot{V}}{R_\lambda+j\omega L} \tag{5-5}$$

$$\therefore R_\lambda\dot{I}+j\omega L\dot{I}=\dot{V}$$

로 되고, 양변을 일정한 $j\omega L$로 나누면

$$\dot{I}-j\frac{R_\lambda}{\omega L}\dot{I}=-j\frac{\dot{V}}{\omega L} \tag{5-6}$$

으로 된다. 따라서 등식의 왼쪽 변의 합은 항상 일정한 $-j\frac{\dot{V}}{\omega L}$로 되고, $\dot{I}$와 $-j\frac{R_\lambda}{\omega L}\dot{I}$는 90°의 상차가 있다. 이 관계로부터 그림 5-6의 $\dot{I}$에 관한 벡터 그림

에 있어서 $\angle Oc'd' = \angle 90°$ 이므로, $\dot{I}$의 궤적은 $-j\dfrac{\dot{V}}{\omega L}$를 지름으로 하는 반원 $Oc'd'$로 된다. 이것은 또 다음과 같이 생각해도 된다. 전류 $\dot{I} = \dot{Y}\dot{V}$이므로 $\dot{V} = V$라 하면 $\dot{I}$는 $\dot{Y}$의 V배로 되기 때문에 $\dot{I}$의 궤적은 $\dot{Y}$궤적을 V배로 한 반원으로 된다.

例題 5. 그림 5-7의 RLC 직렬 회로에 $\dot{V}$[V], ω_λ[rad/s]의 교류 전압을 가하여 ω_λ를 변화시켰을 때, 임피던스 $\dot{Z}$, 어드미턴스 $\dot{Y}$ 및 전류 $\dot{I}$의 벡터 궤적을 구하라.

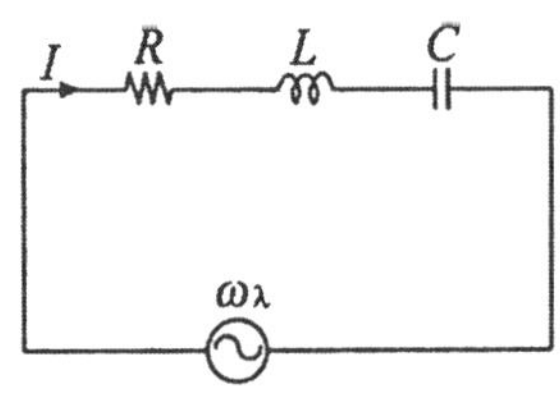

그림 5-7

解答 $\dot{Z} = R + j\left(\omega_\lambda L - \dfrac{1}{\omega_\lambda C}\right)$에 있어서, R는 일정하고, $j\left(\omega_\lambda L - \dfrac{1}{\omega_\lambda C}\right)$이 변화하므로 $\dot{Z}$의 궤적은 그림 5-8과 같이 X축과 평행으로 R만큼 떨어진 무한직선 ll'로 된다.

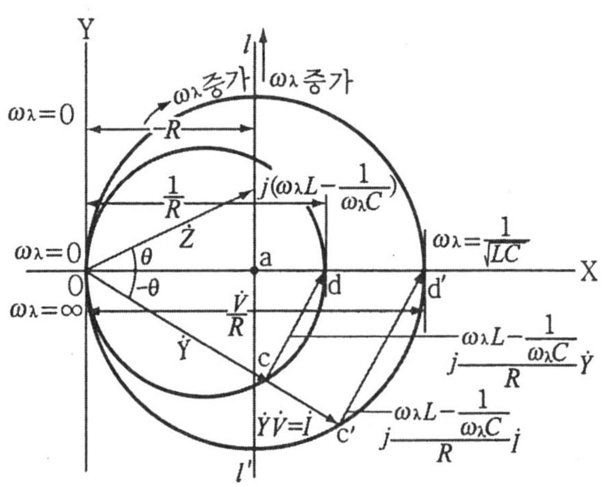

그림 5-8

또한 a점은 $\omega_\lambda L = \dfrac{1}{\omega_\lambda C}$의 공진점으로 $\omega_\lambda = \dfrac{1}{\sqrt{LC}}$의 조건인 곳이다.

다음에, 어드미턴스 $\dot{Y}$는 다음과 같이 표시된다.

$$\dot{Y}=\frac{1}{R+j\left(\omega_\lambda L-\dfrac{1}{\omega_\lambda C}\right)} \tag{5-7}$$

$$R\dot{Y}+j\left(\omega_\lambda L-\frac{1}{\omega_\lambda C}\right)\dot{Y}=1$$

양변을 일정한 R로 나누면

$$\dot{Y}+j\frac{\left(\omega_\lambda L-\dfrac{1}{\omega_\lambda C}\right)\dot{Y}}{R}=\frac{1}{R}$$

로 되어, $\dfrac{1}{R}$은 일정하고 ∠ oc′d′ = ∠90°이므로 $\dot{Y}$의 궤적은 그림과 같이 $\dfrac{1}{R}$을 지름으로 하는 원이 된다.

다음에, 전류 $\dot{I}$는 $\dot{V}=V$를 기준으로 하면,

$$\dot{I}=\frac{\dot{V}}{R+j\left(\omega_\lambda L-\dfrac{1}{\omega_\lambda C}\right)} \tag{5-8}$$

$$\dot{I}R+j\left(\omega_\lambda L-\frac{1}{\omega_\lambda C}\right)\dot{I}=\dot{V}$$

이 되고, 양변을 일정한 R로 나누면

$$\dot{I}+j\frac{\left(\omega_\lambda L-\dfrac{1}{\omega_\lambda C}\right)}{R}\dot{I}=\frac{\dot{V}}{R}$$

로 된다. 이 벡터의 그림을 그리면 그림 5-8과 같이 되며, $\dfrac{\dot{V}}{R}$가 일정하고 ∠ oc′d′ = ∠90°이므로 $\dot{I}$의 궤적은 $\dfrac{\dot{V}}{R}$를 지름으로 하는 원이 된다.

이것은 또한 $\dot{I}=\dot{Y}\dot{V}$로서, $\dot{V}$가 일정하므로 $\dot{I}$는 $\dot{Y}$의 V배로 된다고 생각하면, $\dot{I}$의 궤적은 $\dfrac{\dot{V}}{R}$를 지름으로 하는 원이 됨을 알 수 있다.

이상의 그림 5-6과 5-8의 예로 부터 원점을 통하지 않는 무한직선의 궤적을 그리는 벡터 $\dot{A}$의 역수 $\dot{B}=1/\dot{A}$의 벡터 궤적은 원점을 통하는 원이 됨을 알 수 있다.

제 4 절 벡터 궤적의 일반식

여기서는 직선 궤적과 원 궤적을 그리는 벡터의 일반식과 이들의 관계를 알아보기로 하자.

4-1 직선궤적의 일반식

두 개의 일정 벡터 $\dot{A}=a_1+ja_2$와 $\dot{B}=b_1+jb_2$가 있다.

λ를 실변수라 할 때

$$\dot{C}=\dot{A}+\lambda\dot{B}=a_1+ja_2+\lambda(b_1+jb_2) \tag{5-8}$$

의 벡터 궤적을 그리면, 그림 5-9와 같이 원점을 통하지 않는 ll'의 무한 직선으로 되며, 그 기울기는 $\dot{B}$의 기울기 $\phi=\tan^{-1}b_2/b_1$와 같게 된다.

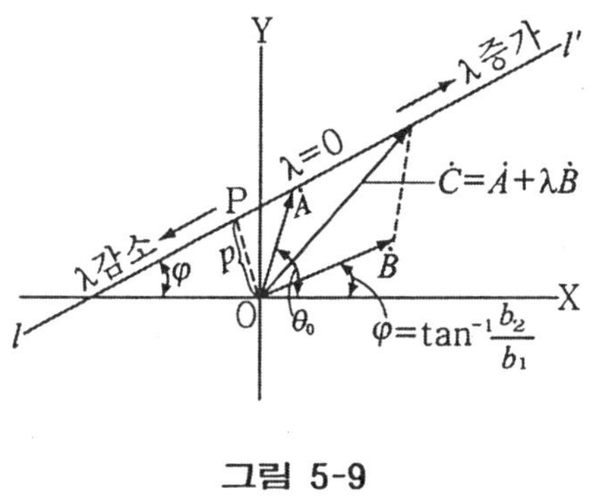

그림 5-9

따라서, 지금까지 배운 벡터 궤적이 직선인 경우는 C의 a_1, a_2, b_1, b_2 중에서 어느 것이 0인 특별한 경우라고 생각할 수 있다.

식(5-8)을 정리하면

$$\dot{C}=\dot{A}+\lambda\dot{B}=(a_1+\lambda b_1)+j(a_2+\lambda b_2) \tag{5-9}$$

로 된다. $\dot{C}$의 화살 꼭지의 임의의 좌표를 x, y라 하면

$$x=a_1+\lambda b_1,\ \ y=a_2+\lambda b_2 \tag{5-10}$$

이다. 이 x, y의 양식에서 λ를 소거하면, 다음 식으로 된다.

$$b_2x-b_1y+a_2b_1-a_1b_2=0 \tag{5-11}$$

이것은 ll' 직선을 나타내는 방정식이 된다. 이 때 그림 5-9와 같이 0점에서 직선 ll'에 내린 수선의 길이 $\overline{\mathrm{OP}}$는 수학에서 배운 바와 같이 다음 관계가 있다.*

$$\left.\begin{aligned}\overline{\mathrm{OP}}=p&=\frac{a_2b_1-a_1b_2}{\sqrt{b_2{}^2+b_1{}^2}}\\ \theta_0&=\tan^{-1}\left(\frac{b_1}{b_2}\right)\end{aligned}\right\} \tag{5-12}$$

4-2 원궤적의 일반식

(1) 원점을 통하는 원궤적의 일반식

다음에는 벡터 궤적이 직선으로 되는 일반식 $\dot{C}=\dot{A}+\lambda\dot{B}$의 역수

$$\dot{D}=\frac{1}{\dot{C}}=\frac{1}{\dot{A}+\lambda\dot{B}} \tag{5-13}$$

---

* 일반적으로 $ax+by+c=0$의 방정식에 있어서, ll'에 대한 수선의 길이가 $\overline{\mathrm{OP}}$일 때는 다음 관계가 있다.

$$\overline{\mathrm{OP}}=\frac{c}{\sqrt{a^2+b^2}},\ \ \tan\phi\tan\theta_0=-1$$

의 벡터 궤적에 대하여 생각해 보자.

먼저, $\dot{C}=\dot{A}+\lambda\dot{B}$의 벡터 궤적을 그림 5-10의 ll' 직선으로 한다. O에서 이 직선에 올린 수선을 $\overrightarrow{OP}$라 하면, 이것은 수학에서 배운 바와 같이 $\overrightarrow{OP}=p\varepsilon^{j\theta_0}$ 이고, 이 역수는 $\frac{1}{p}\varepsilon^{-j\theta_0}$로 된다. 따라서 이것을 그림으로 나타내면 $\overrightarrow{OP'}$로 나타낼 수 있다. 다음에는 ll' 직선상의 임의의 점을 Q라고 했을 때 $\overrightarrow{OQ}=\varepsilon^{j\theta_1}$의 역수 $\overrightarrow{OQ'}=\frac{1}{q}\varepsilon^{j\theta_1}$을 그리면 그림과 같이 $\overrightarrow{OQ'}$로 된다. 이때 각각의 크기와 각도를 비교하면

$$\left.\begin{aligned}&\frac{\overline{OP'}}{\overline{OQ}}=\frac{\overline{OQ'}}{\overline{OP}}=\frac{p}{q}\\&\theta_0-\theta_1=\angle POQ=\angle P'OQ'\end{aligned}\right\}\tag{5-14}$$

이다. 결국 ΔOPQ와 ΔOQ'P'는 두 변의 비와 사이 각이 같으므로 닮은 꼴이 된다. 따라서 $\angle P=\angle Q'=\angle 90°$, $\overrightarrow{OP'}=\frac{1}{p}$은 일정하므로 Q'점은 $\overrightarrow{OP'}$를 지름으로 하는 원주 상에 있다.

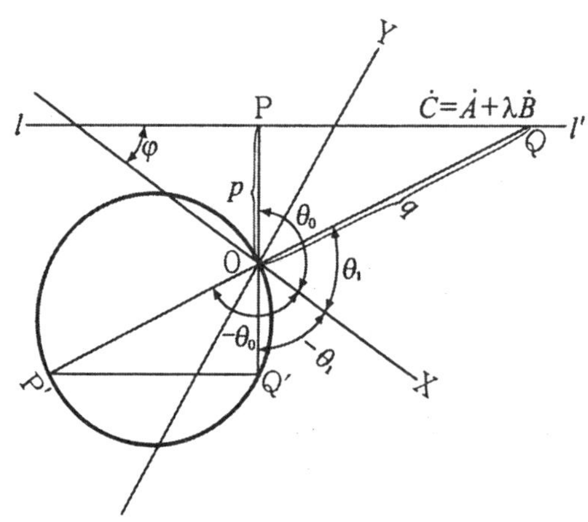

그림 5-10 원점을 지나는 원의 궤적

벡터 궤적이 직선으로 되는 $\dot{A}+\lambda\dot{B}$와 같은 벡터로 $\overrightarrow{\mathrm{OP}}=p\neq0$일 때는 그 역수 $1/(\dot{A}+\lambda\dot{B})$의 벡터 궤적은 원점을 통하는 원이 된다.

이와 같은 결과로 부터 일반적으로 원점을 통하지 않는 무한 직선의 궤적을 그리는 벡터 $\dot{C}$의 역수 $\dot{D}=1/\dot{C}$의 벡터가 그리는 벡터 궤적은 원점을 통하는 원으로 된다. 또 그 역의 경우도 성립한다고 할 수 있다. 이때 $\dot{D}$의 궤적은 $\dot{C}$의 궤적의 **역도형**이라 하고, 반대로 $\dot{C}$의 궤적은 $\dot{D}$의 궤적의 역도형이라 한다.

(2) 원점을 통하지 않는 원 궤적의 일반식

$\dot{A}, \dot{B}, \dot{C}, \dot{D}$를 일정 벡터로 하고 λ를 실변수라 했을 때

$$\dot{G}=\frac{\dot{C}+\lambda\dot{D}}{\dot{A}+\lambda\dot{B}} \tag{5-15}$$

의 일반식의 벡터 궤적에 대하여 알아보기로 하자.

식(5-15)를 변형하여

$$\dot{G}=\frac{\dot{C}+\lambda\dot{D}}{\dot{A}+\lambda\dot{B}}\doteq x+\frac{y}{\dot{A}+\lambda\dot{B}}=\frac{(\dot{A}x+y)+\lambda\dot{B}x}{\dot{A}+\lambda\dot{B}} \tag{5-16}$$

라 놓으면, $\dot{A}x+y=\dot{C}$, $\dot{D}=\dot{B}x$의 관계가 있으므로

$$x=\frac{\dot{D}}{\dot{B}},\quad y=\dot{C}-\dot{A}x=\dot{C}-\frac{\dot{A}\dot{D}}{\dot{B}} \tag{5-17}$$

로 된다. 따라서, 식(5-16)은 다음과 같이 표시할 수 있다.

$$\dot{G}=\frac{\dot{C}+\lambda\dot{D}}{\dot{A}+\lambda\dot{B}}=\frac{\dot{D}}{\dot{B}}+\frac{\dot{C}-\frac{\dot{A}\dot{D}}{\dot{B}}}{\dot{A}+\lambda\dot{B}}=\frac{\dot{D}}{\dot{B}}+\frac{1}{\frac{\dot{A}}{\dot{E}}+\lambda\frac{\dot{B}}{\dot{E}}}$$

$$=\frac{\dot{D}}{\dot{B}}+\frac{1}{\dot{A}'+\lambda\dot{B}'} \tag{5-18}$$

여기서, $\dot{E}=\dot{C}-\dfrac{\dot{A}\dot{D}}{\dot{B}}$, $\dot{A}'=\dfrac{A}{\dot{E}}$, $\dot{B}'=\dfrac{\dot{B}}{\dot{E}}$ 이다.

식(5-18)에 있어서, 제1항은 일정한 값이 되고, 제2항은 식(5-13)에서 설명한 바와 같이 벡터 궤적은 원점을 통하는 원이 된다.

결국, $\dfrac{1}{\dot{A}'+\lambda\dot{B}'}$ 은 그림 5-11에 나타낸 바와 같이 xy 좌표의 원점 0를 통하는 원이므로, 이 원점을 $-\dfrac{\dot{D}}{\dot{B}}$ 만큼 이동시켜서 0′를 중심으로 한 XY 좌표로 생각하면, 이것이 $\dot{G}$의 벡터궤적을 나타나게 된다.

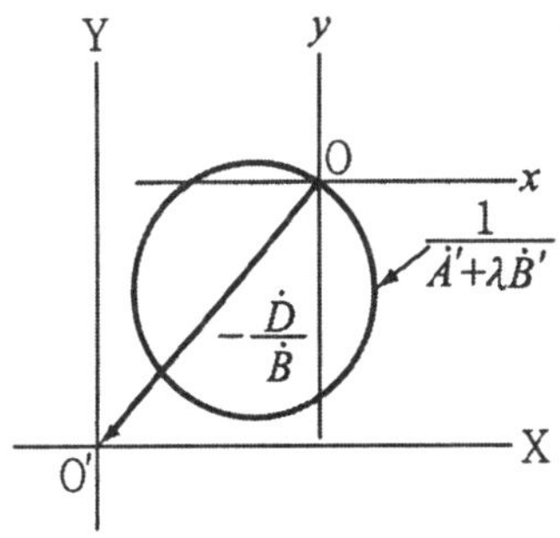

그림 5-11 원점을 지나지 않는 원궤적

따라서, 식(5-15)와 같은 벡터 궤적은 일반적으로 원점을 통하지 않는 원 궤적으로 된다.

다음에 $1/\dot{G}$의 역도형을 생각하면,

$$\frac{1}{\dot{G}}=\frac{\dot{A}+\lambda\dot{B}}{\dot{C}+\lambda\dot{D}} \tag{5-19}$$

로 되어, 이 식의 모양은 문자가 변했을 뿐 식(5-15)와 같게 되므로, 벡터 궤적은 역시 원으로 된다. 그러나 크기와 위상은 반대로 되기 때문에 5-12와 같이 된다. 따라서 **원점을 통하지 않는 원의 역도형은 역시 원**이 됨을 알 수 있다.

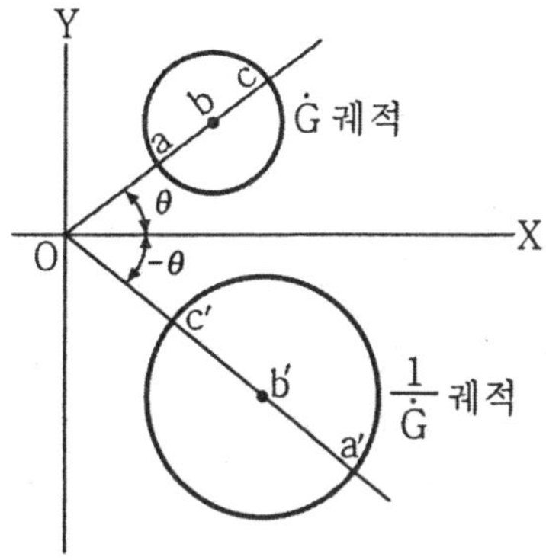

그림 5-12

제 5 절 벡터 궤적의 예제

다음에는 벡터 궤적의 예제에 대하여 푸는 방법을 연구해 보자.

例題 6. 그림 5-13과 같은 R와 C_λ의 병렬회로에 있어서, C_λ가 변화할 때의 어드미턴스 $\dot{Y}$와 임피던스 $\dot{Z}$의 벡터 궤적을 나타내어라. 여기서, 전원의 각주파수는 ω로 한다.

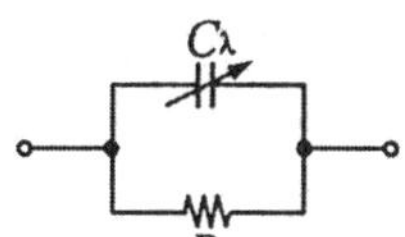

그림 5-13

解答 $\dot{Y}=\dfrac{1}{R}+j\omega C_\lambda$로 된다. $\dfrac{1}{R}$은 일정하고, $j\omega C_\lambda$는 변화하므로 $\dot{Y}$의 궤적은 그림 5-14와 같이 ab 직선으로 된다. 또 $\dot{Z}=\dfrac{1}{\dot{Y}}$은 이미 배운 바와 같이 원점을 통하는 원으로 된다. 즉,

$$\dot{Z}=\frac{1}{\frac{1}{R}+j\omega C_\lambda}$$

$\frac{1}{R}\dot{Z}+j\omega C_\lambda\dot{Z}=1$이 되고, 양변을 $1/R$로 나누면

$\dot{Z}+j\omega C_\lambda R\dot{Z}=R$가 된다. 이 벡터를 그리면 그림 5-14와 같이 되고 $\dot{Z}$의 화살 꼭지점 c는 $\angle$Ocd$=\angle R$이므로 지름을 R로 하는 Ocd 반원 상에 있다. 결국 $\dot{Z}$의 벡터 궤적은 Ocd의 반원으로 된다.

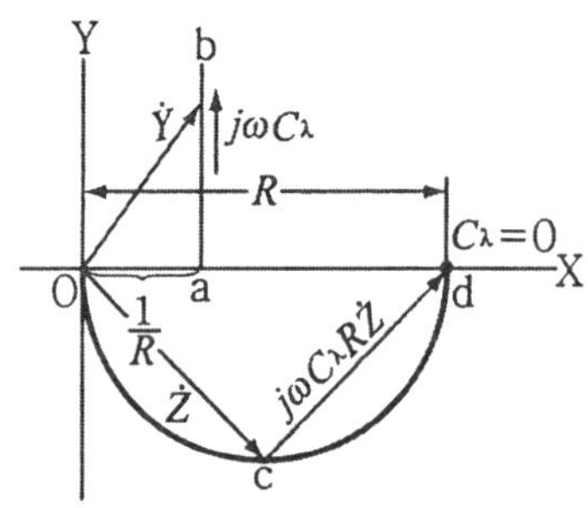

그림 5-14

例題 7. 그림 5-15와 같은 회로에 각 주파수 ω의 전압 $\dot{V}$를 인가하고, 저항 R_λ를 변화시켰을 때 흐르는 전류 $\dot{I}$의 벡터 궤적을 구하여라.

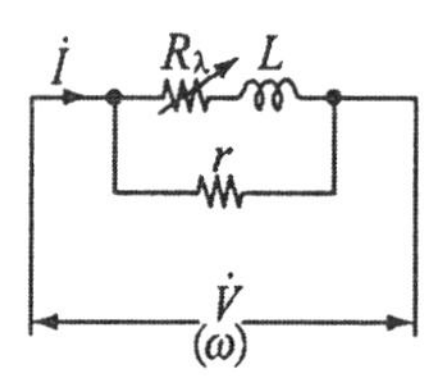

그림 5-15

解答 전압 $\dot{V}$를 기준 벡터 V로 하고, 어드미턴스를 $\dot{Y}$라 하면, 전류 $\dot{I}$는 다음과 같다.

$$\dot{I}=\dot{Y}V=\left(\frac{1}{r}+\frac{1}{R_\lambda+j\omega L}\right)V$$
$$=\frac{V}{r}+\frac{V}{R_\lambda+j\omega L}$$
$$=\frac{V}{r}+\frac{1}{\dfrac{R_\lambda}{V}+\dfrac{j\omega L}{V}}$$

윗 식의 제 1항은 일정하고, 제 2항의 분모는 그림 5-16의 원점 0에 대하여 x축에 평행한 직선 ab로 나타내게 된다. 따라서 이것의 역도형인 $\dot{I}$의 벡터 궤적은 R_λ/V가 변수이고 $j\omega L/V$은 정수이므로, 정수 $j\omega L/V$의 역수 $-j\dfrac{V}{\omega L}$를 지름으로 하는 원점 0를 통하는 Ocd의 반원이 된다. 따라서 좌표를 $-V/r$이동시켜 Y축으로 하면, xY좌표의 원점 0′에 대하여 Ocd의 반원이 전류 I의 벡터 궤적을 나타낸다.

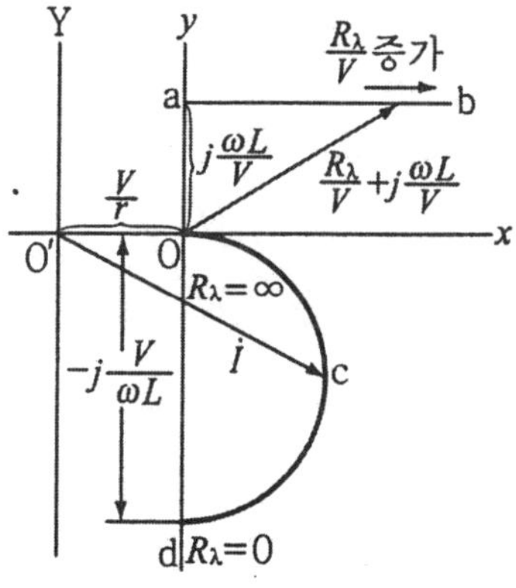

그림 5-16

例題 **8.** 그림 5-17과 같은 회로에서, 정전용량 C_λ를 가감하여 ab단자에서 역률을 100[%]로 하려면, R의 값은 어떤 조건이 필요한가를 벡터 궤적을 이용하여 구하여라.

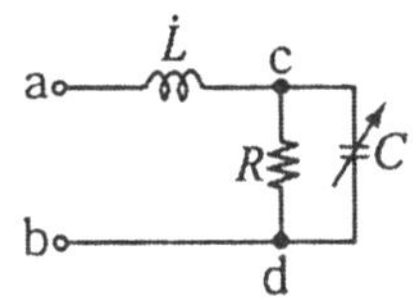

그림 5-17

解 答 ab단자의 임피던스를 $\dot{Z}_{ab}$, cd간의 임피던스를 $\dot{Z}_{cd}$라 하면,

$$\begin{aligned}\dot{Z}_{ab} &= j\omega L + \dot{Z}_{cd} \\ &= j\omega L + \frac{1}{\frac{1}{R} + j\omega C_\lambda}\end{aligned} \tag{5-20}$$

이 되고, 이 등식의 제 1항은 일정하므로 그대로 놓고, 먼저 제2항에 대하여 생각하여 본다.

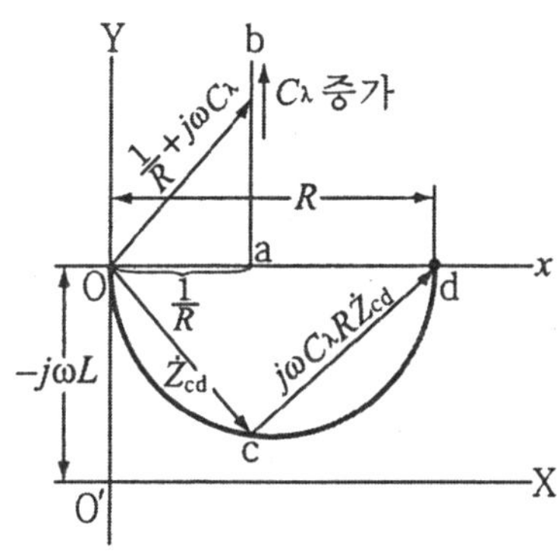

그림 5-18

제 2항의 분모의 벡터 궤적은 그림 5-18의 원점 0에 대하여 y축에 평행인 직선 ab로 된다. 그래서 여기서 $\dot{Z}_{cd}$를 살펴보면,

$$\dot{Z}_{cd} = \frac{1}{\frac{1}{R} + j\omega C_\lambda}$$

$$\therefore \frac{1}{R}\dot{Z}_{cd} + j\omega C_\lambda \dot{Z}_{cd} = 1$$

이 된다. 양변을 일정한 값 $\frac{1}{R}$로 나누면

$$\dot{Z}_{cd}+j\omega C_\lambda R\,\dot{Z}_{cd}=R \tag{5-21}$$

가 된다. 따라서, 원점 0에 대하여 식(5-21)의 벡터를 그리면 그림 5-18과 같이 되고 ∠Ocd=90°이므로, $\dot{Z}_{cd}$의 벡터 궤적은 R를 지름으로 하고, 원점을 통하는 Ocd의 반원이 된다.

이것은 ab 직선이 y축과 평행이므로 예제 8과 같이 생각해도 된다. 즉, $\dot{Z}_{cd}$의 분모중에 일정치 $1/R$의 역수는 R로 되기 때문에, $\dot{Z}_{cd}$의 벡터 궤적은 지름 R의 반원이 된다.

전체 임피던스 $\dot{Z}_{ab}$의 궤적은, 식(5-20)과 같이 $\dot{Z}_{cd}$에 일정한 $j\omega L$을 합한 것이므로, 좌표 축을 $-j\omega L$이동시켜 O′를 중심으로 한 XY 좌표로 나타낼 수 있다. 이 때 역률이 100〔%〕로 되기 위해서는 그림 5-18에서 O′X축이 Ocd의 반원에 접하거나 교차되어야 하므로 $\omega L \leqq \frac{R}{2}$의 관계가 필요하다.

例題 **9.** 그림 5-19와 같은 회로에 각주파수 ω_λ의 정현파 교류를 가하여, ω_λ를 변화시켰을 때의 임피던스와 어드미턴스의 벡터 궤적을 구하여라.

解答 그림에서 임피던스 $\dot{Z}$는 다음 식과 같이 된다.

$$\dot{Z}=R_1+\frac{1}{\frac{1}{R_2}+j\omega_\lambda C}=R_1+\dot{Z}_{cd}$$

윗식 좌변의 제2항의 분모는 $1/R_2$로 일정하고 $j\omega_\lambda C$가 변화하기 때문에, 원점에 대하여 그림 5-20(a)의 직선 ab로 된다. 따라서 그 역수 $\dot{Z}_{cd}$는 지름 $1/\frac{1}{R_2}$로 원점 O를 통하는 반원 Ocd로 된다. 그러므로 $\dot{Z}$의 벡터 궤적은, XY 좌표에 있어서 원점 O′에 대한 반원 Ocd로 된다.

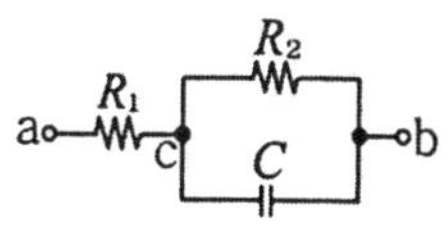

그림 5-19

어드미턴스 $\dot{Y}$는

$$\dot{Y}=\frac{1}{\dot{Z}}=\frac{1}{R_1+\dfrac{1}{\dfrac{1}{R_2}+j\omega_\lambda C}}$$

로서, $\omega_\lambda=0$일 때 $\dot{Y}=\dfrac{1}{R_1+R_2}$, $\omega_\lambda=\infty$일 때 $\dot{Y}=\dfrac{1}{R_1}$이다. 또 $\dot{Z}=A\varepsilon^{-j\theta}$의 관계가 있으므로 $\dot{Y}$는 $\dot{Z}$의 절대치의 역수를 취하고 위상을 반전시키면 된다. 또한 그림 5-20(a)와 같이 원점을 통하지 않는 Z의 벡터 궤적의 역도형이므로, 식(5-19)의 결과로 부터 $\dot{Y}$의 벡터 궤적도 그림 (b)와 같이 O′에 대하여 b′c′d′와 같은 반원이 된다.

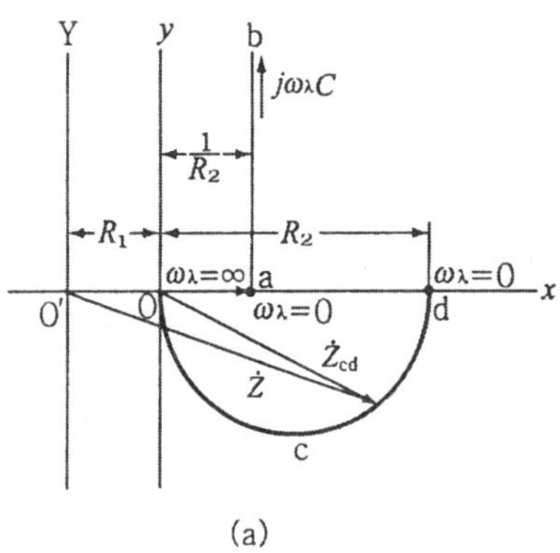

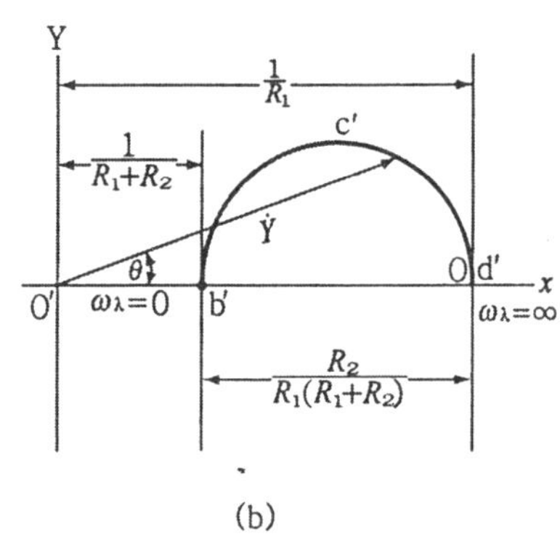

그림 5-20

例題 10. 그림 5-21과 같은 가변 상호 인덕턴스 M으로 결합된 두 회로의 한쪽에 교류 기전력 $\dot{E}$를 인가한 경우, 이 회로의 입력 임피던스 $\dot{Z}$, 어드미턴스 $\dot{Y}$ 및 전류 벡터 $\dot{I}$의 궤적을 구하여라. 여기서 R_1, R_2와 L_1, L_2는 각각 저항과 인덕턴스로 한다.

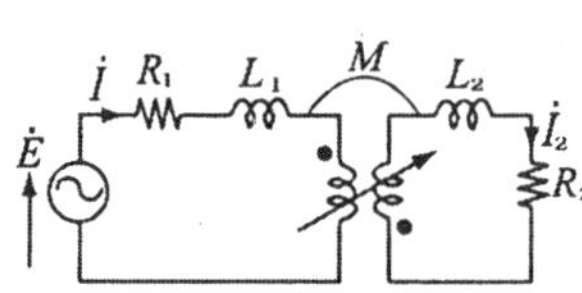

그림 5-21

解答 전원의 각주파수를 ω라 하고, 2차에 흐르는 전류를 $\dot{I}_2$라 하면, 키르히호프의 법칙에 의하여 다음 식과 같이 된다.

1차측 $(R_1+j\omega L_1)\dot{I}+j\omega M\dot{I}_2=\dot{E}$

2차측 $j\omega M\dot{I}+(R_2+j\omega L_2)\dot{I}_2=0$

위의 두 식에서 $\dot{I}$를 구하면

$$\begin{aligned}\dot{I} &= \frac{(R_2+j\omega L_2)\dot{E}}{(R_1+j\omega L_1)(R_2+j\omega L_2)+\omega^2M^2} \\ &= \frac{\dot{E}}{(R_1+j\omega L_1)+\dfrac{\omega^2M^2}{R_2+j\omega L_2}}=\frac{\dot{E}}{\dot{Z}}\end{aligned} \qquad (5\text{-}22)$$

가 된다. 여기서, $\dot{Z}$는 1차 입력 임피던스로

$$\begin{aligned}\dot{Z} &= (R_1+j\omega L_1)+\frac{\omega^2M^2}{R_2+j\omega L_2} \\ &= (R_1+j\omega L_1)+\frac{\omega^2M^2R_2-j\omega^3M^2L_2}{R_2+\omega^2{L_2}^2}\end{aligned} \qquad (5\text{-}23)$$

이다. 이 때 M은 $M=k\sqrt{L_1L_2}$(k : 결합계수)의 관계가 있고, k는 0에서 1.0 사이를 변화하므로, $M=0$에서 $M=M_m=\sqrt{L_1L_2}$의 사이를 변화한다.

M의 변화에 대하여 $\dot{Z}$의 벡터 궤적을 살펴보기로 하자. 식(5-23)의 제1항은 정수이고, 제 2항은 $M=0$에서 $M=M_m$까지 변화하므로, 제2항은 그림 5-22의 ab 직선으로 된다. 이 ab 직선의 연장과 X축과 이루는 각을 θ라 하면,

$$\begin{aligned}|\theta| &= \tan^{-1}\frac{\omega^3{M_m}^2L_2}{\omega^2{M_m}^2R_2} \\ &= \tan^{-1}\frac{\omega L_2}{R_2}\end{aligned}$$

가 된다.

지금 O점에서 ab 직선(또는 그 연장)에 내린 수선의 길이 $\overline{OP}=p$, X축과 $\overline{OP}$가 이루는 각 ϕ는 그림에서

$$\begin{aligned}p &= \overline{OC}\cos\theta \\ &= (\omega L_1+R_1\tan\theta)\cos\theta \\ &= \left(\omega L_1+R_1\frac{\omega L_2}{R_2}\right)\frac{R_2}{\sqrt{{R_2}^2+\omega^2{L_2}^2}} \\ &= \frac{\omega(R_2L_1+R_1L_2)}{\sqrt{{R_2}^2+\omega^2{L_2}^2}}\end{aligned} \qquad (5\text{-}24)$$

로 된다.

다음에 입력 어드미턴스 $\dot{Y}=\frac{1}{\dot{Z}}$의 궤적은 원점을 통하지 않는 $\dot{Z}$의 직선 궤적의 역도형이므로 4-2에서 설명한 바와 같이

$$\overline{OP'}=\frac{1}{\overline{OP}}=\frac{1}{p}=\frac{\sqrt{R_2{}^2+\omega^2 L_2{}^2}}{\omega(R_2L_1+R_1L_2)}, \quad \phi=90^\circ-\theta$$

를 지름으로 하는 원주 상에 있고, $\overline{OP'}$와 X축과의 각은 ϕ의 공액각 $-\phi$의 관계가 있다. 그래서 $\overline{Oa}$ 및 $\overline{Ob}$가 X축이 이루는 각을 각각 $\phi_a=\tan^{-1}\frac{\omega L_1}{R_1}$ 및 ϕ_b라 하면, 이 공액각 $-\phi_a$ 및 $-\phi_b$를 취하고, 이것과 원의 교점을 a′ 및 b′라 하면, a′p′b′가 Y의 벡터 궤적을 나타낸다.

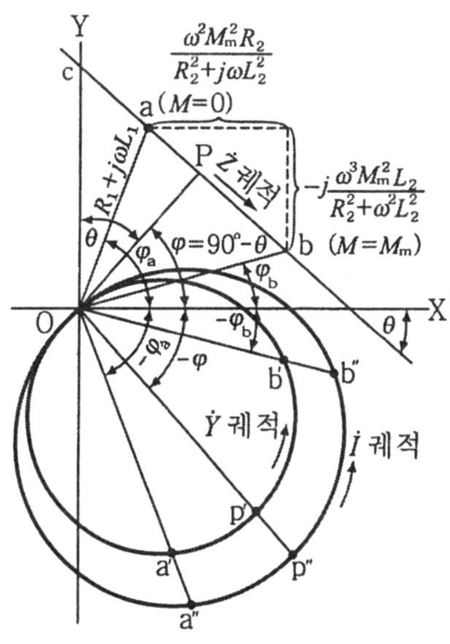

그림 5-22

이 때 전원의 기전력 $\dot{E}=E$라 하면,

$\dot{I}=\dot{Y}E$

가 되므로, $\overline{OP'}$의 E배의 $\frac{\sqrt{R_2{}^2+\omega^2 L_2{}^2}}{\omega(R_2L_1+R_1L_2)}$를 지름으로 하고, 원점 0를 통하는 원을 그리면, $\dot{I}$의 궤적은 이 원주 상에 있고, a′, p′, b′의 연장선이 이 원과 a″, p″, c″에서 교차되면 a″p″c″가 전류 $\dot{I}$의 벡터 궤적이 된다.

참고 일반적으로 $\dot{Z}=\frac{A+B\lambda}{C+D\lambda}$의 궤적은 원(circle)이고 원의 중심 P와 반경 R는 다음 식으로 주어진다.

$$P=\frac{A\overline{D}-\overline{C}B}{C\overline{D}-\overline{C}D}$$

$$R=\left|\frac{B\overline{C}-\overline{A}D}{C\overline{D}-\overline{C}D}\right|$$

단, A, B, C, D는 복소정수(constants)이고, $\overline{C}$, $\overline{D}$는 C, D의 공액복소수, λ는 실수 변수(variable)이다.

5 연/습/문/제 Exercise

01 저항 R와 인덕턴스 L의 직렬 임피던스에 있어서, R와 각주파수 ω를 일정하게 하고 L을 가변시킬 때, 이 임피던스와 어드미턴스의 벡터 궤적을 그려라.

02 저항 R와 인덕턴스 L의 직렬 회로에 V의 교류 전압을 인가하여 각주파수를 변화시킬 때 흐르는 전류의 벡터 궤적을 구하여라.

03 RCL의 직렬 회로에 전압 V, 각주파수 ω의 교류 전압을 인가하여, ω를 가감할 때 임피던스, 어드미턴스 및 전류의 벡터 궤적을 구하여라.

CHAPTER 6

교류 회로망

전기 회로에는 저항, 인덕턴스, 정전용량 등의 회로 정수가 전압, 전류, 시간에 관계없이 항상 일정한 **선형회로**(linear circuit)와 철심을 넣은 코일이나 각종 방전관의 회로와 같이 회로 정수가 변화하는 **비선형회로**(nonlinear circuit)가 있다.

여기서는 선형회로가 다수 결합된 교류회로망(A.C linear network)의 기본적인 법칙과 그 취급법에 대하여 배우기로 한다.

이 교류 회로망은 수학에서 배운 행렬식과 행렬을 이용하면 다루기가 용이하므로 먼저, 회로를 풀이하는데 필요한 최소한의 행렬식과 행렬을 간단히 복습하고 본론에 들어가기로 한다.

제 1 절 행렬식

1-1 행렬식이란

횡렬에 n개, 종렬에 n개의 요소를 아래와 같이 배열하여 | |로 둘러싼 것을

$$D=\begin{vmatrix} a_{11} & a_{12} & \cdots\cdots & a_{1n} \\ a_{21} & a_{22} & \cdots\cdots & a_{2n} \\ \cdots\cdots & \cdots\cdots & \cdots\cdots & \cdots\cdots \\ a_{n1} & a_{n2} & \cdots\cdots & a_{nn} \end{vmatrix} \tag{6-1}$$

행렬식(determinant)이라 한다. 이 때 횡렬을 **행**, 종열을 **열**이라 하고 차수는 n이라 한다.

일반적으로 행렬식의 임의의 요소를 나타낼 때 a_{ij}로 나타내고 그림 6-1과 같이 i는 행, j는 열을 나타내고 있다. 따라서 i를 1, 2, ⋯⋯ n, $j=1$, 2⋯⋯ n 중의 임의의 수로서 식 (6-1)을 $|a_{ij}|$로 간단히 표시할 수도 있다.

1-2 소행렬식과 여인수

일반적으로 제 n차의 행렬식에서 a_{ij} 요소의 i행과 j열을 제외하고 만든 행렬식을 a_{ij}에 관한 **소행렬식**이라 한다. 예컨대,

$\begin{vmatrix} a_{11} & a_{12} \\ a_{21} & a_{22} \end{vmatrix}$의 a_{11}에 관한 소행렬식은 $|a_{22}|=a_{22}$(절대치가 아니다)

$\begin{vmatrix} a_{11} & a_{12} & a_{13} \\ a_{21} & a_{22} & a_{23} \\ a_{31} & a_{32} & a_{33} \end{vmatrix}$의 a_{21}에 관한 소행렬식은 $\begin{vmatrix} a_{12} & a_{13} \\ a_{32} & a_{33} \end{vmatrix}$ (6-2)

이다.

소행렬식에 $(-1)^{i+j}$를 곱한 것을 a_{ij}에 관한 **여인수**(cofactor)라 한다. 이 $(-1)^{i+j}$는 $i+j$가 짝수 일 때는 $+1$, 홀수 일 때는 -1로 되기 때문에, 여인수는 행렬식의 a_{ij}의 요소의 위치에 따라 소행렬식에 아래와 같이 + 또는 − 의 부호를 붙여서 표시 한다.

$$\begin{vmatrix} + & - & + \\ - & + & - \\ + & - & + \end{vmatrix}, \quad \begin{vmatrix} + & - & + & - \\ - & + & - & + \\ + & - & + & - \\ - & + & - & + \end{vmatrix}$$

例題 1. 다음 행렬식에 있어서, 제1열의 3, 2, 9와 제2행의 2, 5, 8의 각각의 수에 관한 여인수를 구하여라.

$$\begin{vmatrix} 3 & 6 & 7 \\ 2 & 5 & 8 \\ 9 & 2 & 0 \end{vmatrix}$$

解答 제1열의

$$3\text{의 여인수} = (-1)^{1+1}\begin{vmatrix} 5 & 8 \\ 2 & 0 \end{vmatrix},$$

$$2\text{의 여인수} = (-1)^{2+1}\begin{vmatrix} 6 & 7 \\ 2 & 0 \end{vmatrix},$$

$$9\text{의 여인수} = (-1)^{3+1}\begin{vmatrix} 6 & 7 \\ 5 & 8 \end{vmatrix},$$

제2행의

$$2\text{의 여인수} = (-1)^{2+1}\begin{vmatrix} 6 & 7 \\ 2 & 0 \end{vmatrix}$$

$$5\text{의 여인수} = (-1)^{2+2}\begin{vmatrix} 3 & 7 \\ 9 & 0 \end{vmatrix}$$

$$8\text{의 여인수} = (-1)^{2+3}\begin{vmatrix} 3 & 6 \\ 9 & 2 \end{vmatrix}$$

1-3 행렬식의 전개

어떤 행렬식이 있다. 임의의 i행의 요소가 a_{i1}, $a_{i2}\cdots\cdots a_{in}$일 때, 각각의 여

인수가 c_{i1}, $c_{i2}\cdots\cdots c_{in}$이라 하면,

$$\begin{vmatrix} a_{11} & a_{12} & \cdots\cdots & a_{1n} \\ a_{21} & a_{22} & \cdots\cdots & a_{2n} \\ \cdots\cdots & \cdots\cdots & \cdots\cdots & \cdots\cdots \\ a_{n1} & a_{n2} & \cdots\cdots & a_{nn} \end{vmatrix} = a_{i1}c_{i1} + a_{i2}c_{i2} + \cdots\cdots + a_{in}c_{in} \tag{6-3}$$

로서 전개할 수 있다. 이것은 임의의 i행에 대하여 전개한 것이지만, 이것을 임의의 열에 대하여 전개하여도 같은 결과가 얻어진다.

例題 2. 다음 행렬식을 제1행에 의해서 전개하여라.

$$D = \begin{vmatrix} 2 & 4 & 3 \\ 8 & 7 & 4 \\ 5 & 6 & 1 \end{vmatrix} = 2\begin{vmatrix} 7 & 4 \\ 6 & 1 \end{vmatrix} - 4\begin{vmatrix} 8 & 4 \\ 5 & 1 \end{vmatrix} + 3\begin{vmatrix} 8 & 7 \\ 5 & 6 \end{vmatrix}$$

$$= 2(7\times1-4\times6)-4(8\times1-4\times5)+3(8\times6-7\times5)=53$$

2차 및 3차 행렬식의 전개의 방법

행렬식의 전개는 위에서와 같이 여인수를 사용하여 구할 수 있으나, 전기회로에서 가장 많이 쓰이는 제2차와 제3차 행렬식의 전개는 다음과 같이 실선으로 연결되는 요소의 곱셈은 +, 점선으로 연결된 요소의 곱셈을 −로 하여, 그 대수합을 구하면 된다.

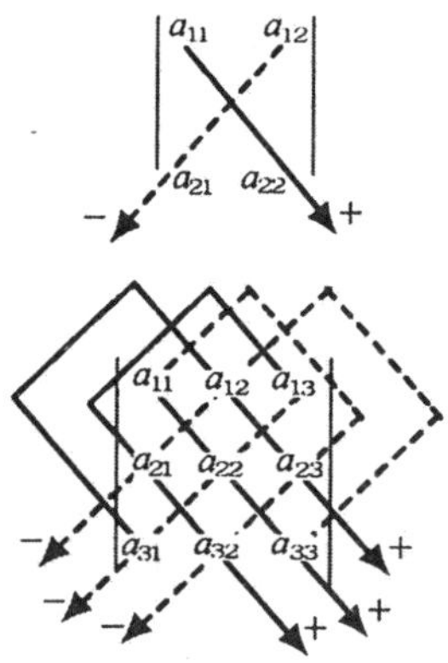

$$= a_{11}a_{22} - a_{12}a_{21}$$

$$= a_{11}a_{22}a_{33} + a_{12}a_{23}a_{31} + a_{13}a_{32}a_{21}$$
$$- a_{13}a_{22}a_{31} - a_{12}a_{21}a_{31} - a_{23}a_{32}a_{11} \qquad (6\text{-}4)$$

그림 6-1

1-4 행렬식의 성질

행렬식에는 다음과 같은 성질이 있다.

① 행렬식의 행과 열을 바꾸어도 행렬식의 값은 변하지 않는다.

② 두 개의 행(또는 열)을 바꾸면 행렬식의 부호가 변한다.

③ 두 개의 행(또는 열)이 같으면 행렬식의 값은 0이다.

④ 행렬식의 한 개의 행(또는 열)을 k배 하면 행렬식의 값도 k배로 된다.

例題 3.

$$\begin{vmatrix} ka_{11} & a_{12} & a_{13} \\ ka_{21} & a_{22} & a_{23} \\ ka_{31} & a_{32} & a_{33} \end{vmatrix} = k \begin{vmatrix} a_{11} & a_{12} & a_{13} \\ a_{21} & a_{22} & a_{23} \\ a_{31} & a_{32} & a_{33} \end{vmatrix}$$

⑤ 행렬식의 두 개의 행(또는 렬)이 비례하면 행렬식의 값은 0이다.

例題 4.

$$D = \begin{vmatrix} ka_1 & a_1 & b_1 \\ ka_2 & a_2 & b_2 \\ ka_3 & a_3 & b_3 \end{vmatrix} = k \begin{vmatrix} a_1 & a_1 & b_1 \\ a_2 & a_2 & b_2 \\ a_3 & a_3 & b_3 \end{vmatrix} = k \times 0 = 0$$

⑥ 행렬식의 한 개의 행(또는 열)이 합의 모양으로 되어 있으면, 이 행렬식

은 두 개의 행렬식의 합과 같다.

例題 5.

$$\begin{vmatrix} a_{11}+a & a_{12} & a_{13} \\ a_{21}+b & a_{22} & a_{23} \\ a_{31}+c & a_{32} & a_{33} \end{vmatrix} = \begin{vmatrix} a_{11} & a_{12} & a_{13} \\ a_{21} & a_{22} & a_{23} \\ a_{31} & a_{32} & a_{33} \end{vmatrix} + \begin{vmatrix} a & a_{12} & a_{13} \\ b & a_{22} & a_{23} \\ c & a_{32} & a_{33} \end{vmatrix}$$

⑦ 행렬식의 한 개의 행(또는 열)을 k배하여 다른 행(또는 열)에 가감하여도 값은 변하지 않는다.

例題 6.

$$\begin{vmatrix} a_1+kb_1 & b_1 & c_1 \\ a_2+kb_2 & b_2 & c_2 \\ a_3+kb_3 & b_3 & c_3 \end{vmatrix} = \begin{vmatrix} a_1 & b_1 & c_1 \\ a_2 & b_2 & c_2 \\ a_3 & b_3 & c_3 \end{vmatrix} + \begin{vmatrix} kb_1 & b_1 & c_1 \\ kb_2 & b_2 & c_2 \\ kb_3 & b_3 & c_3 \end{vmatrix} = \begin{vmatrix} a_1 & b_1 & c_1 \\ a_2 & b_2 & c_2 \\ a_3 & b_3 & c_3 \end{vmatrix}$$

1-5 행렬식에 의한 연립방정식의 풀이법

미지수가 x_1, $x_2 \cdots\cdots x_n$일 때

$$\left.\begin{array}{l} a_{11}x_1+a_{12}x_2+\cdots\cdots+a_{1i}x_i+\cdots\cdots+a_{1n}x_n=y_1 \\ a_{21}x_1+a_{22}x_2+\cdots\cdots+a_{2i}x_i+\cdots\cdots+a_{2n}x_n=y_2 \\ \cdots\cdots\cdots\cdots\cdots\cdots\cdots\cdots\cdots\cdots\cdots\cdots\cdots\cdots \\ a_{n1}x_1+a_{n2}x_2+\cdots\cdots+a_{ni}x_i+\cdots\cdots+a_{nn}x_n=y_n \end{array}\right\} \qquad \text{(a)}$$

의 연립방정식이 있는 경우

$$\varDelta = \begin{vmatrix} a_{11} & a_{12} \cdots\cdots a_{1i} \cdots\cdots a_{1n} \\ a_{21} & a_{22} \cdots\cdots a_{2i} \cdots\cdots a_{2n} \\ \cdots\cdots & \cdots\cdots\cdots\cdots\cdots\cdots\cdots\cdots \\ a_{n1} & a_{n2} \cdots\cdots a_{ni} \cdots\cdots a_{nn} \end{vmatrix} \qquad \text{(b)}$$

$$\varDelta_i = \begin{vmatrix} a_{11} & a_{12} \cdots\cdots y_{1i} \cdots\cdots a_{1n} \\ a_{21} & a_{22} \cdots\cdots y_{2i} \cdots\cdots a_{2n} \\ \cdots\cdots & \cdots\cdots\cdots\cdots\cdots\cdots\cdots\cdots \\ a_{n1} & a_{n2} \cdots\cdots y_{ni} \cdots\cdots a_{nn} \end{vmatrix} \qquad \text{(c)}$$

이라 하면, 임의의 미지수 x_i는

$$x_i = \frac{\varDelta_i}{\varDelta} \qquad \text{(6-5)}$$

로서 구할 수 있다. 이것을 **크래머의 법칙**(Cramer's law)이라 한다.

例題 7. 다음의 연립방정식에 있어서 x, y의 값을 구하여라.

$$a_1x + b_1y = c_1$$

$$a_2x + b_2y = c_2$$

解答 $\varDelta = \begin{vmatrix} a_1 & b_1 \\ a_2 & b_2 \end{vmatrix}$, $\varDelta_x = \begin{vmatrix} c_1 & b_1 \\ c_2 & b_2 \end{vmatrix}$, $\varDelta_y = \begin{vmatrix} a_1 & c_1 \\ a_2 & c_2 \end{vmatrix}$

라 하면, 식(6-5)에서

$$x = \frac{\varDelta_x}{\varDelta} = \frac{\begin{vmatrix} c_1 & b_1 \\ c_2 & b_2 \end{vmatrix}}{\begin{vmatrix} a_1 & b_1 \\ a_2 & b_2 \end{vmatrix}} = \frac{c_1b_2 - b_1c_2}{a_1b_2 - b_1a_2}$$

$$y=\frac{\Delta_x}{\Delta}=\frac{\begin{vmatrix} a_1 & c_1 \\ a_2 & c_2 \end{vmatrix}}{\begin{vmatrix} a_1 & b_1 \\ a_2 & b_2 \end{vmatrix}}=\frac{a_1c_2-c_1a_2}{a_1b_2-b_1a_2}$$

例題 8. 다음 연립 방정식에서 x, y, z의 값을 구하여라.

$x-3y-4z=7$

$4x+y+3z=-3$

$x+y-2z=9$

解答 $\Delta=\begin{vmatrix} 1 & -3 & -4 \\ 4 & 1 & 3 \\ 1 & 1 & -2 \end{vmatrix}=-50,\quad \Delta_x=\begin{vmatrix} 7 & -3 & -4 \\ -3 & 1 & 3 \\ 9 & 1 & -2 \end{vmatrix}=-50$

$\Delta_y=\begin{vmatrix} 1 & 7 & -4 \\ 4 & -3 & 3 \\ 1 & 9 & -2 \end{vmatrix}=-100,\quad \Delta_z=\begin{vmatrix} 1 & -3 & 7 \\ 4 & 1 & -3 \\ 1 & 1 & 9 \end{vmatrix}=150$

$\therefore\ x=\frac{\Delta_x}{\Delta}=\frac{-50}{-50}=1,\ y=\frac{\Delta_y}{\Delta}=\frac{-100}{-50}=2,\ z=\frac{\Delta_z}{\Delta}=\frac{150}{-50}=-3$

제 2 절 행렬(matrix)

2-1 행렬

행렬식에 유사한 것에 행렬이란 것이 있다. $m\times n$개의 수 또는 문자를 요소로 하여 횡렬에는 n개, 종렬에는 m개씩 취하여 구형으로 배열하고 아래와 같이 [ ] 또는 ( )로 묶은 것을 **행렬** 또는 **메트릭스**라 한다.

$$\left.\begin{matrix} \begin{bmatrix} a_{11} & a_{12}\cdots\cdots a_{1n} \\ a_{21} & a_{22}\cdots\cdots a_{2n} \\ \cdots\cdots & \cdots\cdots\cdots\cdots\cdots \\ a_{m1} & a_{m2}\cdots\cdots a_{mn} \end{bmatrix} & \begin{matrix} \text{제}1\text{행} \\ \text{제}2\text{행} \\ ------ \\ \text{제}m\text{행} \end{matrix} \end{matrix}\right\} m\text{행}$$

그림 6-2 행과 열

횡렬을 행, 종렬을 열이라고 하는 것은 행렬식의 경우와 같고, 그림 6-2와 같이 m행 n열일 때를 **제 mn차행렬**이라 한다.

특히 $m \neq n$일 때를 **구형행렬**, $m = n$일 때를 **정방행렬**이라 한다.

2-2 행렬의 종류

행렬에는 그 요소의 배열에 따라 특수한 행렬이 많으나, 이 중에서 많이 쓰이는 특수한 행렬만을 열거하면, 다음과 같은 것이 있다.

(1) **전치행렬**(transposed matrix)

어떤 행렬의 행과 열을 바꾸어 놓은 행렬을 전치행렬이라 한다.

(2) **영 행렬**(null matrix)

모든 요소가 0인 행렬을 영행렬이라 한다.

$$\text{영행렬} = \begin{bmatrix} 0 & 0 & 0 \\ 0 & 0 & 0 \\ 0 & 0 & 0 \end{bmatrix} = [0]$$

모든 행렬은 영행렬을 곱하면 영행렬로 된다.

(3) **대각행렬**(diagonal matrix)과 **단위행렬**(unit matrix)

정방 행렬에 있어서 왼쪽 위에서 오른쪽 아래로 향하는 대각선(주 대각선)의 요소를 **대각요소**라 한다. 대각 요소 이외의 요소가 모두 0인 행렬을 대각

행렬이라 하고, 대각 요소가 모두 1인 대각 행렬을 특히 **단위행렬**이라 한다.

$$\text{대각행렬} = \begin{bmatrix} a_{11} & 0 & 0 \\ 0 & a_{22} & 0 \\ 0 & 0 & a_3 \end{bmatrix} \quad \text{단위행렬} = \begin{bmatrix} 1 & 0 & 0 \\ 0 & 1 & 0 \\ 0 & 0 & 1 \end{bmatrix} = [1]$$

(4) **대칭행렬**(symmetrical matrix)

정방 행렬에 있어서 대각 요소를 축으로 하여 요소가 상하 대칭으로 되어있는 행렬을 **대칭행렬**이라 한다.

$$\text{대칭행렬} = \begin{bmatrix} 7 & 4 & -5 \\ 4 & 2 & 6 \\ -5 & 6 & 3 \end{bmatrix}$$

대칭 행렬의 전치 행렬은 기본 대칭 행렬과 같다.

일반적으로 뒤에서 배울 선형교류회로망 임피이던스 행렬이나, 어드미턴스 행렬은 대칭 행렬로 된다.

2-3 행렬과 행렬식의 차이점

근본적인 차이점은 다음과 같은 것이 있다. 예컨대

$$\begin{bmatrix} 1 & 2 \\ 3 & 4 \end{bmatrix}, \quad \begin{vmatrix} 1 & 2 \\ 3 & 4 \end{vmatrix}$$

라고 쓰면, 왼쪽은 행렬, 오른쪽은 행렬식이다. 행렬식은 먼저 배운 바와 같은 계산 방법이 있으므로

$$\begin{vmatrix} 1 & 2 \\ 3 & 4 \end{vmatrix} = 1 \times 4 - 2 \times 3 = -2$$

의 값을 갖는다. 그러나 행렬은 단지 [ ]로서 묶여 있는 것으로서, 이 한 개의 행렬만으로는 어느 계산도 규정되지 않고 어느 값도 갖고 있지 않다. 그러나 행렬이 두 개 이상이 있어서 이들이 등식으로 나타내게 되면, 이 사이에는 다음에 설명되는 가감승제의 계산의 약속이 되어, 어떤 의미를 갖게된다.

또한, 행렬식은 반드시 행과 열이 같은 정사각형의 요소 배열로 되어 있었으

나, 행렬의 경우는 $m \neq n$인 구형의 요소 배열도 존재하는 것이 다른 점이라고 할 수 있다.

2-4 행렬의 계산

(1) 행렬이 서로 같은 조건

두 개의 행렬이 서로 같으면, 같은 행과 같은 열의 요소는 각각 서로 같다. 예를 들면, 다음과 같다.

$$\begin{bmatrix} a_{11} & a_{12} & a_{13} \\ a_{21} & a_{22} & a_{23} \\ a_{31} & a_{32} & a_{33} \end{bmatrix} = \begin{bmatrix} b_{11} & b_{12} & b_{13} \\ b_{21} & b_{22} & b_{23} \\ b_{31} & b_{32} & b_{33} \end{bmatrix} \text{이면,}$$

$$\begin{aligned} a_{11} = b_{11}, \quad a_{12} = b_{12}, \quad a_{13} = b_{13} \\ a_{21} = b_{21}, \quad a_{22} = b_{22}, \quad a_{23} = b_{23} \\ a_{31} = b_{31}, \quad a_{32} = b_{32}, \quad a_{33} = b_{33} \end{aligned} \tag{6-6}$$

(2) 행열의 합과 차

행렬의 합과 차는 같은 행, 같은 열의 합 또는 차가 된다. 예를 들면, 다음과 같다.

$$\begin{bmatrix} a_{11} & a_{12} \\ a_{21} & a_{22} \end{bmatrix} \pm \begin{bmatrix} b_{11} & b_{12} \\ b_{21} & b_{22} \end{bmatrix} = \begin{bmatrix} a_{11} \pm b_{11} & a_{12} \pm b_{12} \\ a_{21} \pm b_{21} & a_{22} \pm b_{22} \end{bmatrix} \tag{6-7}$$

(3) 행렬의 스칼라 배

행렬에 대하여 보통 수를 스칼라라고 한다. 행렬의 스칼라 λ배는 각 요소에 λ배한 행렬과 같다. 예를 들면, 다음과 같다.

$$\lambda \begin{bmatrix} a_{11} & a_{12} \\ a_{21} & a_{22} \end{bmatrix} = \begin{bmatrix} \lambda a_{11} & \lambda a_{12} \\ \lambda a_{21} & \lambda a_{22} \end{bmatrix} \tag{6-8}$$

[주의] 행렬식과 다른 점에 주의할 것, 행렬식에서는 다음과 같다.

$$\lambda\begin{vmatrix} a_{11} & a_{12} \\ a_{21} & a_{22} \end{vmatrix} = \begin{vmatrix} \lambda a_{11} & a_{12} \\ \lambda a_{21} & a_{22} \end{vmatrix}, \quad \begin{vmatrix} \lambda a_{11} & \lambda a_{12} \\ \lambda a_{21} & \lambda a_{22} \end{vmatrix} = \lambda^2 \begin{vmatrix} a_{11} & a_{12} \\ a_{21} & a_{22} \end{vmatrix} \tag{6-9}$$

(4) **행렬의 승적**(행렬의 내적)

행렬 상호간의 곱셈을 **승적**이라 한다. 행렬의 승적은 왼쪽 행렬의 행의 요소를 오른쪽 행렬의 열의 요소와 다음과 같은 순서로 곱하여 합한 것을 행렬의 요소로 하는 행렬이다.

이 승적은 왼쪽 행렬의 행과 오른쪽 행렬의 열의 수가 같지 않으면 구할 수 없다.

例題 **9.** $\begin{bmatrix} 2 & 4 \\ 1 & 0 \end{bmatrix}\begin{bmatrix} 7 & 11 \\ 3 & -5 \end{bmatrix}$을 구하여라.

解答 $$\begin{bmatrix} 2 & 4 \\ 1 & 0 \end{bmatrix}\begin{bmatrix} 7 & 11 \\ 3 & -5 \end{bmatrix} = \begin{bmatrix} 2\times7+4\times3 & 2\times11+4\times(-5) \\ 1\times11+0\times3 & 1\times11+0\times(-5) \end{bmatrix} = \begin{bmatrix} 26 & 2 \\ 7 & 11 \end{bmatrix}$$

例題 **10.** 〔보기 9〕의 행렬의 왼쪽을 교환했을 때 승적을 구하여라.

解答 $$\begin{bmatrix} 7 & 11 \\ 3 & -5 \end{bmatrix}\begin{bmatrix} 2 & 4 \\ 1 & 0 \end{bmatrix} = \begin{bmatrix} 7\times2+11\times1 & 7\times4+11\times0 \\ 3\times2+(-5)\times1 & 3\times4+(-5)\times0 \end{bmatrix} = \begin{bmatrix} 25 & 28 \\ 1 & 12 \end{bmatrix}$$

이상의 [예제 9]와 [예제 10]의 결과에서 알 수 있는 바와 같이 행렬의 승적은 곱하는 순서를 바꾸면 다른 결과가 얻어진다. 즉, **기본적으로 교환의 법칙은 성립하지 않는다**는 것을 특히 주의하여야 한다(특별한 경우로서 단위행렬, 대각행렬, 영행렬에 한해서 교환의 법칙이 성립한다). 그래서, 곱하는 순서를 확실하게 할 필요가 있으므로, 행렬 $[A]$와 $[B]$가 있을 때

$[A]\ [B]$

의 승적을 표현할 때는 $[B]$에 대한 $[A]$의 **좌승적**, 또는 $[A]$에 대한 $[B]$의 **우승적**이라고 한다.

또한, 기본적으로 교환의 법칙은 성립하지 않으나 분배의 법칙과 결합의 법칙은 성립한다.

$$\left.\begin{array}{ll}[A]([B]+[C])=[A][B]+[A][C] & \text{분배의법칙}\\ ([A][B])[C]=[A]([B][C]) & \text{결합의법칙}\end{array}\right\} \quad (6.10)$$

例題 **11.** 어느 교류 회로망에서 기전력 $\dot{E}$, 전류 $\dot{I}$, 임피던스 $\dot{Z}$라고 할 때 다음의 연립방정식을 얻었다. 이것을 행렬의 모양으로 나타내어라.

解答

$$\dot{Z}_{11}\dot{I}_1+\dot{Z}_{12}\dot{I}_2+\dot{Z}_{13}\dot{I}_3=\dot{E}_1 \quad (1)$$

$$\dot{Z}_{21}\dot{I}_1+\dot{Z}_{22}\dot{I}_2+\dot{Z}_{23}\dot{I}_3=\dot{E}_2 \quad (2)$$

$$\dot{Z}_{31}\dot{I}_1+\dot{Z}_{32}\dot{I}_2+\dot{Z}_{33}\dot{I}_3=\dot{E}_3 \quad (3)$$

$$\begin{bmatrix}\dot{Z}_{11} & \dot{Z}_{12} & \dot{Z}_{13}\\ \dot{Z}_{21} & \dot{Z}_{22} & \dot{Z}_{23}\\ \dot{Z}_{31} & \dot{Z}_{32} & \dot{Z}_{33}\end{bmatrix}\begin{bmatrix}\dot{I}_1\\ \dot{I}_2\\ \dot{I}_3\end{bmatrix}=\begin{bmatrix}\dot{E}_1\\ \dot{E}_2\\ \dot{E}_3\end{bmatrix}$$

지금 윗 식에서

$$[\dot{Z}]=\begin{bmatrix}\dot{Z}_{11} & \dot{Z}_{12} & \dot{Z}_{13}\\ \dot{Z}_{21} & \dot{Z}_{22} & \dot{Z}_{23}\\ \dot{Z}_{31} & \dot{Z}_{32} & \dot{Z}_{33}\end{bmatrix},\quad [\dot{I}]=\begin{bmatrix}\dot{I}_1\\ \dot{I}_2\\ \dot{I}_3\end{bmatrix},\quad [\dot{E}]=\begin{bmatrix}\dot{E}_1\\ \dot{E}_2\\ \dot{E}_3\end{bmatrix}$$

라 하면, 윗 식은

$$[\dot{Z}][\dot{I}]=[\dot{E}] \quad (6\text{-}11)$$

로 간단히 나타낼 수 있다. 이 때 $[\dot{Z}]$를 이 회로망의 **임피던스 행렬**이라 한다.

例題 **12.** 어드미턴스를 $\dot{Y}$라 할 때 교류 회로망에서 다음과 같은 연립방정식을 얻었다. 이것을 행렬의 모양으로 나타내어라.

$$\dot{Y}_{11}\dot{E}_1+\dot{Y}_{12}\dot{E}_2+\dot{Y}_{13}\dot{E}_3=\dot{I}_1 \quad (1)$$

$$\dot{Y}_{21}\dot{E}_1+\dot{Y}_{22}\dot{E}_2+\dot{Y}_{23}\dot{E}_3=\dot{I}_2 \quad (2)$$

$$\dot{Y}_{31}\dot{E}_1+\dot{Y}_{32}\dot{E}_2+\dot{Y}_{33}\dot{E}_3=\dot{I}_3 \quad (3)$$

解答 $$\begin{bmatrix} \dot{Y}_{11} & \dot{Y}_{12} & \dot{Y}_{13} \\ \dot{Y}_{21} & \dot{Y}_{22} & \dot{Y}_{23} \\ \dot{Y}_{31} & \dot{Y}_{32} & \dot{Y}_{33} \end{bmatrix} \begin{bmatrix} \dot{I}_1 \\ \dot{I}_2 \\ \dot{I}_3 \end{bmatrix} = \begin{bmatrix} \dot{E}_1 \\ \dot{E}_2 \\ \dot{E}_3 \end{bmatrix}$$

이것을 간단히 나타내면

$$[\dot{Y}][\dot{E}]=[\dot{I}] \tag{6.12}$$

로 나타낸다. 이때 〔 $\dot{Y}$ 〕를 이 회로망의 **어드미턴스 행렬**이라 한다.

(5) 행렬의 제법

(가) **역행렬**(inverse matrix)

행렬의 제법은 역행렬을 보통 사용하게 된다.

지금, 행렬 [A]와 행렬 [B]가 있고, 이 승적이 단위행렬 [1]로 되어

$$[A][B]=[1] \tag{6.13}$$

이면, $[B]$는 $[A]$의 **역행렬**, 또는 $[A]$는 $[B]$의 역행렬이라 하고

$$[B]=[A]^{-1} \qquad [A]=[B]^{-1} \tag{6.14}$$

로 나타낸다.

일반적으로 정방행렬 $[A]$에 대하여, $|A|\neq 0$이면 역행렬 $[A]^{-1}$이 존재하여

$$[A][A]^{-1}=[1] \tag{6.15}$$

이 성립한다.

예를 들면, 회로 방정식에서 식(6-11)과 식(6-12)에 의하여

$$[\dot{Z}][\dot{I}]=[\dot{E}] \tag{6.16}$$

$$[\dot{Y}][\dot{E}]=[\dot{I}] \tag{6.17}$$

의 관계가 있으므로, 식(6-17)에 식(6-16)의 관계를 대입하면, 다음과 같다.

$$[\dot{Y}][\dot{Z}][\dot{I}]=[\dot{I}]$$

$$\therefore\ [\dot{Y}][\dot{Z}]=[1] \tag{6.18}$$

따라서, 회로의 임피던스 행렬과 어드미턴스 행렬은 서로 역행렬의 관계가 있다.

(나) **역행렬을 구하는 법**

n차의 정방 행렬 $[A]$의 역행렬은, 행렬식 $|A|$가 0이 아니면

$$[A]^{-1}=\frac{[A]^T}{|A|} \tag{6.19}$$

로 구해 진다. 여기서 $[A]^T$는 $|A|$의 여인수의 행렬의 행과 열을 바꿔 놓은 **전치행렬**(수반행렬)이다.

例題 **13.**

$$[A]=\begin{vmatrix} 2 & 4 & -3 \\ 5 & 7 & 9 \\ 8 & 6 & 1 \end{vmatrix}$$ 의 수반 행렬 $[A]^T$을 구하여라.

解答 여인수의 행렬은 식(6-2)의 관계에서

$$\begin{bmatrix} \begin{vmatrix} 7 & 9 \\ 6 & 1 \end{vmatrix} & -\begin{vmatrix} 5 & 9 \\ 8 & 1 \end{vmatrix} & \begin{vmatrix} 5 & 7 \\ 8 & 6 \end{vmatrix} \\ -\begin{vmatrix} 4 & -3 \\ 6 & 1 \end{vmatrix} & \begin{vmatrix} 2 & -3 \\ 8 & 1 \end{vmatrix} & -\begin{vmatrix} 2 & 4 \\ 8 & 6 \end{vmatrix} \\ \begin{vmatrix} 4 & -3 \\ 7 & 9 \end{vmatrix} & -\begin{vmatrix} 2 & -3 \\ 5 & 9 \end{vmatrix} & \begin{vmatrix} 2 & 4 \\ 5 & 7 \end{vmatrix} \end{bmatrix}=\begin{bmatrix} -47 & 67 & -26 \\ -22 & 26 & 20 \\ 57 & -33 & -6 \end{bmatrix}$$

따라서. 이 전치 행렬인 $[A]^T$은. 행과 열을 바꾸면. 다음과 같다.

$$[A]^T=\begin{bmatrix} -47 & -22 & 57 \\ 67 & 26 & -33 \\ -26 & 20 & -6 \end{bmatrix}$$

例題 **14.** 보기 13의 행렬 $[A]$의 역행렬을 구하여라.

解答 식(6-19)에서. 위의 결과를 이용하면. 다음과 같이 된다.

$$[A]^{-1}=\frac{[A]^T}{|A|}=\frac{\begin{bmatrix} -47 & -22 & 57 \\ 67 & 26 & -33 \\ -26 & 20 & -6 \end{bmatrix}}{\begin{vmatrix} 2 & 4 & -3 \\ 5 & 7 & 9 \\ 8 & 6 & 1 \end{vmatrix}}=\frac{1}{252}\begin{bmatrix} -47 & -22 & 57 \\ 67 & 26 & -33 \\ -26 & 20 & -6 \end{bmatrix}$$

例題 15. $[A]^{-1}=\dfrac{[A]^T}{|A|}=\begin{bmatrix} a_{11} & a_{12} \\ a_{21} & a_{22} \end{bmatrix}$의 2차 행렬의 역행렬을 구하여라.

解答 식(6-19)에 의하여, $|A|\neq0$이면, 다음과 같이 된다.

$$[A]^{-1}=\frac{[A]^T}{|A|}=\frac{\begin{bmatrix} a_{22} & -a_{12} \\ -a_{21} & a_{11} \end{bmatrix}}{\begin{vmatrix} a_{11} & a_{12} \\ a_{21} & a_{22} \end{vmatrix}} = \frac{1}{a_{11}a_{22}-a_{12}a_{21}}\begin{bmatrix} a_{22} & -a_{12} \\ -a_{21} & a_{11} \end{bmatrix} \tag{6.20}$$

이 예에서 알 수 있는 바와 같이 역행렬은 일반적으로 식(6-19)로 구할 수 있으나, 2차 행렬의 역행렬은 식(6-20)에 의하여 $[A]^T$는 $[A]$의 대각 요소를 교환하고 다른 두 요소의 부호를 바꾸므로서 얻어진다.

(다) **행렬의 제법**

역행렬을 알고 있으므로, 역행렬을 사용하여 행렬의 제법을 나타내 보자.

$$[A][B]=[C] \tag{6.21}$$

일 때, $[B]$를 구하려면, 등식의 양 변에 $[A]$의 역행렬 $[A]^{-1}$의 좌승적을 하면, $[A]^{-1}[A]=[1]$이므로

$$[A]^{-1}[A][B]=[A]^{-1}[C]$$

$$\therefore\ [B]=[A]^{-1}[C] \tag{6.22}$$

로서 구할 수 있다.

또 식(6-21)에서, $[A]$를 구하려면, 등식의 양 변에 $[B]^{-1}$의 좌승적을 하면

$$[A][B][B]^{-1}=[C][B]^{-1} \tag{6.23}$$

$$\therefore\ [A]=[C][B]^{-1} \tag{6.24}$$

로서 구한다.

이와 같이 행렬의 제법은 역행렬을 사용하여 계산하는 것이 보통이다.

例題 16. $[A]=\begin{bmatrix} 2 & 5 \\ 3 & 4 \end{bmatrix}$, $[B]=\begin{bmatrix} -1 & 6 \\ 7 & 4 \end{bmatrix}$일 때, $[A][C]=[B]$를 만족하는 $[C]$를 구하여라.

解答 $[A][C]=[B]$의 양변에 $[A]^{-1}$의 좌승적을 하면

$[A]^{-1}[A][C]=[A]^{-1}[B]$

$\therefore\ [C]=[A]^{-1}[B]$

$$=\frac{[A]^T}{|A|}[B]=\frac{\begin{bmatrix} 4 & -5 \\ -3 & 2 \end{bmatrix}}{\begin{vmatrix} 2 & 5 \\ 3 & 4 \end{vmatrix}}\begin{bmatrix} -1 & 6 \\ 7 & 4 \end{bmatrix}$$

$$=\frac{1}{-7}\begin{bmatrix} 4 & -5 \\ -3 & 2 \end{bmatrix}\begin{bmatrix} -1 & 6 \\ 7 & 4 \end{bmatrix}=-\frac{1}{7}\begin{bmatrix} -39 & 4 \\ 17 & -10 \end{bmatrix}$$

$$=\begin{bmatrix} \frac{39}{7} & -\frac{4}{7} \\ -\frac{17}{7} & \frac{10}{7} \end{bmatrix}$$

제 3 절 전압전원과 전류전원

전기회로의 전원은 일반적으로 전압전원이지만, 회로에 따라 전류전원으로 취급하는 것이 편리한 경우도 있으므로, 회로망을 배우기 전에 이 등가회로에 대하여 설명하려고 한다.

3-1 전압전원

전압전원 중에 부하에 관계 없이 그 단자에 일정한 전압을 발생하는 전원을 **정전압원**이라 한다. 따라서 내부 임피던스가 0인 전압전원은 부하에 관계 없이 일정한 전압을 발생하므로 정전압원이라고 할 수 있다. 그러나, 실제의 전압 전원은 내부 임피던스가 있으므로 그리 6-3(a)와 같이 정전압원 $\dot{E}$와 내부 임피던스 $\dot{Z}$의 직렬회로로서 나타낸다. 그래서 부하전류 $\dot{I}$일 때, 단자전압 $\dot{V}$는 다음과 같이 된다.

$$\dot{V} = \dot{E} - \dot{Z}\dot{I} \tag{6.25}$$

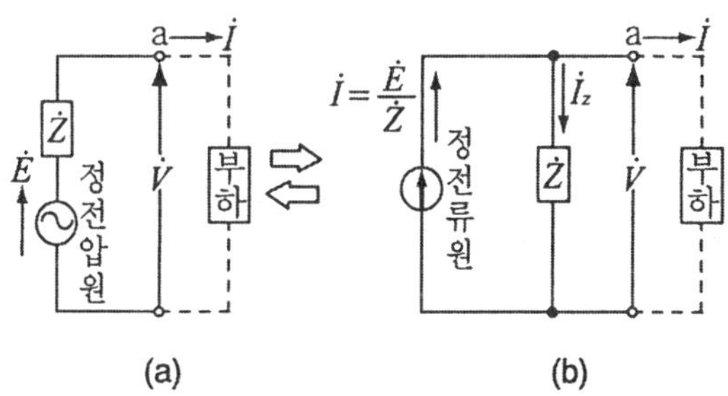

그림 6-3

3-2 정전류원(current source)

부하에 관계 없이, 어떤 전류를 계속하여 흘려주는 전원을 **정전류원**이라 한다. 따라서 부하 전류에 관계 없이 일정한 전류를 발생하는 전원을 정전류원이라 하고, 그림 6-3(b)와 같이 ○의 안에 전류의 방향을 화살표로 표시한다.

다음에는, 전압 전원을 등가인 전류 전원으로 바꿔 놓는 방법을 생각하여 보자. 식(6-25)를 변형시키면,

$$\dot{I} = \frac{\dot{E} - \dot{V}}{\dot{Z}} = \frac{\dot{E}}{\dot{Z}} - \frac{\dot{V}}{\dot{Z}} = \dot{I}_s - \dot{I}_z$$

$$\therefore\ \dot{I}_s = \dot{I}_z + \dot{I} \tag{6.26}$$

여기서,

$$\dot{I}_s = \frac{\dot{E}}{\dot{Z}}, \quad \dot{I}_z = \frac{\dot{V}}{\dot{Z}}$$

로 된다. 이때 $\dot{I}_s = \frac{\dot{E}}{\dot{Z}}$는 전원을 단락시켰을 때 흐르는 전류, $\dot{I}_z = \frac{\dot{V}}{\dot{Z}}$는 단자 전압 $\dot{V}$인 점에 $\dot{Z}$를 접속했을 때 흐르는 전류를 의미하므로, 식(6-26)은 그림 6-3(b)와 같은 전류 전원으로 나타낼 수 있다. 그러므로 전압 전원과 전류 전원은 그림 6-3과 같이 서로 바꿔 놓을 수 있다. 더욱이, 그림 6-3의 전압 전원과 전류 전원에 있어서 내부 임피던스를 따로 표시하고 있으므로, 정전압원을 제거하는 것은 그 단자 전압을 단락하는 것이 되고, 정전류원을 제거하는 것은 그 단자를 개방하는 것과 같다.

제 4 절 회로망

그림 6-4와 같은 회로망에서, 도체를 접속하고 있는 1, 2…… 5의 점의 **접속점**(junction point), 또는 **절점**, 접속 점 사이를 연결하는 1-2, 2-3, 1-5의 회로 일부를 **지로**(branch) 또는 **분로**라고 한다. 각 지로를 통하여 일주하는 1-2-3-1, 1-5-4-2-1, 1-5-4-3-1과 같은 회로를 **폐회로**(closed circuit), **폐로**(loop) 또는 **망로**(mesh)라 한다.

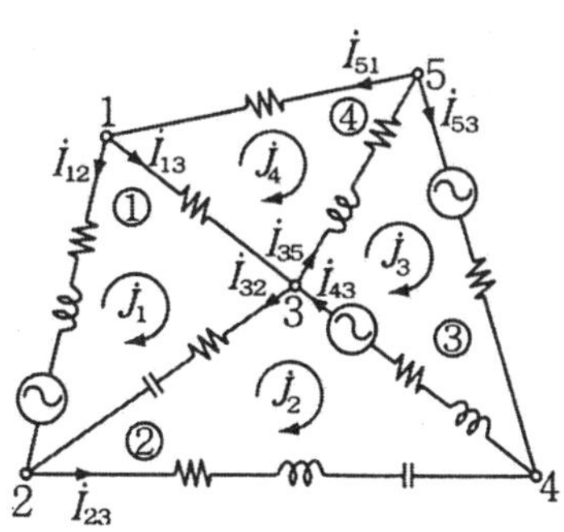

6-4 회로망

회로망의 망로수는 회로를 택하는 방법에 따라 많은 수가 있으나, **모든 지로를 통하는 최소의 망로수**(다음부터는 **독립된 망로수**라 함)는 **회로에 따라 일정하다**. 예컨대, 그림 6-4의 독립된 망로수는 ①~④의 4개로서, 어떤 회로를 따라가도 4개밖에 되지 않는다는 것을 알 수 있다.

일반적으로 회로망 내의 전류분포를 결정하는 최소한의 전류의 독립변수는 (지로수－접속점수+1)개로서 알 수 있다. 이것은 독립 망로수와 일치한다.

또, 그림 6-4와 같이 회로망의 $\dot{I}_{12}$, $\dot{I}_{13}$……와 같은 지로의 전류를 **지로전류** 또는 **분기전류**(branch current)라 하고, 그림의 J_1, J_2와 같이 화살표의 방향으로 망로를 순환하여 흐른다고 생각한 전류를 **망전류**(mesh current) 또는 **폐로전류**라 한다.

제 5 절 키르히호프의 법칙

제2장에서 배운 바와 같이 직류회로의 저항 대신에 임피던스를 사용하여 기호법으로 나타내면, 교류회로에 있어서도 오옴의 법칙이 성립한다. 이와 같은 의미로서, 교류 회로망에 있어서도 기호법을 사용하면 직류 회로와 같이 키르히호프의 법칙이 성립하여 다음과 같이 표현할 수 있다.

5-1 키르히호프의 제 1법칙

회로망 내의 임의의 접속점으로 유입하는 전류의 총합과 유출하는 전류의 총합은 같다. 이 법칙은 전류의 연속성을 나타낸 것이다.

예를 들면, 그림 6-5에서 $\dot{I}_1$, $\dot{I}_4$는 유입하는 전류, $\dot{I}_2$, $\dot{I}_3$, $\dot{I}_5$는 유출하는 전류이므로 제 1법칙은

$$\dot{I}_1+\dot{I}_4=\dot{I}_2+\dot{I}_3+\dot{I}_5 \tag{6.27}$$

로 나타내어진다. 윗 식에서 유출하는 전류를 등식의 좌변으로 옮기면

$$\dot{I}_1+\dot{I}_4+(-\dot{I}_2)+(-\dot{I}_3)+(-\dot{I}_5)=0 \tag{6.28}$$

로 나타낼 수 있다. 그러므로 **"회로망 내의 임의의 접속점으로 유입하는 전류의 대수합은 0이다"**라고 할 수 있으므로

$$\Sigma\dot{I}=0 \tag{6.29}$$

이라 쓸 수 있다. 이 때 유출하는 전류는 (-)의 유입 전류로서 취급하면 된다.

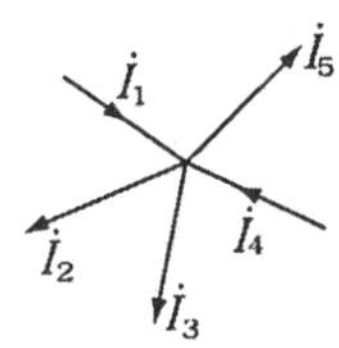

그림 6-5 키르히호프의 제 1법칙

5-2 키르히호프의 제 2법칙

"회로망 내의 임의의 폐회로를 일정한 방향으로 일주했을 때, 주어진 기전력의 대수합은 각 지로에 생긴 전압(또는 전압 강하)의 대수합과 같다." 이것은 주어진 기전력 E와 전압 V의 평형성을 나타낸 법칙이다. 이 때 기전력과 전압은 그림 6-6(a), (b)와 같이 회로를 따라 순회하는 방향과 일치된 기전력을 (+), 순회방향과 일치된 전류에 의한 전압을 (+)로 하고, 반대 방향의 것을 (-)로 하여 대수적으로 다루지 않으면 안된다.

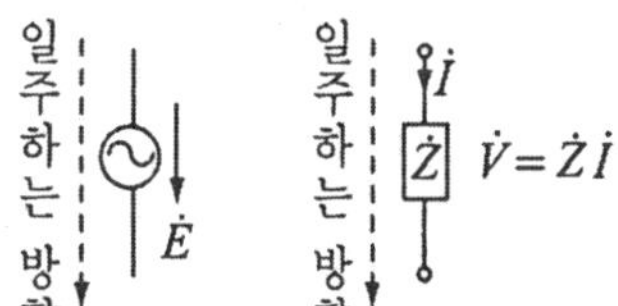

그림 6-6 기전력과 전압의 (+), (-)

예를 들면, 그림 6-7과 같은 망상 회로의 a-b-c-d-e-a인 폐로를 시계의 회전방향(시계방향)으로 일주했을 때, 이것에 제2법칙을 적용하면, $\dot{E}_1$의 기전력

은 (+), $\dot{E}_2$의 기전력은 (-)로 되고, $\dot{Z}_1\dot{I}_1$, $\dot{Z}_3\dot{I}_3$, $\dot{Z}_5\dot{I}_5$의 전압은 (+), $\dot{Z}_2\dot{I}_2$, $\dot{Z}_4\dot{I}_4$의 전압은 (-)로 되기 때문에, 제2법칙은 다음과 같이 나타낼 수 있다.

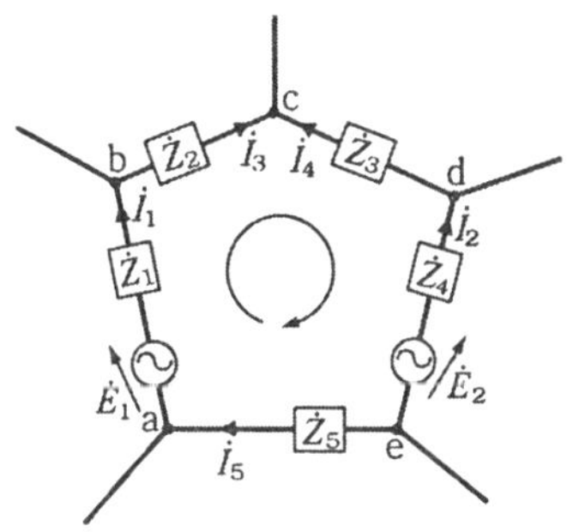

그림 6-7 키르히호프의 제2법

$$\dot{Z}_1\dot{I}_1+\dot{Z}_3\dot{I}_3+(-\dot{Z}_4\dot{I}_4)+(-\dot{Z}_2\dot{I}_2)+\dot{Z}_5\dot{I}_5=\dot{E}_1-\dot{E}_2 \tag{6-30}$$

例題 17. 기전력 $\dot{E}_1$, $\dot{E}_2$와 임피던스 $\dot{Z}_1$, $\dot{Z}_2$, $\dot{Z}_3$를 그림 6-8과 같이 접속했을 때 각 지로에 흐르는 전류를 구하여라.

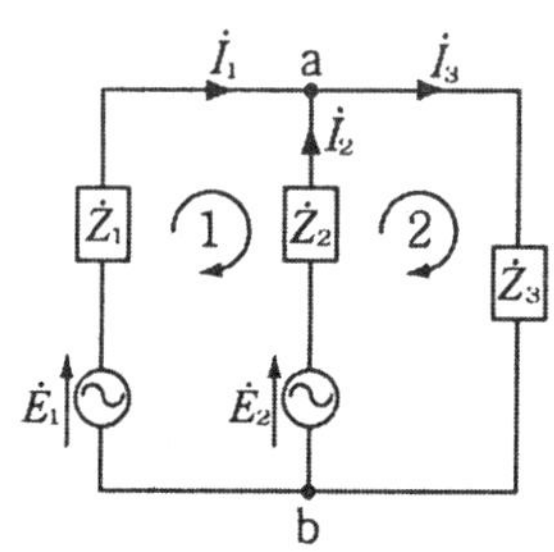

그림 6-8

解答 (1) 먼저, 지로 전류 $\dot{I}_1$, $\dot{I}_2$, $\dot{I}_3$을 가정하여, 그림과 같이 흐르는 방향을 가정하여 화살표를 붙인다.

키르히호프의 제1법칙을 a점과 b점에서 적용하면, a점에서는 $\dot{I}_1+\dot{I}_2=\dot{I}_3$, b점에서는 $\dot{I}_3=\dot{I}_1+\dot{I}_2$를 얻는다. 그러나, 두 식은 같기 때문에 한쪽식만으로도 충분하게 된다. 따라서

$$\dot{I}_1+\dot{I}_2-\dot{I}_3=0 \qquad (6.31)$$

으로 된다.

일반적으로 키르히호프의 제1법칙에 의하여 접속점에서 세우는 전류에 관한 식은, 접속점 n일 때 $n-1$개의 수만큼 세우면 충분하다.

(2) 키르히호프의 제2법칙에 의한 식을 세우는 경우에, 식의 수는 독립된 망로수만큼 세워야 하며, 폐로를 통하여 식을 세울 때 빠지는 지로가 없도록 하여야 한다.

여기서, ①, ②의 폐로를 통하여 식을 세우면,

①의 폐로에서 $\dot{Z}_1\dot{I}_1-\dot{Z}_2\dot{I}_2=\dot{E}_1-\dot{E}_2$ (6-32)

②의 폐로에서 $\dot{Z}_2\dot{I}_2+\dot{Z}_3\dot{I}_3=\dot{E}_2$ (6-33)

식(6-31), (6-32), (6-33)의 연립 3원 1차방정식을 풀면, $\dot{I}_1$, $\dot{I}_2$, $\dot{I}_3$를 구할 수 있다.

참고로 식(6-31), (6-32), (6-33)을 행렬로 나타내면,

$$\begin{bmatrix} 1 & 1 & -1 \\ \dot{Z}_1 & -\dot{Z}_2 & 0 \\ 0 & \dot{Z}_2 & \dot{Z}_3 \end{bmatrix}\begin{bmatrix} \dot{I}_1 \\ \dot{I}_2 \\ \dot{I}_3 \end{bmatrix}=\begin{bmatrix} 0 \\ \dot{E}_1-\dot{E}_2 \\ \dot{E}_2 \end{bmatrix} \qquad (6\text{-}34)$$

로 된다. 이것으로부터 $\dot{I}_1$, $\dot{I}_2$, $\dot{I}_3$를 동시에 구하려면 역행렬을 사용하여 계산해도 좋으나, 제3차 이상의 정방행렬의 역행렬인 경우는 번거롭기 때문에, 식(6-5)에서 배운 크레머의 법칙에 의하여 풀어도 좋다.

참고 예제 17의 문제를 풀이하는데, 그림 6-8에서 각 지로의 전류 $\dot{I}_1, \dot{I}_2, \dot{I}_3$의 기호를 정하여 제1법칙에서 식(6-31)을 세웠으나, 분기점 a에서 제1법칙을 적용하면 $\dot{I}_3=\dot{I}_1+\dot{I}_2$이므로 $\dot{I}_3$ 대신에 $\dot{I}_1+\dot{I}_2$로 정하여 키르히호프의 제2법칙을 적용하면,

①의 폐로에서 $\dot{Z}_1\dot{I}_1-\dot{Z}_2\dot{I}_2=\dot{E}_1-\dot{E}_2$

②의 폐로에서 $\dot{Z}_2\dot{I}_2+\dot{Z}_3(\dot{I}_1+\dot{I}_2)=\dot{E}_1$

의 연립 방정식이 세워지므로 $\dot{I}_1$, $\dot{I}_2$를 구할 수 있다. 따라서 이와 같은 방법을 사용하면, 연립 방정식의 수가 적어지고 풀이도 쉽게 된다.

이와 같이 전류의 기호는 독립된 망로의 수만큼 정하면 충분하다.

例題 **18.** 그림 6-9(a)와 같은 교류 브리지 회로에 $\dot{E}$의 기전력이 주어졌을 때, 각 지로에 흐르는 전류를 구하라.

解答 이 문제는 예제 17의 〔참고〕의 풀이 법에 의하여 최소한의 전류의 기호를 정하여 전류를 구하여 보자.

그림 6-9(a)의 독립된 망로는 ①, ②, ③의 3개이므로 전류의 기호는 3개로 정하면 충분하다. 따라서, 다음 순서로 식을 세운다.

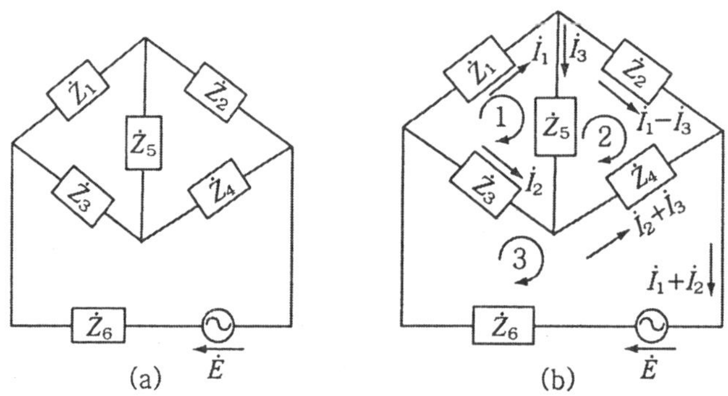

그림 6-9 교류 브리지 회로

(1) 그림 6-9(b)와 같이 전류의 기호와 흐르는 방향을 가정한다.

(2) 독립된 망로 ①, ②, ③에 대하여 제2법칙에 의해 식을 세운다.

$$\left.\begin{aligned} &\dot{Z}_1\dot{I}_1+\dot{Z}_5\dot{I}_3-\dot{Z}_3\dot{I}_2=0\\ &\dot{Z}_2(\dot{I}_1-\dot{I}_3)-\dot{Z}_4(\dot{I}_2+\dot{I}_3)-\dot{Z}_5\dot{I}_3=0\\ &\dot{Z}_3\dot{I}_2+\dot{Z}_4(\dot{I}_2+\dot{I}_3)+\dot{Z}_6(\dot{I}_1+\dot{I}_2)=\dot{E} \end{aligned}\right\} \quad (6\text{-}35)$$

이것을 정리하면,

$$\left.\begin{aligned} &\dot{Z}_1\dot{I}_1 \quad -\dot{Z}_3\dot{I}_2 \quad +\dot{Z}_5\dot{I}_3=0\\ &\dot{Z}_2\dot{I}_1 \quad -\dot{Z}_4\dot{I}_2 \quad -(\dot{Z}_2+\dot{Z}_4+\dot{Z}_5)\dot{I}_3=0\\ &\dot{Z}_6\dot{I}_1 \quad +(\dot{Z}_3+\dot{Z}_4+\dot{Z}_6)\dot{I}_2 \quad +(\dot{Z}_4)\dot{I}_3=\dot{E} \end{aligned}\right\} \quad (6\text{-}36)$$

이다.

식(6-36)에서 크레머의 법칙을 이용하여 $\dot{I}_1$, $\dot{I}_2$, $\dot{I}_3$를 구하면,

$$\left.\begin{aligned}\dot{I}_1&=\frac{1}{\Delta}\{\dot{Z}_3(\dot{Z}_2+\dot{Z}_4+\dot{Z}_5)+\dot{Z}_4\dot{Z}_5\}\dot{E}\\ \dot{I}_2&=\frac{1}{\Delta}\{\dot{Z}_1(\dot{Z}_2+\dot{Z}_4+\dot{Z}_5)+\dot{Z}_2\dot{Z}_5\}\dot{E}\\ \dot{I}_3&=\frac{1}{\Delta}\{\dot{Z}_2\dot{Z}_3-\dot{Z}_1\dot{Z}_4\}\dot{E}\end{aligned}\right\}$$

여기서,

$$\Delta=(\dot{Z}_4+\dot{Z}_5)(\dot{Z}_1\dot{Z}_2+Z_1\dot{Z}_5+\dot{Z}_2\dot{Z}_3)+\dot{Z}_1\dot{Z}_3(\dot{Z}_2+\dot{Z}_4+\dot{Z}_5)$$
$$+\dot{Z}_2\dot{Z}_5(\dot{Z}_3+\dot{Z}_4+\dot{Z}_6)$$

또, 교류 브리지가 평형되었을 때는 그림 6-6(b)의 $\dot{I}_3=0$으로 된다. 따라서 $\dot{I}_3=0$인 브리지의 평형 조건은 식(6-37)에서 $\dot{I}_3=0$이어야 하므로

$$\dot{Z}_2\dot{Z}_3-\dot{Z}_1\dot{Z}_4=0$$

$$\therefore\ \dot{Z}_2\dot{Z}_3=\dot{Z}_1\dot{Z}_4 \qquad (6\text{-}38)$$

로 된다.

제 6 절 회로방정식을 세우는 방법

앞 절의 예제에서는 망상회로의 지로전류를 가정하여, 키르히호프의 법칙에 의하여 방정식을 세워서 풀이를 하였으나, 일반적으로 키르히호프의 법칙을 이용하여 회로 방정식을 세우는 방법에는 다음의 3종류가 있다.

(1) 지로전류법(branch current method)

(2) 망로전류법(mesh current method)

(3) 절점전위법(node voltage method)

다음에는 이들의 그림 6-10의 회로 예에서 연구하여 보자.

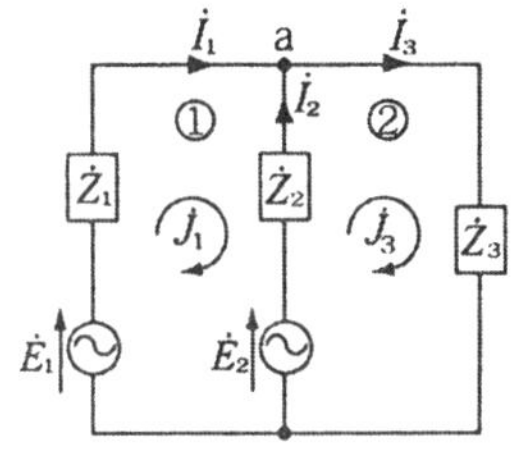

그림 6-10

(1) 지로전류법

이것은 지로전류를 직접 계산할 때 쓰이는 방법으로, 앞절의 보기와 같이 지로 전류 $\dot{I}_1$, $\dot{I}_2$, $\dot{I}_3$를 가정하여 키르히호프의 제1법칙과 제2법칙에 의하여 회로 방정식을 세우는 방법이다.

(2) 망로전류법

이것은 망전류를 구할 때 많이 쓰이는 방법으로, 독립된 망로의 수만큼 망로전류를 가정하여 키르히호프의 제 2법칙에 의하여 식을 세우는 방법이다.

예를 들면, 그림 6-10의 지로전류 $\dot{I}_1$, $\dot{I}_2$, $\dot{I}_3$ 대신에 망로전류 $\dot{J}_1$, $\dot{J}_2$를 가정한다. 이 때,

$$\dot{I}_1=\dot{J}_1,\ \dot{I}_2=\dot{J}_2-\dot{J}_1,\ \dot{I}_3=J_2 \tag{6-39}$$

의 관계가 있으므로 $\dot{J}_1$, $\dot{J}_2$가 구해지면, 지로전류를 알 수 있게 된다.

그림 6-10에서 $\dot{J}_1$, $\dot{J}_2$에 대한 키르히호프의 제2법칙을 적용하면 다음 식이 성립한다.

$$\left.\begin{aligned}(\dot{Z}_1+\dot{Z}_2)\dot{J}_1-\dot{Z}_2\dot{J}_2&=\dot{E}_1-\dot{E}_2\\ -\dot{Z}_2\dot{J}_1+(\dot{Z}_2+\dot{Z}_3)\dot{J}_2&=\dot{E}_2\end{aligned}\right\} \tag{6-40}$$

이것을 행렬로 나타내면, 다음과 같다.

$$\begin{bmatrix} \dot{Z}_1+\dot{Z}_2 & -\dot{Z}_2 \\ -\dot{Z}_2 & \dot{Z}_2+\dot{Z}_3 \end{bmatrix}\begin{bmatrix} \dot{J}_1 \\ \dot{J}_2 \end{bmatrix}=\begin{bmatrix} \dot{E}_1-\dot{E}_2 \\ \dot{E}_2 \end{bmatrix} \tag{6-41}$$

여기서, $\begin{bmatrix} \dot{Z}_1+\dot{Z}_2 & -\dot{Z}_2 \\ -\dot{Z}_2 & \dot{Z}_2+\dot{Z}_3 \end{bmatrix}\begin{vmatrix} \dot{Z}_{11} & \dot{Z}_{12} \\ \dot{Z}_{21} & \dot{Z}_{22} \end{vmatrix}=[\dot{Z}]$는 **임피던스 행렬**이다.

그리고 $\dot{Z}_{11}$과 $\dot{Z}_{22}$는 각각 독립된 망로 내의 전 임피던스로서 **자기 임피던스**(self impedance)라 하고, $\dot{Z}_{12}$ 및 $\dot{Z}_{21}$은 독립된 망로 상호간에 관계가 있는 임피던스로서 **상호 임피던스**(mutual impedance)라 한다. 상호 임피던스는, $\dot{J}_1$, $\dot{J}_2$의 흐르는 방향이 서로 반대로 될 때는 (-), 같은 방향이면 (+)이고, 일반적으로 $\dot{Z}_{jk}=\dot{Z}_{kj}$이다. 따라서 망로전류를 이용할 때는 숙달됨에 따라 임피던스 행렬을 직접 쓸 수 있으므로 매우 편리하게 이용된다. 또 일반적인 선형회로망에서는 임피던스 행렬과 이 역행렬인 어드미턴스 행렬은 대칭 행렬로 된다.

다음 식(6-41)에서 전류 행렬을 구하여 보자.

식(6-41)의 부호의 양 변에 임피던스 행렬의 역행렬의 좌승적을 구하면 다음과 같다.

$$\begin{bmatrix} \dot{Z}_1+\dot{Z}_2 & -\dot{Z}_2 \\ -\dot{Z}_2 & \dot{Z}_2+\dot{Z}_3 \end{bmatrix}^{-1}\begin{bmatrix} \dot{Z}_1+\dot{Z}_2 & -\dot{Z}_2 \\ -\dot{Z}_2 & \dot{Z}_2+\dot{Z}_3 \end{bmatrix}\begin{bmatrix} \dot{J}_1 \\ \dot{J}_2 \end{bmatrix}$$

$$=\begin{bmatrix} \dot{Z}_1+\dot{Z}_2 & -\dot{Z}_2 \\ -\dot{Z}_2 & \dot{Z}_2+\dot{Z}_3 \end{bmatrix}^{-1}\begin{bmatrix} \dot{E}_1-\dot{E}_2 \\ \dot{E}_2 \end{bmatrix}$$

$$\therefore \begin{bmatrix} \dot{J}_1 \\ \dot{J}_2 \end{bmatrix}=\begin{bmatrix} \dot{Z}_1+\dot{Z}_2 & -\dot{Z}_2 \\ -\dot{Z}_2 & \dot{Z}_2+\dot{Z}_3 \end{bmatrix}^{-1}\begin{bmatrix} \dot{E}_1-\dot{E}_2 \\ \dot{E}_2 \end{bmatrix}$$

여기서, $\begin{vmatrix} \dot{Z}_1+\dot{Z}_2 & -\dot{Z}_2 \\ -\dot{Z}_2 & \dot{Z}_2+\dot{Z}_3 \end{vmatrix}=\dot{Z}_1\dot{Z}_2+\dot{Z}_2\dot{Z}_3+\dot{Z}_3\dot{Z}_1$이라 하면, 식(6-20)에서

$$\begin{bmatrix} \dot{I}_1 \\ \dot{I}_2 \end{bmatrix} = \frac{1}{\Delta}\begin{bmatrix} \dot{Z}_2+\dot{Z}_3 & \dot{Z}_2 \\ \dot{Z}_2 & \dot{Z}_1+\dot{Z}_2 \end{bmatrix}\begin{bmatrix} \dot{E}_1-\dot{E}_2 \\ \dot{E}_2 \end{bmatrix}$$

$$= \frac{1}{\Delta}\begin{bmatrix} (\dot{Z}_2+\dot{Z}_3)(\dot{E}_1-\dot{E}_2)+\dot{Z}_2\dot{E}_2 \\ \dot{Z}_2(\dot{E}_1-\dot{E}_2)+(\dot{Z}_1+\dot{Z}_2)\dot{E}_2 \end{bmatrix}$$

$$\therefore \begin{bmatrix} \dot{I}_1 \\ \dot{I}_2 \end{bmatrix} = \begin{bmatrix} \dfrac{(\dot{Z}_2+\dot{Z}_3)\dot{E}_1-\dot{Z}_3\dot{E}_2}{\dot{Z}_1\dot{Z}_2+\dot{Z}_2\dot{Z}_3+\dot{Z}_3\dot{Z}_1} \\ \dfrac{\dot{Z}_2\dot{E}_1+\dot{Z}_1\dot{E}_2}{\dot{Z}_1\dot{Z}_2+\dot{Z}_2\dot{Z}_3+\dot{Z}_3\dot{Z}_1} \end{bmatrix}$$

가 된다. 이 망로전류에 의한 풀이법은, 지로전류에 의한 풀이법에 비하여, 식의 수가 적고 간단하며, 더욱이 복습을 통하여 임피던스 행렬도 비교적 간단히 쓸 수 있으므로, 일반적으로 복잡한 회로가 될수록 망로전류를 사용하여 회로 방정식을 세우는 경우가 많다.

(3) 절점전위법

이 방법은 회로 내의 절점의 전위를 구하거나, 전위에서 전류 분포를 계산할 때 쓰인다. 즉, 회로망 내의 절점의 한 점을 기준인 0전위로 하여 다른 절점의 전위를 정하고, 키르히호프의 제1법칙에 의해서 식을 세우는 방법으로 특히 전류원만을 포함하는 회로의 방정식을 세울 때 편리하다.

그림 6-11과 같이 접속점 a, b의 전위를 $\dot{V}_a$, $\dot{V}_b$라 하고, $\dot{V}_b$를 기준점으로 하여 0전위라고 하면, a점에서 키르히호프의 제1법칙을 적용하면,

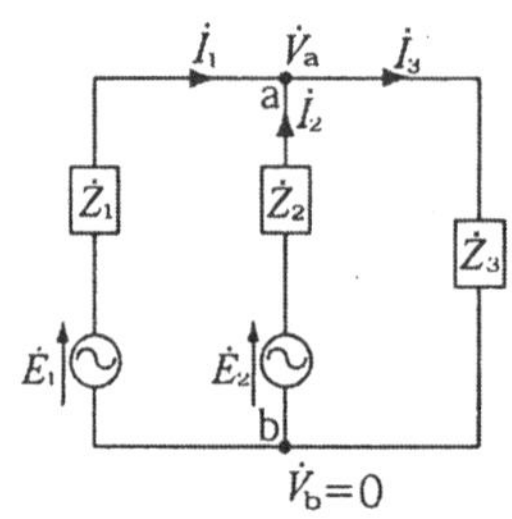

그림 6-11

$$\dot{I}_1+\dot{I}_2=\dot{I}_3$$

$$\therefore \quad \dot{Y}_1(\dot{E}_1-\dot{V}_a)+\dot{Y}_2(\dot{E}_2-\dot{V}_a)=\dot{Y}_3\dot{V}_a$$

$$(\dot{Y}_1+\dot{Y}_2+\dot{Y}_3)\dot{V}_a=\dot{Y}_1\dot{E}_1+\dot{Y}_2\dot{E}_2 \tag{6-42}$$

이 된다. 여기서,

$$\dot{Y}_1=1/\dot{Z}_1,\quad \dot{Y}_2=1/\dot{Z}_2,\quad \dot{Y}_3=1/\dot{Z}_3$$

이다. 또, 그림 6-1의 전압원을 6-3에서의 방법을 응용하여 전류원으로 바꿔 놓으면 그림 6-12와 같이 된다.

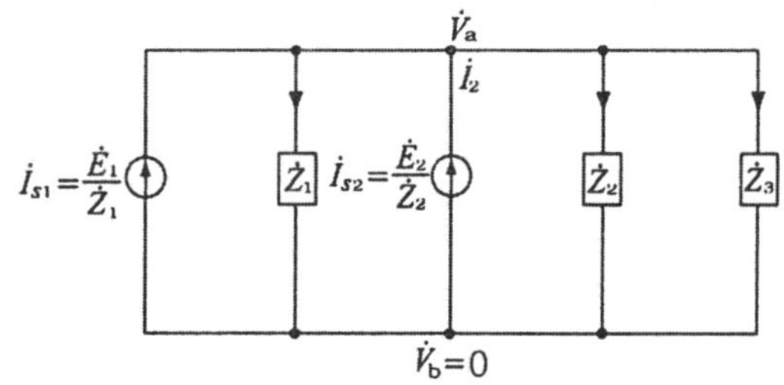

그림 6-12

따라서, 이러한 경우에는 키르히호프의 제1법칙에서

$$\left(\frac{1}{\dot{Z}_1}+\frac{1}{\dot{Z}_2}+\frac{1}{\dot{Z}_3}\right)\dot{V}_a=\dot{I}_{s1}+\dot{I}_{s2}=\frac{\dot{E}_1}{\dot{Z}_1}+\frac{\dot{E}_2}{\dot{Z}_2}$$

$$\therefore\ (\dot{Y}_1+\dot{Y}_2+\dot{Y}_3)\dot{V}_a=\dot{Y}_1\dot{E}_1+\dot{Y}_2\dot{E}_2 \tag{6-43}$$

로 되어, 간단하게 회로 방정식을 세워서 결과를 얻는다. 그러므로, 절점전위법은 다수의 전류원이 있는 회로망의 계산에는 특히 편리하다.

다음에는, 그림 6-13(a)에 있어서 절점전위를 $\dot{V}_0=0$, $\dot{V}_1$, $\dot{V}_2$, $\dot{V}_3$라고 했을 때의 회로 방정식을 알아 보기로 하자.

먼저, 간단히 하기 위하여, 그림 6-3의 방식을 이용하여 전압원을 전류원으로 치환하면 그림 (b)와 같이 된다. 따라서 그림의 1, 2, 3점에 키르히호프의 제1법칙을 적용하면 다음 식을 얻는다.

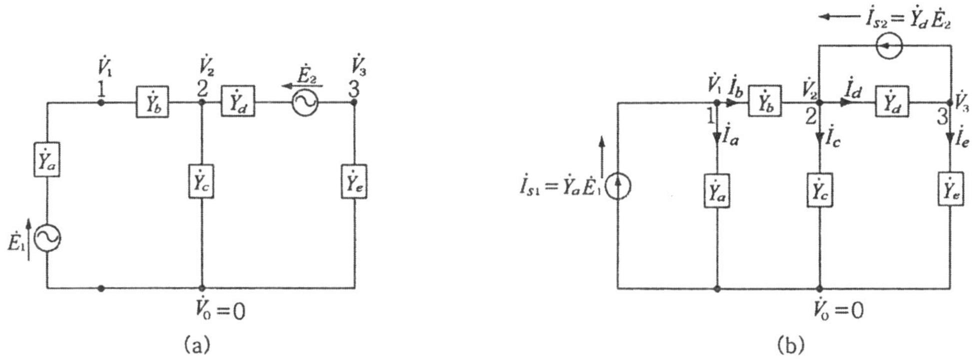

그림 6-13

1의 점에서

$$\dot{I}_a+\dot{I}_b=\dot{I}_{s1}$$

$$\dot{Y}_a\dot{V}_1+\dot{Y}_b(\dot{V}_1-\dot{V}_2)=\dot{I}_{s1} \tag{6-44}$$

2의 점에서

$$-\dot{I}_b+\dot{I}_c+\dot{I}_d=\dot{I}_{s2}$$

$$-\dot{Y}_b(\dot{V}_1-\dot{V}_2)+\dot{Y}_c\dot{V}_2+\dot{Y}_d(\dot{V}_2-\dot{V}_3)=\dot{I}_{s2} \tag{6-45}$$

3의 점에서

$$-\dot{I}_d+\dot{I}_e=-\dot{I}_{s2}$$

$$-\dot{Y}_d(\dot{V}_2-\dot{V}_3)+\dot{Y}_e\dot{V}_3=-\dot{I}_{s2} \tag{6-46}$$

식(6-44), (6-45), (6-46)을 정리하여 행렬로 나타내면,

$$\begin{bmatrix} \dot{Y}_a+\dot{Y}_b & -\dot{Y}_b & 0 \\ -\dot{Y}_b & \dot{Y}_b+\dot{Y}_c+\dot{Y}_d & -\dot{Y}_d \\ 0 & -\dot{Y}_d & \dot{Y}_b+\dot{Y}_e \end{bmatrix}\begin{bmatrix} \dot{V}_1 \\ \dot{V}_2 \\ \dot{V}_3 \end{bmatrix}=\begin{bmatrix} \dot{I}_{s1} \\ \dot{I}_{s2} \\ -\dot{I}_{s2} \end{bmatrix} \tag{6-47}$$

이 된다. 이것을 간단히 나타내면,

$$[\dot{Y}][\dot{V}]=[\dot{I}_s] \tag{6-48}$$

로 된다. 이때 $[\dot{Y}]$는 **어드미턴스 행렬**이다. 이 어드미턴스 행렬의 요소중에 대각요소 $\dot{Y}_a+\dot{Y}_b$, $\dot{Y}_b+\dot{Y}_c+\dot{Y}_d$, $\dot{Y}_d+\dot{Y}_e$는 각각 1, 2, 3절점에 연결되는 전체 어드미턴스의 합을 나타내는 것으로 **자기 어드미턴스**라고 한다. 또 $-\dot{Y}_d$는 1, 2절점간의 어드미턴스에 (−)의 부호를 붙인 것 $-\dot{Y}_d$는 2, 3절점간의 어드미턴스에 (−)의 부호를 붙인 것으로서 어느 것이나 **상호 어드미턴스**라고 한다. 이와 같은 사실을 머리속에 넣고 있으면, 어드미턴스 행렬을 바로 쉽게 쓸 수 있다. 따라서 여기에 각 점의 전압행렬 $[\dot{V}]$를 곱하면 전류원의 행렬 $[\dot{I}_s]$가 얻어지며, 이 때 $[\dot{I}_s]$의 요소는 접속점에 있어서, 유입하는 전류원은 (+)로 하고, 유출하는 전류원은 (−)로 나타내면 좋다.

例題 **19**. 그림 6-14(a)의 회로방정식을 절점전위법으로 나타내어라.

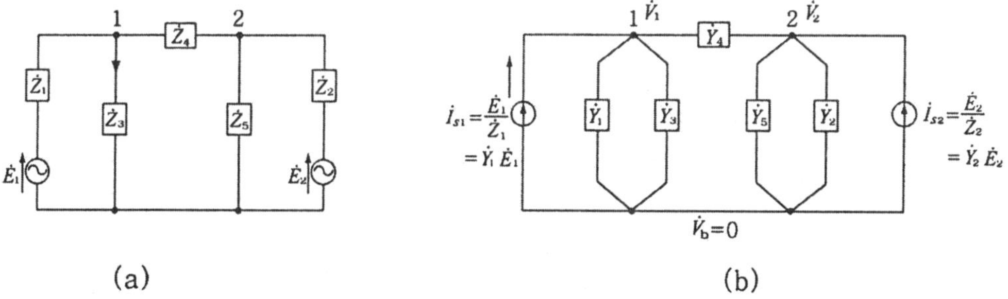

그림 6-14

解答 이것을 전류원으로 치환하여, 각 임피던스 $1/\dot{Z}_1$, $1/\dot{Z}_2$……를 어드미턴스 $\dot{Y}_1$, $\dot{Y}_2$……로 나타내면 그림 6-14(b)와 같이 된다.

1 및 2점의 자기 어드미턴스는 $\dot{Y}_1+\dot{Y}_3+\dot{Y}_4$ 및 $\dot{Y}_4+\dot{Y}_5+\dot{Y}_2$로 되고, 1, 2점 사이의 상호 어드미턴스는 $-\dot{Y}_4$로 된다. 또 $\dot{I}_{s1}$ 및 $\dot{I}_{s2}$는 1 및 2점에 유입하므로, 1과 2의 전위를 각각 $\dot{V}_1$, $\dot{V}_2$라고 하면, 앞에서 설명한 관계로부터 다음과 같이 나타낼 수 있다.

$$\begin{bmatrix} \dot{Y}_1+\dot{Y}_3+\dot{Y}_4 & -\dot{Y}_4 \\ -\dot{Y}_4 & \dot{Y}_4+\dot{Y}_5+\dot{Y}_2 \end{bmatrix}\begin{bmatrix} \dot{V}_1 \\ \dot{V}_2 \end{bmatrix}\begin{bmatrix} \dfrac{\dot{E}_1}{\dot{Z}_1} \\ \dfrac{\dot{E}_2}{\dot{Z}_2} \end{bmatrix} \qquad (6\text{-}49)$$

제 7 절 중첩의 정리

앞에서 배운 바와 같이 망상회로 내에 다수의 기전력이 있을 때 흐르는 전류는 키르히호프의 법칙으로 구할 수 있고 이것을 행렬로 나타내면,

$$[\dot{I}]=[\dot{Z}]^{-1}[\dot{E}]=[\dot{Y}][\dot{E}] \qquad (6\text{-}50)$$

로 된다. 그래서, 망상회로 내의 기전력이 $\dot{E}_1$, $\dot{E}_2 \cdots\cdots \dot{E}_n$이라 하면,

$$[\dot{E}]=\begin{bmatrix} \dot{E}_1 \\ \dot{E}_2 \\ \vdots \\ \dot{E}_n \end{bmatrix}$$

으로 나타낼 수 있으므로, 식(6-50)은 다음과 같이 표시할 수 있다.

$$[\dot{I}]=[\dot{Y}]\begin{bmatrix} \dot{E}_1 \\ \dot{E}_2 \\ \vdots \\ \dot{E}_n \end{bmatrix}=[\dot{Y}]\begin{bmatrix} \dot{E}_1 \\ 0 \\ \vdots \\ 0 \end{bmatrix}+[\dot{Y}]\begin{bmatrix} 0 \\ \dot{E}_2 \\ \vdots \\ 0 \end{bmatrix}+\cdots\cdots+[\dot{Y}]\begin{bmatrix} 0 \\ 0 \\ \vdots \\ \dot{E}_n \end{bmatrix}$$

$$\therefore\ [\dot{I}]=[\dot{I}_1]+[\dot{I}_2]+\cdots\cdots+[\dot{I}_n] \qquad (6\text{-}51)$$

여기서,

$$[\dot{I}_1]=[\dot{Y}]\begin{bmatrix}\dot{E}_1\\0\\\vdots\\0\end{bmatrix},\ [\dot{I}_2]=[\dot{Y}]\begin{bmatrix}0\\\dot{E}_2\\\vdots\\0\end{bmatrix},\ \cdots\cdots,\ [\dot{I}_n]=[\dot{Y}]\begin{bmatrix}0\\0\\\vdots\\\dot{E}_n\end{bmatrix}$$

이다. 그래서 $[\dot{I}_1], [\dot{I}_2], \cdots[\dot{I}_n]$은 각각 $[\dot{Y}]$의 회로망에 $[\dot{E}_1], [\dot{E}_2], \cdots[\dot{E}_n]$의 기전력을 단독으로 가했을 때의 전류를 나타내고 있다. 따라서 회로망 내에 다수의 기전력이 있을 때의 회로전류는, 각 기전력이 각각 단독으로 가해졌을 때 흐르는 전류를 합한 것과 같다고 할 수 있다. 이것을 **중첩의 정리**(principle of superposition)라고 한다. 이것은 전압원에 관해서만 생각한 것이지만, 전류원에 관해서 생각해도 마찬가지로 된다.

例題 **20**. 그림 6-15회로의 $\dot{Z}_3$에 흐르는 전류 $\dot{I}$를 중첩의 원리를 사용하여 구하라.

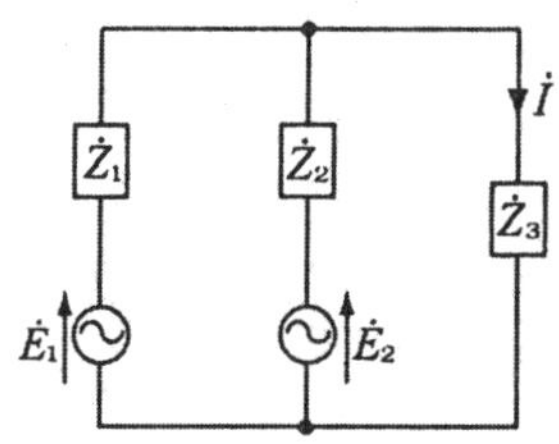

그림 6-15

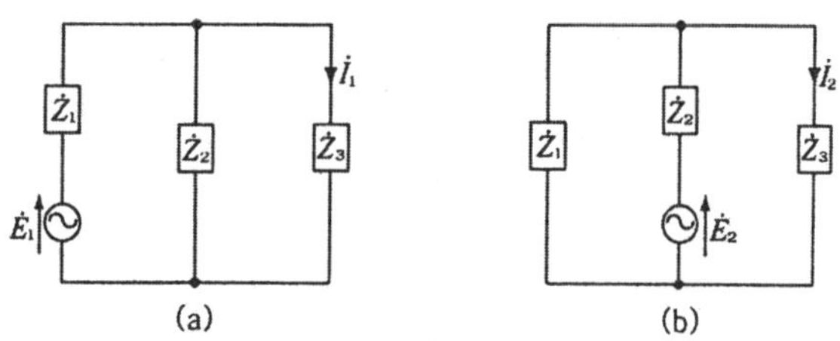

그림 6-16

解答 먼저, 그림 6-16(a)와 같이 $\dot{E}_1$만으로 전류 $\dot{I}_1$을 구하면,

$$\dot{I}_1=\frac{\dot{E}_1}{\dot{Z}_1+\dfrac{\dot{Z}_2\dot{Z}_3}{\dot{Z}_2+\dot{Z}_3}}\times\frac{\dot{Z}_2}{\dot{Z}_1+\dot{Z}_3}=\frac{\dot{E}_1\dot{Z}_2}{\dot{Z}_1\dot{Z}_2+\dot{Z}_2\dot{Z}_3+\dot{Z}_3\dot{Z}_1}$$

다음에는, 그림 (b)와 같이 $\dot{E}_2$만으로 전류 $\dot{I}_2$를 구하면,

$$\dot{I}_2=\frac{\dot{E}_2}{\dot{Z}_2+\dfrac{\dot{Z}_1\dot{Z}_3}{\dot{Z}_1+\dot{Z}_3}}\times\frac{\dot{Z}_1}{\dot{Z}_1+\dot{Z}_3}=\frac{\dot{E}_2\dot{Z}_1}{\dot{Z}_1\dot{Z}_2+\dot{Z}_2\dot{Z}_3+\dot{Z}_3\dot{Z}_1}$$

로 된다. 구하는 전류 $\dot{I}$는 중첩의 원리에 의해 다음과 같이 된다.

$$\dot{I}=\dot{I}_1+\dot{I}_2=\frac{\dot{E}_1\dot{Z}_2+\dot{E}_2\dot{Z}_1}{\dot{Z}_1\dot{Z}_2+\dot{Z}_2\dot{Z}_3+\dot{Z}_3\dot{Z}_1}$$

제 8 절 테브난의 정리

그림 6-17과 같이 기전력을 포함하는 회로망 N가 있다. 이 회로망에서 끌어낸 a, b 두 단자간의 전압이 $\dot{V}$로 될 때, a, b간에 그림 6-18(a)와 같이 임피던스 $\dot{Z}$를 접속했을 때 $\dot{Z}$에 흐르는 전류 $\dot{I}$에 대하여 생각해 보자.

그림 6-18(a)의 $\dot{Z}$에 직렬로, 그림 (b)와 같이 전류와 같은 방향의 $\dot{V}_1=\dot{V}$와 반대 방향의 $\dot{V}_2=\dot{V}$인 두 기전력을 접속해도 흐르는 전류 $\dot{I}$나 회로망의 전류분포는 전혀 변하지 않는다. 그런데 그림 (b)의 회로는 중첩의 원리에 의하여 그림 6-18(c), (d)인 두 회로로 분할하여 생각할 수 있다.

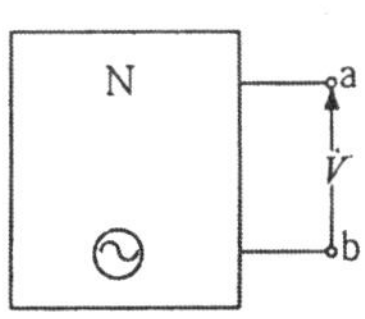

그림 6-17

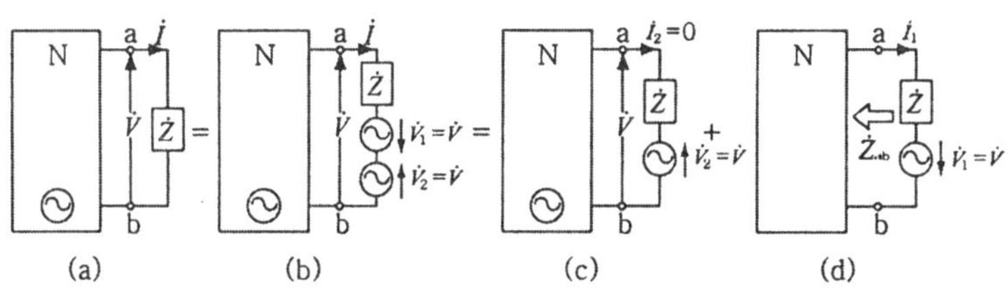

그림 6-18 테브난의 정리

따라서, 이 회로의 전류를 $\dot{I}_1$ 및 $\dot{I}_2$라 하면

$$\dot{I}=\dot{I}_1+\dot{I}_2$$

의 관계가 있다. 그림 (c)의 경우는 ab간의 전압 $\dot{V}$와 가해진 반대 방향의 기전력 $\dot{V}_2=\dot{V}$는 상쇄되므로 흐르는 전류 $\dot{I}_2$는 0으로 된다. 또 그림 (d)에서는, 회로망의 기전력을 모두 제거하여 ab점에서 회로망을 본 임피던스를 $\dot{Z}_{ab}$라고 하면, $\dot{Z}$와

$\dot{Z}_{ab}$의 직렬 회로에 $\dot{V}_1 = \dot{V}$의 기전력을 가한 것이 되므로 $\dot{I}_1 = \dot{V}/(\dot{Z}_{ab}+\dot{Z})$로 된다. 따라서,

$$\dot{I} = \dot{I}_1 + \dot{I}_2 = \frac{\dot{V}}{\dot{Z}_{ab}+\dot{Z}} + 0$$

$$\therefore\ \dot{I} = \frac{\dot{V}}{\dot{Z}_{ab}+\dot{Z}} \qquad (6\text{-}52)$$

로 됨을 알 수 있다. 이 식(6-52)를 **테브난의 정리**(Thevenin's theorem)라 한다. 이 경우에 $\dot{V}$는 회로망의 ab 두 단자간에 나타나는 전압, $\dot{Z}_{ab}$는 회로망에서 모든 회로망을 제거하여 ab 단자에서 회로망을 본 합성 임피던스를 나타낸다.

(1) 회로망의 등가전원

식(6-52)의 관계는 그림 6-19와 같이 기전력 $\dot{V}$, 내부 임피던스 $\dot{Z}_{ab}$의 전압전원에 부하 임피던스 $\dot{Z}$를 접속한 등가회로로 나타낼 수 있다. 따라서, 그림 6-19와 같은 회로망 내에 전원을 갖고 있는 회로망(이 회로망을 **능동회로망**이라고도 한다. 이와 반대로 전원을 갖고 있지 않은 회로망을 **수동회로망**이라 한다)은 일반적으로 그림 6-20(a)와 같이 기전력 $\dot{V}$, 내부 임피던스 $\dot{Z}_{ab}$인 전압전원으로 대치할 수 있다. 또 이것을 전류전원으로 환산하여 나타내면 그림 (b)와 같이 $\dot{I}_s = \dot{V}/\dot{Z}_{ab}$의 정전류원에 병렬로 임피던스 $\dot{Z}_{ab}$를 갖는 전류전원으로 대치할 수도 있다.

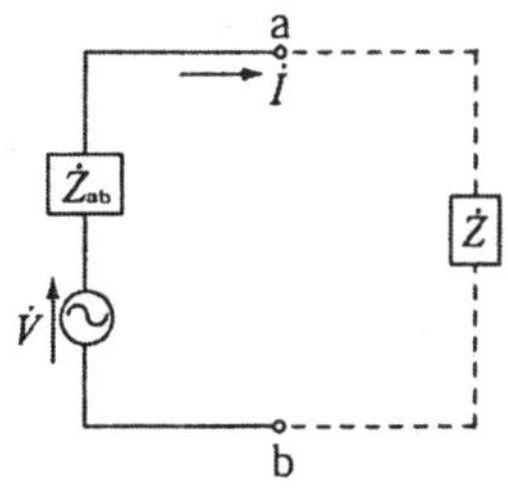

그림 6-19

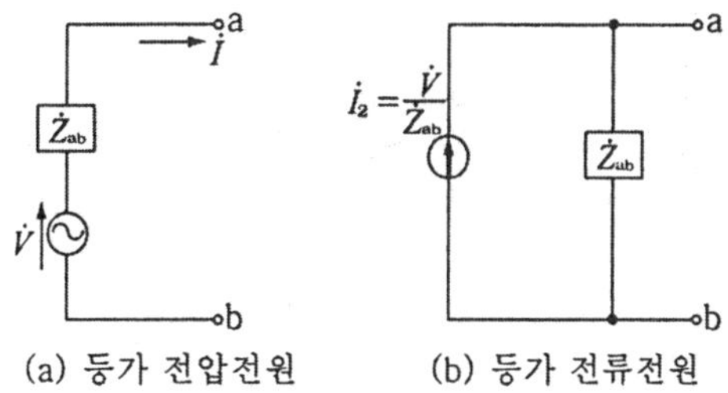

그림 6-20 등가전원

例題 21. 그림 6-21과 같은 회로의 콘덴서에 흐르는 전류 $\dot{I}_c$를 테브난의 정리로 구하여라.

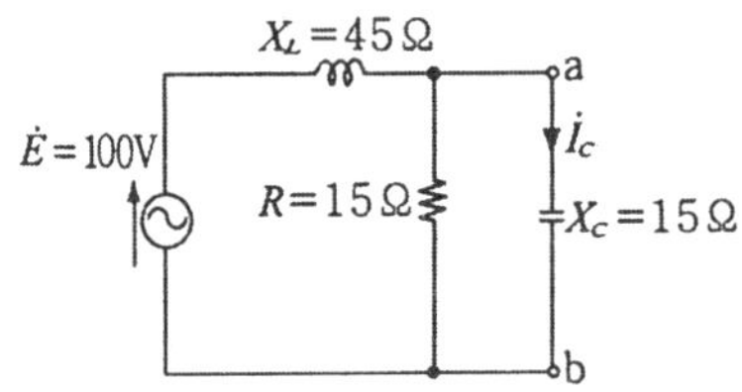

그림 6-21

解答 먼저, $\dot{X}_c$를 절단했을 때 ab간에 나타나는 전압 $\dot{V}_{ab}$는

$$\dot{V}_{ab}=\frac{\dot{E}}{R+jX_L}\times R=\frac{100\times 15}{15+j45}=\frac{100}{1+j3}\text{(V)}$$

로 되고, 또 ab단자에서 전원측을 본 임피던스 $\dot{Z}_{ab}$는

$$\dot{Z}_{ab}=\frac{15\times j45}{15+j45}=\frac{j45}{1+j3}\,(\Omega)$$

이다. X_c에 흐르는 전류 $\dot{I}_c$는 식(6-52)에서 다음과 같이 된다.

$$\dot{I}_c=\frac{\dot{V}_{ab}}{\dot{Z}_{ab}+\dot{Z}}=\frac{\dfrac{100}{1+j3}}{\dfrac{j45}{1+j3}-j15}=\frac{100}{j45-j15+45}$$

$$=\frac{100}{45+j30}=\frac{20}{9+j6}$$

$$\therefore\ |\dot{I}_c|=\frac{20}{\sqrt{9^2+6^2}}=\frac{20}{\sqrt{117}}\fallingdotseq 1.85[A]$$

제 9 절 노오톤의 정리

일반적인 능동회로망은 그림 6-20(b)와 같은 등가전원으로 나타낼 수 있으므로 $\dot{Y}_{ab}=1/\dot{Z}_{ab}$로 하여 ab간에 $\dot{Y}$인 어드미턴스를 접속했을 때의 등가회로는 그림 6-22와 같이 된다.

이 때 $\dot{Y}$에 흐르는 전류 $\dot{I}$는, 전류원에서 유출하는 전류 $\dot{I}_s$가 어드미턴스에 비례하여 분류되므로

$$\dot{I}=\frac{\dot{Y}}{\dot{Y}_{ab}+\dot{Y}}\dot{I}_s \tag{6-53}$$

로서 알 수 있다. 이 식은 테브난의 정리를 등가 전류원을 사용하여 나타낸 식이라고 할 수 있다. 또, 그림 6-22의 ab간의 단자전압 $\dot{V}$는 그림에서

$$\dot{V}=\frac{\dot{I}_s}{\dot{Y}_{ab}+\dot{Y}} \tag{6-54}$$

로서 알 수 있다. 이 식(6-54)를 **노오톤의 정리**(Norton's theorem)라 한다. 테브난의 정리와 상대적인 관계가 있다.

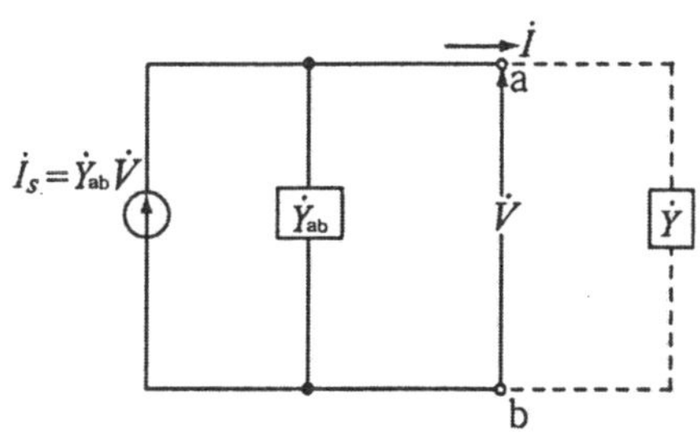

그림 6-22

例題 **22**. 노오톤의 정리를 이용하여 그림 6-23(a)의 회로망의 전압 $\dot{V}$를 구하라.

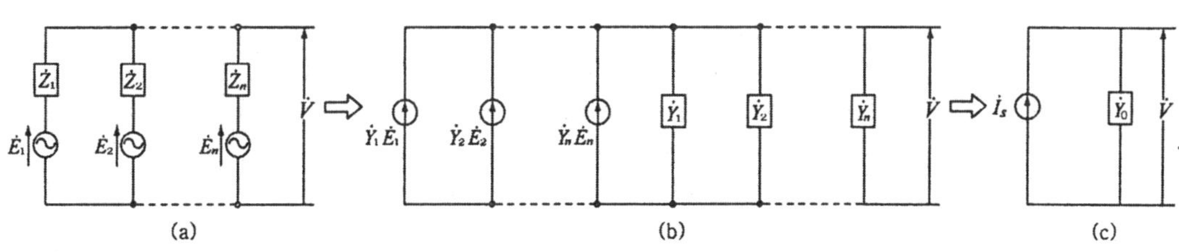

그림 6-23

解答 그림 6-23(a)에 있어서 $\dot{Y}_1=1/\dot{Z}_1$, $\dot{Y}_2=1/\dot{Z}_2\cdots\cdots$, $\dot{Y}_n=1/\dot{Z}_n$로 하여 전압원을 전류원으로 환산하면 그림 (b)와 같이 되고 더욱 간단히 하면 그림 (c)와 같이 된다. 따라서 이 때의 전압 $\dot{V}$는 노오톤의 정리에 의하여

$$\dot{V}=\frac{\dot{I}_s}{\dot{Y}_0}=\frac{\dot{Y}_1\dot{E}_1+\dot{Y}_2\dot{E}_2+\cdots\cdots+\dot{Y}_n\dot{E}_n}{\dot{Y}_1+\dot{Y}_2+\cdots\cdots+\dot{Y}_n}$$

에서 알 수 있다. 이 식을 밀만의 정리(Millman′s theorem)라고 한다.

제10절 보상정리

그림 6-24와 같은 회로망의 한개 지로의 임피던스 $\dot{Z}$에 전류 $\dot{I}$가 흐르고 있을 때, 그림 6-25(a)와 같이 $\dot{Z}$가 $\dot{Z}+\Delta\dot{Z}$로 증가하면 전류는 $\dot{I}+\Delta\dot{I}$로 변화한다. 이 때의 전류의 변화분 $\Delta\dot{I}$에 대하여 생각하여 보자.

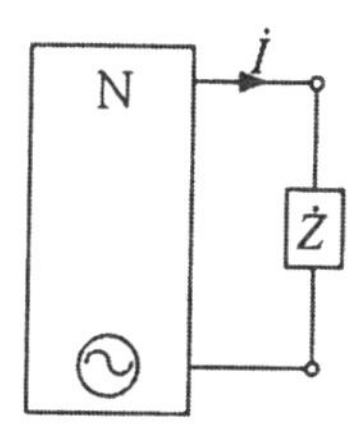

그림 6-24

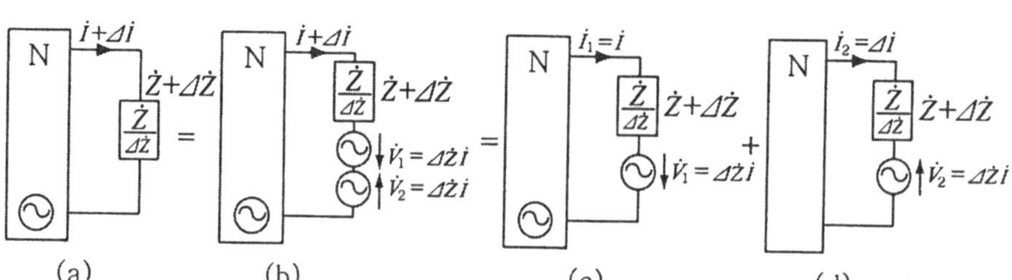

그림 6-25

그림 6-25(a)의 회로에, 그림 (b)와 같이 전류가 흐르는 방향과 같은 방향의 $\dot{V}_1 = \dot{Z}\dot{I}$와 반대 방향인 $\dot{V}_2 = \Delta\dot{Z}\dot{I}$의 두 개의 기전력을 삽입하여도, $\dot{I}+\Delta\dot{I}$의 전류에는 변화가 없다.

그래서 그림 (b)의 회로는 중첩의 정리에 의하여 그림 (c) 및 그림 (d)의 두 개의 회로로 분할하여 생각할 수 있다. 이 때 각 지로의 전류는 그림 (c)와 그림 (d)의 전류를 각각 $\dot{I}_1$, $\dot{I}_2$라 하면,

$$\dot{I}+\Delta\dot{I} = \dot{I}_1 + \dot{I}_2 \tag{6-56}$$

로 되어야 한다. 그런데, 그림 (c)에서는, $\dot{Z}$에 $\dot{I}$가 흐르고 있을 때, $\Delta\dot{Z}$를 삽입하는 동시에 이 전압 강하와 같은 $\dot{V}_1 = \Delta\dot{Z}\dot{I}$의 기전력을 삽입하였기 때문에 $\Delta\dot{Z}$의 전압 강하와 $\dot{V}_1 = \Delta\dot{Z}\dot{I}$의 기전력은 상쇄되어 0으로 된다. 따라서 ab간에 $\dot{Z}$만이 있는 그림 6-24의 회로와 같게 되어 $\dot{I}_1 = \dot{I}$의 전류가 흐른다. 이러한 관계에서 식 (6-56)은

$$\dot{I}+\Delta\dot{I} = \dot{I} = \dot{I}_2 \qquad \therefore\ \Delta\dot{I} = \dot{I}_2$$

로 된다. 결국, $\Delta\dot{Z}$를 $\dot{Z}$에 직렬로 삽입했을 때의 전류 변화 $\Delta\dot{I}$는, 그림 (d)에 의해서 알 수 있다. 이것을 일반적으로 말하면 기전력을 포함하는 선형회로의 한개 지로의 임피던스 $\dot{Z}$에 전류 $\dot{I}$가 흐르고 있을 때, $\dot{Z}$가 $\Delta\dot{Z}$만큼 증가했을 때 생기는 각 지로의 전류 변화량은 회로망 내의 모든 기전력을 제거(전압원을 단락한다)하여, $\dot{Z}+\Delta\dot{Z}$와 직렬로 $\dot{V}_2 = \Delta\dot{Z}\dot{I}$의 기전력을 전류와 반대 방향으로 가했을 때의 전류와 같다고 할 수 있다. 이것을 **보상정리**(compensation theorem)라 하고, $\Delta\dot{Z}\dot{I}$의 기전력을 **보상기전력**이라 한다.

例題 **23**. 그림 6-26과 같은 교류 브리지가 평행 상태 ($\dot{Z}_1\dot{Z}_4 = \dot{Z}_2\dot{Z}_3$)에 있을 때, $\dot{Z}_1$을 z만큼 감소시켜 $\dot{Z}_1 - z$로 했을 때에 검출기 D에 흐르는 전류를 구하여라. 여기서, 검출기의 임피던스는 $\dot{Z}_g$로 하고, 전원의 임피던스는 무시한다.

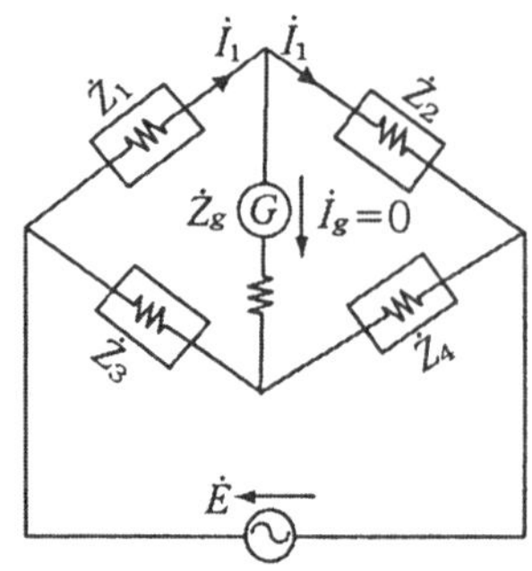

그림 6-26

解答 평행상태에서 검출기 D에 흐르는 전류는 0이다. 또 z의 임피던스가 감소하였으므로, $\Delta z=-z$의 임피던스 변화로 생각하여 보상 정리를 생각하면 된다. 그림 6-27(a)와 같이, $\dot{Z}_1$에 최초 $\dot{I}_1$이 흐르고 있었다고 하면, 전원의 기전력 $\dot{E}$를 0으로 하고 그림 6-27(a)와 같이, $\dot{I}_1$과 반대 방향으로 $\Delta\dot{Z}\dot{I}_1=-z\dot{I}_1$의 기전력을 인가했을 때의 $\dot{I}_g$를 구하면 된다.

먼저, 그림 6-26의 브리지가 평형되어 있을 때 $\dot{Z}_1$에 흐르는 전류 $\dot{I}_1$은

$$\dot{I}_1=\frac{\dot{E}}{\dot{Z}_1+\dot{Z}_2}$$

$$\therefore\ -z\dot{I}_1=-\frac{z\dot{E}}{\dot{Z}_1+\dot{Z}_2} \tag{6-57}$$

이다.

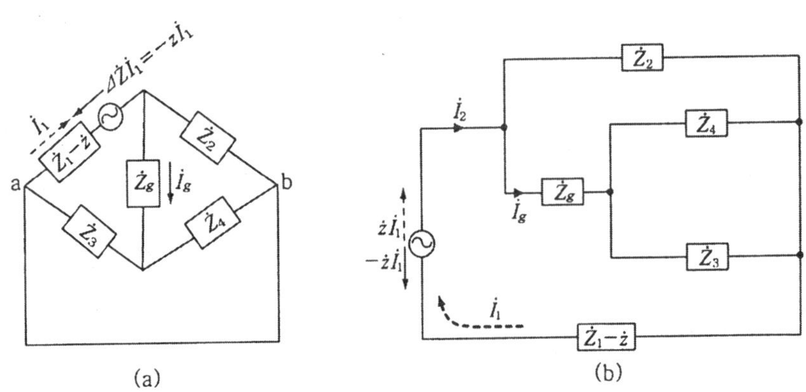

그림 6-27

그림 6-27(a)를 다시 그리면 그림 6-27(b)와 같은 회로로 되어, $\dot{I}_1$과 같은 방향으로 $z\dot{I}_1$의 기전력을 인가한 것과 같이 된다. 따라서, 지금 z의 감소에 의하여 $\dot{Z}_1$에 흐르는 전류를 $\dot{I}_z$라 하고, $\dot{Z}_0 = \dot{Z}_g + \dfrac{\dot{Z}_3\dot{Z}_4}{\dot{Z}_3 + \dot{Z}_4}$ 라고 하면 그림에서

$$\dot{I}_d = \dot{I}_z \times \frac{\dot{Z}_2}{\dot{Z}_2 + \dot{Z}_0} = \frac{z\dot{I}}{\dot{Z}_1 - z + \dfrac{\dot{Z}_2\dot{Z}_0}{\dot{Z}_2 + \dot{Z}_0}} \times \frac{\dot{Z}_2}{\dot{Z}_2 + \dot{Z}_0}$$
$$= \frac{z\dot{Z}_2\dot{E}}{\{(\dot{Z}_1 - z)(\dot{Z}_2 + \dot{Z}_0) + \dot{Z}_2\dot{Z}_0\}(\dot{Z}_1 + \dot{Z}_2)}$$

로 됨을 알 수 있다.

제11절 상반정리

회로망 내의 2개 조의 지로의 전압과 전류의 상반성을 나타내는 상반의 정리를 알아보기로 하자.

전원을 포함하지 않는 임의의 회로망의 지로 1, 2…… k…… n중에서 1과 k의 지로를 끌어 내어, 1의 지로에 직렬로 $\dot{E}_1$의 기전력을 가했을 때, 각 지로에 $\dot{I}_1$, $\dot{I}_2$……$\dot{I}_k$, ……$\dot{I}_n$의 전류가 흐른다고 하면, 6-6 (2)에서 배운 임피던스 행렬을 사용하여 나타내면 다음의 관계가 있다.

$$\begin{bmatrix} \dot{Z}_{11} & \dot{Z}_{12}\cdots\cdots\dot{Z}_{1k}\cdots\cdots\dot{Z}_{1n} \\ \dot{Z}_{21} & \dot{Z}_{22}\cdots\cdots\dot{Z}_{2k}\cdots\cdots\dot{Z}_{2n} \\ \vdots & \vdots \\ \dot{Z}_{k1} & \dot{Z}_{k2}\cdots\cdots\dot{Z}_{kk}\cdots\cdots\dot{Z}_{kn} \\ \vdots & \vdots \\ \dot{Z}_{n1} & \dot{Z}_{n2}\cdots\cdots\dot{Z}_{nk}\cdots\cdots\dot{Z}_{nn} \end{bmatrix} \begin{bmatrix} \dot{I}_1 \\ \dot{I}_2 \\ \vdots \\ \dot{I}_k \\ \vdots \\ \dot{I}_n \end{bmatrix} = \begin{bmatrix} \dot{E}_1 \\ 0 \\ \vdots \\ 0 \\ \vdots \\ 0 \end{bmatrix} \qquad (6\text{-}58)$$

식(6-58)에서 k의 지로에 흐르는 전류 $\dot{I}_k$를 구하면, 크래머의 법칙에 의하여

$$\dot{I}_k = \frac{\begin{vmatrix} \dot{Z}_{11} & \dot{Z}_{12} \cdots\cdots & \dot{Z}_{1k} \cdots\cdots & \dot{Z}_{1n} \\ \dot{Z}_{21} & \dot{Z}_{22} \cdots\cdots & \dot{Z}_{2k} \cdots\cdots & \dot{Z}_{2n} \\ \vdots & \vdots & \vdots & \vdots \\ \dot{Z}_{k1} & \dot{Z}_{k2} \cdots\cdots & \dot{Z}_{kk} \cdots\cdots & \dot{Z}_{kn} \\ \vdots & \vdots & \vdots & \vdots \\ \dot{Z}_{n1} & \dot{Z}_{n2} \cdots\cdots & \dot{Z}_{nk} \cdots\cdots & \dot{Z}_{nn} \end{vmatrix}}{\Delta} = \frac{\Delta_{1k}\dot{E}_1}{\Delta} \tag{6-59}$$

로 된다.

여기서, Δ는 식(6-58)의 좌변의 임피던스 행렬의 행렬식, Δ_{1k}는 임피던스 행렬의 1행과 k열을 제외한 여인수이다.

다음에는, 회로망의 k번째 지로에 직렬로 $\dot{E}_k'$의 기전력을 직렬로 가했을 때, 각 지로에 $\dot{I}_1'$, $\dot{I}_2'$……$\dot{I}_k'$, ……$\dot{I}_n'$의 전류가 흐른다고 하면, 식(6-58)과 마찬가지로 다음의 식이 성립한다.

$$\begin{bmatrix} \dot{Z}_{11} & \dot{Z}_{12} \cdots\cdots & \dot{Z}_{1k} \cdots\cdots & \dot{Z}_{1n} \\ \dot{Z}_{21} & \dot{Z}_{22} \cdots\cdots & \dot{Z}_{2k} \cdots\cdots & \dot{Z}_{2n} \\ \vdots & \vdots & \vdots & \vdots \\ \dot{Z}_{k1} & \dot{Z}_{k2} \cdots\cdots & \dot{Z}_{kk} \cdots\cdots & \dot{Z}_{kn} \\ \vdots & \vdots & \vdots & \vdots \\ \dot{Z}_{n1} & \dot{Z}_{n2} \cdots\cdots & \dot{Z}_{nk} \cdots\cdots & \dot{Z}_{nn} \end{bmatrix} \begin{bmatrix} \dot{I}_1' \\ \dot{I}_2' \\ \vdots \\ \dot{I}_k' \\ \vdots \\ \dot{I}_n' \end{bmatrix} = \begin{bmatrix} 0 \\ 0 \\ \vdots \\ \dot{E}_k' \\ \vdots \\ 0 \end{bmatrix} \tag{6-60}$$

따라서, 이때 제1지로에 흐르는 전류 $\dot{I}_1'$는 다음과 같이 된다.

$$\dot{I}_1' = \frac{\begin{vmatrix} \dot{Z}_{11} & \dot{Z}_{12} \cdots\cdots & \dot{Z}_{1k} \cdots\cdots & \dot{Z}_{1n} \\ \dot{Z}_{21} & \dot{Z}_{22} \cdots\cdots & \dot{Z}_{2k} \cdots\cdots & \dot{Z}_{2n} \\ \vdots & \vdots & \vdots & \vdots \\ \dot{Z}_{k1} & \dot{Z}_{k2} \cdots\cdots & \dot{Z}_{kk} \cdots\cdots & \dot{Z}_{kn} \\ \vdots & \vdots & \vdots & \vdots \\ \dot{Z}_{n1} & \dot{Z}_{n2} \cdots\cdots & \dot{Z}_{nk} \cdots\cdots & \dot{Z}_{nn} \end{vmatrix}}{\Delta} = \frac{\Delta_{k1}\dot{E}_k'}{\Delta} \tag{6-61}$$

여기서, Δ_{k1}은 임피던스 행렬의 k행과 1렬을 제외한 여인수이다.

식(6-59)와 식(6-61)에서 다음 식이 성립한다.

$$\frac{\Delta_{1k}\dot{E}_1'}{\dot{I}_k} = \frac{\Delta_{k1}\dot{E}_k'}{\dot{I}_1'} \tag{6-62}$$

윗 식에 있어서, 선형회로망에서는 이미 배운 바와 같이 임피던스 행렬은 대칭 행렬로 되고, 상호 임피던스는 $\dot{Z}_{1k} = \dot{Z}_{k1}$의 관계가 있으므로, Δ_{1k}와 Δ_{k1}의 소행렬식의 값은 항상 같게 되어,

$$\left.\begin{aligned} &\frac{\dot{E}_1'}{\dot{I}_k} = \frac{\dot{E}_k'}{\dot{I}_1'} \\ \text{또는 } &\dot{E}_1\dot{I}_1' = \dot{E}_k'\dot{I}_k \end{aligned}\right\} \tag{6-63}$$

의 관계가 있다. 따라서, "선형회로망의 제1지로에 기전력을 가했을 때 제 k지로에 흐르는 전류와 기전력의 비는, 제 k지로에 기전력을 가했을 때 제1지로에 흐르는 전류와 기전력의 비는 같다"라고 할 수 있을 때 것을 보통 **상반정리**(reciprocity theorem)라고 한다. 또한 식(6-63)에 있어서, $\dot{E}_1 = \dot{E}_k'$라고 하면 $\dot{I}_k = \dot{I}_1'$로 되기 때문에 이러한 경우에는 선형회로망의 제1지로에 기전력 $\dot{E}$를 가했을 때 제 k지로에 흐르는 전류와 항상 제 k지로에 기전력 $\dot{E}$를 가했을 때 제1지로에 흐르는 전류와 같다고 할 수 있다. 이것은 상반 정리의 특별한 경우이지만, 일반적으로 이것을 상반정리라고 하는 경우가 많다.

6 연/습/문/제 Exercise

01 다음 행렬을 계산하여라.

(a) $\begin{bmatrix} 3 & 5 & 2 \\ -1 & 6 & 7 \\ 9 & 4 & -8 \end{bmatrix} + \begin{bmatrix} 8 & 5 & -6 \\ 2 & 2 & 6 \\ 4 & 3 & -7 \end{bmatrix}$

(b) $\begin{bmatrix} 3 & 7 & 4 \\ 5 & -3 & 8 \\ 6 & 2 & 1 \end{bmatrix} \begin{bmatrix} 3 \\ 5 \\ 7 \end{bmatrix}$

02 다음의 행렬식을 계산하여라.

(a) $\begin{vmatrix} 2 & 8 \\ 6 & -3 \end{vmatrix}$, (b) $\begin{vmatrix} 6 & 5 & 5 \\ 4 & 2 & 7 \\ 10 & 3 & -8 \end{vmatrix}$

03 기전력 20[V], 내부 임피던스 $\dot{Z}=0.3+j0.4[\Omega]$의 전압원을 전류원으로 치환하고 이것을 도시하여라.

04 그림 6-28의 회로에 흐르는 전류를 지로전류법과 망로전류법에 의하여 계산하여라.

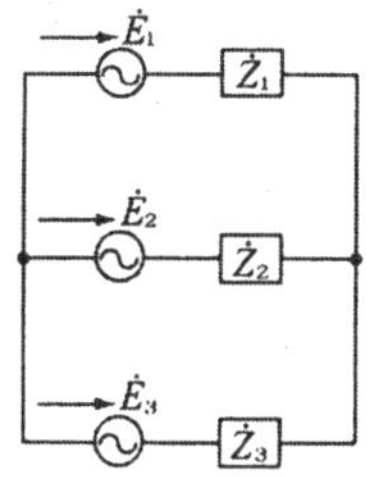

그림 6-28

05 그림 6-29와 같은 회로의 단자 ab에서 본 임피던스를 키르히호프의 법칙을 사용하여 구하여라. 여기서 각주파수는 ω로 한다.

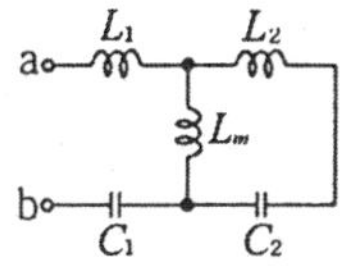

그림 6-29

06 그림 6-30과 같이, 전압원 $\dot{E}$와 전류원 $\dot{I}_s$에 임피던스 $\dot{Z}_a$, 어드미턴스 $\dot{Y}_1$, $\dot{Y}_2$, $\dot{Y}_3$가 접속되어 있을 때, $\dot{Y}_1$, $\dot{Y}_2$의 양단의 전압을 구하여라.

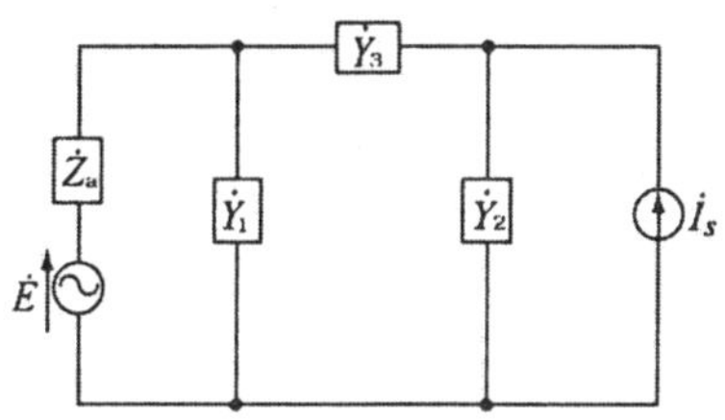

그림 6-30

07 그림 6-28의 회로에 흐르는 전류를 중첩의 정리를 이용하여 구하여라.

08 그림 6-31의 교류 브리지 회로에서, S를 열었을 때, S의 양단의 전압이 $\dot{V}$라고 한다. 지금 스위치를 닫으면, $\dot{Z}_d$에 흐르는 전류는 얼마인가?

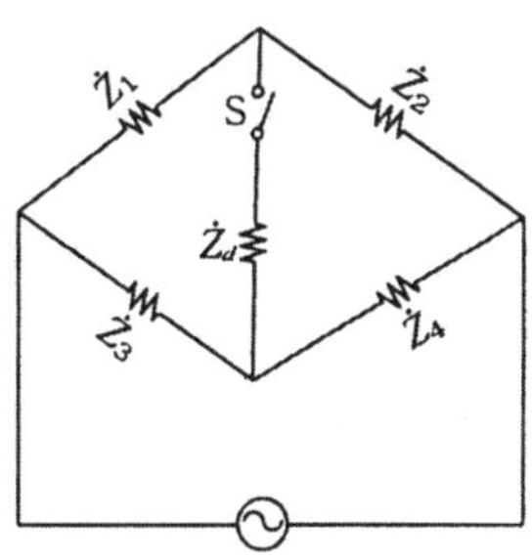

그림 6-31

09 그림 6-32와 같이, N_1, N_2의 회로망 2개가 있다. a_1b_1 및 a_2b_2의 단자 전압이 $\dot{V}_1$ 및 $\dot{V}_2$일 때, 점선과 같이 a_1과 a_2, b_1과 b_2를 접속하면 접속선에 흐르는 전류는 얼마인가? 여기서, a_1, b_1에서 N_1을 본 임피던스 $\dot{Z}_1$, a_2, b_2에서 N_2를 본 임피던스는 $\dot{Z}_2$이다.

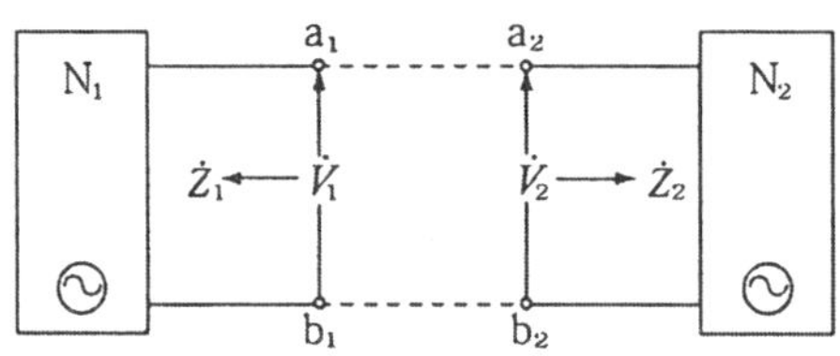

그림 6-32

10 그림 6-33에서 회로의 출력 전류 $\dot{I}$를 구하여라. 단, a, b를 개방했을 때의 단자 전압은 $\dot{V}_{ab}=115\angle 0°$이다.

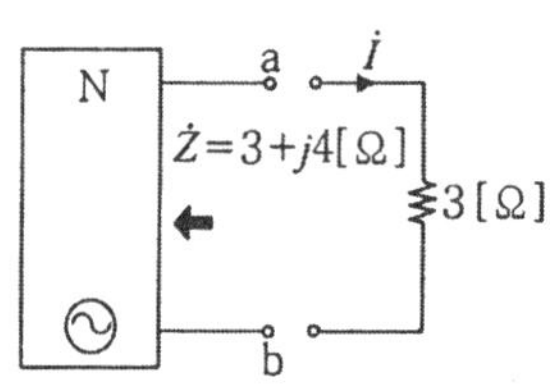

그림 6-33

CHAPTER 7

다상 교류

제 1 절 다상 교류

주파수가 같고 위상이 다른 두 개 이상의 교류기전력을 1조로 하여 사용하는 방식을 **다상방식**(polyphase system)이라 하고, 이 때의 기전력을 **다상기전력**(polyphase e.m.f)이라 한다. 이 다상 방식과는 달리, 지금까지 배운 기전력은 각각 단독으로 취급하는 방식을 **단상방식**(single phase system)이라 한다.

다상 방식 중에 n개의 기전력이 같고, 인접하고 있는 각 상의 기전력의 위상이 서로 $2\pi/n$씩 다를 때, 이것을 **대칭 n상식**(symmetric n phase system)이라 하고, 그렇지 않은 경우를 **비대칭 n상식**(asymmetric n phase system)이라 한다.

대칭 n상 기전력을 발생하고, 각 상의 임피던스가 같은 전원을 **대칭 n상전원**(symmetric n phase source) 또는 간단히 **대칭 전원**이라 하고, 그렇지 않은 전원을 **비대칭 전원**(asymmetrical source)이라 한다.

또한, 부하의 경우에는 각 상의 임피던스가 같은 부하를 **평형부하**(balanced load)라 하고, 그렇지 않은 부하를 **불평형부하**(unbalanced load)라 한다.

대칭 n상 전원에 평형 n상 부하를 접속하면, 전류는 각 상 모두가 같고, 상차도 서로 $2\pi/n$[rad]로 된다. 이와 같은 회로를 **평형 n상회로**(balanced n phase circuit)라 하고, 그렇지 않은 회로를 **불평형 n상회로**(unbalanced n phase circuit)라 한다.

제 2 절 다상방식의 결선

다상방식에는, 각 상이 각각 독립되어 있는 **독립 다상방식**과 각 상이 결합되어 있는 **결합 다상방식**이 있으나, 일반적으로 거의 모두 결합 다상방식이 쓰이고 있으므로, 여기서는 결합 다상방식의 결선에 관해서 알아 보기로 하자.

2-1 성형결선과 환상결선

다상방식에서 가장 많이 쓰이고 있는 결선방식에는 성형결선과 환상결선이 있다.

(1) 성형결선

그림 7-1(a)와 같은 n상 기전력을 발생하는 그림 (b)와 같은 코일이 있다. 이것을 그림 7-2(a)와 같이 동일 극성의 단자를 0점에서 함께 묶어서 결선하는 방식을 **성형결선**(star connection)이라 하고 0점을 **중성점**(neutral point)이라 한다.

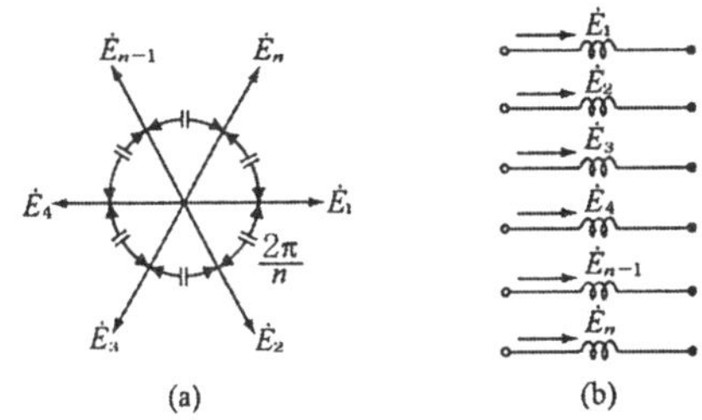

그림 7-1 n상 기전력

(2) 환상결선

그림 7-2(b)와 같이 각 상의 권선의 한 단자를 다음 상의 극성이 다른 단자에 직렬로 접속하여 환상으로 접속하는 방식을 **환상결선**(ring connection)이라 한다.

다음에는 성형 결선과 환상 결선을 3상에 대하여 그리면 그림 7-3과 같이 된다.

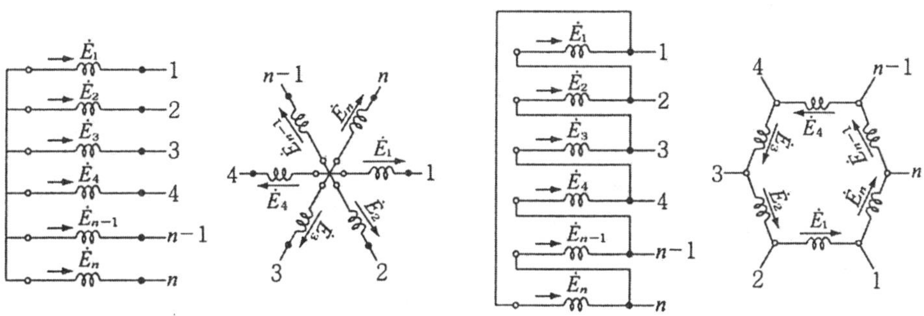

(a) 성형 결선 (b) 환상 결선

그림 7-2 다상 결선

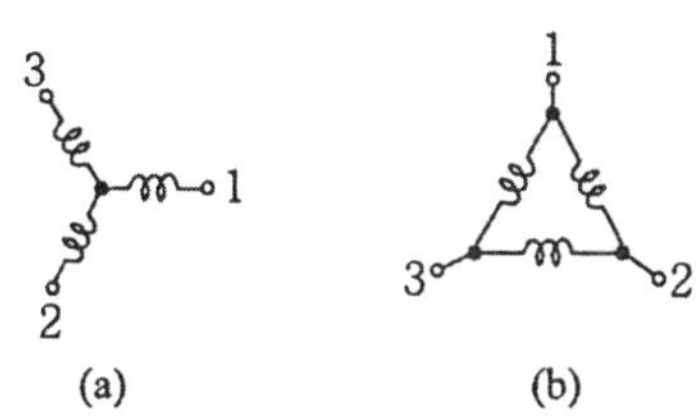

(a) (b)

그림 7-3 3상 결선

그림에서 알 수 있는 바와 같이 3상 결선에서는 성형 결선을 Y형, 환상 결선은 △형으로 되기 때문에 성형 결선을 **Y결선**(Y connection)이라 하고, 환상 결선을 **△결선**(delta connection)이라 한다.

이상은 기전력을 발생하는 권선의 각 상의 결선에 관해서 생각하였으나, 이것은 단지 전원뿐만 아니라, 부하의 임피던스 접속에도 똑같은 결선 방식이 있다. 그림 7-4는 그 예를 나타낸 것이다.

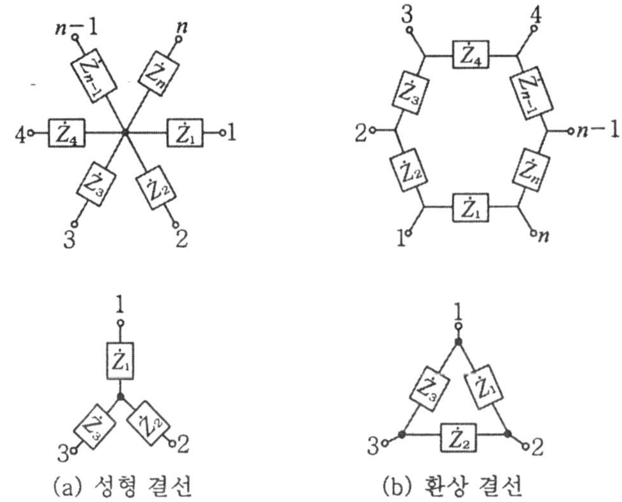

그림 7-4 부하의 임피던스 결선

제 3 절 대칭 n상식기전력의 표시법

n상식 기전력의 제1상, 제2상, 제3상…제 n상의 기전력을 $\dot{E}_1$, $\dot{E}_2$, $\dot{E}_3\cdots\dot{E}_n$이라 하고 이것이 대칭기전력이라면, 이들 절대치는 $\dot{E}_1=\dot{E}_2=\dot{E}_3\cdots\cdots\dot{E}_n=E$로서 서로 같고, 서로 $2\pi/n$의 상차를 이루고 있으므로 이들의 순시치 e_1, e_2, $e_3\cdots\cdots e_n$을 나타내면 다음과 같다.

$$\left.\begin{aligned} e_1&=\sqrt{2}E\sin\omega t \\ e_2&=\sqrt{2}E\sin\left(\omega t-\frac{2\pi}{n}\right) \\ e_3&=\sqrt{2}E\sin\left(\omega t-\frac{2\pi}{n}\times 2\right) \\ &\cdots\cdots\cdots\cdots\cdots\cdots \\ e_n&=\sqrt{2}E\sin\left(\omega t-\frac{2\pi}{n}(n-1)\right) \end{aligned}\right\} \tag{7-1}$$

또 $\dot{E}_1$을 **기준 벡터**로 하여 실효치의 벡터로 나타내면

$$\left.\begin{aligned}
&\dot{E}_1 = E\\
&\dot{E}_2 = E\varepsilon^{-j\frac{2\pi}{n}} = E\left(\cos\frac{2\pi}{n} - j\sin\frac{2\pi}{n}\right)\\
&\dot{E}_3 = E\varepsilon^{-j\frac{2\pi}{n}\times 2} = E\left[\cos\left(\frac{2\pi}{n}\times 2\right) - j\sin\left(\frac{2\pi}{n}\times 2\right)\right]\\
&\cdots\cdots\cdots\cdots\cdots\cdots\cdots\cdots\cdots\cdots\cdots\cdots\\
&\dot{E}_n = E\varepsilon^{-j\frac{2\pi}{n}\times(n-1)} = E\left[\cos\left(\frac{2\pi}{n}\times(n-1)\right)\right] - j\sin\left(\frac{2\pi}{n}\times(n-1)\right)\Big]
\end{aligned}\right\} \quad (7\text{-}2)$$

로 나타낼 수 있다. 따라서

$$\dot{E}_1 + \dot{E}_2 + \dot{E}_3 + \cdots\cdots\cdots + \dot{E}_n = 0 \quad (7\text{-}3)$$

의 관계가 있다. 이것은 대칭기전력만으로 설명되었으나, 일반적으로 대칭 다상 교류에서는 각 상의 전압이나 전류의 총 합은 같은 의미로서 0이 된다. 이와 같은 관계로부터 대칭 다상식 교류에서는 각 기전력이 합하여 지도록 환상으로 접속해도 합성 기전력은 항상 0이 되므로, 환상 결선 내에서 순환전류는 흐르지 않는다. 이러한 이유로 환상 결선이 이용되고 있으나, 만일, 각 상의 기전력이 대칭이 아니거나, 극성을 잘못 판단하여 접속하면, 환상 회로 내의 합성 기전력은 0이 되지 않으므로 큰 순환 전류가 흐르고, 권선은 과전류로 인하여 때로는 소손될 우려가 있다. 그러므로 환상으로 결선할 때에는 이러한 점에 주의하지 않으면 안된다.

식(7-2)와 같은 다상 교류 기전력에서는 $\dot{E}_1 \to \dot{E}_2 \to \dot{E}_3 \to \cdots\cdots \dot{E}_n$의 순으로 $2\pi/n$[rad]씩 위상이 뒤지고 있다. 결국, 위상이 뒤지고 있는 순서는 제1상→제2상→제3상……제 n상의 순으로 된다. 이와 같은 상의 순서는 **상순**(phase sequence) 또는 **상회전**(phase rotation)이라 한다. 식(7-2)의 기전력의 상순은 제1상→제2상……제 n상이라고 하지만, 이것을 상순이 1→2→……→ n이라고 간단히 부르는 경우가 많다.

제 4 절 다상식회로의 전압, 전류, 전력

다상식 회로에서는 일반적으로 각 상의 기전력, 전압 및 전류를 각각 **상기전력**(phase e.m.f), **상전압**(phase voltage) 및 **상전류**(phase current)라 한다. 이것은 또 결선 방식에 의해서 성형 결선인 경우는 **성형기전력**(star e.m.f), **성형전압**(star voltage) 및 **성형전류**(star current)라 하고, 환상 결선인 경우는 **환상 기전력**(ring e.m.f), **환상전압**(ring voltage) 및 **환상전류**(ring current)라고 한다.

그리고, 전원 단자에 부하 단자로 연결되는 바깥 선의 전류를 **선전류**(line current)라 하고, 바깥 두 선사이의 전압을 **선간 전압**(line voltage)이라 한다.

다음에는 이들의 관계를 n상식으로 평형 부하인 경우에 관해서 알아보기로 하자.

4-1 성형결선의 전압과 전류

그림 7-5(a)는 대칭 n상 전원의 성형 결선이다. 그림에서

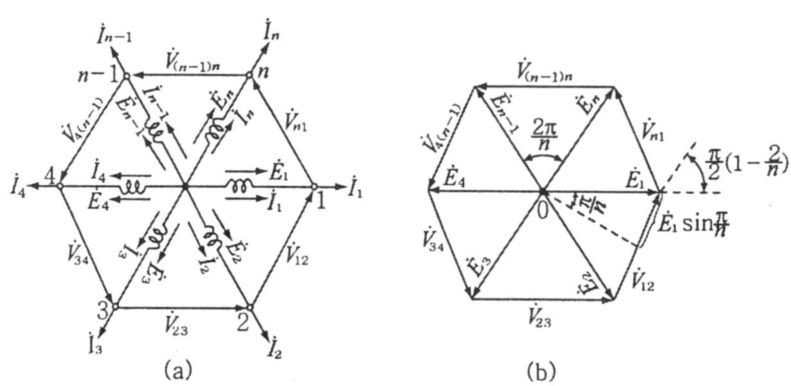

그림 7-5 성형 결선

성형 기전력(상기전력)= $\dot{E}_1,\ \dot{E}_2,\ \dot{E}_3 \cdots\cdots\ \dot{E}_n$

성형 전류(상전류)= $\dot{I}_1,\ \dot{I}_2,\ \dot{I}_3 \cdots\cdots\ \dot{I}_n$

이다. 그림 (a)에서 알 수 있는 바와 같이, 성형 전류는 곧 선전류 $\dot{I}_1$, $\dot{I}_2$, $\dot{I}_3$…… $\dot{I}_n$으로 되어 유출하므로 다음과 같다.

$$\textbf{성형전류} = \textbf{선전류} \tag{7-4}$$

그래서

$$\dot{I}_1+\dot{I}_2+\dot{I}_3+\cdots\cdots\cdots\cdots\cdots\cdots+\dot{I}_n=0 \tag{7-5}$$

의 관계가 있다.

또 권선의 내부 임피던스를 무시하였을 때, 또는 무부하시의 선간전압을 $\dot{V}_{12}$, $\dot{V}_{23}$, $\dot{V}_{34}$……, $\dot{V}_{n1}$이라 하면

$$\dot{V}_{12}=\dot{E}_1-\dot{E}_2,\ \ \dot{V}_{23}=\dot{E}_2-\dot{E}_3\cdots\cdots,\ \ \dot{V}_{n1}=\dot{E}_n-\dot{E}_1 \tag{7-6}$$

의 관계가 있으므로, 이것을 벡터 그림으로 구하면 그림 (b)과 같이 되고, 그림에서

$$\dot{V}_{12}=2E_1\sin\frac{\pi}{n} \tag{7-7}$$

로 된다. 또, $\dot{V}_{12}$는 $\dot{E}_1$**보다** $\frac{\pi}{2}-\frac{\pi}{n}=\frac{\pi}{2}\left(1-\frac{2}{n}\right)$**[rad] 위상이 앞서 있다.** 이 관계는 각 상에 있어서도 마찬가지이다. 선간 전압 및 성형 기전력(전압)의 절대치를 V_l 및 E_s라 하면, 일반적으로 다음의 관계가 있다.

$$\dot{V}_l=2E_s\sin\frac{\pi}{n} \tag{7-8}$$

이상의 관계는 전원에 관해서 생각하였으나, 부하에 있어서도 마찬가지이다.

4-2 환상 결선의 전압과 전류

그림 7-6(a)은 대칭 다상 전원의 환상 결선이다. 그림 7-6에서

환상 기전력(상기전력)= $\dot{E}_{12}$, $\dot{E}_{23}$, $\dot{E}_{34}$…… $\dot{E}_{n1}$

환상 전류(상전류)= $\dot{I}_{12}$, $\dot{I}_{23}$, $\dot{I}_{34}$…… $\dot{I}_{n1}$

이다. 이 때 권선의 내부 임피던스를 무시하면, 그림 (a)에서 알 수 있는 바와 같이 기전력은 그대로 선간 전압으로 된다.

$$\dot{E}_{12} = \dot{V}_{12},\ \ \dot{E}_{23} = \dot{V}_{23},\ \cdots\cdots\cdots\cdots,\ \ \dot{E}_{n1} = \dot{V}_{n1} \tag{7-9}$$

이 관계는 그림 (b)의 벡터도에서 나타내고 있다.

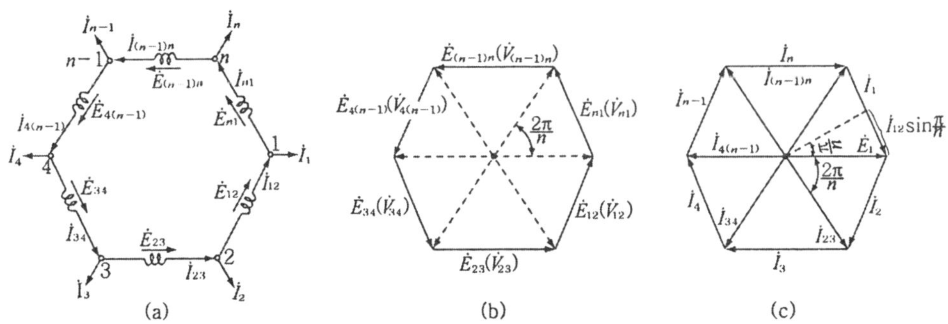

그림 7-6 환상 결선

따라서, 환상 결선에서는 다음의 관계가 있다.

환상 기전력 = 선간 전압 (7-10)

다음에 선전류를 $\dot{I}_1,\ \dot{I}_2,\ \dot{I}_3\cdots\cdots\ \dot{I}_n$이라 하면, 그림 (a)의 관계에서

$$\dot{I}_1 = \dot{I}_{12} - \dot{I}_{n1},\ \ \dot{I}_2 = \dot{I}_{23} - \dot{I}_{12}\ \cdots\cdots,\ \ \dot{I}_n = \dot{I}_{n1} - \dot{I}_{(n-1)n} \tag{7-11}$$

이 되므로, 벡터도는 그림 (c)와 같이 되고, 그림에서

$$I_1 = I_{12} \sin\frac{\pi}{n} \tag{7-12}$$

의 관계가 있다. 그래서 $\dot{I}_1$은 $\dot{I}_{12}$보다 $\frac{\pi}{2}\left(1-\frac{2}{n}\right)$[rad] 뒤지고, 크기와 위상의 관계는 각 상에 있어서 동일하다. 그러므로 환상 결선에서는 환상 전류(상전류)와 선전류의 절대치를 I_r, I_l이라 하면 다음과 같이 표시된다.

$$I_l = 2 I_r \sin \frac{\pi}{n} \tag{7-13}$$

의 관계가 있다.

그래서 각 상전류 및 선전류의 총합은 다음과 같이 0으로 된다.

$$\left.\begin{aligned} \dot{I}_{12} + \dot{I}_{23} + \dot{I}_{34} + \cdots\cdots + \dot{I}_{(n-1)n} = 0 \\ \dot{I}_1 + \dot{I}_2 + \dot{I}_3 + \cdots\cdots + \dot{I}_n = 0 \end{aligned}\right\} \tag{7-14}$$

이상의 관계는 대칭 다상식 전원에 관해서 생각하였으나, 평형 다상회로의 부하에 있어서도 동일한 관계가 있다.

다음에 n상식 평형회로에 있어서, 성형결선과 환상결선의 전압, 전류의 크기의 관계를 요약하면 표 7-1과 같다.

표 7-1 n상식 평형 회로의 전압과 전류의 크기

결선방식	성형 결선	환상 결선
전압	선간전압 = 상전압×$2\sin\frac{\pi}{n}$(성형 전압)	선간전압 = 상전압(환상 전압)
전류	선전류 = 상전류(성형 전류)	선전류 = 상전류×$2\sin\frac{\pi}{n}$(환상 전류)

4-3 다상 교류의 전력

다상 교류의 전력은 각 상의 전력을 단상의 경우와 같이 계산하여 그 총합을 구하면 된다. 즉, 성형결선과 환상결선의 구별 없이, k를 +의 실수(1, 2, 3, ……n)로 하여, 각 상의 기전력 혹은 전압을 V_k, 전류를 I_k라 하고, V_k와 I_k의 상차를 θ_k라 하면 n상의 전력 P는 일반적으로

$$\begin{aligned} P &= V_1 I_1 \cos\theta_1 + V_2 I_2 \cos\theta_2 + \cdots\cdots + V_n I_n \cos\theta_n \\ &= \sum_{k=1}^{n} V_k I_k \cos\theta_k \end{aligned} \tag{7-15}$$

로서 구할 수 있다.

또, n상 대칭기전력에 대하여 n상 평형부하가 연결된 n상 평형회로에서는

$$V_1 = V_2 = V_3 = \cdots\cdots\cdots\cdots = V_n = V_p$$

$$I_1 = I_2 = I_3 = \cdots\cdots\cdots\cdots = I_n = I_p$$

$$\theta_1 = \theta_2 = \theta_3 = \cdots\cdots\cdots\cdots = \theta_n = \theta_p$$

의 관계가 있으므로, 식(7-14)는

$$P = nV_P I_P \cos\theta_P$$

에서 구할 수 있다.

또, n상 평형회로의 선간전압을 V_l, 선전류를 I_l라 하면, 성형결선에서는 식(7-4)와 식(7-8)에서

$$V_l = 2V_P \sin\frac{\pi}{n}, \quad I_l = I_P \tag{7-16}$$

환상결선에서는 식(7-9)와 식(7-13)에서

$$V_l = V_P, \quad I_l = 2I_P \sin\frac{\pi}{n}$$

의 관계가 있으므로, 식(7-16)은 성형결선과 환상결선의 구별 없이

$$P = \frac{n}{2\sin\frac{\pi}{n}} \cdot V_l I_l \cos\theta_P \tag{7-17}$$

로서 구할 수 있다.

제 5 절 대칭 3상교류의 표시방법

앞 절까지에는 다상식 일반에 관해서 그 개요를 설명하였으나, 실제로 가장 많이 쓰이고 있는 것은 3상 교류이며, 3상 교류를 확실히 이해하면 일반적인 n상

교류의 경우에서도 이해될 수 있는 사항이 많다. 그래서 지금부터 3상 교류에 중점을 두고 상세히 알아보기로 하자.

5-1 대칭 3상 교류기전력

대칭 3상 기전력의 순시치를 e_a, e_b, e_c라 하고, 상순이 a, b, c라고 하면, a 상을 기준으로 하여 이들을 나타내면

$$\left.\begin{aligned} e_a &= \sqrt{2}\,E\sin\omega t \\ e_b &= \sqrt{2}\,E\sin\left(\omega t - \frac{2\pi}{3}\right) \\ e_c &= \sqrt{2}\,E\sin\left(\omega t - \frac{4\pi}{3}\right) \end{aligned}\right\} \tag{7-18}$$

로 되고, 이것을 그림으로 표시하면 그림 7-7과 같이 된다.

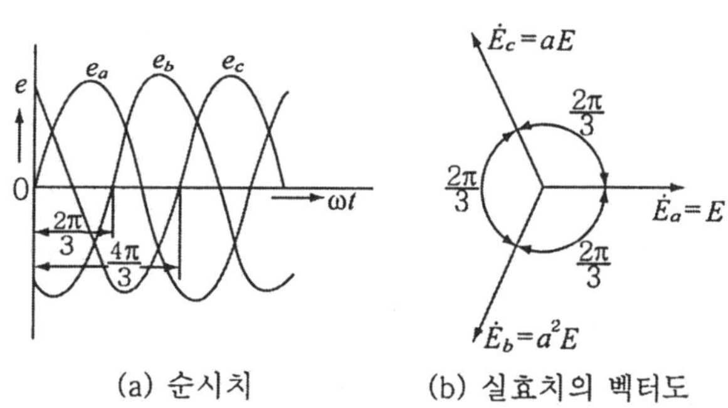

그림 7-7 3상 교류

이때 각 순시 기전력의 합을 구하면

$$e_a + e_b + e_c = \sqrt{2}\,E\sin\omega t + \sqrt{2}\,E\sin\left(\omega t - \frac{2\pi}{3}\right) + \sqrt{2}\,E\sin\left(\omega t - \frac{4\pi}{3}\right) = 0$$

로 된다.

따라서, 대칭 3상 기전력의 총합은 어느 순간에 있어서도 0으로 되며, 이것은 대칭 3상 전류에 있어서도 마찬가지로 성립된다.

그림 7-7(a)의 대칭 3상 기전력을 실효 벡터도로 표시하면 그림 (b)의 $\dot{E}_a$, $\dot{E}_b$, $\dot{E}_c$와 같이 된다.

지금 이들의 기전력의 절대치를 E로 하여 기호법으로 표시하면,

$$\left.\begin{aligned}\dot{E}_a &= E \\ \dot{E}_b &= E\varepsilon^{-j\frac{2\pi}{3}} = E\angle -\frac{2\pi}{3} = E\left(\cos\frac{2\pi}{3} - j\sin\frac{2\pi}{3}\right) \\ &= E\left(-\frac{1}{2} - j\frac{\sqrt{3}}{2}\right) \\ \dot{E}_c &= E\varepsilon^{-j\frac{4\pi}{3}} = E\angle -\frac{4\pi}{3} = E\left(\cos\frac{4\pi}{3} - j\sin\frac{4\pi}{3}\right) \\ &= E\left(-\frac{1}{2} + j\frac{\sqrt{3}}{2}\right)\end{aligned}\right\} \tag{7-19}$$

로 된다. 3상회로에서는 이것을 간단히 표시하기 위하여

$$\left.\begin{aligned}\cos\frac{2\pi}{3} + j\sin\frac{2\pi}{3} &= -\frac{1}{2} + j\frac{\sqrt{3}}{2} = a \\ \cos\frac{2\pi}{3} - j\sin\frac{2\pi}{3} &= -\frac{1}{2} - j\frac{\sqrt{3}}{2} = a^2\end{aligned}\right\} \tag{7-20}$$

으로 놓고

$$\left.\begin{aligned}\dot{E}_a &= E\angle 0 = E \\ \dot{E}_b &= E\angle -\frac{2\pi}{3} = a^2 E \\ \dot{E}_c &= E\angle \frac{2\pi}{3} = aE\end{aligned}\right\} \tag{7-21}$$

와 같이 나타낸다. 이 때 a는 **$\left(\cos\frac{2\pi}{3} + j\sin\frac{2\pi}{3}\right)$를 나타내기 때문에, a를 곱하면 벡터의 위상을 $\frac{2\pi}{3}$[rad]=120° 앞서게 할 수 있다.**

이 때문에 a는 **$\frac{2\pi}{3}$[rad]의 벡터 연산자(operator)라 한다.**

그런데, a^2은 a를 두 번 곱한 것이므로 $\frac{2\pi}{3}$×2[rad]만큼 위상을 앞서게(반

대로 말하면 $a^2=a^{-1}$로서 $\frac{2\pi}{3}$ 뒤지게)하고, a^3은 a를 세 번 곱한 것이므로 $\frac{2\pi}{3}\times 3=2\pi$[rad] 위상을 앞서게 하여, 원래의 위치로 되돌아 오는 것을 의미하고, $a^3=\cos\left(\frac{2\pi}{3}\times 3\right)+j\sin\left(\frac{2\pi}{3}\times 3\right)=1$ 이다.

따라서, a에 관해서는 다음과 같은 관계가 있다.

$$\left.\begin{aligned} &a^3=1,\ a^2=\frac{a^2}{1}=\frac{a^2}{a^3}=a^{-1} \\ &1+a+a^2=0 \end{aligned}\right\} \tag{7-22}$$

제 6 절 대칭 3상교류의 성형결선과 △결선의 비교

3상 회로에서는 상전압이나 상전류를 나타내는 데, 성형결선일 때는 성형전압(Y전압), 성형전류(Y전류)라 하고, △결선일 때는 △전압, △전류라고 하는 것이 설명하는데 편리하므로, 여기에서는 이것을 통일하여 설명하기로 한다.

6-1 Δ기전력(전압)과 성형 기전력(전압)과의 관계

그림 7-8과 같이 △와 Y결선에 있어서, a, b, c 단자의 선간 기전력 $\dot{E}_{ab}$, $\dot{E}_{bc}$, $\dot{E}_{ca}$가 같은 경우의 기전력(전압)과 전류의 관계를 알아 보기로 하자.

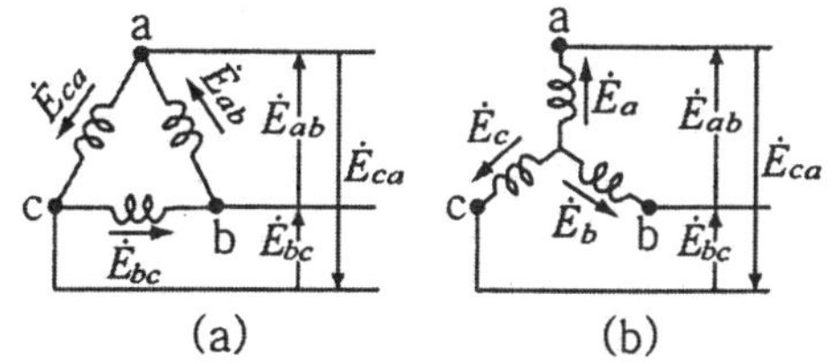

그림 7-8 선간 기전력(전압)이 같은 경우

그림 7-8에서 다음과 같은 관계가 있다.

$$\left.\begin{aligned}\dot{E}_{ab}&=\dot{E}_a-\dot{E}_b=\dot{E}_a-a^2\dot{E}_a=(1-a^2)\dot{E}_a\\ \dot{E}_{bc}&=\dot{E}_b-\dot{E}_c=\dot{E}_b-a^2\dot{E}_b=(1-a^2)\dot{E}_b\\ \dot{E}_{ca}&=\dot{E}_c-\dot{E}_a=\dot{E}_c-a^2\dot{E}_c=(1-a^2)\dot{E}_c\end{aligned}\right\} \tag{7-23}$$

그런데

$$1-a^2=\sqrt{3}\left(\frac{\sqrt{3}}{2}+j\frac{1}{2}\right)=\sqrt{3}\left(\cos\frac{\pi}{6}+j\sin\frac{\pi}{6}\right)=\sqrt{3}\,\angle\frac{\pi}{6} \tag{7-24}$$

의 관계가 있으므로, 식(7-23)은 다음과 같이 표시할 수 있다.

$$\left.\begin{aligned}\dot{E}_{ab}&=\sqrt{3}E_a\,\angle\frac{\pi}{6}\\ \dot{E}_{bc}&=\sqrt{3}E_b\,\angle\frac{\pi}{6}=\sqrt{3}E_a\,\angle-\frac{2\pi}{3}+\frac{\pi}{6}\\ \dot{E}_{ca}&=\sqrt{3}E_c\,\angle\frac{\pi}{6}=\sqrt{3}E_a\,\angle-\frac{4\pi}{3}+\frac{\pi}{6}\end{aligned}\right\} \tag{7-25}$$

따라서, 대칭 3상 교류의 선간 기전력(전압)이 같은 경우에, **Δ기전력(전압)은 각상마다 Y기전력(전압)의 $\sqrt{3}$ 배이고, $\pi/6$ [rad] (30°) 위상이 앞서 있다고 할 수 있다.**

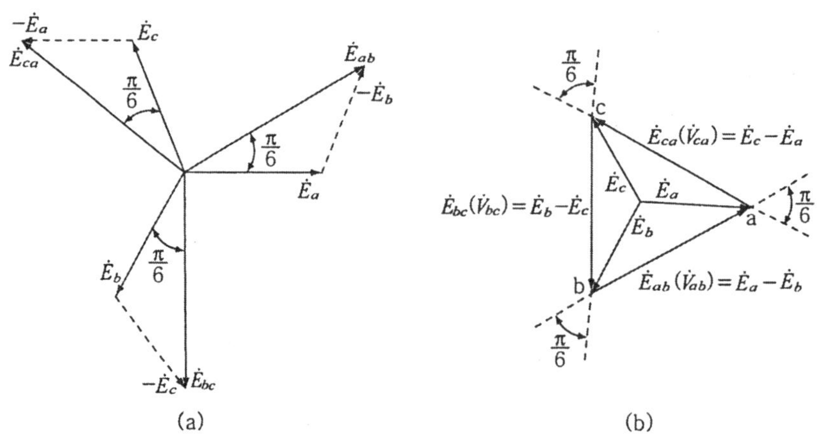

그림 7-9 Δ와 Y기전력(전압)의 벡터도

식(7-22)의 관계를 벡터도로 나타내면 그림 7-9(a) 또는 (b)와 같게 된다. 이 관계는 그림 7-8(b)의 Y결선의 Y기전력을 등가인 그림 (a)의 △결선의 △기전력으로 환산하거나 또는 이와 반대의 경우로 환산하는 방법을 나타내고 있다.

이상의 관계는 전원의 기전력(전압)에 대해서 설명하였으나, 부하의 △전압과 Y전압에 있어서도 동일한 관계를 갖는다.

6-2 △전류와 Y전류와의 관계

그림 7-10과 같이 △와 Y결선에 있어서, 선전류 $\dot{I}_a$, $\dot{I}_b$, $\dot{I}_c$를 각각 같게 하는 경우의 △(삼각)전류 $\dot{I}_{ab}$, $\dot{I}_{bc}$, $\dot{I}_{ca}$와 Y(성형)전류 $\dot{I}_a$, $\dot{I}_b$, $\dot{I}_c$의 관계를 알아보기로 하자.

이 경우, 그림 7-10(b)에서 알 수 있는 바와 같이 Y전류와 선전류는 같다. 그래서 Y전류와 △전류의 관계는 그림 (a)에서 다음의 관계가 있다.

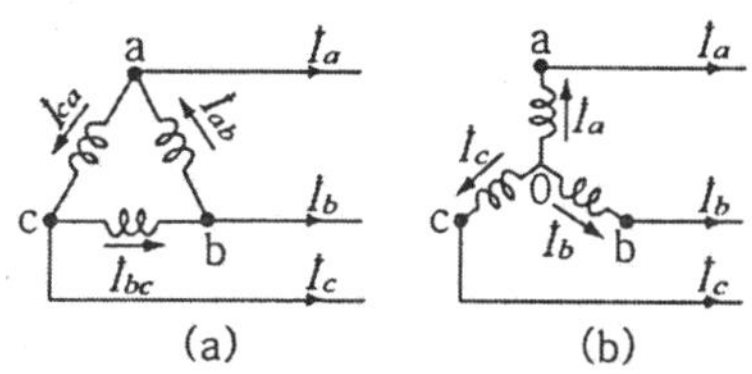

그림 7-10 선전류가 같은 경우

$$\left.\begin{aligned}
\dot{I}_a &= \dot{I}_{ab} - \dot{I}_{ca} = \dot{I}_{ab} - a\dot{I}_{ab} = (1-a)\dot{I}_{ab} = \sqrt{3}\,\dot{I}_{ab}\angle -\frac{\pi}{6} \\
\dot{I}_b &= \dot{I}_{bc} - \dot{I}_{ab} = \dot{I}_{bc} - a\dot{I}_{bc} = (1-a)\dot{I}_{bc} \\
&= \sqrt{3}\,\dot{I}_{bc}\angle -\frac{\pi}{6} = \sqrt{3}\,\dot{I}_{ab}\angle -\frac{2\pi}{3} - \frac{\pi}{6} \\
\dot{I}_c &= \dot{I}_{ca} - \dot{I}_{bc} = \dot{I}_{ca} - a\dot{I}_{ca} = (1-a)\dot{I}_{ca} \\
&= \sqrt{3}\,\dot{I}_{ca}\angle -\frac{\pi}{6} = \sqrt{3}\,\dot{I}_{ab}\angle -\frac{4\pi}{3} - \frac{\pi}{6}
\end{aligned}\right\} \tag{7-26}$$

따라서, 대칭 3상교류에 있어서, **Y전류는 각상마다 Δ전류의 $\sqrt{3}$ 배이고, 위상이 $\frac{\pi}{6}$ [rad] (30°) 뒤지고 있다.**

이것을 벡터도로 나타내면 그림 7-11(a) 또는 (b)와 같이 된다.

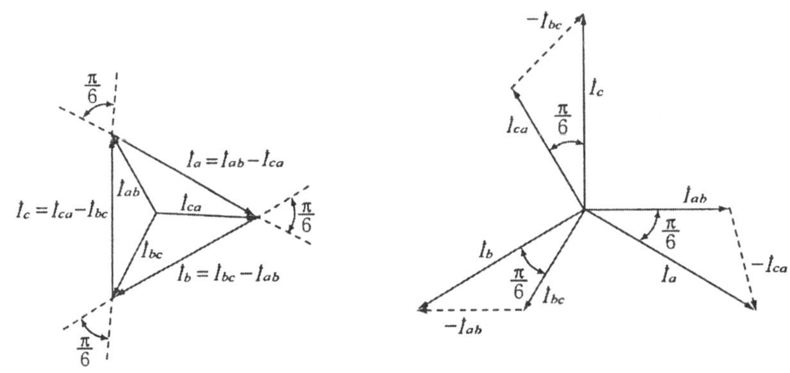

(a) (b)

그림 7-11

제 7 절 3상 회로방식

지금까지 대칭 3상 전원을 중심으로 배웠으나, 3상 전원에 3상 부하를 접속하면 3상 회로가 완성된다.

3상 회로의 예를 들면 그림 7-12와 7-13이 있다. 이 중에서 각 그림의 (a)는 독립 3상식으로, 각 상은 각각 독립된 회로를 이루고 있어, 6개의 선로로서 전원과 부하가 접속되어 있다. 그러나 이러한 독립방식은 실제로 쓰이고 있지 않다.

그림 7-12(a)의 $\dot{I}_a$, $\dot{I}_b$, $\dot{I}_c$의 귀로인 3선을 한 개로 묶어서 한 선으로 하면, 그림(b)와 같이 된다. 이때 전원과 부하의 중성점 O, O′를 연결한 선을 **중성선**(neutral line)이라 하고, 이와 같이 4선을 사용한 회로방식을 **3상 4선식**이라 한다. 이러한 방식은 고압 배전선에서 일부 응용되고 있다. 또한, 이러한 3상평형 회로

에서는, 중성선에 흐르는 전류 $\dot{I}_0 = \dot{I}_a + \dot{I}_b + \dot{I}_c = 0$으로 되기 때문에, 중성선을 제거해도 관계가 없다. 이와 같이 중성선을 제거하면, 그림 7-12(c)와 같이 3선의 Y-Y회로로 되는데, 이것을 **3상 3선식**이라 한다.

이 방식은 우리나라 송·배전선로에서 가장 많이 쓰이고 있는 3상 회로 방식이다. 또, 그림 7-13(a)의 독립 3상식에 있어서, 서로 인접하는 두 선을 한 개로 묶으면 그림 (b)와 같은 Δ-Δ 3상 3선식 회로로 된다. 이 때의 선 전류 $\dot{I}_a$, $\dot{I}_b$, $\dot{I}_c$의 전류 관계는 식(7-27)에 요약하여 나타내고 있다.

이상과 같은 3상 회로 방식 중에서, 현재 널리 쓰이고 있는 방식은 3상 3선식과 3상 4선식이다.

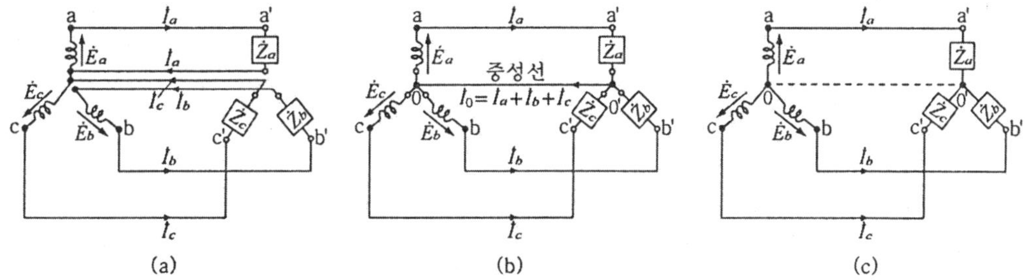

그림 7-12 3상 회로방식

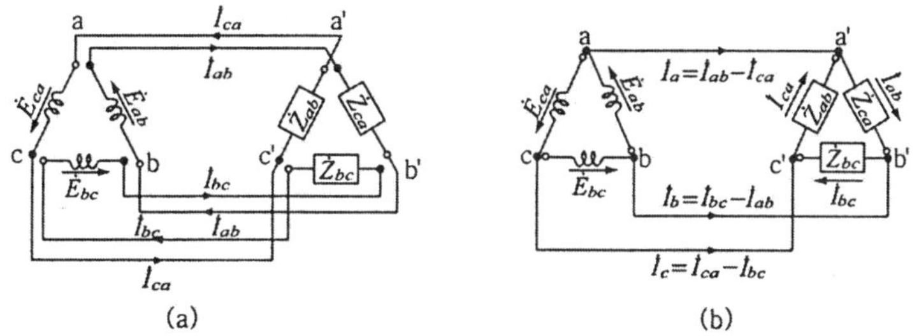

그림 7-13 3상 회로방식

제 8 절 3상 평형회로

3상 교류회로의 기초를 배웠으므로, 여기서는 대칭 3상 기전력을 발생하는 전원에 3상 평형부하를 접속한 3상 평형회로의 취급방법에 대해서 알아보기로 한다.

8-1 전원과 부하가 모두 Y결선인 경우(Y-Y 회로)

그림 7-14와 같이 $\dot{E}_a$, $\dot{E}_b$, $\dot{E}_c$의 대칭 3상 기전력을 Y로 접속한 전원에 임피던스 $\dot{Z}=Z\angle\theta$로 서로 같은 3개의 부하를 Y로 접속한 Y-Y 회로에 관해서 알아보기로 하자.

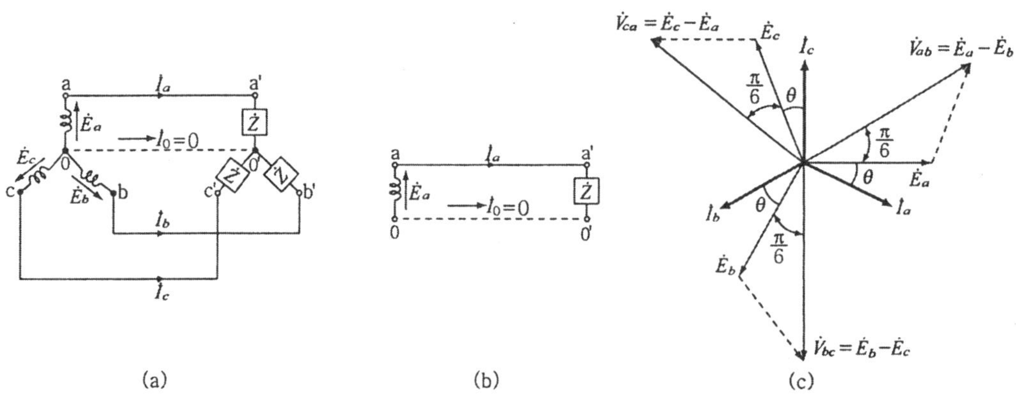

그림 7-14 Y-Y 회로

3상 평형회로이므로, 중성점 OO′는 전기적으로는 대칭으로 전위는 같다. 따라서 OO′를 점선과 같이 임피던스 0인 중성선으로 연결되어 있다고 생각해도 전류에는 변화가 없다. 이와 같이 생각하면, a상만으로 그림 (b)와 같은 등가 단상회로가 된다. 물론 b, c상에 대해서도 똑같은 방법으로 생각할 수 있다. 그러므로 $\dot{E}_a$를 기준 벡터 E로 하면, 다음과 같다.

$$\left.\begin{aligned}\dot{I}_a&=\frac{\dot{E}_a}{Z}=\frac{\dot{E}_a}{Z\angle\theta}=\frac{E}{Z}\angle-\theta\\ \dot{I}_b&=\frac{\dot{E}_b}{Z}=\frac{\dot{E}_a\angle-\frac{2\pi}{3}}{Z\angle\theta}=\frac{E}{Z}\angle-\frac{2\pi}{3}-\theta\\ \dot{I}_c&=\frac{\dot{E}_c}{Z}=\frac{\dot{E}_a\angle-\frac{4\pi}{3}}{Z\angle\theta}=\frac{E}{Z}\angle-\frac{4\pi}{3}-\theta\end{aligned}\right\}\tag{7-27}$$

여기서, $\dot{Z}=R+jX$, $\theta=\tan^{-1}\frac{X}{R}$로 됨을 알 수 있다. 이 관계를 그리면 그림 7-14(c)와 같은 벡터도가 된다. 즉, 그림의 $\dot{V}_{ab}$, $\dot{V}_{bc}$, $\dot{V}_{ca}$는 식(7-22)의 관계를 나타내고 있다.

이상의 관계는 전원과 부하 사이를 임피던스 0인 도체로 접속된 경우이지만, 그림 7-15(a)와 같이 전원과 부하의 도중에 각 상마다 임피던스 $\dot{Z}_l=r+jx$가 있는 경우에도 같은 방법으로 생각할 수 있다. 즉 1상에 있어서는 그림 (b)와 같이 단상회로와 등가로 되기 때문에 합성 임피던스 Z_0는

$$\begin{aligned}\dot{Z}_0&=r+jx+R+jX\\ &=(r+R)+j(x+X)\\ &=Z_0\angle\theta_0\end{aligned}\tag{7-28}$$

이다.

여기서, $Z_0=\sqrt{(r+R)^2+(x+X)^2}$,

$$\theta_0=\tan^{1}\frac{x+X}{r+R}$$

로 되기 때문에, 다음에는 식(7-24)과 같이 $\dot{I}_a$, $\dot{I}_b$, $\dot{I}_c$를 구하면 된다.

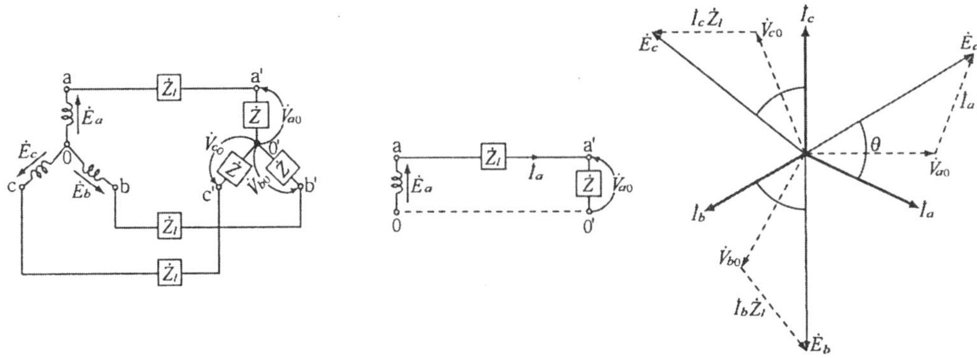

(a) (b) (c)

그림 7-15

이 경우의 각상의 벡터는 그림 (c)와 같이 된다. 그림에서 $\dot{V}_{a0}$, $\dot{V}_{b0}$, $\dot{V}_{c0}$는 부하의 Y전압(성형 전압)으로 각각 $\dot{Z}\dot{I}_a$, $\dot{Z}\dot{I}_b$, $\dot{Z}\dot{I}_c$에서 구해진다.

이상과 같이, 3상평형 Y-Y회로에서는 각 상마다 전원과 부하의 중성점 상호간을 임피던스 0인 선으로 연결한 가상적인 단상 회로로 취급하면 대단히 편리하다. 이와 같이 다루는 단상회로를 3상 평형회로의 **등가 단상회로**라고 한다.

등가 단상회로는 다만 Y-Y회로에서 뿐만 아니라 △-△, Y-△의 회로에 있어서도 이것을 Y-Y회로로 치환하여 똑같이 이용할 수 있다. 회로 변환에 관해서는 다음에 배우기로 한다. 또, 평형 3상4선식회로에서는 중성선에 전류가 흐르지 않으므로 Y-Y와 같이 다룰 수 있다.

例題 1. 그림 7-16(a)와 같은 Y-Y의 3상 평형회로가 있다. 전원의 성형 기전력 120〔V〕, 부하 임피던스 $\dot{Z}=7+j\,24[\Omega]$, 선로의 임피던스 $\dot{Z}_l=11\,[\Omega]$일 때, 전원과 부하의 선간 전압, 부하의 성형전압(Y전압)과 성형전류(선 전류)를 구하여라.

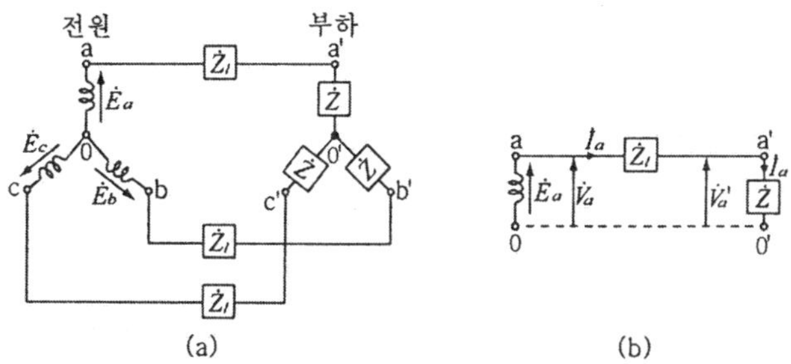

그림 7-16

解答 3상 평형회로이므로 1상만을 계산하면, 3상 전부의 관계를 알 수 있으므로 먼저 a상에 대하여 생각하여 보자.

a상의 등가 단상회로를 그리면 그림 (b)와 같이 된다. $\dot{E}_a = 120$ [V]를 기준 벡터로 하면, 다음 식과 같이 된다.

$$\dot{I}_a = \frac{\dot{E}_a}{Z+Z_l} = \frac{120}{7+j24+11} = \frac{120}{18+j24} = \frac{120}{\sqrt{18^2+24^2}} \angle -\theta_1$$
$$= 4\angle -\theta_1$$

여기서, $\theta_1 = \tan^{-1}\dfrac{24}{18} = \tan^{-1}\dfrac{4}{3}$

전원측과 부하측의 성형(Y)전압을 각각 $\dot{V}_a$ 및 $\dot{V}_a'$라 하면,

$$\dot{E}_a = \dot{V}_a = 120 \text{ [V]}$$
$$\dot{V}_a' = \dot{Z}\dot{I}_a = 25\angle\theta_2 \times 4\angle -\theta_1 = 100\angle \theta_2 - \theta_1$$

여기서, $\dot{Z} = \sqrt{7^2+24^2}\angle\theta_2 = 25\angle\theta_2$, $\theta_2 = \tan^{-1}\dfrac{24}{7}$

전원측과 부하측의 성형(Y)전압을 각각 $\dot{V}_{ab}$, $\dot{V}_{a'b'}$라 하면, 식(7-25)에서

$$\dot{V}_{ab} = \sqrt{3}\,\dot{V}_a \angle\frac{\pi}{6} = \sqrt{3}\times 120\angle\frac{\pi}{6} = 208\angle\frac{\pi}{6} \text{ [V]}$$

$$\dot{V}_{a'b'} = \sqrt{3}\,\dot{V}_a'\angle\frac{\pi}{6} = \sqrt{3}\times 100\angle \theta_2 - \theta_1 + \frac{\pi}{6}$$
$$= 173.2\angle \frac{\pi}{6} + \theta_2 - \theta_1 \text{ [V]}$$

로 된다. a상의 벡터도를 그리면 그림 7-17과 같이 된다. 또 b, c 상에 대해서는 a상에서 각각 $2\pi/3$ 및 $4\pi/3$ 만큼 뒤지게 그리면, 3상 전부의 벡터도가 완성된다.

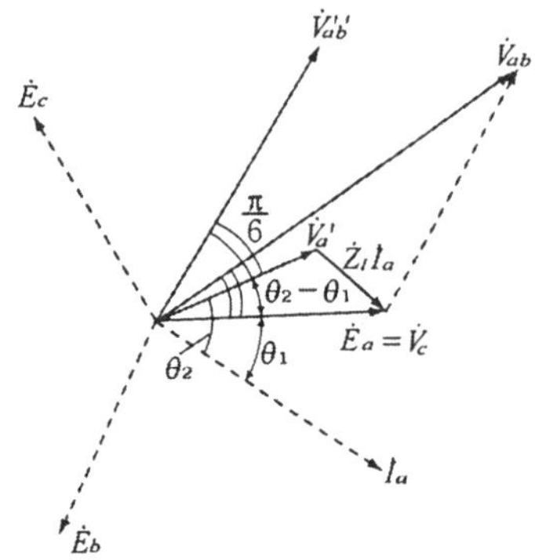

그림 7-17

이상의 계산은 벡터도를 그리기 위하여 위상을 넣어서 구하였으나, 절대치만을 구한다고 하면 다음과 같이 간단히 구할 수 있다.

$$I_a=\frac{120}{\sqrt{(7+11)^2+24^2}}=4\,[\mathrm{A}]$$

$$E_a=V_a=120\,[\mathrm{V}]$$

$$V_a'=ZI_a=\sqrt{(7^2+24^2)}\times 4=100\,[\mathrm{V}]$$

$$V_{ab}=\sqrt{3}\,V_a=\sqrt{3}\times 120=208\,[\mathrm{V}]$$

$$V_{a'b'}=\sqrt{3}\,V_a'=\sqrt{3}\times 100=173\,[\mathrm{V}]$$

8-2 전원 Y결선 - 부하 △결선(Y-△회로)

그림 7-18과 같이 전원을 Y, 부하를 △로 접속한 Y-△회로의 전원 기전력이 $\dot{E}_a$, $\dot{E}_b$, $\dot{E}_c$이고, △결선의 임피던스가 $\dot{Z}$일 때의 전류를 생각하여 보자.

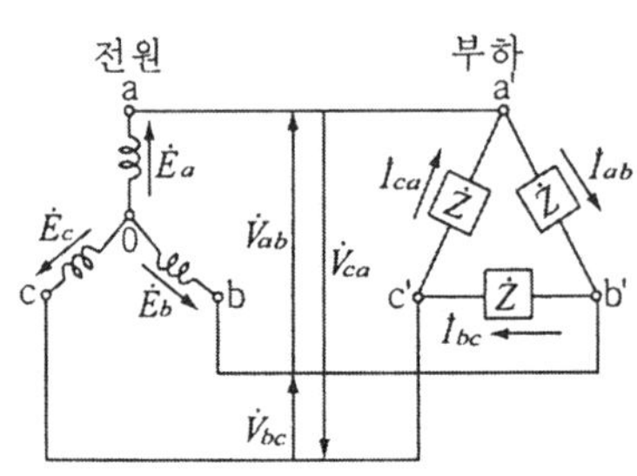

그림 7-18 Y-△회로

먼저, 선간전압 $\dot{V}_{ab}$, $\dot{V}_{bc}$, $\dot{V}_{ca}$는 $\dot{E}_a = E$ 를 기준 벡터로 하면, 식(7-25)의 관계에서 다음과 같이 쓸 수 있다.

$$\left.\begin{aligned} \dot{V}_{ab} &= \sqrt{3}\,\dot{E}_a \angle\frac{\pi}{6} = \sqrt{3}\,E \angle\frac{\pi}{6} \\ \dot{V}_{bc} &= \sqrt{3}\,\dot{E}_b \angle\frac{\pi}{6} = \sqrt{3}\,E \angle -\frac{2\pi}{3}+\frac{\pi}{6} \\ \dot{V}_{ca} &= \sqrt{3}\,\dot{E}_c \angle\frac{\pi}{6} = \sqrt{3}\,E \angle -\frac{4\pi}{3}+\frac{\pi}{6} \end{aligned}\right\} \tag{7-29}$$

이 때 $\dot{Z}$에 흐르는 △전류는

$$\dot{I}_{ab} = \frac{\dot{V}_{ab}}{\dot{Z}},\quad \dot{I}_{bc} = \frac{\dot{V}_{bc}}{\dot{Z}},\quad \dot{I}_{ca} = \frac{\dot{V}_{ca}}{\dot{Z}} \tag{7-30}$$

이다. 그래서, 성형전류(선전류) $\dot{I}_a$, $\dot{I}_b$, $\dot{I}_c$는 식(7-26)의 관계에 식(7-30)의 관계를 대입하여

$$\left.\begin{aligned} \dot{I}_a &= \sqrt{3}\,\dot{I}_{ab}\angle -\frac{\pi}{6} = \frac{\sqrt{3}\,\dot{V}_{ab}}{\dot{Z}} \angle -\frac{\pi}{6} = \frac{\dot{E}_a}{\dot{Z}/3} \\ \dot{I}_c &= \sqrt{3}\,\dot{I}_{bc}\angle -\frac{\pi}{6} = \frac{\sqrt{3}\,\dot{V}_{bc}}{\dot{Z}} \angle -\frac{\pi}{6} = \frac{\dot{E}_b}{\dot{Z}/3} \\ \dot{I}_c &= \sqrt{3}\,\dot{I}_{ca}\angle -\frac{\pi}{6} = \frac{\sqrt{3}\,\dot{V}_{ca}}{\dot{Z}} \angle -\frac{\pi}{6} = \frac{\dot{E}_c}{\dot{Z}/3} \end{aligned}\right\} \tag{7-31}$$

로서 알 수 있다. 이 식은 그림 7-19와 같이 Y기전력 $\dot{E}_a$, $\dot{E}_b$, $\dot{E}_c$가 $\dot{Z}/3$의 Y결선의 부하에 가해진 것과 같다는 것을 알 수 있다.

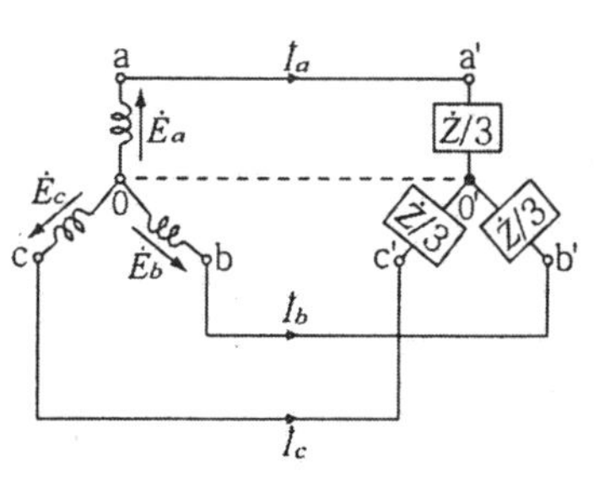

그림 7-19 그림 7-18의 등가 회로

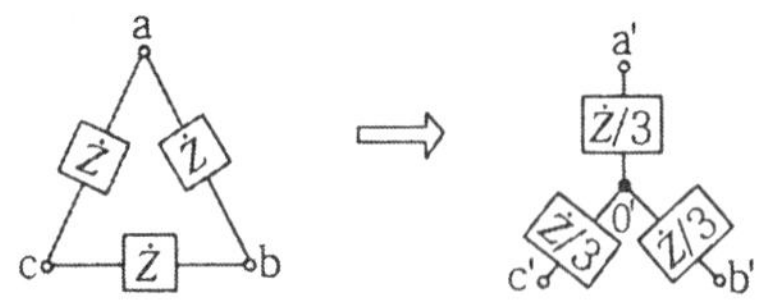

그림 7-20 임피이던스 Y-△ 환산

이상의 결과로부터, 그림 7-20과 같이 임피던스 $\dot{Z}$**의 △결선은** $\dot{Z}/3$**의 Y결선의 부하로 바꿔 놓을 수 있다.**

例題 2. 그림 7-21의 △-Y회로를 Y-Y회로로 치환하여 전원의 △전류와 부하의 Y전류를 구하여라.

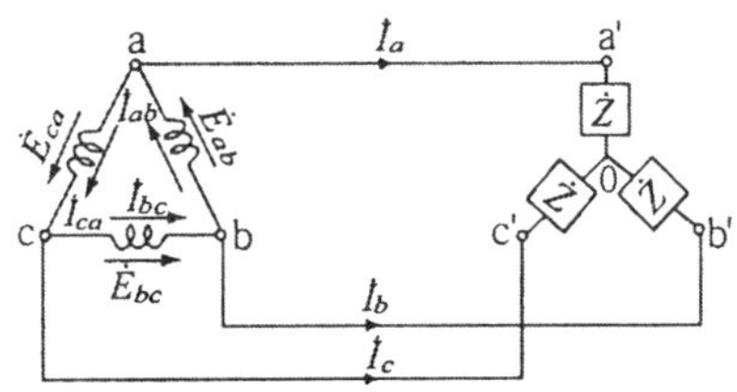

그림 7-21 △-Y 회로

解答 식(7-25)에 의하여

$$\dot{E}_a = \frac{\dot{E}_{ab}}{\sqrt{3}} \angle -\frac{\pi}{6}$$

$$\dot{E}_b = \frac{\dot{E}_{bc}}{\sqrt{3}} \angle -\frac{\pi}{6}$$

$$\dot{E}_c = \frac{\dot{E}_{ca}}{\sqrt{3}} \angle -\frac{\pi}{6}$$

의 관계에 있으므로, 이 $\dot{E}_a$, $\dot{E}_b$, $\dot{E}_c$에 의하여 전원측은 그림 7-22와 같은 성형 결선(Y결선)으로 치환할 수 있다.

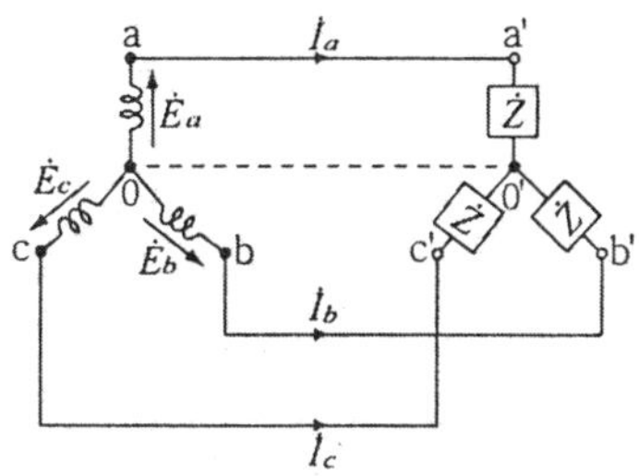

그림 7-22 그림 7-21의 △전원을 Y전원으로 환산

따라서 $\dot{Z}=Z\angle\theta$라 하면, 부하의 Y전류(=선 전류)는 등가 단상으로 생각하면,

$$
\left.
\begin{aligned}
\dot{I}_a &= \frac{\dot{E}_{ca}\angle -\frac{\pi}{6}\sqrt{3}}{Z\angle\theta} = \frac{\dot{E}_{ab}\angle -\frac{\pi}{6}-\theta}{\sqrt{3}\,Z} \\
\dot{I}_b &= \frac{\dot{E}_{bc}\angle -\frac{\pi}{6}\sqrt{3}}{Z\angle\theta} = \frac{\dot{E}_{bc}\angle -\frac{\pi}{6}-\theta}{\sqrt{3}\,Z} \\
&= \frac{\dot{E}_{ab}\angle -\frac{2\pi}{3}-\frac{\pi}{6}-\theta}{\sqrt{3}\,Z} \\
\dot{I}_c &= \frac{\dot{E}_{ca}\angle -\frac{\pi}{6}\sqrt{3}}{Z\angle\theta} = \frac{\dot{E}_{ca}\angle -\frac{\pi}{6}-\theta}{\sqrt{3}\,\dot{Z}} \\
&= \frac{\dot{E}_{ab}\angle -\frac{4\pi}{3}-\frac{\pi}{6}-\theta}{\sqrt{3}\,\dot{Z}}
\end{aligned}
\right\}
$$

로 된다. 따라서 실제 전원의 △전류는 식(7-26)에서

$$
\left.
\begin{aligned}
\dot{I}_{ab} &= \frac{\dot{I}_a}{\sqrt{3}}\angle\frac{\pi}{6} = \frac{\dot{E}_{ab}\angle-\theta}{3\dot{Z}} \\
\dot{I}_{bc} &= \frac{\dot{I}_b}{\sqrt{3}}\angle\frac{\pi}{6} = \frac{\dot{E}_{bc}\angle-\theta}{3\dot{Z}} = \frac{\dot{E}_{ab}\angle -\frac{2\pi}{3}-\theta}{3\dot{Z}} \\
\dot{I}_{ca} &= \frac{\dot{I}_c}{\sqrt{3}}\angle\frac{\pi}{6} = \frac{\dot{E}_{ca}\angle-\theta}{3\dot{Z}} = \frac{\dot{E}_{ab}\angle -\frac{4\pi}{3}-\theta}{3\dot{Z}}
\end{aligned}
\right\}
$$

로 된다. 이것을 벡터도로 나타내면 그림 7-23과 같이 된다.

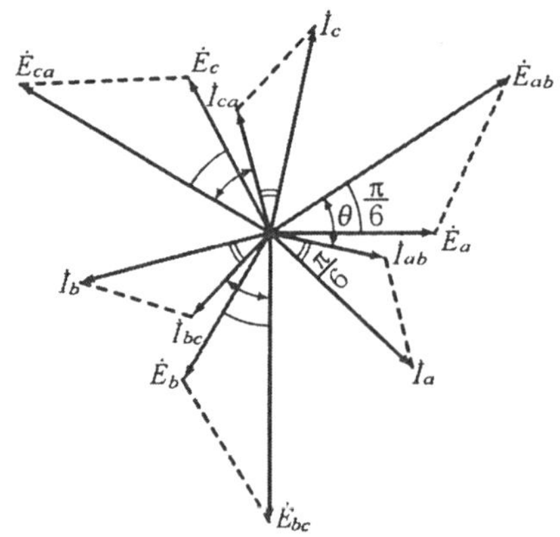

그림 7-23 △-Y회로의 벡터도

참고 평형회로이므로 다만 전류의 절대치만을 구하려면 다음과 같이 계산하면 간단히 된다. 즉, △기전력의 절대치를 $E_{ab}=E_{bc}=E_{ca}=E_\triangle$, Y기전력의 절대치를 $E_a=E_b=E_c=E_Y$라 하면, $E_Y=E_\triangle/\sqrt{3}$의 관계가 있으므로,

선전류 = 부하 Y전류 $\quad I_l=\dfrac{E_y}{Z}=\dfrac{E_\triangle}{\sqrt{3}\,Z}$

전원의 △전류 $\quad I_r=\dfrac{I_l}{\sqrt{3}}=\dfrac{E_\triangle}{3Z}$

가 얻어진다.

8-3 전원 △결선 - 부하 △결선(△-△회로)

(1) 선로에 임피던스가 없는 경우

먼저, 그림 7-24에 있어서, 부하 1상의 임피던스 $\dot{Z}$, 전원 1상의 임피던스 $\dot{Z}_s$라고 했을 때, 전원과 부하는 모두 대칭이다. 따라서 전원에서는 전류가 흘러 나오고 부하에서는 전류가 흘러 들어가도록 전류의 방향을 정하면 전원과 부하의 △전류는

$$\dot{I}_{ab}=\dot{I}_{a'b'},\ \dot{I}_{bc}=\dot{I}_{b'c'},\ \dot{I}_{ca}=\dot{I}_{c'a'} \tag{7-33}$$

이다.

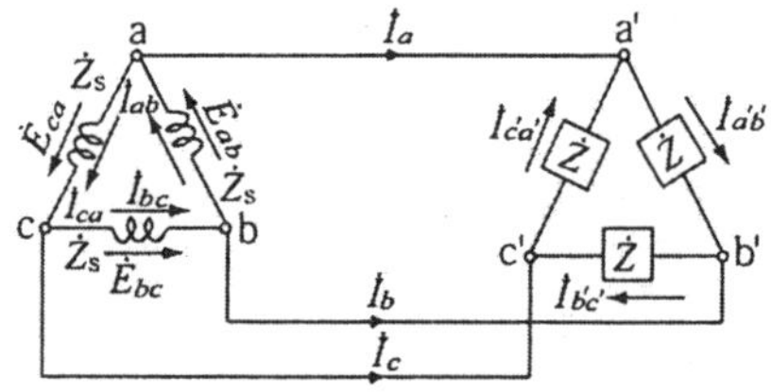

그림 7-24

그림과 같은 회로에서 aa'b'ba의 폐회로에 키르히호프의 제 2법칙(kirchhoff's second law)을 적용하고,

$$\dot{Z}_s=R_s+jX_s,\ \dot{Z}=R+jX,\ \dot{Z}_0=\dot{Z}_s+\dot{Z}=(R_s+R)+j(X_s+X)$$

$$=Z_0\angle\theta,\ \theta=\tan^{-1}\frac{(X_s+X)}{(R_s+R)}$$ 라고 하면,

$$\left.\begin{aligned}
\dot{I}_{ab}&=\frac{\dot{E}_{ab}}{\dot{Z}_s+\dot{Z}}=\frac{\dot{E}_{ab}}{\dot{Z}_0\angle\theta}=\frac{\dot{E}_{ab}}{\dot{Z}_0}\angle-\theta\\
\dot{I}_{bc}&=\frac{\dot{E}_{bc}}{\dot{Z}_s+\dot{Z}}=\frac{\dot{E}_{bc}\angle-\theta}{\dot{Z}_0}=\frac{\dot{E}_{ab}}{\dot{Z}_0}\angle\left(-\frac{2\pi}{3}-\theta\right)\\
\dot{I}_{ca}&=\frac{\dot{E}_{ca}}{\dot{Z}_s+\dot{Z}}=\frac{\dot{E}_{ca}\angle-\theta}{\dot{Z}_0}=\frac{\dot{E}_{ab}}{\dot{Z}_0}\angle\left(-\frac{4\pi}{3}-\theta\right)
\end{aligned}\right\} \tag{7-34}$$

로 된다. 또 선전류 $\dot{I}_a$, $\dot{I}_b$, $\dot{I}_c$는 식(7-27)로 부터 다음과 같이 된다.

$$\left.\begin{aligned}
\dot{I}_a &= \dot{I}_{ab} - \dot{I}_{ca} = \sqrt{3}\,\dot{I}_{ab}\angle -\frac{\pi}{6} = \sqrt{3}\,\frac{\dot{E}_{ab}}{Z_0}\angle -\frac{\pi}{6}-\theta \\
\dot{I}_b &= \dot{I}_{bc} - \dot{I}_{ab} = \sqrt{3}\,\dot{I}_{bc}\angle -\frac{\pi}{6} = \sqrt{3}\,\frac{\dot{E}_{bc}}{Z_0}\angle -\frac{\pi}{6}-\theta \\
&= \sqrt{3}\,\frac{\dot{E}_{ab}}{Z_0}\angle -\frac{2\pi}{3}-\frac{\pi}{6}-\theta \\
\dot{I}_c &= \dot{I}_{ca} - \dot{I}_{bc} = \sqrt{3}\,\dot{I}_{ca}\angle -\frac{\pi}{6} = \sqrt{3}\,\frac{\dot{E}_{ca}}{Z_0}\angle -\frac{\pi}{6}-\theta \\
&= \sqrt{3}\,\frac{\dot{E}_{ab}}{Z_0}\angle -\frac{4\pi}{3}-\frac{\pi}{6}-\theta
\end{aligned}\right\} \quad (7\text{-}35)$$

(2) 선로에 임피던스가 있는 경우

그림 7-25와 같이 선로에 임피던스 $\dot{Z}_l = R_l + jX_l$의 임피던스가 있는 경우의 △-△회로에 관해서 알아보기로 하자. 이 경우도 평행 3상회로로서 전원과 부하가 대칭이므로 전원과 부하의 상전류(△전류)는 같다.

이 회로에서서도 (1)의 경우와 같이 키르히호프의 법칙을 사용하면 계산될 수 있으나 계산이 복잡하여지므로 이러한 경우에는 일반적으로는 △를 Y로 치환하여 등가 단상회로로 계산하는 것이 편리하다.

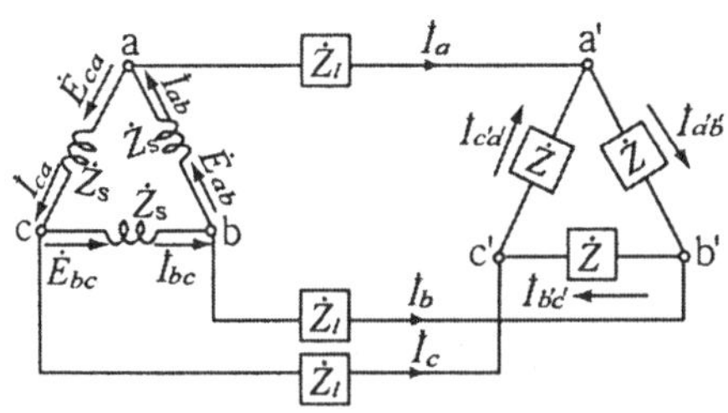

그림 7-25 선로에 Z_l이 있는 △-△회로

즉, 그림 7-25의 △결선의 전원과 부하의 임피던스를 Y로 치환하려면, 그림 7-20에서와 같이 각 임피던스를 1/3로 하고 성형 기전력(Y기전력)은 식(7-25)

의 관계로 부터

$$\dot{E}_a = \frac{\dot{E}_{ab}}{\sqrt{3}} \angle -\frac{\pi}{6},\ \dot{E}_b = \frac{\dot{E}_{bc}}{\sqrt{3}} \angle -\frac{\pi}{6},\ \dot{E}_c = \frac{\dot{E}_{ca}}{\sqrt{3}} \angle -\frac{\pi}{6}$$

로 치환할 수 있다. 이렇게 하면 그림 7-25는 그림 7-26의 Y-Y회로로 바꿔 놓을 수 있고, a상의 등가단상회로는 그림 (b)와 같이 된다.

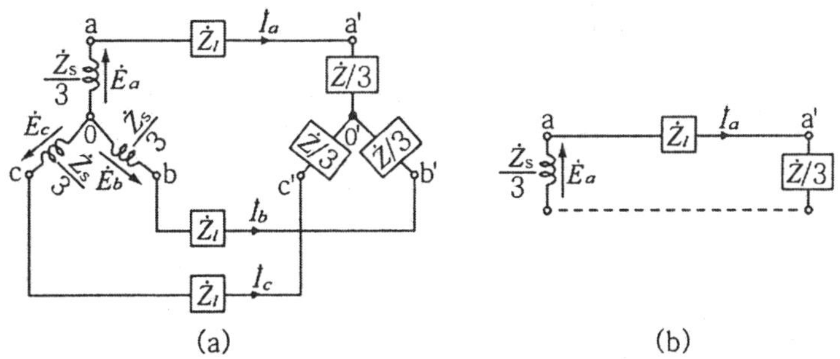

그림 7-26 그림 7-25의 등가 회로

따라서,

$$\begin{aligned}\dot{Z}_0 &= \frac{\dot{Z}_s}{3} + \dot{Z}_l + \frac{\dot{Z}}{3} = \frac{R_s + jX_s}{3} + R_l + jX_l + \frac{R + jX}{3} \\ &= \left(\frac{R_s}{3} + R_l + \frac{R}{3}\right) + j\left(\frac{X_s}{3} + X_l + \frac{X}{3}\right) \qquad (7\text{-}36) \\ &= R_0 + jX_0 = Z_0 \angle \theta\end{aligned}$$

이다.

여기서, $Z_0 = \sqrt{R_0{}^2 + X_0{}^2}$, $\theta = \tan^{-1}\frac{X_0}{R_0}$ 라 하면

$$\left.\begin{aligned}\dot{I}_a&=\frac{\dot{E}_a}{Z_0}=\frac{\dfrac{\dot{E}_{ab}}{\sqrt{3}}\angle-\dfrac{\pi}{6}}{Z_0\angle\theta}=\frac{\dot{E}_{ab}}{\sqrt{3}\,Z_0}\angle-\frac{\pi}{6}-\theta\\ \dot{I}_b&=\frac{\dot{E}_{ab}}{\sqrt{3}\,Z_0}\angle-\frac{2\pi}{3}-\frac{\pi}{6}-\theta\\ \dot{I}_c&=\frac{\dot{E}_{ab}}{\sqrt{3}\,Z_0}\angle-\frac{4\pi}{3}-\frac{\pi}{6}-\theta\end{aligned}\right\}\qquad(7\text{-}37)$$

가 얻어진다. 그런데, 실제의 그림은 7-25이므로 △전류는 식(7-26)에서

$$\left.\begin{aligned}\dot{I}_{ab}&=\frac{\dot{I}_a}{\sqrt{3}}\angle\frac{\pi}{6}=\frac{\dot{E}_{ab}}{3Z_0}\angle-\frac{\pi}{6}-\theta+\frac{\pi}{6}=\frac{\dot{E}_{ab}}{3Z_0}\angle-\theta\\ \dot{I}_{bc}&=\frac{\dot{E}_{ab}}{3Z_0}\angle-\frac{2\pi}{3}-\theta\\ \dot{I}_{ca}&=\frac{\dot{E}_{ab}}{3Z_0}\angle-\frac{4\pi}{3}-\theta\end{aligned}\right\}\qquad(7\text{-}38)$$

로서 구할 수 있다. 지금 $\dot{E}_{ab}$를 기준 벡터로 하여 그림 7-25의 벡터도를 그리면 그림 7-27과 같이 된다.

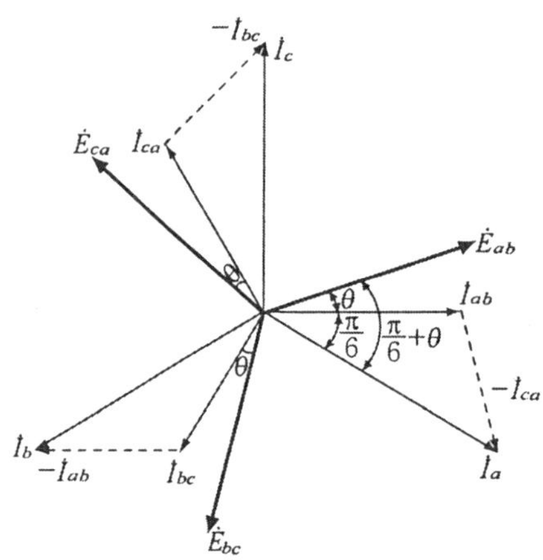

그림 7-27

제 9 절 3상 평형회로의 전력

일반적으로 다상 교류의 전력은 각 상의 전력을 제 3장에서 배운 단상의 경우와 같이 계산하여 그 총합을 구하면 된다. 이와 같은 방법은 3상 회로에서도 똑같이 적용된다. 따라서, 3상회로의 전력 P는 Y결선에서나 △결선에서 상전압이 $\dot{V}_a$, $\dot{V}_b$, $\dot{V}_c$, 상전류가 I_a, I_b, I_c, 상전압과 상전류의 상차가 θ_a, θ_b, θ_c라 하면

$$P = V_a I_a \cos\theta_a + V_b I_b \cos\theta_b + V_c I_c \cos\theta_c \tag{7-39}$$

로서 구할 수 있다. 그런데, 3상 평형회로에서는

$V_a = V_b = V_c = V_P$, $I_a = I_b = I_c = I_P$, $\theta_a = \theta_b = \theta_c = \theta_P$이므로

$$P = 3V_p I_p \cos\theta_p \tag{7-40}$$

로서 구할 수 있다.

그러나 실제로 전압계나 전류계로 측정하기 쉬운 것은 선 전류의 실효치 I와 선간 전압의 실효치 V이므로

△결선에서 $I_p = I/\sqrt{3}$, $V_p = V$

Y결선에서 $I_p = I$, $V_p = V/\sqrt{3}$

의 관계를 식(7-40)에 대입하면 어느 결선에서도

$$P = \sqrt{3}\, VI\cos\theta_p \tag{7-41}$$

로 표시할 수 있다. 여기서 $\cos\theta_p$를 **3상회로의 역률**이라 한다.

이것은 1상의 역률을 나타낸다는 것에 주의하여야 한다. 이 전력은 이미 배운 바와 같이 평균전력을 나타낸다. 다음에는 3상 평형회로의 순시 전력의 총합을 구하여 보자. 지금 각 상의 전압과 전류의 순시치를

$$\left.\begin{aligned} v_a &= \sqrt{2}\,V_p \sin\omega t \\ v_b &= \sqrt{2}\,V_p \sin\left(\omega t - \frac{2\pi}{3}\right) \\ v_c &= \sqrt{2}\,V_p \sin\left(\omega t - \frac{4\pi}{3}\right) \end{aligned}\right\}$$

$$\left.\begin{aligned} i_a &= \sqrt{2}\,I_p \sin(\omega t - \theta_p) \\ i_b &= \sqrt{2}\,I_p \sin\left(\omega t - \frac{2\pi}{3} - \theta_p\right) \\ i_c &= \sqrt{2}\,I_p \sin\left(\omega t - \frac{4\pi}{3} - \theta_p\right) \end{aligned}\right\}$$

라 하면, 3상 순시전력 p는

$$\begin{aligned} p &= v_a i_a + v_b i_b + v_c i_c \\ &= 2V_p I_p\left\{\sin\omega t \sin(\omega t - \theta_p) + \sin\left(\omega t - \frac{2\pi}{3}\right)\sin\left(\omega t - \frac{2\pi}{3} - \theta_p\right)\right. \\ &\quad \left. + \sin\left(\omega t - \frac{4\pi}{3}\right)\sin\left(\omega t - \frac{4\pi}{3} - \theta_p\right)\right\} \\ &= V_p I_p\left\{\cos\theta_p - \cos(2\omega t - \theta_p) + \cos\theta_p - \cos\left(2\omega t - \frac{4\pi}{3} - \theta_p\right)\right. \\ &\quad \left. + \cos\theta_p - \cos\left(2\omega t - \frac{8\pi}{3} - \theta_p\right)\right\} \end{aligned}$$

$$\begin{aligned} &= 3V_p I_p \cos\theta_p - V_p I_p\left\{\cos(2\omega t - \theta_p) + \cos\left(2\omega t - \frac{4\pi}{3} - \theta_p\right)\right. \\ &\quad \left. + \cos\left(2\omega t - \frac{8\pi}{3} - \theta_p\right)\right\} \end{aligned} \tag{7-42}$$

로 된다. 그래서, 제2항의 { } 내는 항상 0이므로

$$P = \sqrt{3}\,V_p I_p \cos\theta_p \tag{7-43}$$

이 된다. 결국, 3상회로의 순시전력은 시각 t에 관계없이 일정하므로 평균 전력과 같게 된다. 이것은 3상 평형회로에 대해서 생각하였으나 **일반적으로 n상 평형회로의 순시전력은 항상 일정하여 n상 평균전력과 같게 된다**.

이와 같은 관계에서, 반대로 다상 n상식 교류 회로의 순시 전력이 일정한 것을 다상 n상식 평형회로라 하고, 순시 전력이 맥동하는 경우를 다상 n 상식 불평형 회로라고 할 수 있다.

例題 3. $\dot{Z}=24+j7$ [Ω]의 임피던스 3개를 그림 7-28(a)와 같이 성형으로 접속하여, abc 단자에 200 [V]의 대칭 3상 전압을 인가했을 때 흐르는 전류와 전력을 구하여라.

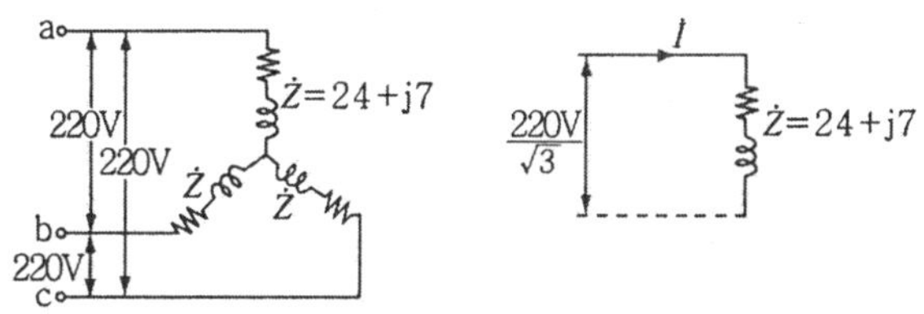

그림 7-28

解答 성형 전류 $\frac{200}{\sqrt{3}}$ [V]이므로, 등가 단상회로는 그림 (b)와 같이 된다.

전류 $I=\frac{200/\sqrt{3}}{\sqrt{24^2+7^2}}=\frac{8}{\sqrt{3}}\fallingdotseq 4.6$ [A]

전력 $P=3\times 1$상의 전력 $=3\times RI^2=3\times 24\left(\frac{8}{\sqrt{3}}\right)^2=1536$ [W]

또는, $\cos\theta_p=R/Z$이므로, 식(7-41)에 의하여

$P=\sqrt{3}\,VI\cos\theta_p=\sqrt{3}\times 200\times\frac{8}{\sqrt{3}}\times\frac{24}{\sqrt{24^2+7^2}}=1536$ [W]

이다.

제10절 3상 V결선

단상변압기로 3상 변압을 하는 경우에, 장래 부하의 증가를 예상하거나 또는 사고시의 대응 조치로서 전원 변압기의 △-△결선의 1상을 제거한 형태로 3상 변압

을 하는 경우가 때때로 있다. 3상 변압기의 원리를 알아 보기로 하자.

그림 7-29(a)는 대칭 3상 △결선의 전원에서 $\dot{E}_{bc}$의 기전력을 발생하는 권선을 제거하고 여기에 △결선의 3상 평형 부하를 접속한 것이다.

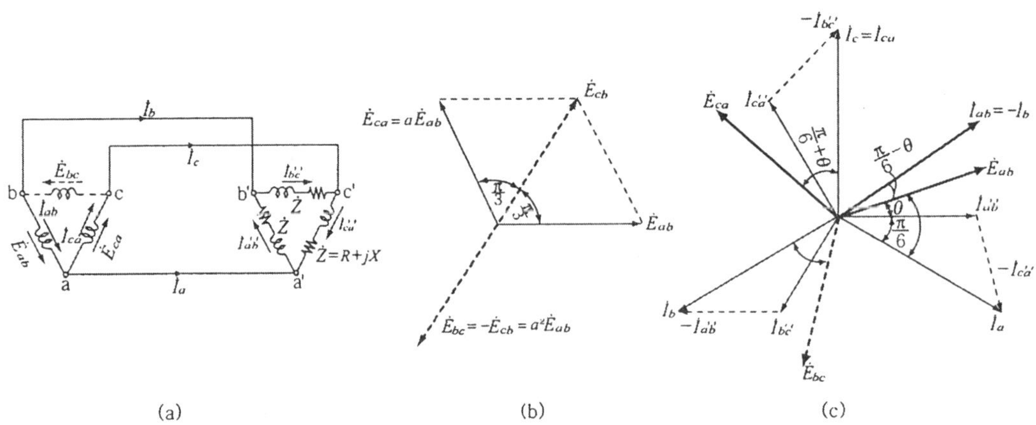

그림 7-29 V결선

이때 기전력의 벡터 그림을 나타내면 그림 (b)와 같이 된다.

즉, 권선이 없는 cd간의 기전력 $\dot{E}_{cb}$는 그림 (a)에서

$$\dot{E}_{cb} = \dot{E}_{ab} + \dot{E}_{ca} = \dot{E}_{ab} + a\dot{E}_{ab} = \dot{E}_{ab}(1+a)$$

로 표시할 수 있다. 따라서, $\dot{E}_{cb}$의 +방향을 반대로 한 $\dot{E}_{bc}$는

$$\dot{E}_{bc} = -\dot{E}_{cb} = -\dot{E}_{ab}(a+1) = a^2\dot{E}_{ab}$$

로 된다. 그러므로 abc 단자간에는 결국 그림 (b)와 같이 $\dot{E}_{ab}$, $\dot{E}_{bc}$, $\dot{E}_{ca}$의 대칭 3상 기전력이 얻어진다.

이와 같이 3상 △결선의 전원의 1상을 제거하여 3상 평형 전압을 얻도록 한 전원의 결선 방식을 **V결선(V connection)**이라 한다.

이 V결선에서 전원의 임피던스를 무시하면, 부하에는 $\dot{I}_{a'b'}$, $\dot{I}_{b'c'}$, $\dot{I}_{c'a'}$의 평형 △전류가 흐르므로, 부하 임피던스 $\dot{Z} = R + jX$, $\theta = \tan^{-1}\dfrac{X}{R}$라고 하면 그림 (c)와 같은 벡터도를 그릴 수 있다.

이때, 선 전류를 $\dot{I}_a$, $\dot{I}_b$, $\dot{I}_c$라 하면 그림 (a)에서

$$\dot{I}_a = \dot{I}_{a'b'} - \dot{I}_{c'a'}$$
$$\dot{I}_b = \dot{I}_{b'c'} - \dot{I}_{a'b'}$$
$$\dot{I}_c = \dot{I}_{c'a'} - \dot{I}_{b'c'}$$

로 되어, 대칭 3상 선전류가 흐른다.

이것을 전원측과 전류와 비교하면 그림 (a)에서

$$\dot{I}_{ab} = -\dot{I}_b, \qquad \dot{I}_{ca} = \dot{I}_c$$

의 관계가 있고, 이것을 그림으로 나타내면 그림 (c)와 같이 된다. 따라서, 전원에 있어서 $\dot{I}_{ab}$는 기전력 $\dot{E}_{ab}$에 대하여 $\left(\frac{\pi}{6} - \theta\right)$ 위상이 앞서고, $\dot{I}_{ca}$는 기전력 $\dot{E}_{ca}$에 대하여 $\left(\frac{\pi}{6} + \theta\right)$ 위상이 뒤지고 있음을 알 수 있다.

10-1 V결선 전원의 출력

이상의 관계에서 전원의 출력 P는 다음과 같이 된다.

$$P = E_{ab} I_{ab} \cos\left(\frac{\pi}{6} - \theta\right) + E_{ca} I_{ca} \cos\left(\frac{\pi}{6} + \theta\right) \tag{7-44}$$

여기서, $E_{ab} = E_{ca} = E$, $I_{ab} = I_{ca} = I$라 하면

$$P = \sqrt{3}\, EI \cos\theta \tag{7-45}$$

로 되어, 전원은 3상 전력을 공급하고 있음을 알 수 있다.

10-2 V결선변압기의 이용률

V결선인 전원의 출력은 식(7-45)와 같이 $\sqrt{3}\, EI\cos\theta$로 되지만, 만일, V결선으로 하지 않고 각각 단독으로 전류 I로서 역율 $\cos\theta$인 부하에 전력을 공급한다고 하면, 1대의 변압기로는 $EI\cos\theta$의 전력을 공급할 수 있으므로, 두 대를 사용하면 $2EI\cos\theta$의 전력을 공급할 수 있다.

그러므로 V결선으로 하면, 그 이용율 U는

$$U=\frac{\sqrt{3}\,EI\cos\theta}{2EI\cos\theta}=\frac{\sqrt{3}}{2}=0.866 \tag{7-46}$$

밖에 이용될 수 없음을 알 수 있다. 이와 같이 V결선에서는 변압기의 이용률이 86.6%로 저하되는 결점이 있다.

이상 설명한 것은 전원의 내부 임피던스를 무시하였으나, 실제로 전원에는 어느 정도의 임피던스가 있기 때문에, 1상분을 제거한 V결선에서는 전원의 임피던스가 불평형으로 되어, 단자전압도 약간 불평형으로 되는 결점이 있다.

제11절 2상 교류

대칭 2상 교류는 상(phase)수가 2개이므로 만일, 그림 7-30과 같이 $2\dot{E}_a$의 단상 교류를 발생하는 코일이 있는 경우에 그 중점 0에서 $\dot{E}_a$와 반대방향으로 $\dot{E}_b$를 발생한다고 하면 바로 $\dot{E}_b=-\dot{E}_a$로 되어 대칭 2상식이 된다. 따라서 대칭 2상식은 단상식에 불과하므로 대칭 2상식을 생각한다는 것은 의미가 없다.

일반적으로 그림 7-31과 같이 $\frac{\pi}{2}$[rad]의 상차로 같은 두 개의 기전력 $\dot{E}_a$, $\dot{E}_b$를 조합한 비대칭 2상 결선을 **2상식**(two phase system) 교류라고 한다.

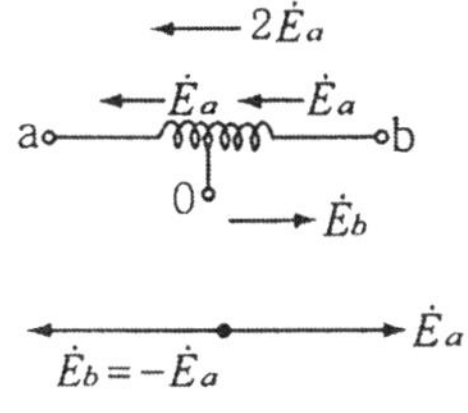

그림 7-30

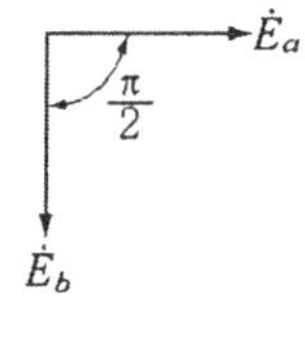

그림 7-31 2상식

2상 전원과 부하 임피던스 $\dot{Z}_a$, $\dot{Z}_b$의 접속 방식으로는 그림 7-32(a)와 같은 독립 2상식과 그림 (b)와 같은 결합 2상식이 있다. 이 때 그림 (a)를 **2상 4선식**, 그림 (b)를 2상 3선식이라 한다. 또한 **2상 3선식**에서 OO′선을 **공동귀선** 또는 **중성선**이라 하고, aa′선과 bb′선을 **외측선**이라 한다.

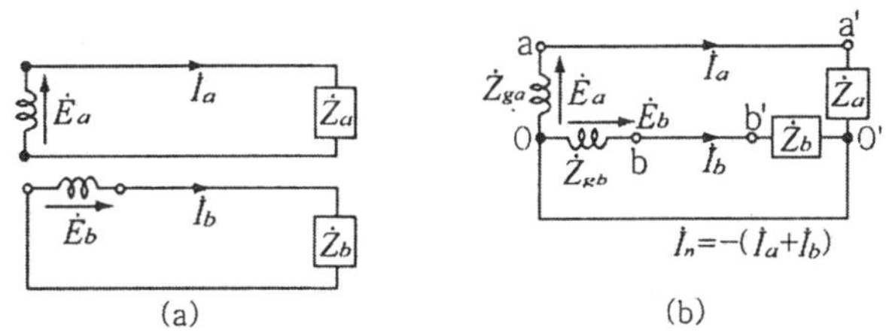

그림 7-32 2상식 교류

11-1 2상 4선식

그림 7-32(a)의 2상 4선식에서는 단상 회로가 독립되어 조합된 것이므로 단상 교류의 경우와 같이 각각 다루면 된다.

11-2 2상 3선식

그림 7-33(a)의 2상 3선식 회로에서 중성선의 임피던스를 무시했을 때, 전원의 임피던스를 $\dot{Z}_{ga}$, $\dot{Z}_{gb}$ 부하의 임피던스를 $\dot{Z}_a$, $\dot{Z}_b$라고 하면, 각 선의 전류는

$$\left.\begin{aligned} \dot{I}_a &= \frac{\dot{E}_a}{\dot{Z}_{ga}+\dot{Z}_a} = \frac{\dot{E}_a}{\dot{Z}_A} \\ \dot{I}_b &= \frac{\dot{E}_b}{\dot{Z}_{gb}+\dot{Z}_b} = \frac{\dot{E}_b}{\dot{Z}_B} \\ \dot{I}_n &= -(\dot{I}_a+\dot{I}_b) \end{aligned}\right\} \tag{7-47}$$

로 표시할 수 있다. 여기서,

$$\dot{Z}_A = \dot{Z}_{ga}+\dot{Z}_a = R_A + jX_A, \quad \theta_a = \tan^{-1}\frac{X_A}{R_A}$$

$$\dot{Z}_B = \dot{Z}_{gb}+\dot{Z}_b = R_B + jX_B, \quad \theta_b = \tan^{-1}\frac{X_B}{R_B}$$

로 된다. 이 때 벡터도는 그림 7-33(b)와 같이 된다. 이번에는, 그림 7-34와 같이 중성선의 임피던스를 무시하지 않고 Z_n라 하면, O점과 O′점의 전위가 다르기 때문에 키르히호프의 법칙에 의하여 전류를 구하여야 한다. 지금 O점의 전위를 영전위라고 했을 때, O′점의 전위를 V_n이라 하면, 그림에서 다음 식이 성립한다.

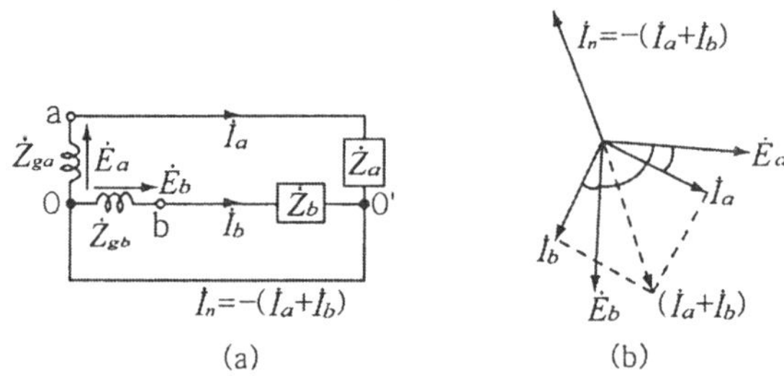

그림 7-33 2상 3선식 교류와 벡터도

$$\left.\begin{aligned} &\dot{I}_a=\frac{\dot{E}_a-\dot{V}_n}{\dot{Z}_A}, \quad \dot{I}_b=\frac{\dot{E}_b-\dot{V}_n}{\dot{Z}_B} \\ &\dot{V}_n=-\dot{Z}_n\dot{I}_n, \quad \dot{I}_a+\dot{I}_b+\dot{I}_n=0 \end{aligned}\right\} \tag{7-48}$$

이것을 풀이 하면,

$$\left.\begin{aligned} &\dot{I}_a=\frac{\dot{E}_a(\dot{Z}_b+\dot{Z}_n)-\dot{E}_b\dot{Z}_n}{\dot{Z}_a\dot{Z}_b+\dot{Z}_b\dot{Z}_n+\dot{Z}_n\dot{Z}_a} \\ &\dot{I}_b=\frac{\dot{E}_b(\dot{Z}_a+\dot{Z}_n)-\dot{E}_a\dot{Z}_n}{\dot{Z}_a\dot{Z}_b+\dot{Z}_b\dot{Z}_n+\dot{Z}_n\dot{Z}_a} \\ &\dot{I}_n=-\frac{\dot{E}_a\dot{Z}_b+\dot{E}_b\dot{Z}_a}{\dot{Z}_a\dot{Z}_b+\dot{Z}_b\dot{Z}_n+\dot{Z}_n\dot{Z}_a} \\ &\dot{V}_n=\frac{\dot{E}_a\dot{Z}_b+\dot{E}_b\dot{Z}_a}{\dot{Z}_a\dot{Z}_b+\dot{Z}_b\dot{Z}_n+\dot{Z}_n\dot{Z}_a}\cdot\dot{Z}_n \end{aligned}\right\} \tag{7-49}$$

로 된다. 일반적으로 2상식은, 2상기전력을 발생하는 전원을 이용하는 경우는 드물고, 단상전원을 적당한 회로를 이용하여 2상으로 분상하여 사용하는 경우가 많다.

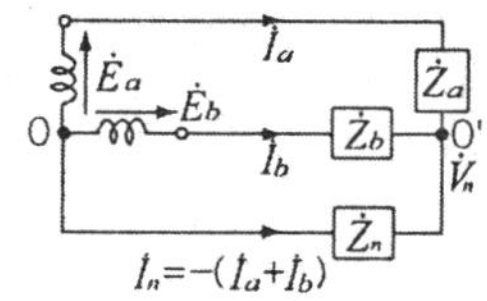

그림 7-34

제12절 회전자계

전류가 만드는 자계의 세기(자화력)는 전기자기학에서 배운 바와 같이 전류에 비례한다.

그림 7-35와 같이 어느 코일에 $i=I_m \sin \omega t$의 단상 교류를 흘렸을 때 자계의 세기 h는 비례 정수를 k라고 하면, 다음과 같이 쓸 수 있다.

$$h=kI_m \sin \omega t=H_m \sin \omega t \tag{7-50}$$

여기서, $H_m=kI_m$로 되어, 발생자계는 항상 OO′ 축상에서 교번적으로 변화한다. 이와 같은 자계를 **교번자계**(alternating magnetic field)라고 한다.

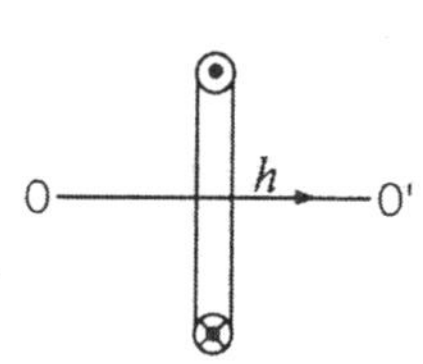

그림 7-35

이와 같이 단상 교류에 의해서 이루어지는 자계는 교번자계로서, 일정한 축상에서 교번적으로 변화하는데 불과하다. 그러나 일반적으로 공간에 $2\pi/n$씩 간격을 두고 배치된 n개의 코일에 n상 교류의 전류를 흘리면, 합성 자계는 공간을 회전하는 자계(회전자계)로 된다.

다음에는 교류 전동기에 가장 많이 쓰이고 있는 3상 교류로 이루어지는 회전자계에 관해서 알아 보기로 하자.

12-1 대칭 3상교류가 만드는 회전 자계

그림 7-36과 같이 똑같은 A, B, C 3개의 코일을 공간에 $2\pi/3$[rad]씩 간격을 두고 배치된 3상 코일에 대칭 3상 교류의 전류 i_a, i_b, i_c를 흘렸을 때의 합성 자계에 관해서 생각하여 보자.

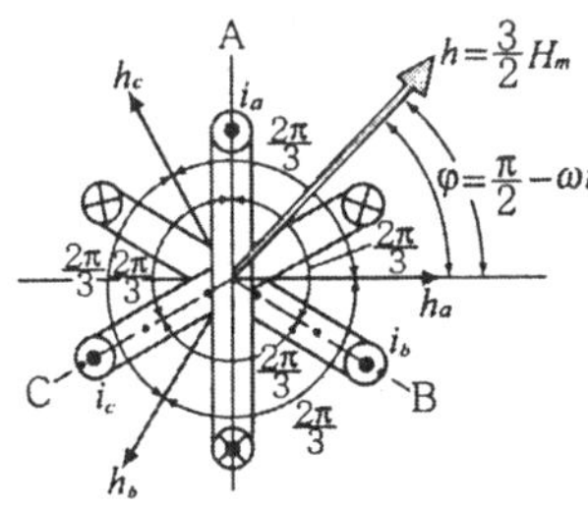

그림 7-36 회전 자계

지금 i_a, i_b, i_c에 의해서 생기는 자계를 h_a, h_b, h_c라 하고 그의 정(+)방향을 그림 7-37과 같이 정하면, A, B, C 각 코일에

$$\left.\begin{aligned} h_a &= H_m \sin \omega t \\ h_b &= H_m \sin\left(\omega t - \frac{2\pi}{3}\right) \\ h_c &= H_m \sin\left(\omega t - \frac{4\pi}{3}\right) \end{aligned}\right\} \qquad (7\text{-}50)$$

의 교번자계를 발생하고, 공간에서는 서로 $2\pi/3$의 각도로 교차된다.

다음에는 이들의 합성자계를 구하기 위하여, 먼저 각각의 자계를 x축과 y축 성분의 자계로 분해하여, x, y 양 축상의 합성 자계의 성분을 h_x, h_y라 하면, 그림으로부터

$$
\begin{aligned}
h_x &= h_{ax} + h_{bx} + h_{cx} \\
&= H_m \sin \omega t + H_m \sin\left(\omega t - \frac{2\pi}{3}\right) \cdot \cos\left(-\frac{2\pi}{3}\right) \\
&\qquad + H_m \sin\left(\omega t - \frac{4\pi}{3}\right) \cdot \cos\left(-\frac{4\pi}{3}\right) \\
&= H_m \left\{ \sin \omega t - \frac{1}{2} \sin\left(\omega t - \frac{2\pi}{3}\right) - \frac{1}{2} \sin\left(\omega t - \frac{4\pi}{3}\right) \right\} \\
&= \frac{3}{2} H_m \sin \omega t
\end{aligned}
\tag{7-51}
$$

$$
\begin{aligned}
h_y &= h_{ay} + h_{by} + h_{cy} \\
&= 0 + H_m \sin\left(\omega t - \frac{2\pi}{3}\right) \cdot \sin\left(-\frac{2\pi}{3}\right) \\
&\qquad + H_m \sin\left(\omega t - \frac{4\pi}{3}\right) \cdot \sin\left(-\frac{4\pi}{3}\right) \\
&= H_m \left\{ \frac{\sqrt{3}}{2} \sin\left(\omega t - \frac{2\pi}{3}\right) - \frac{\sqrt{3}}{2} \sin\left(\omega t - \frac{4\pi}{3}\right) \right\} \\
&= \frac{3}{2} H_m \cos \omega t
\end{aligned}
\tag{7-52}
$$

가 된다.

따라서, 합성 자계를 h, 공간의 위상각을 ϕ라고 하면,

$$h = \sqrt{h_x^2 + h_y^2} = \sqrt{\left(\frac{3}{2} H_m \sin \omega t\right)^2 + \left(\frac{3}{2} H_m \cos \omega t\right)^2} = \frac{3}{2} H_m \tag{7-53}$$

$$\tan \phi = \frac{h_y}{h_x} = \frac{\frac{3}{2} H_m \cos \omega t}{\frac{3}{2} H_m \sin \omega t} = \cot \omega t = \tan\left(\frac{\pi}{2} - \omega t\right)$$

$$\therefore\ \phi = \frac{\pi}{2} - \omega t \tag{7-54}$$

또, $h_x^2 + h_y^2$을 구하면

$$h_x^2 + h_y^2 = \left(\frac{3}{2} H_m \sin \omega t\right)^2 + \left(\frac{3}{2} H_m \cos \omega t\right)^2 = \left(\frac{3}{2} H_m\right)^2 \tag{7-55}$$

로 된다. 따라서 식(7-55)는 원의 방정식으로서, $(h_x,\ h_y)$의 좌표가 반지름 $\frac{3}{2}H_m$의 원이 됨을 알 수 있다. 이와 같은 결과에서 **대칭 3상 교류를 3상 코일에 흘렸을 때, 1상의 최대 자계가 H_m이면, 합성 자계는 $\frac{3}{2}H_m$의 일정한 크기로 시각 t의 변화에 따라 $h_a \to h_b \to h_c$의 방향(자계의 상회전의 순)으로 ω인 각속도로 회전한다**는 것을 알 수 있다. 이와 같이 공간을 회전하는 자계를 **회전 자계**(revolving magnetic field)라 한다. 위에서와 같이 회전 자계의 크기가 시각에 관계없이 일정한 회전 자계를 특히 **원형 회전자계**(circular revolving magnetic field)라 한다.

일반적으로 n개의 코일을 공간에 $\frac{2\pi}{n}$씩 간격을 두어 배치하고 이것에 각 주파수 ω의 대칭 n상 교류의 전류를 흘렸을 때, 1상의 최대 자계의 세기가 H_m이면 합성 자계는 $\frac{n}{2}H_m$로 ω의 각속도로 회전하는 원형 회전 자계를 발생한다.

12-2 비대칭 다상교류가 만드는 회전 자계

대칭 3상 교류의 전류를 3상 코일에 흘리면, 원형 회전 자계를 발생하지만, 만약 흐르는 전류가 비대칭 3상 교류라고 하면

$$h_x = H_1 \sin(\omega t - \theta_1),\ \ h_y = H_2 \cos(\omega t - \theta_2) \tag{7-56}$$

이다.

여기서, $H_1 \neq H_2$, $\theta_1 \neq \theta_2$로 놓을 수 있다. 이것을 변형하면

$$\frac{h_x}{H_1} = \sin(\omega t - \theta_1) = \sin\omega t\cos\theta_1 - \cos\omega t\sin\theta_1 \tag{a}$$

$$\frac{h_y}{H_2} = \cos(\omega t - \theta_2) = \cos\omega t\cos\theta_2 + \sin\omega t\sin\theta_2 \tag{b}$$

로 된다.

윗 식(a), (b)의 관계를 이용하여

(a)×$\sin\theta_2$−(b)×$\cos\theta_1$에서

$$\frac{h_x}{H_1}\sin\theta_2-\frac{h_y}{H_2}\cos\theta_1=-\cos\omega t(\cos\theta_1\cos\theta_2+\sin\theta_1\sin\theta_2)$$

$$=-\cos\omega t\cos(\theta_1-\theta_2) \qquad \text{(c)}$$

(a)×$\cos\theta_2$+(b)×$\sin\theta_1$에서

$$\frac{h_x}{H_1}\cos\theta_2+\frac{h_y}{H_2}\sin\theta_1=\sin\omega t(\cos\theta_1\cos\theta_2+\sin\theta_1\sin\theta_2)$$

$$=\sin\omega t\cos(\theta_1-\theta_2) \qquad \text{(d)}$$

$(c)^2+(d)^2$에서

$$\frac{{h_x}^2}{{H_1}^2}+\frac{{h_y}^2}{{H_2}^2}+2\frac{h_xh_y}{H_1H_2}\sin(\theta_1-\theta_2)=\cos^2(\theta_1-\theta_2) \qquad \text{(7-57)}$$

을 얻는다. 이것은 수학에서 배운 타원의 일반식으로, 합성 자계 h의 꼭지점 xy 좌표(h_x, h_y)상의 점이 타원상에 있음을 나타내고 있다.

만일 $\theta_1=\theta_2=\theta$와 같은 특별한 경우라고 하면, 식(7-57)은

$$\frac{{h_x}^2}{{H_1}^2}+\frac{{h_y}^2}{{H_2}^2}=1 \qquad \text{(7-58)}$$

로 되고, $H_1 > H_2$라고 하면, 장경 $2H_1$, 단경 $2H_2$인 타원의 식으로 된다.

그리고 이때 합성자계 h는 다음과 같이 된다.

$$h=\sqrt{{h_x}^2+{h_y}^2}=\sqrt{H_1^2\sin^2(\omega t-\theta)+{H_2}^2\cos^2(\omega t-\theta)} \qquad \text{(7-59)}$$

X축에 대한 h의 위상각 ϕ는

$$\phi=\tan^{-1}\frac{h_y}{h_x}=\tan^{-1}\left\{\frac{H_2}{H_1}\cot(\omega t-\theta)\right\} \qquad \text{(7-60)}$$

이다.

각속도를 ω'라고 하면

$$\omega' = \frac{d\phi}{dt} = -\frac{\omega H_1 H_2}{h^2} \tag{7-61}$$

로 된다. 결국 합성 자계 h는 시각 t에 따라 그림 7-37과 같이 타원으로 변화하여 최대 $h_{max} = H_1$, 최소 $h_{min} = H_2$로 된다. 그래서 각속도 ω'는, h_{max}일 때 $\omega H_2 / H_1$으로 최소로 되고, h_{min}일 때 $\omega H_1 / H_2$으로 최대가 된다. 또 ω'는 $(-)$이므로 시계 방향으로 회전 자계와 동일한 방향이 된다. 이와 같은 자계를 **타원 회전자계**(elliptic revolving magnetic field)라고 한다.

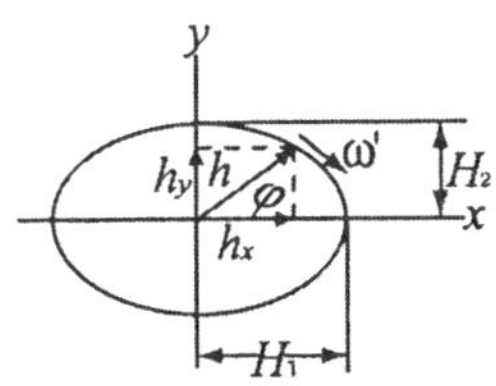

그림 7-37 타원 회전자계

제13절 3상 불평형회로

3상 교류에서는 대칭 3상 평형회로가 되도록 설계되어 보수되고 있으나, 실제로는 전원이 대칭이라고 하여도 부하가 불평형인 경우도 있고 또 사고 시에는 전원이나 부하도 비대칭인 경우가 발생한다.

이와 같은 불평형 회로의 일반적 해법으로는, 다음 장에서 배울 대칭좌표법이 있으나, 간단한 불평형 회로에서는 키르히호프의 법칙을 사용하여 기호법을 이용해서 계산할 수 있다. 이 절에서는 먼저, 간단한 3상 불평형 회로를 다루는 방법을 배우기로 하자.

13-1 불평형 Y부하

(1) 중성점 접지식 Y-Y회로(3상 4선식회로)

그림 7-38과 같이 $\dot{E}_a$, $\dot{E}_b$, $\dot{E}_c$의 대칭 혹은 비대칭의 3상 기전력을 갖는 전원에 $\dot{Z}_a$, $\dot{Z}_b$, $\dot{Z}_c$의 불평형 부하를 접속한 회로가 있다. 중성점 OO′ 사이의 임피던스가 $\dot{Z}_n$인 경우에 관해서 생각하여 보자.

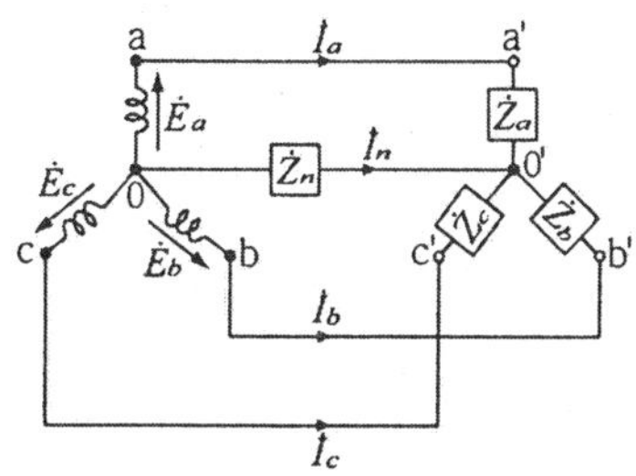

그림 7-38 3상 4선식 불평형 회로

먼저, 전원의 중성점 O를 기준이 되는 영전위라고 하면, 부하의 중성점 O′는 어떤 전위 $\dot{V}_n$을 갖는다.

또한, $\dot{Y}_a = 1/\dot{Z}_a$, $\dot{Y}_b = 1/\dot{Z}_b$, $\dot{Y}_c = 1/\dot{Z}_c$이라 하면 다음 식이 성립한다.

$$\left.\begin{aligned}&\dot{I}_a = (\dot{E}_a - \dot{V}_n)\dot{Y}_a, \quad \dot{I}_b = (\dot{E}_b - \dot{V}_n)\dot{Y}_b \\ &\dot{I}_c = (\dot{E}_c - \dot{V}_n)\dot{Y}_c, \quad \dot{I}_n = -\dot{Y}_n\dot{V}_n\end{aligned}\right\} \tag{7-62}$$

$$\dot{I}_a + \dot{I}_b + \dot{I}_c + \dot{I}_n = 0 \tag{7-63}$$

식(7-63)에 식(7-62)의 관계를 대입하여

$$(\dot{E}_a - \dot{V}_n)\dot{Y}_a + (\dot{E}_b - \dot{V}_n)\dot{Y}_b + (\dot{E}_c - \dot{V}_n)\dot{Y}_c - \dot{Y}_n\dot{V}_n = 0$$

$$\therefore \ \dot{V}_n = \frac{\dot{Y}_a\dot{E}_a + \dot{Y}_b\dot{E}_b + \dot{Y}_c\dot{E}_c}{\dot{Y}_a + \dot{Y}_b + \dot{Y}_c + \dot{Y}_n} \tag{7-64}$$

이다.

따라서, $\dot{V}_n$을 구하면, 식(7-62)에서 $\dot{I}_a$, $\dot{I}_b$, $\dot{I}_c$, $\dot{I}_n$을 구할 수 있다.

(2) 중성점 비접지식 Y-Y회로

그림 7-39와 같은 3상 3선식 Y-Y회로는, (1)의 경우의 그림 7-38에서 $\dot{Y}_n = 0$, $\dot{I}_n = 0$인 경우와 같기 때문에 식(7-62), (7-63)에 $\dot{Y}_n = 0$, $\dot{I}_n = 0$의 조건을 넣으면 결과가 얻어진다. 또한, 전원만이 대칭인 경우는 $\dot{E}_a - E$ 라고 하면, $\dot{E}_b = a^2 E$, $\dot{E}_c = aE$의 관계를 사용하여 계산하면 된다.

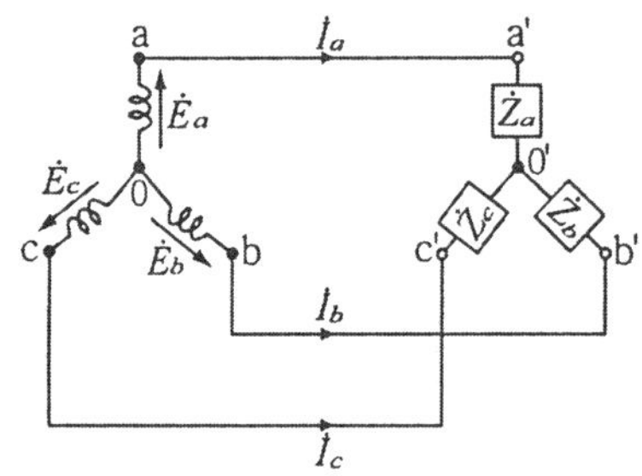

그림 7-39 Y-Y불평형 회로

例題 4. 대칭 3상 기전력 $\dot{E}_a$, $\dot{E}_b$, $\dot{E}_c$인 전원에 그림 7-40과 같은 C_a, C_b, C_c의 정전용량을 접속하고 O′를 접지했을 때, 전원의 중성점 O의 접지전위 $\dot{V}_n$을 구하여라. 여기서, 전원의 각주파수는 ω로 한다.

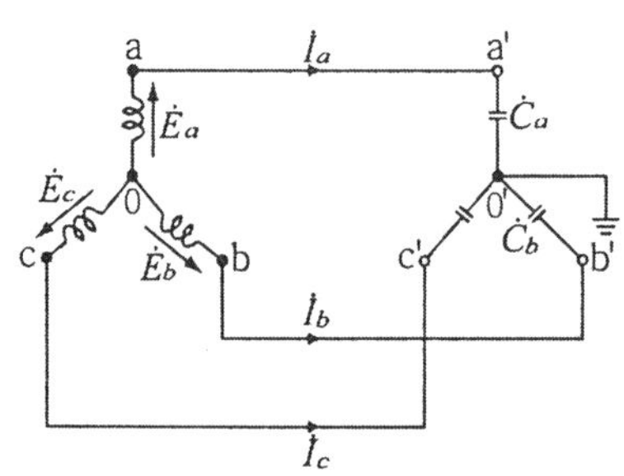

그림 7-40

解答 선 전류를 $\dot{I}_a$, $\dot{I}_b$, $\dot{I}_c$라고 하면

$$\dot{I}_a+\dot{I}_b+\dot{I}_c=0 \qquad (7\text{-}65)$$

로 되고, $\dot{I}_a=(\dot{E}_a+\dot{V}_n)j\omega C_a$, $\dot{I}_b=(\dot{E}_b+\dot{V}_n)j\omega C_b$, $\dot{I}_c=(\dot{E}_c+\dot{V}_n)j\omega C_c$ 이므로 식(7-65)는

$$(\dot{E}_a+\dot{V}_n)j\omega C_a+(\dot{E}_b+\dot{V}_n)j\omega C_b+(\dot{E}_c+\dot{V}_n)j\omega C_c=0$$

$$\therefore\ \dot{V}_n=\frac{\dot{E}_aC_a+\dot{E}_bC_b+\dot{E}_cC_c}{C_a+C_b+C_c} \qquad (7\text{-}66)$$

이다.

$$\dot{E}_a=E \text{ 라고 하면, } \dot{E}_b=a^2E=\left(-\frac{1}{2}-j\frac{\sqrt{3}}{2}\right)E,$$

$$\dot{E}_c=aE=\left(-\frac{1}{2}+j\frac{\sqrt{3}}{2}\right)E$$

이므로, 이 관계를 식(7-66)에 대입하여 정리하면 다음과 같다.

$$\dot{V}_n=\frac{\sqrt{C_a(C_a-C_b)+C_b(C_b-C_c)+C_c(C_c-C_a)}}{C_a+C_b+C_c}\cdot E \qquad (7\text{-}67)$$

(3) Δ-Y회로

전원의 임피던스가 극히 적을 때는 3상 단자 전압은 부하에 관계없이 거의 일정하게 된다. 이와 같이 부하에 관계없이 일정한 Δ전압(선간전압) $\dot{V}_{ab}$, $\dot{V}_{bc}$, $\dot{V}_{ca}$를 갖는 전원에, 그림 7-41과 같이 $\dot{Z}_a$, $\dot{Z}_b$, $\dot{Z}_c$를 접속한 경우의 선 전류를 구하여 보자.

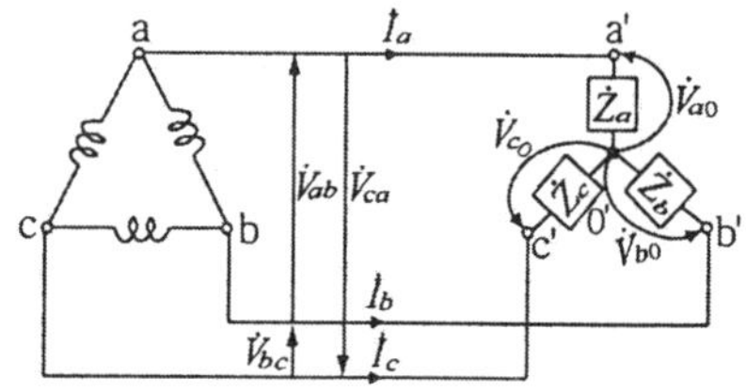

그림 7-41

이 Δ전압(선간 전압) 상호간에는 $\dot{V}_{ab}+\dot{V}_{bc}=-\dot{V}_{ca}$의 관계가 있으므로

$$\dot{V}_{ab}+\dot{V}_{bc}+\dot{V}_{ca}=0$$

의 관계가 있고, 그림 7-41에서 다음 식이 성립한다.

$$\left.\begin{aligned}\dot{Z}_a\dot{I}_a-\dot{Z}_b\dot{I}_b &= \dot{V}_{ab}\\ \dot{Z}_b\dot{I}_b-\dot{Z}_c\dot{I}_c &= \dot{V}_{bc}\\ \dot{I}_a+\dot{I}_b+\dot{I}_c &= 0\end{aligned}\right\} \tag{7-68}$$

이것을 풀면 다음 식과 같이 된다.

$$\dot{I}_a=\frac{\begin{vmatrix}\dot{V}_{ab} & -\dot{Z}_b & 0\\ \dot{V}_{bc} & \dot{Z}_b & -\dot{Z}_c\\ 0 & 1 & 1\end{vmatrix}}{\begin{vmatrix}\dot{Z}_a & -\dot{Z}_b & 0\\ 0 & \dot{Z}_b & -\dot{Z}_c\\ 1 & 1 & 1\end{vmatrix}}=\frac{\dot{Z}_b(\dot{V}_{ab}+\dot{V}_{bc})+\dot{Z}_c\dot{V}_{ab}}{\dot{Z}_a\dot{V}_b+\dot{Z}_b\dot{V}_c+\dot{Z}_c\dot{V}_a}=\frac{\dot{Z}_c\dot{V}_{ab}-\dot{Z}_b\dot{V}_{ca}}{\Delta}$$

$$\dot{I}_b=\frac{\begin{vmatrix}\dot{Z}_a & \dot{V}_{ab} & 0\\ 0 & \dot{V}_{bc} & -\dot{Z}_c\\ 1 & 0 & 1\end{vmatrix}}{\Delta}=\frac{\dot{Z}_a\dot{V}_{bc}-\dot{Z}_c\dot{V}_{ab}}{\Delta}$$

$$\dot{I}_c=\frac{\begin{vmatrix}\dot{Z}_a & -\dot{Z}_b & \dot{V}_{ab}\\ 0 & \dot{Z}_b & \dot{V}_{bc}\\ 1 & 1 & 0\end{vmatrix}}{\Delta}=\frac{-\dot{Z}_b(\dot{V}_{bc}+\dot{V}_{ab})-\dot{Z}_a\dot{V}_{bc}}{\Delta}=\frac{\dot{Z}_b\dot{V}_{ca}-\dot{Z}_a\dot{V}_{bc}}{\Delta} \tag{7-69}$$

여기서, $\Delta=\dot{Z}_a\dot{Z}_b+\dot{Z}_b\dot{Z}_c+\dot{Z}_c\dot{Z}_a$이다.

또, 이 때의 부하의 성형전압 $\dot{V}_{a0}'$, $\dot{V}_{b0}'$, $\dot{V}_{c0}'$이다.

$$\left.\begin{aligned}\dot{V}_{a0}'&=\dot{Z}_a\dot{I}_a=\frac{\dot{Z}_a\dot{Z}_c\dot{V}_{ab}-\dot{Z}_a\dot{Z}_b\dot{V}_{ca}}{\Delta}\\ \dot{V}_{b0}'&=\dot{Z}_b\dot{I}_b=\frac{\dot{Z}_a\dot{Z}_b\dot{V}_{bc}-\dot{Z}_b\dot{Z}_c\dot{V}_{ab}}{\Delta}\\ \dot{V}_{c0}'&=\dot{Z}_c\dot{I}_c=\frac{\dot{Z}_b\dot{Z}_c\dot{V}_{ca}-\dot{Z}_c\dot{Z}_a\dot{V}_{bc}}{\Delta}\end{aligned}\right\} \tag{7-70}$$

例題 5. 그림 7-42와 같이 $\dot{Z}_a=\dot{Z}_b=R$, $\dot{Z}_c=jX=jR$의 임피던스를 성형으로 접속하고, abc 단자에 대칭 3상전압 $\dot{V}_{ab}=V$, $\dot{V}_{bc}=a^2V$, $\dot{V}_{ca}=aV$를 인가했을 때 부하의 성형전압을 구하여라.

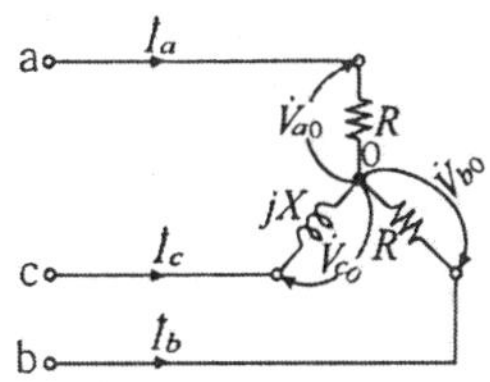

그림 7-42

解答 식(7-69)에 있어서, $\Delta=\dot{Z}_a\dot{Z}_b+\dot{Z}_b\dot{Z}_c+\dot{Z}_c\dot{Z}_a=R^2(1+j2)$가 되므로, 성형전압을 $\dot{V}_{a0}$, $\dot{V}_{b0}$, $\dot{V}_{c0}$라고 하면, 다음 식과 같이 된다.

$$\dot{V}_{a0}=\frac{jR^2\dot{V}_{ab}-R^2\dot{V}_{ca}}{R^2(1+j2)}=\frac{(j-a)V}{1+j2}=\frac{j+\frac{1}{2}-j\frac{\sqrt{3}}{2}}{1+j2}V$$

$$=\frac{1+j(2-\sqrt{3})}{2(1+j2)}V$$

$$\dot{V}_{b0}=\frac{R^2\dot{V}_{bc}-jR^2\dot{V}_{ab}}{R^2(1+j2)}=\frac{(a^2-j)V}{1+j2}=\frac{-\frac{1}{2}-j\frac{\sqrt{3}}{2}-j}{1+j2}V$$

$$=\frac{-1-j(2+\sqrt{3})}{2(1+2)}V$$

$$\dot{V}_{c0}=\frac{jR^2\dot{V}_{ca}-jR^2\dot{V}_{bc}}{R^2(1+j2)}=\frac{j(a-a^2)}{1+j2}V=-\frac{\sqrt{3}}{1+j2}V$$

그러므로 윗 식의 절대치를 구하면

$\dot{V}_{a0}=0.232V$, $\dot{V}_{b0}=0.864V$, $\dot{V}_{c0}=0.776V$

이다. 따라서, 상회전이 a→b→c일 때는, 성형 전압은 a상이 최소, b상이 최대로 되기 때문에 a상과 b상의 저항 R 대신에 전구를 사용하면 그 밝기로부터 전압을 알 수 있으므로 상순은 어두운 전구에서 밝은 전구의 순서로 됨을 판정할 수 있다.

13-2 불평형 △부하

그림 7-43와 같이 $\dot{Z}_{ab}$, $\dot{Z}_{bc}$, $\dot{Z}_{ca}$의 △결선인 불평형 부하에 $\dot{V}_{ab}$, $\dot{V}_{bc}$, $\dot{V}_{ca}$ 대칭 3상 전압을 인가했을 때를 생각하여 보자.

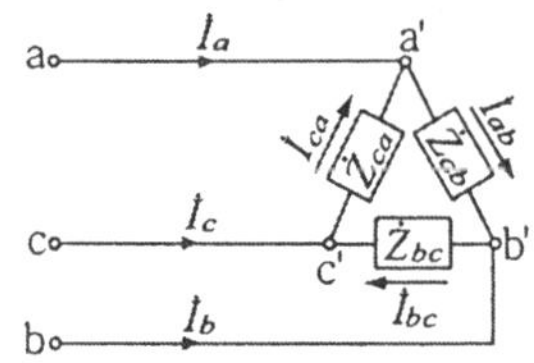

그림 7-43

이때, 각 임피던스에는 각각 선간 전압(△전압)이 인가되므로 부하의 상 전류(△전류) $\dot{I}_{ab}$, $\dot{I}_{bc}$, $\dot{I}_{ca}$는

$$\dot{I}_{ab}=\frac{\dot{V}_{ab}}{\dot{Z}_{ab}},\quad \dot{I}_{bc}=\frac{\dot{V}_{bc}}{\dot{Z}_{bc}},\quad \dot{I}_{ca}=\frac{\dot{V}_{ca}}{\dot{Z}_{ca}} \tag{7-72}$$

로서 간단히 알 수 있다. 또 선전류(성형 전류) $\dot{I}_a$, $\dot{I}_b$, $\dot{I}_c$와 상전류(△전류) 사이에는 다음과 같은 관계가 있다.

$$\left.\begin{aligned} &\dot{I}_a=\dot{I}_{ab}-\dot{I}_{ca}\\ &\dot{I}_b=\dot{I}_{bc}-\dot{I}_{ab}\\ &\dot{I}_c=\dot{I}_{ca}-\dot{I}_{bc}\\ &\dot{I}_a+\dot{I}_b+\dot{I}_c=0 \end{aligned}\right\} \tag{7-73}$$

따라서, 식(7-73)에 식(7-72)의 관계를 대입하면 선전류는

$$\left.\begin{aligned}\dot{I}_a &= \frac{\dot{V}_{ab}}{\dot{Z}_{ab}} - \frac{\dot{V}_{ca}}{\dot{Z}_{ca}} \\ \dot{I}_b &= \frac{\dot{V}_{bc}}{\dot{Z}_{bc}} - \frac{\dot{V}_{ab}}{\dot{Z}_{ab}} \\ \dot{I}_c &= \frac{\dot{V}_{ca}}{\dot{Z}_{ca}} - \frac{\dot{V}_{bc}}{\dot{Z}_{bc}}\end{aligned}\right\} \tag{7-74}$$

로서 구할 수 있다.

제14절 임피던스의 △결선과 Y결선의 등가 환산

3상 회로 뿐 아니라 일반적인 전기회로에서는, 그림 7-44와 같은 임피던스의 △결선을 등가인 Y결선으로 환산하거나 또는 이의 반대로 환산하여 계산하면 편리한 경우가 많다.

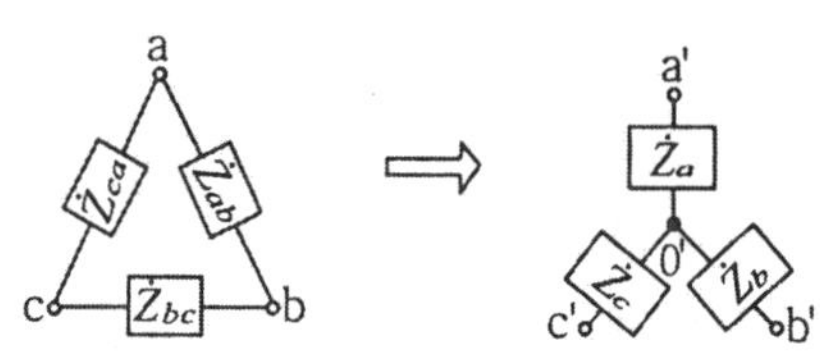

그림 7-44

그러면 환산하는 방법에 관해서 알아 보기로 하자.

그림 7-44의 (a)가 (b)와 등가가 되기 위해서는 abc 단자에서 본 임피던스가 같아야 하므로

$$\text{ab 단자 사이에는} \quad \dot{Z}_a + \dot{Z}_b = \frac{\dot{Z}_{ab}(\dot{Z}_{bc} + \dot{Z}_{ca})}{\dot{Z}_{ab} + \dot{Z}_{bc} + \dot{Z}_{ca}} \tag{a}$$

bc 단자 사이에는 $\dot{Z}_b+\dot{Z}_c=\dfrac{\dot{Z}_{bc}(\dot{Z}_{ab}+\dot{Z}_{ca})}{\dot{Z}_{ab}+\dot{Z}_{bc}+\dot{Z}_{ca}}$ (b)

ca 단자 사이에는 $\dot{Z}_c+\dot{Z}_a=\dfrac{\dot{Z}_{ca}(\dot{Z}_{ab}+\dot{Z}_{bc})}{\dot{Z}_{ab}+\dot{Z}_{bc}+\dot{Z}_{ca}}$ (c)

의 관계가 필요하다. 여기서, 식 {(a)+(b)+(c)}/2를 구하면

$$\dot{Z}_a+\dot{Z}_b+\dot{Z}_c=\frac{\dot{Z}_{ab}\dot{Z}_{bc}+\dot{Z}_{bc}\dot{Z}_{ca}+\dot{Z}_{ca}\dot{Z}_{ab}}{\dot{Z}_{ab}+\dot{Z}_{bc}+\dot{Z}_{ca}} \tag{d}$$

$$\left.\begin{aligned}
&\text{(c)}-\text{(b)에서 } \dot{Z}_a=\frac{\dot{Z}_{ca}\dot{Z}_{ab}}{\dot{Z}_{ab}+\dot{Z}_{bc}+\dot{Z}_{ca}}\\
&\text{(a)}-\text{(c)에서 } \dot{Z}_b=\frac{\dot{Z}_{ab}\dot{Z}_{bc}}{\dot{Z}_{ab}+\dot{Z}_{bc}+\dot{Z}_{ca}}\\
&\text{(a)}-\text{(b)에서 } \dot{Z}_c=\frac{\dot{Z}_{bc}\dot{Z}_{ca}}{\dot{Z}_{ab}+\dot{Z}_{bc}+\dot{Z}_{ca}}
\end{aligned}\right\} \tag{7-25}$$

로 된다.

결국, △결선을 Y결선으로 환산하려면, △결선의 임피던스의 접속점에 접속되어 있는 양 임피던스를 곱하여 이것을 임피던스의 총합으로 나누면 된다. 또한, 식 (7-75)에서, 반대로 $\dot{Z}_{ab}$, $\dot{Z}_{bc}$, $\dot{Z}_{ca}$를 구하면, 다음과 같이 된다.

$$\left.\begin{aligned}
\dot{Z}_{ab}&=\dot{Z}_a\left(\frac{\dot{Z}_{ab}}{\dot{Z}_{ca}}+\frac{\dot{Z}_{bc}}{\dot{Z}_{ca}}+1\right)\\
\dot{Z}_{bc}&=\dot{Z}_b\left(1+\frac{\dot{Z}_{bc}}{\dot{Z}_{ab}}+\frac{\dot{Z}_{ca}}{\dot{Z}_{ab}}\right)\\
\dot{Z}_{ca}&=\dot{Z}_c\left(\frac{\dot{Z}_{ab}}{\dot{Z}_{bc}}+1+\frac{\dot{Z}_{ca}}{\dot{Z}_{bc}}\right)
\end{aligned}\right\} \tag{e}$$

그리고 $\dot{Z}_a$, $\dot{Z}_b$, $\dot{Z}_c$ 사이에는 식(7-75)에서

$$\frac{\dot{Z}_a}{\dot{Z}_b}=\frac{\dot{Z}_{ca}}{\dot{Z}_{bc}},\quad \frac{\dot{Z}_b}{\dot{Z}_c}=\frac{\dot{Z}_{ab}}{\dot{Z}_{ca}},\quad \frac{\dot{Z}_c}{\dot{Z}_a}=\frac{\dot{Z}_{bc}}{\dot{Z}_{ab}} \tag{f}$$

의 관계가 있으므로, 식 (f)를 식 (e)에 대입하여 정리하면,

$$\left.\begin{aligned}\dot{Z}_{ab}&=\frac{\dot{Z}_a\dot{Z}_b+\dot{Z}_b\dot{Z}_c+\dot{Z}_c\dot{Z}_a}{\dot{Z}_c}\\ \dot{Z}_{bc}&=\frac{\dot{Z}_a\dot{Z}_b+\dot{Z}_b\dot{Z}_c+\dot{Z}_c\dot{Z}_a}{\dot{Z}_a}\\ \dot{Z}_{ca}&=\frac{\dot{Z}_a\dot{Z}_b+\dot{Z}_b\dot{Z}_c+\dot{Z}_c\dot{Z}_a}{\dot{Z}_b}\end{aligned}\right\} \tag{7-76}$$

로 된다. 그러므로 Y결선을 △결선을 환산하려면, 식 (7-76)과 같이 2개씩 잡아서 조합되는 임피던스를 각각 곱하여 합한 것을 직접 접속되지 않는 임피던스로 나누면 된다.

임피던스가 서로 같은 경우

이상의 관계는 각 임피던스가 서로 다른 경우이지만, 만일 3개의 임피던스가 서로 같은 3상 평형부하일 때는, △의 각 임피던스를 $\dot{Z}_{\triangle}$, Y의 각 임피던스를 $\dot{Z}_y$라고 보면, 식 (7-75)와 식 (7-76)에 의해서

$$\dot{Z}_y=\frac{\dot{Z}_{\triangle}}{3},\ Z_{\triangle}=3\dot{Z}_y \tag{7-77}$$

로 된다.

7 연/습/문/제 Exercise

01 대칭 6상식의 성형전압 200[V], 성형전류 10[A]일 때, 선간전압과 선전류는 얼마인가?

02 대칭 12상식의 환상전압이 100[V], 환상전류가 5[A]일 때, 성형전압과 성형전류는 얼마인가? 여기서, $\sin 15° = 0.2588$이다.

03 3상 교류 발전기가 있다. e_a, e_b, e_c의 3상 대칭 기전력을 발생하여 각각의 실효치는 E[V]이다. 이것을 그림 7-45 (a), (b)와 같이 접속하여 S를 닫아서 선간 단락으로 하였을 때 흐르는 전류를 구하여라. 여기서, 발전기 권선 1상의 임피던스는 Z[Ω]로 한다.

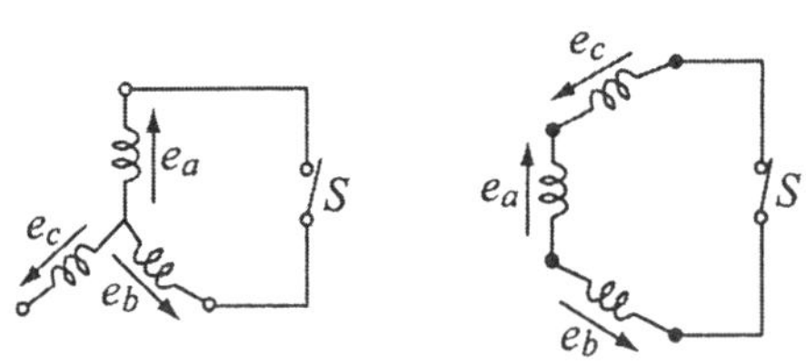

그림 7-45

04 그림 7-46와 같이 3상 △결선의 발전기가 대칭 기전력을 발생하여, 각각의 값은 200[V]이라 한다. 그림의 d, e, f를 각 권선의 중앙이라고 하면, de, ef, fa의 전압은 얼마인가?

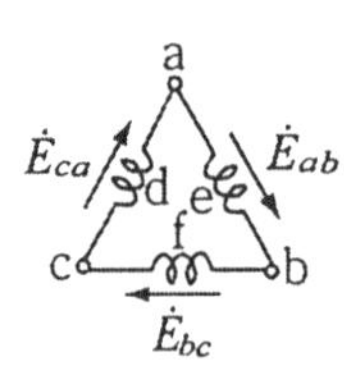

그림 7-46

05 3상 △-△결선의 2차측에 200[V], 100[kVA], 역률 0.85의 평형부하가 접속되어 있다. 변압기의 2차측 전류는 얼마인가?

06 5[kW], 200[V]의 3상 유도 전동기가 있다. 전동기의 효율 80%, 역률 85%일 때, 전동기에 유입하는 전류를 구하여라.

07 3상 평형부하가 있다. 선간전압 3000[V], 선전류 20[A], 역률 0.8(뒤짐)이다. 부하가 Y결선일 때 각 상의 저항 R와 리액턴스 X는 얼마인가?

08 서로 같은 6개의 저항 r를, 그림 7-47과 같이 접속하여, 평형 3상전압 E를 가했을 때의 전류 I_1과 I_2를 구하여라.

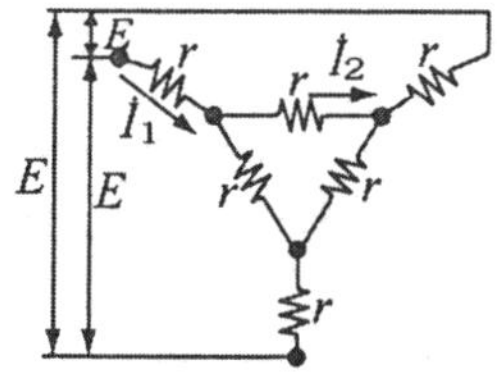

그림 7-47

09 전압 200[V]의 3상 회로에 그림 7-48과 같은 평형부하를 접속했을 때, 선로전류와 부하의 역률을 구하여라. 여기서, $\omega = 2\pi f$, f는 주파수로 한다.

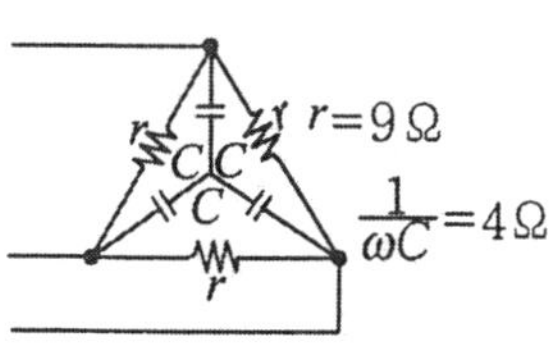

그림 7-48

10 임피던스 $R+jX$의 △결선의 회로에 3상 평형전압 V[V]를 가하고 있을 때, 그림 7-49와 같이 절단되었다. 이 때 부하의 전력은 절단하기 전의 몇 배로 되느냐?

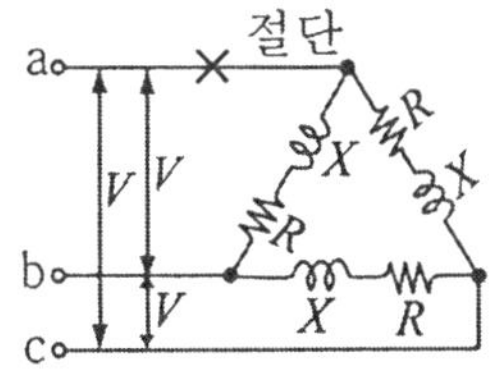

그림 7-49

11 그림 7-50과 같은 3상 평형부하에 220[V]의 3상 평형전압을 가했을 때의 선전류, 상전류 및 $a'b'$간의 전압을 구하여라.

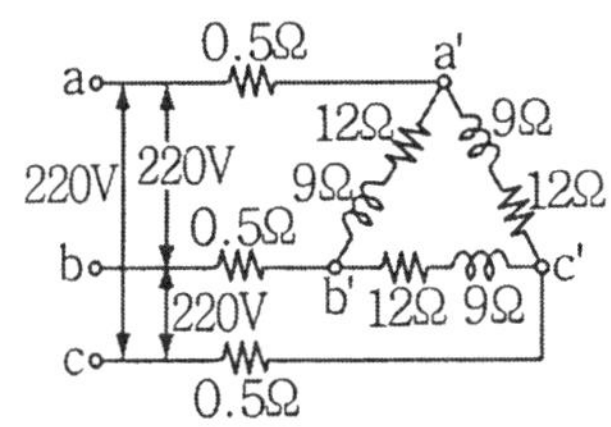

그림 7-50

12 그림 7-51과 같은 단상 회로의 ab 단자에 $\dot{V}$의 전압을 가하고, 용량 리액턴스 X_c를 가감하여 양 분로에 흐르는 전류 $\dot{I}_1$과 $\dot{I}_2$의 크기가 같고 $\dot{I}_2$는 $\dot{I}_1$보다 $\pi/2$ [rad] 앞서는 위상의 2상 교류를 얻기 위한 조건을 구하여라.

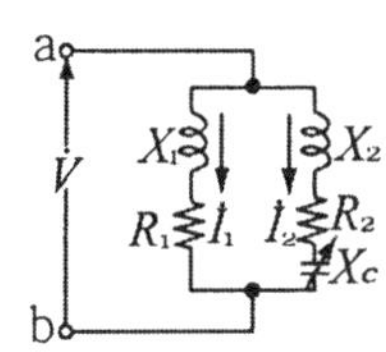

그림 7-51

13 그림 7-52와 같은 2상 3선식 회로에서 $\dot{E}_a = 100[\text{V}]$, $\dot{E}_b = j100[\text{V}]$이다. $\dot{Z}_a = \dot{Z}_b = 15 + j20[\Omega]$, $\dot{Z}_n = 2[\Omega]$일 때, 각 선의 전류 $\dot{I}_a$, $\dot{I}_b$, $\dot{I}_n$을 구하여라.

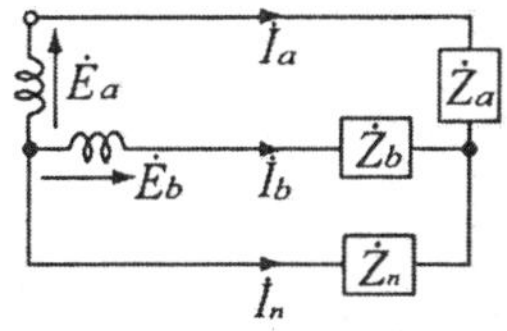

그림 7-52

14 그림 7-53과 같은 3상 4선식 회로의 각선에 흐르는 전류를 구하여라. 여기서, 각 선의 중성선에 대한 전압은 120[V]의 대칭 3상전압이고, $r_1 = 3[\Omega]$, $r_2 = 6[\Omega]$, $r_3 = 15[\Omega]$이다.

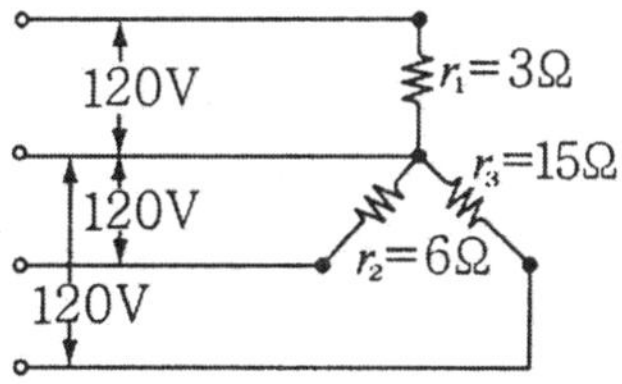

그림 7-53

15 그림 7-54에서 $\dot{Z}_1 = 10 - j10\sqrt{3}[\Omega]$, $\dot{Z}_2 = 10 + j10\sqrt{3}[\Omega]$, $\dot{Z}_3 = 20[\Omega]$이다. 이것에 200[V]의 대칭 3상전압을 인가했을 때, 선전류 I_a, I_b, I_c와 상전류 I_1, I_2, I_3를 구하여라.

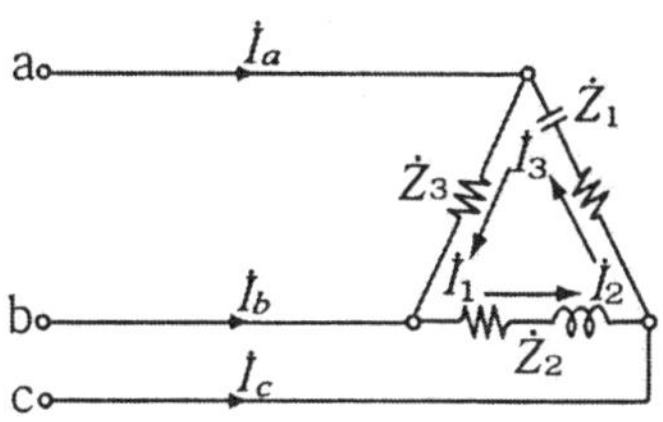

그림 7-54

16 그림 7-55와 같은 불평형 3상 저항부하의 abc 단자에 200[V]의 평형 3상 교류 전압을 인가했을 때 2[Ω], 6[Ω], 4[Ω]의 단자 전압을 구하여라.

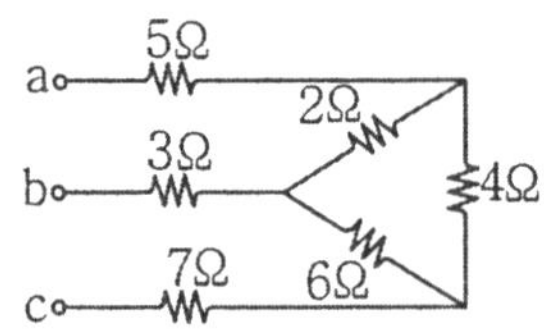

그림 7-55

17 그림 7-56과 같은 비접지식 3상 3선식 회로에서, b, c 상이 저항 R_1[Ω] 및 R_2[Ω]을 통하여 접지되었을 때, R_1, R_2에 흐르는 전류와 건전한 a상의 전압은 얼마인가? 여기서, 선로는 V[V]의 3상 전압이고 대지 정전용량은 C[F], 기타의 선로 정수는 무시한다.

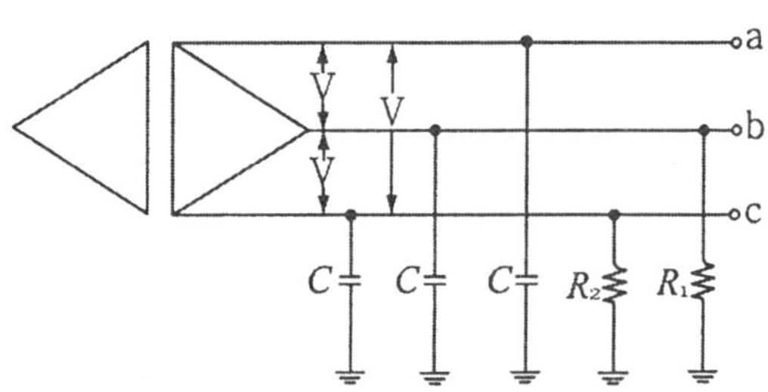

그림 7-56

CHAPTER 8

대칭좌표법

제 1 절 대칭좌표법

3상 불평형 회로의 계산은 앞 장의 끝 부분에서 배운 바와 같이, 극히 간단한 회로에서도 평형회로에 비하여 복잡하게 된다. 따라서, 3상회로의 지락, 단락사고, 교류발전기의 불평형과 같은 불평형 회로로 되면 다루기가 더욱 복잡하게 된다.

이 다상 비대칭회로계산의 해석방법으로서, Fortesque에 의해서 창시된 것이 **대칭좌표법**(system of symmetrical coordinate)이다. 이것은 비대칭 n상회로의 전압(전류)을 n조의 대칭전압(전류)으로 분해하고, 이 분해된 대칭전압(전류)에 대해서 각각 계산하여 이것을 합하여 결과를 얻는 방법이다. 이 대칭좌표법은 일반적인 비대칭 n상 교류회로의 계산에 이용되지만 실제로는 거의 3상회로에 응용되고 있으므로 여기서는 3상교류에 한해서 배우기로 하자.

1-1 대칭분의 분해

비대칭 3상회로에 전류 $\dot{I}_a$, $\dot{I}_b$, $\dot{I}_c$가 있고, 그 상순이 a→b→c인 경우 $\dot{I}_a$를 기준 벡터로 하고, 다음과 같은 3개의 대칭적인 벡터 $\dot{I}_{a0}$, $\dot{I}_{a1}$, $\dot{I}_{a2}$를 생각한다.

$$\left.\begin{aligned} \dot{I}_{a0} &= \frac{1}{3}(\dot{I}_a + \dot{I}_b + \dot{I}_c) \\ \dot{I}_{a1} &= \frac{1}{3}(\dot{I}_a + a\dot{I}_b + a^2\dot{I}_c) \\ \dot{I}_{a2} &= \frac{1}{3}(\dot{I}_a + a^2\dot{I}_b + a\dot{I}_c) \end{aligned}\right\} \tag{8-1}$$

여기서,

$$a = \varepsilon^{j2\pi/3} = \cos\frac{2\pi}{3} + j\sin\frac{2\pi}{3} = -\frac{1}{2} + j\frac{\sqrt{3}}{2}$$

$$a^2 = \varepsilon^{j4\pi/3} = \cos\frac{4\pi}{3} + j\sin\frac{4\pi}{3} = -\frac{1}{2} - j\frac{\sqrt{3}}{2}$$

이다. 식(8-1)에서 $\dot{I}_a$, $\dot{I}_b$, $\dot{I}_c$를 구하면, $1 + a + a^2 = 0$, $a^3 = 1$이므로

$$\left.\begin{aligned} \dot{I}_a &= \dot{I}_{a0} + \dot{I}_{a1} + \dot{I}_{a2} \\ \dot{I}_b &= \dot{I}_{a0} + a^2\dot{I}_{a1} + a\dot{I}_{a2} \\ \dot{I}_c &= \dot{I}_{a0} + a\dot{I}_{a1} + a^2\dot{I}_{a2} \end{aligned}\right\} \tag{8-2}$$

로 된다. 또 식(8-1)과 식(8-2)를 행렬로 나타내면, 다음과 같다.

$$\begin{bmatrix} \dot{I}_{a0} \\ \dot{I}_{a1} \\ \dot{I}_{a2} \end{bmatrix} = \frac{1}{3}\begin{bmatrix} 1 & 1 & 1 \\ 1 & a & a^2 \\ 1 & a^2 & a \end{bmatrix}\begin{bmatrix} \dot{I}_a \\ \dot{I}_b \\ \dot{I}_c \end{bmatrix} = [A]\begin{bmatrix} \dot{I}_a \\ \dot{I}_b \\ \dot{I}_c \end{bmatrix} \tag{8-3}$$

$$\begin{bmatrix} \dot{I}_a \\ \dot{I}_b \\ \dot{I}_c \end{bmatrix} = \frac{1}{3}\begin{bmatrix} 1 & 1 & 1 \\ 1 & a^2 & a \\ 1 & a & a^2 \end{bmatrix}\begin{bmatrix} \dot{I}_{a0} \\ \dot{I}_{a1} \\ \dot{I}_{a2} \end{bmatrix} = [A]^{-1}\begin{bmatrix} \dot{I}_{a0} \\ \dot{I}_{a1} \\ \dot{I}_{a2} \end{bmatrix} \tag{8-4}$$

여기서,

$$[A]=\frac{1}{3}\begin{bmatrix}1 & 1 & 1\\ 1 & a & a^2\\ 1 & a^2 & a\end{bmatrix} \quad [A]^{-1}=\begin{bmatrix}1 & 1 & 1\\ 1 & a^2 & a\\ 1 & a & a^2\end{bmatrix} \tag{8-5}$$

로서, 서로 역행렬의 관계가 있으므로

$$[A][A]^{-1}=[1] \tag{8-6}$$

의 관계가 있다.

1-2 영상분, 정상분, 역상분

비대칭 3상교류 $\dot{I}_a$, $\dot{I}_b$, $\dot{I}_c$는 식(8-1)과 같이 $\dot{I}_{a0}$, $\dot{I}_{a1}$, $\dot{I}_{a2}$의 3개의 대칭분으로 분해되며, 이것을 사용하여 $\dot{I}_a$, $\dot{I}_b$, $\dot{I}_c$를 표시하면 식(8-2)와 같이 된다. 따라서 식(8-2)의 관계를 그림으로 나타내면 그림 8-1(a)와 같이 3상교류 $\dot{I}_a$, $\dot{I}_b$, $\dot{I}_c$가 흐르는 회로는 그림 (b), (c), (d)와 같이 3개의 대칭분의 회로를 중첩하여 합한 것과 등가임을 알 수 있다.

회로 밑에 나타낸 것은 각 회로의 각 상의 위상관계를 나타낸 벡터도이다.

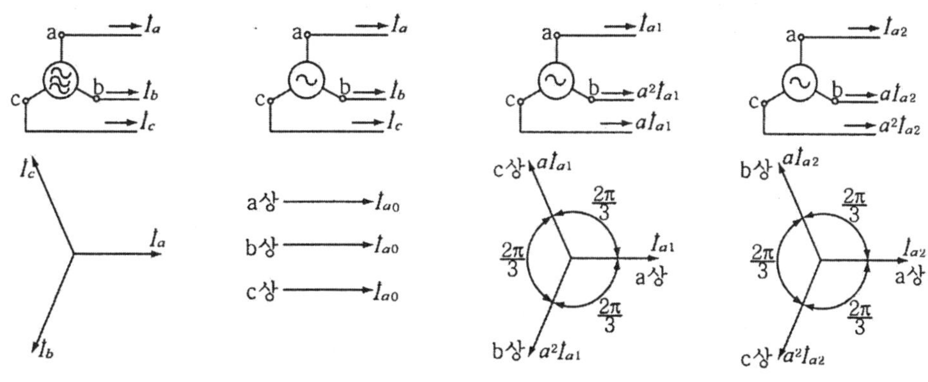

(a) (b) 영상분 (c) 정상분 (d) 역상분

그림 8-1

그림 8-1의 관계에서

① 그림 (b)의 $\dot{I}_{a0}$는 a, b, c 각상 모두 동상, 동일 크기의 전류이다. 따라서 $\dot{I}_{a0}$를 **영상분**(zero-phase sequence component)전류라고 한다.

② 그림 (c)의 $\dot{I}_{a1}$, $a^2\dot{I}_{a1}$, $a\dot{I}_{a1}$은 $\dot{I}_{a1}$을 기준으로 하는 대칭 3상교류로서, 이 상순도 회로전류 $\dot{I}_a$, $\dot{I}_b$, $\dot{I}_c$와 같은 a→b→c의 순으로 되어 있다. 따라서 이 대칭분을 **정상분**(positive-phase sequence component) 전류라고 한다.

③ 그림 (d)의 $\dot{I}_{a2}$, $a\dot{I}_{a2}$, $a^2\dot{I}_{a2}$는 대칭 3상교류이지만, 상순이 a→c→b와 같이 회로전류의 상순과 반대로 되어 있다. 이 때문에 이 대칭분을 **역상분**(negative-phase sequence component) 전류라고 한다.

이로 부터 알 수 있는 바와 같이, 비대칭 3상교류는 각상이 동상인 영상분과 상회전이 서로 반대인 2조의 3상교류인 정상분, 역상분으로 분해할 수 있다.

이와같이 영상분, 정상분, 역상분의 3개의 대칭분으로 나누어 3상 불평형회로를 풀이하는 방법을 **3상회로의 대칭좌표법**이라 한다.

이상의 관계는 전류에 관해 말하였으나, 전압, 기전력에 있어서도 같은 관계를 가진다.

또한, 식(8-1)~(8-4)는 어느 것이나 a상을 기준으로 하였으나, b상 또는 c상을 기준으로 하여도 똑같이 생각할 수 있다. 그러나 일반적으로 a상을 기준으로 하여 다루는 경우가 많고, $\dot{I}_{a0}$, $\dot{I}_{a1}$, $\dot{I}_{a2}$로 나타내는 경우가 많다. 그러나 이 책에서는 a상을 기준으로 한 대칭분을 a를 생략한 $\dot{I}_0$, $\dot{I}_1$, $\dot{I}_2$ 또는 $\dot{V}_0$, $\dot{V}_1$, $\dot{V}_2$와 같이 표시하기로 한다.

例題 1. 대칭 3상전압 $\dot{V}_a$, $\dot{V}_b = a^2\dot{V}_a$, $\dot{V}_c = a\dot{V}_a$일 때, a상을 기준으로 한 대칭분을 구하여라.

解答 a상을 기준으로 하여 대칭분을 각각 $\dot{V}_0$, $\dot{V}_1$, $\dot{V}_2$라고 하면 식(8-1)에 의해

$$\dot{V}_0=\frac{1}{3}(\dot{V}_a+\dot{V}_b+\dot{V}_c)=\frac{1}{3}(\dot{V}_a+a^2\dot{V}_a+a\dot{V}_a)=\frac{1}{3}\dot{V}_a(1+a^2+a)=0$$

$$\dot{V}_1=\frac{1}{3}(\dot{V}_a+a\dot{V}_b+a^2\dot{V}_c)=\frac{1}{3}(\dot{V}_a+a^3\dot{V}_a+a^3\dot{V}_a)=\dot{V}_a$$

$$\dot{V}_2=\frac{1}{3}(\dot{V}_a+a^2\dot{V}_b+a\dot{V}_c)=\frac{1}{3}(\dot{V}_a+a^4\dot{V}_a+a^2\dot{V}_a)$$

$$=\frac{1}{3}\dot{V}_a(1+a+a^2)=0 \tag{8-7}$$

로 된다. 이것을 식(8-3)의 행렬로 나타내면,

$$\begin{bmatrix}\dot{V}_0\\\dot{V}_1\\\dot{V}_2\end{bmatrix}=\frac{1}{3}\begin{bmatrix}1&1&1\\1&a&a^2\\1&a^2&a\end{bmatrix}\begin{bmatrix}\dot{V}_a\\\dot{V}_b\\\dot{V}_c\end{bmatrix}=\frac{1}{3}\begin{bmatrix}1&1&1\\1&a&a^2\\1&a^2&a\end{bmatrix}\begin{bmatrix}\dot{V}_a\\a^2\dot{V}_a\\a\dot{V}_a\end{bmatrix}$$

$$=\frac{1}{3}\begin{bmatrix}\dot{V}_a+a^2\dot{V}_a+a\dot{V}_a\\\dot{V}_a+a^3\dot{V}_a+a^3\dot{V}_a\\\dot{V}_a+a^4\dot{V}_a+a^2\dot{V}_a\end{bmatrix}=\begin{bmatrix}0\\\dot{V}_a\\0\end{bmatrix} \tag{8-8}$$

이다. 따라서, 대칭 3상전압의 영상분과 역상분은 0이 되고, 정상분만 남게 되어 a상의 정상분은 $\dot{V}_a$와 같다. 이것은 전압에 관해서 생각하였으나, 기전력이나 전류에 있어서도 같은 관계를 이룬다. 이러한 관계로부터 대칭 3상회로는 대칭좌표법에서 정상분만의 특별한 경우라고 생각할 수 있다.

例題 2. 불평형3상회로의 경우로서, 비접지식 회로에서 영상분은 0이 되며, 중성점접지식회로(3상 4선식)에서만 영상분이 나타나는 것을 증명하여라.

解答 그림 8-2와 같이 3상교류 $\dot{I}_a$, $\dot{I}_b$, $\dot{I}_c$가 흐르고 있을 때, a상의 대칭분을 각각 $\dot{I}_0$, $\dot{I}_1$, $\dot{I}_2$라고 하면, 식(8-3)에 의하여 다음과 같이 나타낼 수 있다.

$$\begin{bmatrix}\dot{I}_0\\\dot{I}_1\\\dot{I}_2\end{bmatrix}=\frac{1}{3}\begin{bmatrix}1&1&1\\1&a&a^2\\1&a^2&a\end{bmatrix}\begin{bmatrix}\dot{I}_a\\\dot{I}_b\\\dot{I}_c\end{bmatrix}=\frac{1}{3}\begin{bmatrix}\dot{I}_a+\dot{I}_b+\dot{I}_c\\\dot{I}_a+a\dot{I}_b+a^2\dot{I}_c\\\dot{I}_a+a^2\dot{I}_b+a\dot{I}_c\end{bmatrix} \tag{8-9}$$

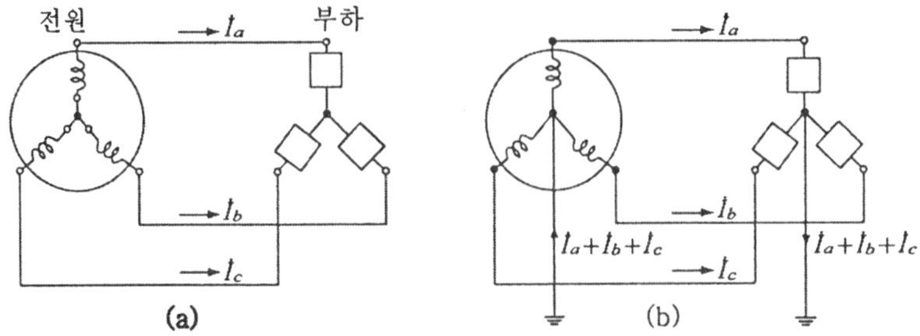

그림 8-2

(1) **비접지식**(그림 8-2(a))
키르히호프의 제1법칙에 의하여 $\dot{I}_a+\dot{I}_b+\dot{I}_c=0$이므로 식(8-9)는 다음과 같이 된다.

$$\begin{bmatrix} \dot{I}_0 \\ \dot{I}_1 \\ \dot{I}_2 \end{bmatrix} = \frac{1}{3}\begin{bmatrix} 0 \\ \dot{I}_a+a\dot{I}_b+a^2\dot{I}_c \\ \dot{I}_a+a^2\dot{I}_b+a\dot{I}_c \end{bmatrix} \tag{8-10}$$

따라서 $\dot{I}_0=0$이 되며 $\dot{I}_1$, $\dot{I}_2$의 정상분과 역상분만이 나타난다.

(2) **중성점 접지식회로**(3상 4선식)(그림 8-2(b))
이 경우에는 일반적으로 $\dot{I}_a+\dot{I}_b+\dot{I}_c \neq 0$이므로, 식(8-9)는 그대로 된다. 즉,

$$\begin{bmatrix} \dot{I}_0 \\ \dot{I}_1 \\ \dot{I}_2 \end{bmatrix} = \frac{1}{3}\begin{bmatrix} \dot{I}_a+\dot{I}_b+\dot{I}_c \\ \dot{I}_a+a\dot{I}_b+a^2\dot{I}_c \\ \dot{I}_a+a^2\dot{I}_b+a\dot{I}_c \end{bmatrix}$$

로 되어, 모든 대칭분이 나타난다.

제 2 절 불평형 3상부하의 계산

2-1 중성점 직접접지식 성형부하

그림 8-3과 같이, 중성점이 직접 접지된 부하에 각 상의 성형전압이 $\dot{V}_a$, $\dot{V}_b$, $\dot{V}_c$, 전류가 $\dot{I}_a$, $\dot{I}_b$, $\dot{I}_c$, 부하의 임피던스가 $\dot{Z}_a$, $\dot{Z}_b$, $\dot{Z}_c$일 때 중성점 O의 전위는 0이 되므로

$$\dot{V}_a = \dot{Z}_a\dot{I}_a,\quad \dot{V}_b = \dot{Z}_b\dot{I}_b,\quad \dot{V}_c = \dot{Z}_c\dot{I}_c \tag{8-11}$$

의 관계가 성립한다. 이것을 행렬로 나타내면 다음과 같다.

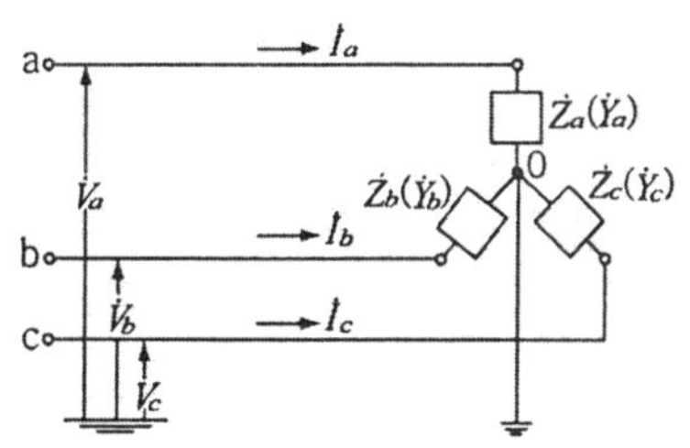

그림 8-3

$$\begin{bmatrix} \dot{V}_a \\ \dot{V}_b \\ \dot{V}_c \end{bmatrix} = \begin{bmatrix} \dot{Z}_a & 0 & 0 \\ 0 & \dot{Z}_b & 0 \\ 0 & 0 & \dot{Z}_c \end{bmatrix} \begin{bmatrix} \dot{I}_a \\ \dot{I}_b \\ \dot{I}_c \end{bmatrix} \tag{8-12}$$

식(8-12)에 식(8-4)의 관계를 대입하여

$$\begin{bmatrix} \dot{V}_a \\ \dot{V}_b \\ \dot{V}_c \end{bmatrix} = \begin{bmatrix} 1 & 1 & 1 \\ 1 & a^2 & a \\ 1 & a & a^2 \end{bmatrix} \begin{bmatrix} \dot{V}_0 \\ \dot{V}_1 \\ \dot{V}_2 \end{bmatrix} = \begin{bmatrix} \dot{Z}_a & 0 & 0 \\ 0 & \dot{Z}_b & 0 \\ 0 & 0 & \dot{Z}_c \end{bmatrix} \begin{bmatrix} 1 & 1 & 1 \\ 1 & a^2 & a \\ 1 & a & a^2 \end{bmatrix} \begin{bmatrix} \dot{I}_0 \\ \dot{I}_1 \\ \dot{I}_2 \end{bmatrix}$$

$$\therefore \begin{bmatrix} \dot{V}_0 \\ \dot{V}_1 \\ \dot{V}_2 \end{bmatrix} = \begin{bmatrix} 1 & 1 & 1 \\ 1 & a^2 & a \\ 1 & a & a^2 \end{bmatrix}^{-1} \begin{bmatrix} \dot{Z}_a & 0 & 0 \\ 0 & \dot{Z}_b & 0 \\ 0 & 0 & \dot{Z}_c \end{bmatrix} \begin{bmatrix} 1 & 1 & 1 \\ 1 & a^2 & a \\ 1 & a & a^2 \end{bmatrix} \begin{bmatrix} \dot{I}_0 \\ \dot{I}_1 \\ \dot{I}_2 \end{bmatrix}$$

$$= \frac{1}{3} \begin{bmatrix} \dot{Z}_a + \dot{Z}_b + \dot{Z}_c & \dot{Z}_a + a^2\dot{Z}_b + a\dot{Z}_c & \dot{Z}_a + a\dot{Z}_b + a^2\dot{Z}_c \\ \dot{Z}_a + a\dot{Z}_b + a^2\dot{Z}_c & \dot{Z}_a + \dot{Z}_b + \dot{Z}_c & \dot{Z}_a + a^2\dot{Z}_b + a\dot{Z}_c \\ \dot{Z}_a + a^2\dot{Z}_b + a\dot{Z}_c & \dot{Z}_a + a\dot{Z}_b + a^2\dot{Z}_c & \dot{Z}_a + \dot{Z}_b + \dot{Z}_c \end{bmatrix} \begin{bmatrix} \dot{I}_0 \\ \dot{I}_1 \\ \dot{I}_2 \end{bmatrix} \tag{8-13}$$

가 된다. 따라서,

$$\begin{bmatrix} \dot{Z}_0' \\ \dot{Z}_{1'} \\ \dot{Z}_{2'} \end{bmatrix} = \frac{1}{3} \begin{bmatrix} 1 & 1 & 1 \\ 1 & a & a^2 \\ 1 & a^2 & a \end{bmatrix} \begin{bmatrix} \dot{Z}_a \\ \dot{Z}_b \\ \dot{Z}_c \end{bmatrix} = \frac{1}{3} \begin{bmatrix} \dot{Z}_a + \dot{Z}_b + \dot{Z}_c \\ \dot{Z}_a + a\dot{Z}_b + a^2\dot{Z}_c \\ \dot{Z}_a + a^2\dot{Z}_b + a\dot{Z}_c \end{bmatrix} \tag{8-14}$$

와 같이, **대칭 좌표변환한 가상임피던스**를 $\dot{Z}_0'$, $\dot{Z}_1'$, $\dot{Z}_2'$라고 가정하면 식(8-13)은

$$\begin{bmatrix} \dot{V}_0 \\ \dot{V}_1 \\ \dot{V}_2 \end{bmatrix} = \begin{bmatrix} \dot{Z}_0' & \dot{Z}_2' & \dot{Z}_1' \\ \dot{Z}_1' & \dot{Z}_0' & \dot{Z}_2' \\ \dot{Z}_2' & \dot{Z}_1' & \dot{Z}_0' \end{bmatrix} \begin{bmatrix} \dot{I}_0 \\ \dot{I}_1 \\ \dot{I}_2 \end{bmatrix} = \begin{bmatrix} \dot{Z}_0'\dot{I}_0 + \dot{Z}_2'\dot{I}_1 + \dot{Z}_1'\dot{I}_2 \\ \dot{Z}_1'\dot{I}_0 + \dot{Z}_0'\dot{I}_1 + \dot{Z}_2'\dot{I}_2 \\ \dot{Z}_2'\dot{I}_0 + \dot{Z}_1'\dot{I}_1 + \dot{Z}_0'\dot{I}_2 \end{bmatrix} \tag{8-15}$$

로 나타낼 수 있다.

이상의 관계는, 성형결선인 중성점 직접 접지식 회로의 임피던스에 대해서 생각하였으나, 이것을 어드미턴스에 대해서 생각해도 마찬가지로 된다. 즉, 그림 8-3의 성형결선의 어드미턴스 $\dot{Y}_a = 1/\dot{Z}_a$, $\dot{Y}_b = 1/\dot{Z}_b$, $\dot{Y}_c = 1/\dot{Z}_c$라 하면

$$\dot{I}_a = \dot{Y}_a\dot{V}_a,\ \dot{I}_b = \dot{Y}_b\dot{V}_b,\ \dot{I}_c = \dot{Y}_c\dot{V}_c \tag{8-16}$$

이므로, 이것을 행렬로 나타내면 다음과 같다.

$$\begin{bmatrix} \dot{I}_a \\ \dot{I}_b \\ \dot{I}_c \end{bmatrix} = \begin{bmatrix} \dot{Y}_a & 0 & 0 \\ 0 & \dot{Y}_b & 0 \\ 0 & 0 & \dot{Y}_c \end{bmatrix} \begin{bmatrix} \dot{V}_a \\ \dot{V}_b \\ \dot{V}_c \end{bmatrix} \tag{8-17}$$

이것에 식(8-4)의 관계를 대입하여 대칭분으로 나타내어 정리하면,

$$\begin{bmatrix} \dot{I}_a \\ \dot{I}_b \\ \dot{I}_c \end{bmatrix} = \begin{bmatrix} 1 & 1 & 1 \\ 1 & a^2 & a \\ 1 & a & a^2 \end{bmatrix} \begin{bmatrix} \dot{I}_0 \\ \dot{I}_1 \\ \dot{I}_2 \end{bmatrix} = \begin{bmatrix} \dot{Y}_a & 0 & 0 \\ 0 & \dot{Y}_b & 0 \\ 0 & 0 & \dot{Y}_c \end{bmatrix} \begin{bmatrix} 1 & 1 & 1 \\ 1 & a^2 & a \\ 1 & a & a^2 \end{bmatrix} \begin{bmatrix} \dot{V}_0 \\ \dot{V}_1 \\ \dot{V}_2 \end{bmatrix}$$

$$\therefore \begin{bmatrix} \dot{I}_0 \\ \dot{I}_1 \\ \dot{I}_2 \end{bmatrix} = \begin{bmatrix} 1 & 1 & 1 \\ 1 & a^2 & a \\ 1 & a & a^2 \end{bmatrix}^{-1} \begin{bmatrix} \dot{Y}_a & 0 & 0 \\ 0 & \dot{Y}_b & 0 \\ 0 & 0 & \dot{Y}_c \end{bmatrix} \begin{bmatrix} 1 & 1 & 1 \\ 1 & a^2 & a \\ 1 & a & a^2 \end{bmatrix} \begin{bmatrix} \dot{V}_0 \\ \dot{V}_1 \\ \dot{V}_2 \end{bmatrix}$$

$$= \frac{1}{3} \begin{bmatrix} \dot{Y}_a + \dot{Y}_b + \dot{Y}_c & \dot{Y}_a + a^2 \dot{Y}_b + a \dot{Y}_c & \dot{Y}_a + a \dot{Y}_b + a^2 \dot{Y}_c \\ \dot{Y}_a + a \dot{Y}_b + a^2 \dot{Y}_c & \dot{Y}_a + \dot{Y}_b + \dot{Y}_c & \dot{Y}_a + a^2 \dot{Y}_b + a \dot{Y}_c \\ \dot{Y}_a + a^2 \dot{Y}_b + a \dot{Y}_c & \dot{Y}_a + a \dot{Y}_b + a^2 \dot{Y}_c & \dot{Y}_a + \dot{Y}_b + \dot{Y}_c \end{bmatrix} \begin{bmatrix} \dot{V}_0 \\ \dot{V}_1 \\ \dot{V}_2 \end{bmatrix} \tag{8-18}$$

이다. 따라서,

$$\begin{bmatrix} \dot{Y}_0' \\ \dot{Y}_1' \\ \dot{Y}_2' \end{bmatrix} = \frac{1}{3} \begin{bmatrix} 1 & 1 & 1 \\ 1 & a & a^2 \\ 1 & a^2 & a \end{bmatrix} \begin{bmatrix} \dot{Y}_a \\ \dot{Y}_b \\ \dot{Y}_c \end{bmatrix} = \frac{1}{3} \begin{bmatrix} \dot{Y}_a + \dot{Y}_b + \dot{Y}_c \\ \dot{Y}_a + a \dot{Y}_b + a^2 \dot{Y}_c \\ \dot{Y}_a + a^2 \dot{Y}_b + a \dot{Y}_c \end{bmatrix} \tag{8-19}$$

와 같은 $\dot{Y}_0'$, $\dot{Y}_1'$, $\dot{Y}_2'$의 **대칭좌표변환한 가상 어드미턴스**를 가정하면 식(8-18)은

$$\begin{bmatrix} \dot{I}_0 \\ \dot{I}_1 \\ \dot{I}_2 \end{bmatrix} = \begin{bmatrix} \dot{Y}_0' & \dot{Y}_2' & \dot{Y}_1' \\ \dot{Y}_1' & \dot{Y}_0' & \dot{Y}_2' \\ \dot{Y}_2' & \dot{Y}_1' & \dot{Y}_0' \end{bmatrix} \begin{bmatrix} \dot{V}_0 \\ \dot{V}_1 \\ \dot{V}_2 \end{bmatrix} = \begin{bmatrix} \dot{Y}_0' \dot{V}_0 + \dot{Y}_2' \dot{V}_1 + \dot{Y}_1' \dot{V}_2 \\ \dot{Y}_1' \dot{V}_0 + \dot{Y}_0' \dot{V}_1 + \dot{Y}_2' \dot{V}_2 \\ \dot{Y}_2' \dot{V}_0 + \dot{Y}_1' \dot{V}_1 + \dot{Y}_0' \dot{V}_2 \end{bmatrix} \tag{8-20}$$

로 된다. 이와 같이 하여 $\dot{I}_0$, $\dot{I}_1$, $\dot{I}_2$ 의 대칭분이 구해지면, 식(8-2)에서 $\dot{I}_a$, $\dot{I}_b$, $\dot{I}_c$ 를 구할 수 있다.

2-2 중성점 비접지식 성형부하

그림 8-4와 같이 $\dot{Z}_a$, $\dot{Z}_b$, $\dot{Z}_c$의 비접지식 성형 불평형 부하에 $\dot{V}_a$, $\dot{V}_b$, $\dot{V}_c$의 상전압을 인가했을 경우에 대해서 생각하여 보자.

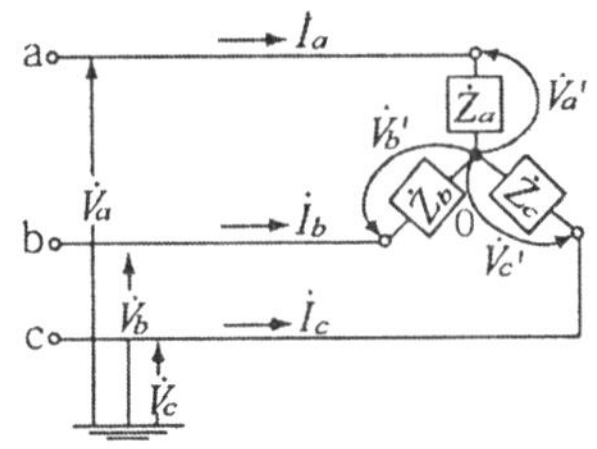

그림 8-4

중성점은 비접지로서 불평형부하이므로 중성점 O는 어떤 전위 $\dot{V}_n$을 갖게 된다. 지금 각 상의 성형전류를 $\dot{I}_a$, $\dot{I}_b$, $\dot{I}_c$ 라 하고, 각 상의 임피던스의 단자 전압을 $\dot{V}_a'$, $\dot{V}_b'$, $\dot{V}_c'$라고 하면 다음의 관계식이 성립한다.

$$\left.\begin{aligned}\dot{V}_a' &= \dot{V}_a - \dot{V}_n = \dot{Z}_a\dot{I}_a \\ \dot{V}_b' &= \dot{V}_b - \dot{V}_n = \dot{Z}_b\dot{I}_b \\ \dot{V}_c' &= \dot{V}_c - \dot{V}_n = \dot{Z}_c\dot{I}_c\end{aligned}\right\} \tag{8-21}$$

이것은 식(8-14)와 같이, 대칭좌표변환한 가상임피던스를 $\dot{Z}_0'$, $\dot{Z}_1'$, $\dot{Z}_2'$라 하고, $\dot{V}_a'$, $\dot{V}_b'$, $\dot{V}_c'$의 대칭분을 $\dot{V}_0'$, $\dot{V}_1'$, $\dot{V}_2'$로 하여 대칭분으로 표시하고, 비접지식이므로 영상전류 $\dot{I}_0=0$으로 놓으면, 식(8-15)에서 같이 다음과 같이 된다.

$$\begin{bmatrix}\dot{V}_0' \\ \dot{V}_1' \\ \dot{V}_2'\end{bmatrix} = \begin{bmatrix}\dot{Z}_0' & \dot{Z}_2' & \dot{Z}_1' \\ \dot{Z}_1' & \dot{Z}_0' & \dot{Z}_2' \\ \dot{Z}_2' & \dot{Z}_1' & \dot{Z}_0'\end{bmatrix}\begin{bmatrix}0 \\ \dot{I}_1 \\ \dot{I}_2\end{bmatrix} = \begin{bmatrix}\dot{Z}_2'\dot{Z}_1' \\ \dot{Z}_0'\dot{Z}_2' \\ \dot{Z}_1'\dot{Z}_0'\end{bmatrix}\begin{bmatrix}\dot{I}_1 \\ \\ \dot{I}_2\end{bmatrix} \tag{8-22}$$

그리고, 식(8-3)에서

$$\begin{bmatrix} \dot{V}_0' \\ \dot{V}_1' \\ \dot{V}_2' \end{bmatrix} = \frac{1}{3}\begin{bmatrix} 1 & 1 & 1 \\ 1 & a & a^2 \\ 1 & a^2 & a \end{bmatrix}\begin{bmatrix} \dot{V}_a' \\ \dot{V}_b' \\ \dot{V}_c' \end{bmatrix} = \frac{1}{3}\begin{bmatrix} 1 & 1 & 1 \\ 1 & a & a^2 \\ 1 & a^2 & a \end{bmatrix}\begin{bmatrix} \dot{V}_a - \dot{V}_n \\ \dot{V}_b - \dot{V}_n \\ \dot{V}_c - \dot{V}_n \end{bmatrix}$$

$$= \frac{1}{3}\begin{bmatrix} \dot{V}_a + \dot{V}_b + \dot{V}_c - 3\dot{V}_n \\ \dot{V}_a + a\dot{V}_b + a^2\dot{V}_c - (1+a+a^2)\dot{V}_n \\ \dot{V}_a + a^2\dot{V}_b + a\dot{V}_c - (1+a+a^2)\dot{V}_n \end{bmatrix} = \begin{bmatrix} \dot{V}_0 - \dot{V}_n \\ \dot{V}_1 \\ \dot{V}_2 \end{bmatrix} \tag{8-23}$$

의 관계가 있으므로 식(8-22)=식(8-23)이라고 놓으면, 다음과 같이 된다.

$$\begin{bmatrix} \dot{Z}_2'\dot{Z}_1' \\ \dot{Z}_0'\dot{Z}_2' \\ \dot{Z}_1'\dot{Z}_0' \end{bmatrix}\begin{bmatrix} \dot{I}_1 \\ \\ \dot{I}_2 \end{bmatrix} = \begin{bmatrix} \dot{V}_0 - \dot{V}_n \\ \dot{V}_1 \\ \dot{V}_2 \end{bmatrix} \tag{8-24}$$

이것을 전개하면

$$\left.\begin{aligned} \dot{Z}_2'\dot{I}_1 + \dot{Z}_1'\dot{I}_2 &= \dot{V}_0 - \dot{V}_n \\ \dot{Z}_0'\dot{I}_1 + \dot{Z}_2'\dot{I}_2 &= \dot{V}_1 \\ \dot{Z}_1'\dot{I}_1 + \dot{Z}_0'\dot{I}_2 &= \dot{V}_2 \end{aligned}\right\} \tag{8-25}$$

로 되기 때문에 이것을 풀이 하면,

$$\left.\begin{aligned} \dot{I}_1 &= \frac{\dot{Z}_0'\dot{V}_1 - \dot{Z}_2'\dot{V}_2}{\dot{Z}_0'^2 - \dot{Z}_1'\dot{Z}_2'}, \quad \dot{I}_2 = \frac{\dot{Z}_0'\dot{V}_2 - \dot{Z}_1'\dot{V}_1}{\dot{Z}_0'^2 - \dot{Z}_1'\dot{Z}_2'} \\ \dot{V}_n &= \frac{(\dot{Z}_0'^2 - \dot{Z}_1'\dot{Z}_2')\dot{V}_0 + (\dot{Z}_1'^2 - \dot{Z}_2'\dot{Z}_0')\dot{V}_1 + (\dot{Z}_2'^2 - \dot{Z}_0'\dot{Z}_1')\dot{V}_2}{\dot{Z}_0'^2 - \dot{Z}_1'\dot{Z}_2'} \end{aligned}\right\} \tag{8-26}$$

로 된다. 따라서 $\dot{I}_1$, $\dot{I}_2$의 값이 구해지고 $\dot{I}_0 = 0$이므로 식(8-2)에 의해서 $\dot{I}_a$, $\dot{I}_b$, $\dot{I}_c$ 를 구할 수 있다.

또한, 이 문제는 임피던스 Y를 △로 환산하면, 다음의 △결선의 부하인 경우의 풀이법에 의해서 전류를 구할 수도 있다.

2-3 △결선의 부하

그림 8-5와 같이, 어드미턴스 $\dot{Y}_{ab}$, $\dot{Y}_{bc}$, $\dot{Y}_{ca}$의 불평형 부하를 △결선으로 하고, 이것에 성형전압 $\dot{V}_a$, $\dot{V}_b$, $\dot{V}_c$를 가했을 때 흐르는 성형전류를 $\dot{I}_a$, $\dot{I}_b$, $\dot{I}_c$, △전류를 $\dot{I}_{ab}$, $\dot{I}_{bc}$, $\dot{I}_{ca}$라고 하면 다음의 관계가 성립한다.

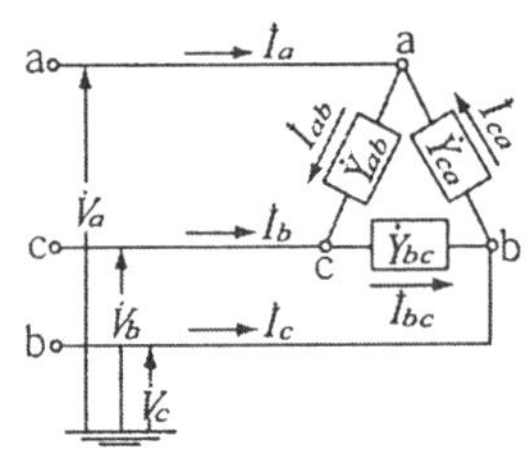

그림 8-5

$$\left.\begin{aligned}\dot{I}_a=\dot{I}_{ab}-\dot{I}_{ca}=\dot{Y}_{ab}(\dot{V}_a-\dot{V}_b)-\dot{Y}_{ca}(\dot{V}_c-\dot{V}_a)\\ \dot{I}_b=\dot{I}_{bc}-\dot{I}_{ab}=\dot{Y}_{bc}(\dot{V}_b-\dot{V}_c)-\dot{Y}_{ab}(\dot{V}_a-\dot{V}_b)\\ \dot{I}_c=\dot{I}_{ca}-\dot{I}_{bc}=\dot{Y}_{ca}(\dot{V}_c-\dot{V}_a)-\dot{Y}_{bc}(\dot{V}_b-\dot{V}_c)\end{aligned}\right\} \tag{8-27}$$

이 전류를 대칭분으로 나타내면, 식(8-3)에서

$$\begin{bmatrix}\dot{I}_0\\ \dot{I}_1\\ \dot{I}_2\end{bmatrix}=\frac{1}{3}\begin{bmatrix}1&1&1\\1&a&a^2\\1&a^2&a\end{bmatrix}\begin{bmatrix}\dot{I}_a\\ \dot{I}_b\\ \dot{I}_c\end{bmatrix}$$

$$=\frac{1}{3}\begin{bmatrix}1&1&1\\1&a&a^2\\1&a^2&a\end{bmatrix}\begin{bmatrix}\dot{Y}_{ab}(\dot{V}_a-\dot{V}_b)-\dot{Y}_{ca}(\dot{V}_c-\dot{V}_a)\\ \dot{Y}_{bc}(\dot{V}_b-\dot{V}_c)-\dot{Y}_{ab}(\dot{V}_a-\dot{V}_b)\\ \dot{Y}_{ca}(\dot{V}_c-\dot{V}_a)-\dot{Y}_{bc}(\dot{V}_b-\dot{V}_c)\end{bmatrix}$$

$$=\frac{1}{3}\begin{bmatrix}1&1&1\\1&a&a^2\\1&a^2&a\end{bmatrix}\begin{bmatrix}\dot{Y}_{ab}+\dot{Y}_{ca}&-\dot{Y}_{ab}&-\dot{Y}_{ca}\\ -\dot{Y}_{ab}&\dot{Y}_{bc}+\dot{Y}_{ab}&-\dot{Y}_{bc}\\ -\dot{Y}_{ca}&-\dot{Y}_{bc}&\dot{Y}_{ca}+\dot{Y}_{bc}\end{bmatrix}\begin{bmatrix}\dot{V}_a\\ \dot{V}_b\\ \dot{V}_c\end{bmatrix}$$

$$=\frac{1}{3}\begin{bmatrix}1&1&1\\1&a&a^2\\1&a^2&a\end{bmatrix}\begin{bmatrix}\dot{Y}_{ab}+\dot{Y}_{ca}&-\dot{Y}_{ab}&-\dot{Y}_{ca}\\-\dot{Y}_{ab}&\dot{Y}_{bc}+\dot{Y}_{ab}&-\dot{Y}_{bc}\\-\dot{Y}_{ca}&-\dot{Y}_{bc}&\dot{Y}_{bc}+\dot{Y}_{ca}\end{bmatrix}\begin{bmatrix}1&1&1\\1&a^2&a\\1&a&a^2\end{bmatrix}\begin{bmatrix}\dot{V}_0\\\dot{V}_1\\\dot{V}_2\end{bmatrix}$$

$$=\frac{1}{3}\begin{bmatrix}0&0&0\\0&3(\dot{Y}_{bc}+\dot{Y}_{ca}+\dot{Y}_{ab})&-3(\dot{Y}_{bc}+a^2\dot{Y}_{ca}+a\dot{Y}_{ab})\\0&-3(\dot{Y}_{bc}+a\dot{Y}_{ca}+a^2\dot{Y}_{ab})&3(\dot{Y}_{bc}+\dot{Y}_{ca}+\dot{Y}_{ab})\end{bmatrix}\begin{bmatrix}\dot{V}_0\\\dot{V}_1\\\dot{V}_2\end{bmatrix}$$

(8-28)

로 된다. 비접지회로이므로 영상전류 $\dot{I}_0$는 0인 것을 알 수 있다.

따라서 대칭좌표변환한 가상 어드미턴스를

$$\begin{bmatrix}\dot{Y}_0'\\\dot{Y}_1'\\\dot{Y}_2'\end{bmatrix}=\frac{1}{3}\begin{bmatrix}\dot{Y}_{bc}+\dot{Y}_{ca}+\dot{Y}_{ab}\\\dot{Y}_{bc}+a\dot{Y}_{ca}+a^2\dot{Y}_{ab}\\\dot{Y}_{bc}+a^2\dot{Y}_{ca}+a\dot{Y}_{ab}\end{bmatrix} \tag{8-29}$$

를 써서 나타내면, 식(8-28)은 다음과 같은 모양으로 나타낼 수 있다.

$$\begin{bmatrix}\dot{I}_0\\\dot{I}_1\\\dot{I}_2\end{bmatrix}=\begin{bmatrix}0&0&0\\0&3\dot{Y}_0'&-3\dot{Y}_2'\\0&-3\dot{Y}_1'&3\dot{Y}_0'\end{bmatrix}\begin{bmatrix}\dot{V}_0\\\dot{V}_1\\\dot{V}_2\end{bmatrix}=\begin{bmatrix}0\\3\dot{Y}_0'\dot{V}_1-3\dot{Y}_2'\dot{V}_2\\-3\dot{Y}_1'\dot{V}_1+3\dot{Y}_0'\dot{V}_2\end{bmatrix} \tag{8-30}$$

例題 **3**. 그림 8-6과 같이 0.3〔℧〕의 컨덕턴스 2개와 $-j0.3$〔℧〕의 서셉턴스를 3각결선으로 하여, a, b, c 단자에 200〔V〕의 대칭 3상전압을 인가했을 때 선 전류를 대칭좌표법에 의해서 구하여라.

解答 대칭좌표변환한 가상 어드미턴스는 식(8-29)에 의해 다음과 같이 된다.

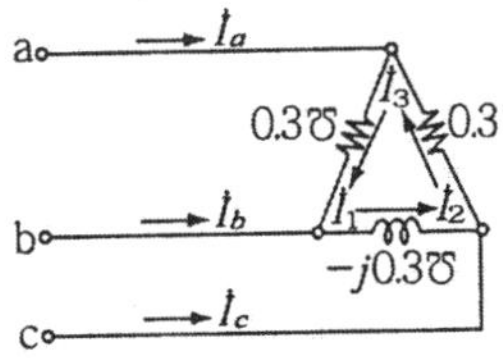

그림 8-6

$$\dot{Y}_0' = \frac{1}{3}(\dot{Y}_{bc} + \dot{Y}_{ca} + \dot{Y}_{ab}) = \frac{1}{3}(-j0.3 + 0.3 + 0.3) = 0.1(2-j)$$

$$\dot{Y}_1' = \frac{1}{3}(\dot{Y}_{bc} + a\dot{Y}_{ca} + a^2\dot{Y}_{ab}) = \frac{1}{3}(-j0.3 + 0.3a + 0.3a^2) = -0.1(1+j)$$

$$\dot{Y}_2' = \frac{1}{3}(\dot{Y}_{bc} + a^2\dot{Y}_{ca} + a\dot{Y}_{ab}) = \frac{1}{3}(-j0.3 + 0.3a^2 + 0.3a) = -0.1(1+j)$$

그리고, 각 대칭분 전압은 대칭 3상전압이므로, $\dot{V}_a$를 기준으로 했을 때 $\dot{V}_0 = 0$, $\dot{V}_2 = 0$, $\dot{V}_1 = 200/\sqrt{3}$ 이다. 따라서, 식(8-30)에 의하여 다음과 같이 된다.

$$\begin{bmatrix} \dot{I}_0 \\ \dot{I}_1 \\ \dot{I}_2 \end{bmatrix} = \begin{bmatrix} 0 \\ 3\times 0.1(2-j)\frac{200}{\sqrt{3}} \\ -3\times 0.1(-1-j)\frac{200}{\sqrt{3}} \end{bmatrix} = \begin{bmatrix} 0 \\ 20\sqrt{3}(2-j) \\ 20\sqrt{3}(1+j) \end{bmatrix}$$

그러므로 식(8-2)에 의해 다음과 같이 된다.

$$\begin{bmatrix} \dot{I}_a \\ \dot{I}_b \\ \dot{I}_c \end{bmatrix} = \begin{bmatrix} \dot{I}_0 + \dot{I}_1 + \dot{I}_2 \\ \dot{I}_0 + a^2\dot{I}_1 + a\dot{I}_2 \\ \dot{I}_0 + a\dot{I}_1 + a^2\dot{I}_2 \end{bmatrix} = \begin{bmatrix} 0 + 20\sqrt{3}(2-j) + 20\sqrt{3}(1+j) \\ 0 + a^2 20\sqrt{3}(2-j) + a20\sqrt{3}(1+j) \\ 0 + a20\sqrt{3}(2-j) + a^2 20\sqrt{3}(1+j) \end{bmatrix}$$

$$= \begin{bmatrix} 60\sqrt{3} \\ 20\sqrt{3}(-3.232 - j0.866) \\ 20\sqrt{3}(0.232 + j0.866) \end{bmatrix}$$

$$\therefore \quad I_a = 60\sqrt{3} \fallingdotseq 103.9\,[\mathrm{A}]$$

$$I_b = 20\sqrt{3}\sqrt{(3.232^2 + 0.866^2)} \fallingdotseq 115.7\,[\mathrm{A}]$$

$$I_c = 20\sqrt{3}\sqrt{0.232^2 + 0.866^2} \fallingdotseq 31.1\,[\mathrm{A}]$$

例題 4. 그림 8-7과 같은 불평형 부하에 대지전압 $\dot{V}_a$, $\dot{V}_b$, $\dot{V}_c$ 의 전압을 인가했을 때 각 대칭분의 합성 어드미턴스와 전류 $\dot{I}_a$, $\dot{I}_b$, $\dot{I}_c$를 구하여라.

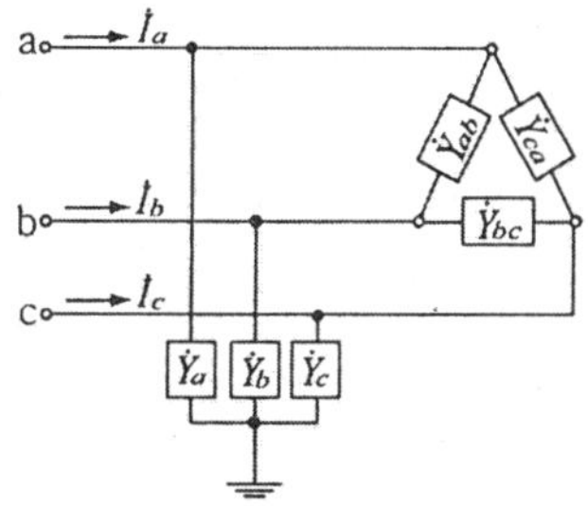

그림 8-7

解答 중성점을 접지한 성형 결선부하의 대칭 좌표변환한 가상 어드미턴스는, 식(8-19)의 관계에서 다음과 같이 된다.

$$\left.\begin{aligned}\dot{Y}_0' &= \frac{1}{3}(\dot{Y}_a+\dot{Y}_b+\dot{Y}_c)\\ \dot{Y}_1' &= \frac{1}{3}(\dot{Y}_a+a\dot{Y}_b+a^2\dot{Y}_c)\\ \dot{Y}_2' &= \frac{1}{3}(\dot{Y}_a+a^2\dot{Y}_b+a\dot{Y}_c)\end{aligned}\right\}$$

또, △결선 부하의 대칭 좌표변환한 가상 어드미턴스는, 식(8-30)의 관계에서

$$\left.\begin{aligned}\dot{Y}_0'' &= \frac{1}{3}(\dot{Y}_{bc}+\dot{Y}_{ca}+\dot{Y}_{ab})\\ \dot{Y}_1'' &= \frac{1}{3}(\dot{Y}_{bc}+a\dot{Y}_{ca}+a^2\dot{Y}_{ab})\\ \dot{Y}_2' &= \frac{1}{3}(\dot{Y}_{bc}+a^2\dot{Y}_{ca}+a\dot{Y}_{ab})\end{aligned}\right\}$$

로 된다.

a, b, c 단자로부터 유입하는 대칭분 전류는 식(8-20)와 식(8-30)의 합이 되므로

$$\begin{bmatrix}\dot{I}_0\\ \dot{I}_1\\ \dot{I}_2\end{bmatrix} = \begin{bmatrix}\dot{Y}_0' & \dot{Y}_2' & \dot{Y}_1'\\ \dot{Y}_1' & \dot{Y}_0' & \dot{Y}_2'\\ \dot{Y}_2' & \dot{Y}_1' & \dot{Y}_0'\end{bmatrix}\begin{bmatrix}\dot{V}_0\\ \dot{V}_1\\ \dot{V}_2\end{bmatrix} + \begin{bmatrix}0 & 0 & 0\\ 0 & 3\dot{Y}_0'' & -3\dot{Y}_2''\\ 0 & -3\dot{Y}_1'' & 3\dot{Y}_0''\end{bmatrix}\begin{bmatrix}\dot{V}_0\\ \dot{V}_1\\ \dot{V}_2\end{bmatrix}$$

$$= \begin{bmatrix}\dot{Y}_0' & \dot{Y}_2' & \dot{Y}_1'\\ \dot{Y}_1' & \dot{Y}_0'+3\dot{Y}_0'' & \dot{Y}_2'-3\dot{Y}_2''\\ \dot{Y}_2' & \dot{Y}_1'-3\dot{Y}_1'' & \dot{Y}_0'+3\dot{Y}_0''\end{bmatrix}\begin{bmatrix}\dot{V}_0\\ \dot{V}_1\\ \dot{V}_2\end{bmatrix}$$

$$= \begin{bmatrix} \dot{Y}_0'\dot{V}_0 & +\dot{Y}_2'\dot{V}_1 & +\dot{Y}_1'\dot{V}_2 \\ \dot{Y}_1'\dot{V}_0 & +(\dot{Y}_0'+3\dot{Y}_0'')\dot{V}_1 & +(\dot{Y}_2'-3\dot{Y}_2'')\dot{V}_2 \\ \dot{Y}_2'\dot{V}_0 & +(\dot{Y}_1'-3\dot{Y}_1'')\dot{V}_1 & +(\dot{Y}_0'+3\dot{Y}_0'')\dot{V}_2 \end{bmatrix} \quad (8\text{-}31)$$

이다.

단, $\dot{V}_0$, $\dot{V}_1$, $\dot{V}_2$는 다음식으로 표시된다.

$$\begin{bmatrix} \dot{V}_0 \\ \dot{V}_1 \\ \dot{V}_2 \end{bmatrix} = \frac{1}{3} \begin{bmatrix} \dot{V}_a + \dot{V}_b + \dot{V}_c \\ \dot{V}_a + a\dot{V}_b + a^2\dot{V}_c \\ \dot{V}_a + a^2\dot{V}_b + a\dot{V}_c \end{bmatrix}$$

따라서, 식(8-31)에 이 관계를 대입하여 $\dot{I}_0$, $\dot{I}_1$, $\dot{I}_2$를 구하면, 식(8-2)에 의하여 $\dot{I}_a$, $\dot{I}_b$, $\dot{I}_c$를 구할 수 있다.

제 3 절 실제의 대칭분 전류에 대한 임피던스

앞 절에서는, △ 또는 Y결선의 임피던스(어드미턴스)를 편의상, 대칭 좌표 변환한 가상 임피던스(어드미턴스)를 생각하여 다루는 것을 배웠다. 이와 같이 생각할 수 있는 것은 회로의 임피던스나 어드미턴스가 각 대칭분 전류가 흘러도 항상 일정한 경우에 한정된다. 그러나 실제의 전기회로에서는 각 대칭분 전류가 흐를 때 임피던스가 다를 경우가 많다. 예컨대, 3상 교류발전기 등과 같은 회전기는 대칭적인 구조로 되어 있으므로 보통 동기 임피던스는 각 상 모두 같다. 그러나, 불평형부하로 되면 전류는 정상, 역상, 영상분 전류로 분해하여 생각할 수 있으므로 이 대칭분에 대한 임피던스는 같지 않다. 즉, 정상전류에 의한 전기자 반작용의 자계는 회전방향으로 회전하지만, 역상 전류에 의한 전기자 반작용의 자계는 역방향으로 회전하고 영상전류가 만드는 반작용 자계는 교번자계로 정지되어 있다. 이와 같은 자기작용이 다른 것은 당연히 각 대칭분에 대한 임피던스의 차이로 나타난다.

따라서 발전기와 같은 회전기에서는, 각 대칭분에 대한 정상 임피던스 ($\dot{Z}_1$), 역상 임피던스 ($\dot{Z}_2$), 영상 임피던스 ($\dot{Z}_0$)를 따로 따로 생각하지 않으면 안된다. 더구나, 이들의 임피던스는 사고 등으로 인하여 과도적으로 전류가 변화할 때에는 이 반작용자계도 시간적으로 변화하므로 각각의 과도치와 정상치를 갖게 된다. 동기기의 상태에 있어서 대칭분의 %리액턴스를 예를 들어 나타내면 표 8-1과 같이 된다.

또한 송전선로 등에서는 정상전류와 역상전류에 의한 자기상태는 같기 때문에 $\dot{Z}_1=\dot{Z}_2$로 되지만, 영상 임피던스는 대지를 귀로로 한 임피던스이므로, 대지의 저항을 포함하며, 자기 인덕턴스도 크게 되므로 $\dot{Z}_0$는 다르게 된다. 일반적으로 발전기나 변압기를 포함하는 송전선로에서는 각 상 모두 같은 임피던스를 갖고 있으므로, 각 대칭분 임피던스는 다음과 같이 생각하면 된다.

표 8-1 3상 동기 발전기의 정태 %리액턴스의 예

동기기의 종류		$\dot{Z}_1$	$\dot{Z}_2$	$\dot{Z}_0$
철극 발전기	제동권선 있음	90	25	10
	제동권선 없음	90	55	15
터어빈 발전기		110	70	10
동기 조상기		160	30	10
동기 전동기		90	30	10

$$\%\text{리액턴스}=\frac{\text{정격전류}\times\text{리액턴스}}{\text{정격 성형전압}}\times 100[\%]$$

정상 임피던스 $\dot{Z}_1$은 3선에 정상 전류(상순이 정방향인 대칭 3상 전류)를 흘렸을 때의 1상의 임피던스로, 평상 상태의 1상의 임피던스와 같다.

역상 임피던스 $\dot{Z}_2$는 3선에 역상 전류(상순이 반대방향인 대칭 3상 교류)를 흘렸을 때의 1상의 임피던스와 같다.

영상 임피던스 $\dot{Z}_0$는 각상 모두 동상의 전류로 되기 때문에 3선을 일괄하여 단상전류를 흘렸을 때의 1상의 임피던스(측정치의 3배)와 같다.

제 4 절 대칭 3상발전기의 기본식

그림 8-8과 같이 3상 교류 발전기가 있다. 각 상의 성형기전력은 $\dot{E}_a$, $\dot{E}_b$, $\dot{E}_c$로, 선로에 $\dot{I}_a$, $\dot{I}_b$, $\dot{I}_c$의 불평형전류가 흐르고 있을 때, 각 상의 대지 전압이 $\dot{V}_a$, $\dot{V}_b$, $\dot{V}_c$로 되었다고 하자.

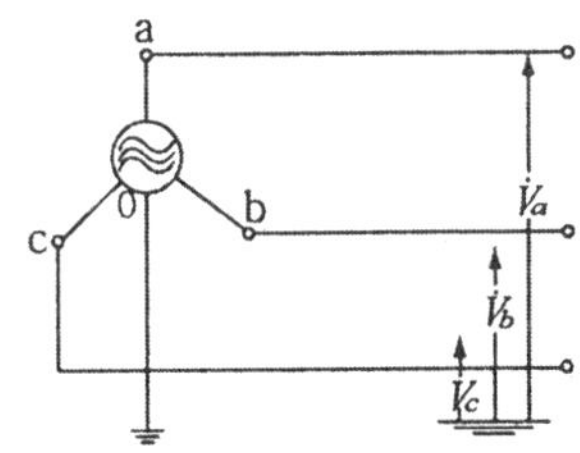

그림 8-8

이때의 대칭분은 식(8-1)에서 각각

$$\begin{bmatrix} \dot{E}_0 \\ \dot{E}_1 \\ \dot{E}_2 \end{bmatrix} = \frac{1}{3}\begin{bmatrix} 1 & 1 & 1 \\ 1 & a & a^2 \\ 1 & a^2 & a \end{bmatrix}\begin{bmatrix} \dot{E}_a \\ \dot{E}_b \\ \dot{E}_c \end{bmatrix}$$

$$\begin{bmatrix} \dot{V}_0 \\ \dot{V}_1 \\ \dot{V}_2 \end{bmatrix} = \frac{1}{3}\begin{bmatrix} 1 & 1 & 1 \\ 1 & a & a^2 \\ 1 & a^2 & a \end{bmatrix}\begin{bmatrix} \dot{V}_a \\ \dot{V}_b \\ \dot{V}_c \end{bmatrix}$$

$$\begin{bmatrix} \dot{I}_0 \\ \dot{I}_1 \\ \dot{I}_2 \end{bmatrix} = \frac{1}{3}\begin{bmatrix} 1 & 1 & 1 \\ 1 & a & a^2 \\ 1 & a^2 & a \end{bmatrix}\begin{bmatrix} \dot{I}_a \\ \dot{I}_b \\ \dot{I}_c \end{bmatrix}$$

로 나타난다. 그리고 각 대칭분에 대한 영상, 정상, 역상 임피던스를 $\dot{Z}_0$, $\dot{Z}_1$, $\dot{Z}_2$라고 하면, 다음과 같이 나타낼 수 있다.

$$\left.\begin{aligned}\dot{V}_0&=\dot{E}_0-\dot{Z}_0\dot{I}_0\\ \dot{V}_1&=\dot{E}_1-\dot{Z}_1\dot{I}_1\\ \dot{V}_2&=\dot{E}_2-\dot{Z}_2\dot{I}_2\end{aligned}\right\} \tag{8-32}$$

식(8-32)에서, 만일 발전기가 대칭 3상 발전기라면, 예제 1의 결과에서와 같이 $\dot{E}_1=\dot{E}_a$, $\dot{E}_0=\dot{E}_2=0$이므로 식(8-32)는

$$\begin{bmatrix}\dot{V}_0\\ \dot{V}_1\\ \dot{V}_2\end{bmatrix}=\begin{bmatrix}-\dot{Z}_0\dot{I}_0\\ \dot{E}_a-\dot{Z}_1\dot{I}_1\\ -\dot{Z}_2\dot{I}_2\end{bmatrix}\begin{bmatrix}0\\ \dot{E}_a\\ 0\end{bmatrix}-\begin{bmatrix}\dot{Z}_0\dot{I}_0\\ \dot{Z}_1\dot{I}_1\\ \dot{Z}_2\dot{I}_2\end{bmatrix} \tag{8-33}$$

혹은

$$\left.\begin{aligned}\dot{V}_0&=-\dot{Z}_0\dot{I}_0\\ \dot{V}_1&=\dot{E}_a-\dot{Z}_1\dot{I}_1\\ \dot{V}_2&=-\dot{Z}_2\dot{I}_2\end{aligned}\right\} \tag{8-34}$$

로 표시할 수 있다. 이것은 3상 교류회로의 대칭좌표법으로 가장 많이 쓰이는 식으로 **대칭 3상 발전기의 기본식**이라 한다.

제 5 절 발전기를 포함하는 3상회로의 고장전류 계산

여기서는, 대칭 3상 회로에서 고장이 발생되었을 때 고장전류의 계산법을 알아보기로 하자.

5-1 1선 지락

그림 8-9와 같이, 대칭 3상 교류 발전기의 a상이 임피던스 $\dot{Z}$를 통하여 지락되고, b, c상은 개방되었을 때 흐르는 지락 전류 및 a상의 대지 전압 $\dot{V}_a$를 구하여 보자.

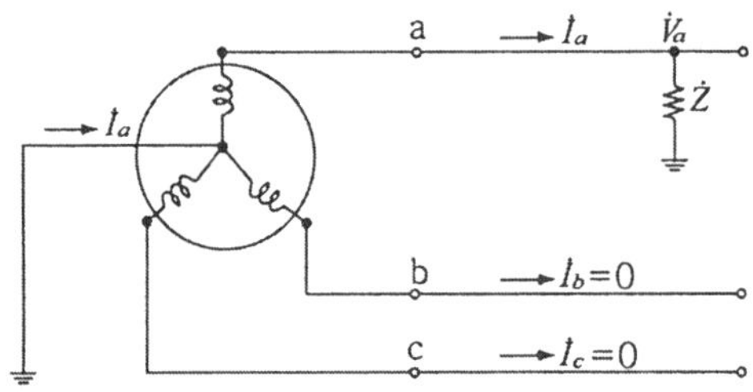

그림 8-9

이때의 조건은

$$\dot{I}_b = \dot{I}_c = 0 \tag{8-35}$$

$$\dot{V}_a = \dot{Z}\dot{I}_a \tag{8-36}$$

이다. 식(8-35)를 대칭분으로 표시하면, 식(8-2)의 관계에서 다음과 같이 된다.

$$\dot{I}_0 + a^2\dot{I}_1 + a\dot{I}_2 = \dot{I}_0 + a\dot{I}_1 + a^2\dot{I}_2 = 0$$

$$\therefore\ \dot{I}_0 = \dot{I}_1 = \dot{I}_2 = \frac{1}{3}(\dot{I}_a + \dot{I}_b + \dot{I}_c) = \frac{1}{3}\dot{I}_a (\because\ \dot{I}_b = \dot{I}_c = 0) \tag{8-37}$$

따라서, 식(8-36)에 있어서

$$\begin{aligned}\dot{V}_a &= \dot{V}_0 + \dot{V}_1 + \dot{V}_2 = -\dot{Z}_0\dot{I}_0 + \dot{E}_a - \dot{Z}_1\dot{I}_1 - \dot{Z}_2\dot{I}_2 \\ &= \dot{E}_a - (\dot{Z}_0 + \dot{Z}_1 + \dot{Z}_2)\dot{I}_0\end{aligned}$$

$$\dot{Z}\dot{I}_a = \dot{Z}(\dot{I}_0 + \dot{I}_1 + \dot{I}_2) = 3\dot{Z}\dot{I}_0$$

가 되므로, 식(8-36)의 조건은

$$\dot{E}_a - (\dot{Z}_0 + \dot{Z}_1 + \dot{Z}_2)\dot{I}_0 = 3\dot{Z}\dot{I}_0$$

$$\therefore\ \dot{I}_0 = \frac{\dot{E}_a}{\dot{Z}_0 + \dot{Z}_1 + \dot{Z}_2 + 3\dot{Z}} \qquad (8\text{-}38)$$

식(8-37)에서

$$\dot{I}_a = 3\dot{I}_0 = \frac{3\dot{E}_a}{\dot{Z}_0 + \dot{Z}_1 + \dot{Z}_2 + 3\dot{Z}} \qquad (8\text{-}39)$$

또

$$\dot{V}_a = \dot{Z}\dot{I}_a = \frac{3\dot{Z}\dot{E}_a}{\dot{Z}_0 + \dot{Z}_1 + \dot{Z}_2 + 3\dot{Z}} \qquad (8\text{-}40)$$

으로서 구할 수 있다.

5-2 2상 단락

그림 8-10과 같은 대칭 3상 발전기 a상은 개방되고, b, c의 2상이 임피던스 $\dot{Z}$로 단락되었을 때, 단락전류 $\dot{I}_b$와 b, c선의 대지 전압을 구하여 보자.

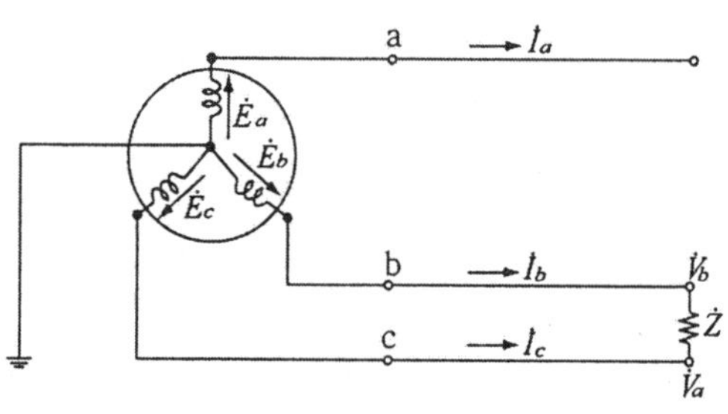

그림 8-10 2상 단락

이 때의 조건은 다음과 같다.

$$\dot{I}_a = 0, \qquad \dot{I}_b + \dot{I}_c = 0 \qquad (8\text{-}41)$$

$$\dot{V}_b - \dot{V}_c = \dot{Z}\dot{I}_b \qquad (8\text{-}42)$$

식(8-41)의 조건을 대칭분으로 나타내면,

$$\dot{I}_a = \dot{I}_0 + \dot{I}_1 + \dot{I}_2 = 0, \quad \dot{I}_0 + a^2\dot{I}_1 + a\dot{I}_2 + \dot{I}_0 + a\dot{I}_1 + a^2\dot{I}_2 = 0$$

$$\therefore \ \dot{I}_0 = 0, \qquad \dot{I}_1 = -\dot{I}_2 \tag{8-43}$$

가 되고, 식(8-42)의 조건을 대칭분으로 나타내면, 다음과 같다.

$$\begin{aligned}(\dot{V}_0 + a^2\dot{V}_1 + a\dot{V}_2) - (\dot{V}_0 + a\dot{V}_1 + a^2\dot{V}_2) &= (a^2 - a)(\dot{V}_1 - \dot{V}_2) \\ &= \dot{Z}(\dot{I}_0 + a^2\dot{I}_1 + a\dot{I}_2)\end{aligned}$$

이것을 정리하여, 발전기의 기본식과 식(8-43)의 관계를 대입하면,

$$(a^2 - a)(\dot{E}_a - \dot{Z}_1\dot{I}_1 + \dot{Z}_2\dot{I}_2) = \dot{Z}(\dot{I}_0 + a^2\dot{I}_1 + a\dot{I}_2)$$

$$(a^2 - a)\{\dot{E}_a - (\dot{Z}_1 + \dot{Z}_2)\dot{I}_1\} = \dot{Z}(a^2 - a)\dot{I}_1$$

$$\therefore \ \dot{I}_1 = \frac{\dot{E}_a}{\dot{Z}_1 + \dot{Z}_2 + \dot{Z}} \tag{8-44}$$

가 되고, 식(8-43)과 식(8-44)의 관계에서

$$\left.\begin{aligned}&\dot{I}_a = 0 \\ &\dot{I}_b = -\dot{I}_c = \dot{I}_0 + a^2\dot{I}_1 + a\dot{I}_2 = (a^2 - a)\dot{I}_1 \\ &\quad = \frac{(a^2 - a)\dot{E}_a}{\dot{Z}_1 + \dot{Z}_2 + \dot{Z}} = \frac{\dot{E}_b - \dot{E}_c}{\dot{Z}_1 + \dot{Z}_2 + \dot{Z}}\end{aligned}\right\} \tag{8-45}$$

이다. 또, 각 선의 대지전압 $\dot{V}_a$, $\dot{V}_b$, $\dot{V}_c$는 발전기의 기본식과 식(8-43), (8-44)의 관계에서

$$\left.\begin{aligned}&\dot{V}_a = \dot{V}_0 + \dot{V}_1 + \dot{V}_2 = \dot{E}_a - \dot{Z}_1\dot{I}_1 - \dot{Z}_2\dot{I}_2 = \dot{E}_a - (\dot{Z}_1 - \dot{Z}_2)\dot{I}_1 \\ &\quad = \frac{2\dot{Z}_2 + \dot{Z}}{\dot{Z}_1 + \dot{Z}_2 + \dot{Z}}\dot{E}_a \\ &\dot{V}_b = \dot{V}_0 + a^2\dot{V}_1 + a\dot{V}_2 = a^2(\dot{E}_a - \dot{Z}_1\dot{I}_1) - a\dot{Z}_2\dot{I}_2 \\ &\quad = a^2\dot{E}_a - (a^2\dot{Z}_1 - a\dot{Z}_2)\dot{I}_1 = \frac{-\dot{Z}_2 + a^2\dot{Z}}{\dot{Z}_1 + \dot{Z}_2 + \dot{Z}}\dot{E}_a\end{aligned}\right\}$$

$$\begin{aligned}\dot{V}_c &= \dot{V}_0 + a\dot{V}_1 + a^2\dot{V}_2 = a(\dot{E}_a - \dot{Z}_1\dot{I}_1) - a^2\dot{Z}_2\dot{I}_2 \\ &= a\dot{E}_a - (a\dot{Z}_1 - a^2\dot{Z}_2)I_1 = \frac{-\dot{Z}_2 + a\dot{Z}}{\dot{Z}_1 + \dot{Z}_2 + \dot{Z}}\dot{E}_a\end{aligned} \qquad (8\text{-}46)$$

로 된다.

5-3 2상 직접 지락, 단락

그림 8-11과 같이 발전기의 b, c의 2상이 직접 단락, 지락되었을 경우는 b, c의 2상이 직접 지락되었을 때와 같다. 이 때의 단락전류 $\dot{I}_b$, 지락전류 $\dot{I}_e$ 및 a선의 전위를 구하여 보자.

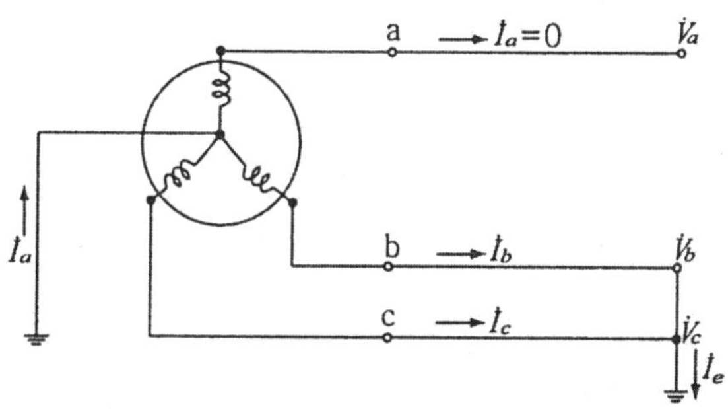

그림 8-11 2상 지락

이 때의 조건은 다음과 같다.

$$\dot{I}_a = 0 \qquad (8\text{-}47)$$

$$\dot{V}_b = \dot{V}_c = 0 \qquad (8\text{-}48)$$

식(8-47)의 조건에서

$$\dot{I}_a = \dot{I}_0 + \dot{I}_1 + \dot{I}_2 = 0 \qquad (8\text{-}49)$$

이 되고, 식(8-48)의 조건에서

$$\dot{V}_0+a^2\dot{V}_1+a\dot{V}_2=\dot{V}_0+a\dot{V}_1+a^2\dot{V}_2=0$$

이고, 접지되어 있으므로 $\dot{V}_0\neq0$이다. 따라서

$$\dot{V}_0=\dot{V}_1=\dot{V}_2 \tag{8-50}$$

이다. 식(8-50)에 발전기의 기본식을 적용하여 정리하고, 식(8-49)를 다시 쓰면,

$$\left.\begin{aligned}&-\dot{Z}_0\dot{I}_0+\dot{Z}_1\dot{I}_1=\dot{E}_a\\&-\dot{Z}_0\dot{I}_0+\dot{Z}_2\dot{I}_2=0\\&\dot{I}_0+\dot{I}_1+\dot{I}_2=0\end{aligned}\right\} \tag{8-51}$$

이다. 위의 연립 방정식에서 $\dot{I}_0$, $\dot{I}_1$, $\dot{I}_2$를 구하면,

$$\dot{I}_0=\frac{-\dot{Z}_2}{\varDelta}\dot{E}_a,\ \ \dot{I}_1=\frac{\dot{Z}_0+\dot{Z}_2}{\varDelta}\dot{E}_a,\ \ \dot{I}_2=\frac{-\dot{Z}_0}{\varDelta}\dot{E}_a \tag{8-52}$$

로 된다. 여기서, $\varDelta=\dot{Z}_0\dot{Z}_1+\dot{Z}_1\dot{Z}_2+\dot{Z}_2\dot{Z}_0$이다.

$$\left.\begin{aligned}\therefore\ \ &\dot{I}_b=\dot{I}_0+a^2\dot{I}_1+a\dot{I}_2=\frac{(a^2-a)\dot{Z}_0+(a^2-1)\dot{Z}_2}{\varDelta}\dot{E}_a\\&\dot{I}_c=\dot{I}_0+a\dot{I}_1+a^2\dot{I}_2=\frac{(a-a^2)\dot{Z}_0+(a-1)\dot{Z}_2}{\varDelta}\dot{E}_a\\&\dot{I}_e=\dot{I}_b+\dot{I}_c=\frac{(a^2+a-2)\dot{Z}_2}{\varDelta}\dot{E}_a+\frac{-3\dot{Z}_2}{\varDelta}\dot{E}_a\end{aligned}\right\} \tag{8-53}$$

또

$$\dot{V}_a=\dot{V}_0+\dot{V}_1+\dot{V}_2=3\dot{V}_0=-3\dot{Z}_0\dot{I}_0=\frac{3\dot{Z}_0\dot{Z}_2}{\varDelta}\dot{E}_a \tag{8-54}$$

이다.

제 6 절 대칭좌표법의 전력

불평형 3상회로의 성형전압을 $\dot{V}_a$, $\dot{V}_b$, $\dot{V}_c$, 선전류를 $\dot{I}_a$, $\dot{I}_b$, $\dot{I}_c$라고 하면, 벡터 전력은 제3장에서 배운 바와 같이 $\bar{\dot{V}}\dot{I}$로 나타내어지므로 3상의 벡터 전력 $P-jP_r$는

$$P-jP_r=\bar{\dot{V}}_a\dot{I}_a+\bar{\dot{V}}_b\dot{I}_b+\bar{\dot{V}}_c\dot{I}_c=[\,\bar{\dot{V}}_a\ \ \bar{\dot{V}}_b\ \ \bar{\dot{V}}_c]\begin{bmatrix}\dot{I}_a\\ \dot{I}_b\\ \dot{I}_c\end{bmatrix} \tag{8-55}$$

로 나타내고, 실수부는 유효전력, 허수부는 무효전력(+일 때 앞선 무효전력)을 나타낸다.

지금 윗식의 $\dot{I}_a$, $\dot{I}_b$, $\dot{I}_c$를 대칭분 $\dot{I}_0$, $\dot{I}_1$, $\dot{I}_2$로 나타내면, 식(8-4)의 관계에서

$$\begin{aligned}P-jP_r&=[\,\bar{\dot{V}}_a\ \ \bar{\dot{V}}_b\ \ \bar{\dot{V}}_c]\begin{bmatrix}1&1&1\\1&a^2&a\\1&a&a^2\end{bmatrix}\begin{bmatrix}\dot{I}_0\\ \dot{I}_1\\ \dot{I}_2\end{bmatrix}\\
&=[\,\bar{\dot{V}}_a+\bar{\dot{V}}_b+\bar{\dot{V}}_c\ \ \ \bar{\dot{V}}_a+a^2\bar{\dot{V}}_b+a\bar{\dot{V}}_c\ \ \ \bar{\dot{V}}_a+a\bar{\dot{V}}_b+a^2\bar{\dot{V}}_c]\begin{bmatrix}\dot{I}_0\\ \dot{I}_1\\ \dot{I}_2\end{bmatrix}\\
&=[3\bar{\dot{V}}_0\ \ 3\bar{\dot{V}}_1\ \ 3\bar{\dot{V}}_2]\begin{bmatrix}\dot{I}_0\\ \dot{I}_1\\ \dot{I}_2\end{bmatrix}\\
&=3[\,\bar{\dot{V}}_0\dot{I}_0+\bar{\dot{V}}_1\dot{I}_1+\bar{\dot{V}}_2\dot{I}_2]\end{aligned} \tag{8-56}$$

로 된다. 이상의 결과에서, 3상전력(평균전력)을 이상의 방식에 의한 대칭좌표법으로 나타내면, 각 대칭분의 전력의 합을 구하여 3배를 하면 구할 수 있다.

例題 5. 그림 8-12와 같은 3상 전선로가 있다. OO′지점의 좌측 발전기까지의 정상, 역상, 영상 임피던스는 $\dot{Z}_{g1}$, $\dot{Z}_{g2}$, $\dot{Z}_{g0}$이고, 발전기의 중성점은 $\dot{Z}$의 임피던스로 접지되어 있다. 또, OO′의 우측에는 $\dot{Z}_l$의 임피던스가 접속되고 선로의 대지 정전용량은 C이다. 지금, 이 전선로의 0점에 대지 전압 $\dot{V}_a$의 1선이 직접 접지되었을 때 지락 전류 $\dot{I}_c$는 얼마인가?

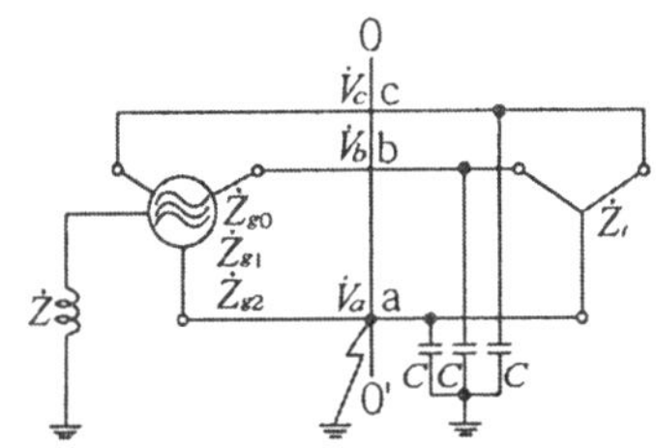

그림 8-12

解答 지락 지점에서 지락 전의 각 단자의 대지 전압을 $\dot{V}_a$, $\dot{V}_b$, $\dot{V}_c$라고 하면, 이 계통 전체는 테브난의 정리에서 알 수 있는 바와 같이, 지락 전류에 대해서는 기전력을 0으로 하고 지락점에 $\dot{V}_a$, $\dot{V}_b$, $\dot{V}_c$ 의 기전력을 갖는 1대의 발전기가 있다고 보아도 관계 없다. 이와 같이 생각하면, 이 문제는 $\dot{V}_a$, $\dot{V}_b$, $\dot{V}_c$ 의 기전력을 갖는 무부하의 등가발전기의 1단자가 접지된 경우와 같다. 따라서 식(8-39)에서 배운 1선 접지의 식에서 $\dot{E}_a$대신에 $\dot{V}_a$를 사용하면 된다. 먼저 대칭분 임피던스를 구한다.

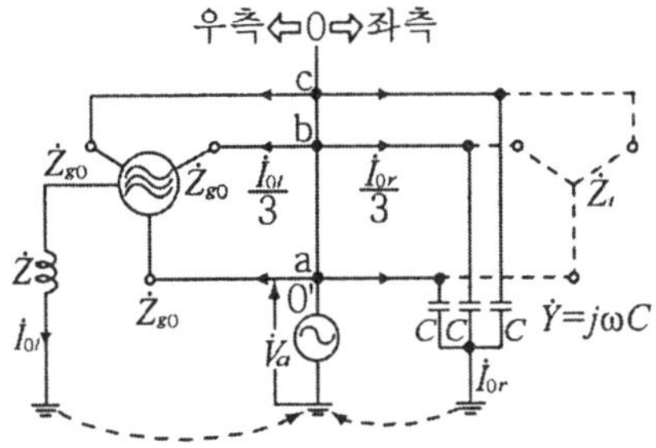

그림 8-13 영상회로

① **영상 임피던스** $\dot{Z}_0$: 문제의 영상 회로를 나타내면, 그림 8-13과 같이 된다. 즉 OO′점에서 3선을 일괄하여, 이것과 대지 사이에 그림과 같이 단상 전압 $\dot{V}_0$를 인가했을 때의 합성임피던스의 3배를 구하면 된다. 지금, $\dot{V}_0$를 인가했을 때, 지락점에서 좌측으로 $\dot{I}_{0l}$, 우측으로 $\dot{I}_{0r}$가 흐른다고 하면, $\dot{Z}_l$에는 전류가 흐르지 않으므로 관계가 없다.

그래서 좌측과 우측의 임피던스를 각각 $\dot{Z}_{0l}$, $\dot{Z}_{0r}$라고 하면

좌측에서 $\dot{V}_0=\dot{Z}_{g0}\cdot\dfrac{\dot{I}_{0l}}{3}+\dot{Z}\dot{I}_{0l}$ $\quad\therefore\ \dot{Z}_{0l}=\dfrac{\dot{V}_0}{\dot{I}_{0l}}\times 3=\dot{Z}_{g0}+3\dot{Z}$

우측에서 $\dot{V}_0=\dfrac{\dot{I}_{0r}/3}{j\omega C}=\dfrac{\dot{I}_{0r}}{3\dot{Y}}(\dot{Y}=j\omega C)$ $\quad\therefore\ \dot{Z}_{0r}=\dfrac{\dot{V}_0}{\dot{I}_{0r}}\times 3=\dfrac{1}{\dot{Y}}$

그리고 $\dot{Z}_{0l}$와 $\dot{Z}_{0r}$는 병렬로 되어 있으므로, 전 영상 임피던스 $\dot{Z}_0$는 다음과 같다.

$$\dot{Z}_0=\frac{\dot{Z}_{0l}\cdot\dot{Z}_{0r}}{\dot{Z}_{0l}+\dot{Z}_{0r}}=\frac{\dot{Z}_{g0}+3\dot{Z}}{1+\dot{Y}(\dot{Z}_{g0}+3\dot{Z})} \tag{8-57}$$

② **정상 임피던스** $\dot{Z}_1$

지락점의 abc 단자에 대칭 3상 전압을 인가했을 때의 임피던스를 생각하면 된다. 그림 8-12에서 좌측은 $\dot{Z}_{g1}$, 우측은 $\dot{Z}_t$와 $\dot{Y}$가 병렬로 되어 있으므로 다음과 같이 된다.

$$\dot{Z}_1=\frac{1}{\dfrac{1}{\dot{Z}_{g1}}+\dfrac{1}{\dot{Z}_t}+\dot{Y}}=\frac{\dot{Z}_{g1}\cdot\dot{Z}_t}{\dot{Z}_t+\dot{Z}_{g1}(1+\dot{Z}_t\dot{Y})} \tag{8-58}$$

③ **역상 임피던스** $\dot{Z}_2$

이것은, 우측은 $\dot{Z}_t$와 $\dot{Y}$가 병렬이고, 좌측은 $\dot{Z}_{g2}$가 되므로, 식(8-58)의 $\dot{Z}_{g1}$ 대신에 $\dot{Z}_{g2}$를 대입하면,

$$\dot{Z}_2=\frac{\dot{Z}_{g2}\cdot\dot{Z}_t}{\dot{Z}_t+\dot{Z}_{g2}(1+\dot{Z}_t\dot{Y})} \tag{8-59}$$

로 된다. 이와 같이 $\dot{Z}_0$, $\dot{Z}_1$, $\dot{Z}_2$를 구하면, 지락 전류를 식(8-39)로 구한다. 그런데 이 문제는 직접 지락이므로, 식(8-39)에서 $3\dot{Z}=0$이 되므로

$$I_e=\frac{3\dot{E}_a}{\dot{Z}_0+\dot{Z}_1+\dot{Z}_2}=\frac{3\dot{V}_a}{\dot{Z}_0+\dot{Z}_1+\dot{Z}_2}$$

$$=\frac{3\dot{V}_a}{\dfrac{\dot{Z}_{g0}+3Z}{1+\dot{Y}(Z_{g0}+3\dot{Z})}+\dfrac{\dot{Z}_{g1}\cdot\dot{Z}_t}{Z_t+\dot{Z}_{g1}(1+\dot{Z}_t\dot{Y})}+\dfrac{\dot{Z}_{g2}\cdot\dot{Z}_t}{\dot{Z}_t+\dot{Z}_{g2}(1+\dot{Z}_t\dot{Y})}}$$

로 된다.

8 연/습/문/제 Exercise

01 3상 회로의 전류가 $\dot{I}_a = 14.8 - j8.0$, $\dot{I}_b = -20.4 - j18.2$, $\dot{I}_c = 20.4 + j26.2$ 일 때 이들의 대칭분 전류를 구하여라.

02 2상 회로에서 1선 단선일 때의 부하 전압의 불평형률(unbalance factor)을 구하여라. 여기서 불평형률이란 대칭분으로 나타낼 때 V_2/V_1 또는 I_2/I_1로서 나타내어지는 값이다.

03 $\dot{Z}_a = 10[\Omega]$, $\dot{Z}_b = 10[\Omega]$, $\dot{Z}_c = 10[\Omega]$의 불평형 3상 부하를 성형으로 접속하고, 중성점을 접지했을 때의 대칭좌표 변환한 임피던스를 구하라.

04 문제 3의 임피던스의 각 단자에 100[V]의 대칭 3상 전압을 인가했을 때 흐르는 전류를 대칭좌표법으로 구하고, 이것을 불평형회로 계산법으로 구한 경우와 비교하여라.

05 그림 8-14의 abc 단자에서 본 각 대칭분 임피던스를 구하라. 여기서, R와 X는 [Ω], C는 [F]의 단위로 하고, 각주파수는 ω[rad/s]로 한다.

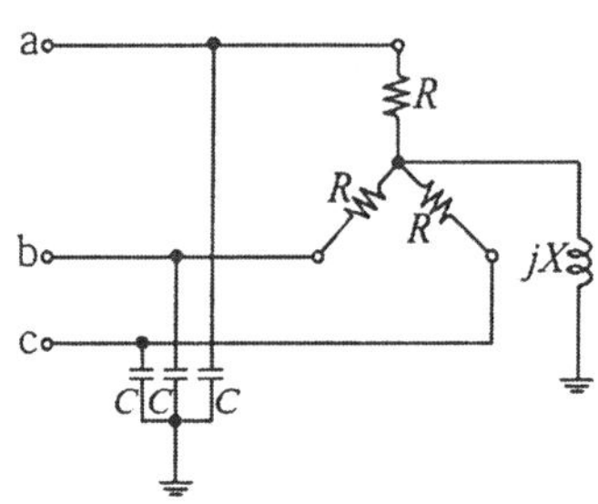

그림 8-14

06 그림 8-15는 500[Ω]의 중성점 접지식 송전선으로서, 사용 전압 66[kV], 주파수 60[Hz], 대지 정전용량은 $C=0.5$[μF]이다. 지금, V_a점이 1선 직접 접지되었다고 하면 지락 전류는 얼마인가? 이를 대칭 좌표법으로 구하여라. 여기서, 기타의 정수는 무시하는 것으로 한다.

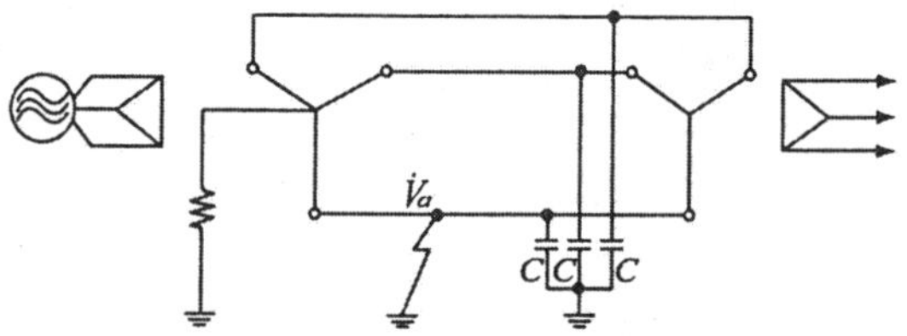

그림 8-15

CHAPTER 9

왜형파 교류

제 1 절 왜형파

지금까지는 교류회로의 전압, 전류는 모두 정현파 교류인 것을 배웠다. 그러나, 실제의 교류 회로의 전압이나 전류의 파형이 반드시 정현파라고 할 수 없다.

예컨대, 교류 발전기의 파형은 될 수 있으면 정현파형이 되도록 설계하지만, 전기자 반작용, 기타의 영향으로 정현파형에서 약간 변형되고 있다. 또 전압이 정현파형이라도 때로는 전류의 파형이 정현파형이 아닌 경우도 있다. 예를 들면, 변압기의 여자전류는 자기포화 및 히스테리히스 현상에 의하여 왜형파로 되거나 또는 형광등의 관전압과 전류는 아크의 부(-)특성 등에 의하여 파형이 일그러진다. 이외에도 정류파의 경우나 전기, 통신 등에 있어서 신호파 등은 그 성질에 따라 정현파에서 크게 왜형되는 경우가 있다.

이와 같이 정현파가 아닌 파형을 일반적으로 **왜형파**(distorted wave) 또는 **비틀림파**라 말하며, 이와 같은 교류를 **왜형파 교류**라고 한다.

제 2 절 왜형파의 표시법

일반적으로 일정한 주기 $T=\frac{1}{f}=\frac{2\pi}{\omega}$로 같은 파형을 반복하는 파형 y의 순시치는, 시각 t에 대하여 다음과 같은 정현항과 여현항의 합으로 표시할 수 있다. 이것을 **푸리에 급수**(Fourier series)라고 한다.

$$\begin{aligned} y = a_0 &+ a_1\cos\omega t + a_2\cos 2\omega t + a_3\cos 3\omega t \cdots\cdots \\ &+ b_1\sin\omega t + b_2\sin 2\omega t + b_3\sin 3\omega t \cdots\cdots \end{aligned} \tag{9-1}$$

이것을 정리하면, 다음과 같이 나타낼 수 있다.

$$\begin{aligned} y = a_0 &+ A_1\sin(\omega t+\phi_1) + A_2\sin(2\omega t+\phi_2) \\ &+ A_3\sin(3\omega t+\phi_3) + \cdots\cdots \end{aligned} \tag{9-2}$$

이것을 간단한 모양으로 표시하면, 다음과 같다.

$$y = a_0 + \sum_{n=1}^{\infty} a_n\cos n\omega t + \sum_{n=1}^{\infty} b_n\sin n\omega t \tag{9-3}$$

$$\therefore\ y = a_0 + \sum_{n=1}^{\infty} A_n\sin(n\omega t+\phi_n) \tag{9-4}$$

여기서, $A_n=\sqrt{a_n^{\ 2}+b_n^{\ 2}}$, $\phi=\tan^{-1}\frac{a_n}{b_n}$ 이다. (9-5)

이 식 중에서, a_0의 항은 시각 t와 각주파수 ω에 관계없이 일정한 값의 직류분으로 왜형파 교류의 평균치를 나타낸다. 또 a_0 이 외의 항은 각종 주파수를 갖는 교류분을 나타낸다.

교류분 중에서 $A_1\sin(\omega t+\phi_1)$은 왜형파 y와 동일한 주파수를 갖는 기본이 되는 것으로 **기본파**(fundamental wave)라 하고, 이 외의 항을 **고조파**(higher harmonics)라 한다. 더욱이 고조파로 기본파 주파수의 n배의 주파수를 갖는 것을 **제 n차 고조파** 또는 **제 n조파**라고 한다.

다음에는 식(9-3)에 있어서, a_0와 a_n, b_n을 구하는 방법을 알아 보기로 하자.

(1) a_0를 구하는 방법

a_0를 제외한 항은 모두 정현 및 여현의 항이다. 정현 및 여현의 항은 정파(+파)와 부파(-파)의 면적이 같으므로, 1주기의 0~2π[rad]의 사이를 적분하면 0으로 된다. 따라서, y의 1주기의 평균을 구하면 a_0를 구할 수 있다. 즉, 간단히 하기 위하여 $\omega t = x$라 하면 다음과 같이 된다.

$$a_0 = \frac{1}{2\pi}\int_0^{2\pi} y dx \tag{9-6}$$

(2) a_n을 구하는 방법

k를 $n=1, 2, 3\cdots\cdots\infty$ 중에서 임의의 정수라 하면, 식(9-3)에 $\cos kx$를 곱하여 0에서 2π까지 적분하면, 다음과 같이 된다.

$$\begin{aligned}\int_0^{2\pi} y\cos kx dx = \int_0^{2\pi} a_0 \cos kx dx &+ \sum_{n=1}^{\infty}\int_0^{2\pi} a_n \cos nx \cdot \cos kx dx \\ &+ \sum_{n=1}^{\infty}\int_0^{2\pi} b_n \sin nx \cdot \cos kx dx\end{aligned} \tag{9-7}$$

이 때

제1항의 $\int_0^{2\pi} a_0 \cdot \cos kx dx = a_0\left[\frac{\sin kx}{k}\right]_0^{2\pi} = 0$

제2항의 $\int_0^{2\pi} a_n \cos nx \cdot \cos kx dx$

$= a_n\int_0^{2\pi}\frac{1}{2}\{\cos(n+k)x + \cos(n-k)x\}dx$

따라서, 제2항은

$k \neq n$인 경우는 0

$k = n$인 경우는

$$\int_0^{2\pi} a_n \cos nx \cdot \cos kx dx = \int_0^{2\pi} a_n \cos nx \cdot \cos nx dx$$
$$= \int_0^{2\pi} \frac{a_n}{2}(1+\cos 2nx)dx$$
$$= \frac{a_n}{2}\left[x + \frac{\sin 2nx}{2n}\right]_0^{2\pi} = \pi a_n$$

제3항의 $\int_0^{2\pi} b_n \sin nx \cdot \cos kx dx$

$$= b_n \int_0^{2\pi} \frac{1}{2}\{\sin(n+k) + \sin(n-k)\}dx$$

로 되고, 정현의 0~2π 사이의 정적분이므로, $k \neq n$이나 $k=n$에서도 항상 0이 된다.

결국, 식(9-7)은 $k=n$인 경우에만 제2항이 πa_n으로 되고, 이 외에는 모두 0이 되므로

$$\int_0^{2\pi} y\cos nx dx = \pi a_n \quad \therefore\ a_n = \frac{1}{\pi}\int_0^{2\pi} y\cos nx dx \tag{9-8}$$

로서 a_n을 구할 수 있다.

(3) b_n을 구하는 방법

식(9-3)에 $\sin kx$를 곱하여, x에 대해서 0에서 2π까지 적분하면,

$$\int_0^{2\pi} y\sin kx dx = \int_0^{2\pi} a_0 \sin kx dx + \sum_{n=1}^{\infty}\int_0^{2\pi} a_n \cos nx \cdot \sin kx dx$$
$$+ \sum_{n=1}^{\infty}\int_0^{2\pi} b_n \sin nx \cdot \sin kx dx$$

로 된다. 이 경우도 (2)의 경우와 같이 생각하면, 제3항은 $k=n$의 경우에만 πb_n으로 되고, 이 외에는 모두 0이 되므로

$$b_n = \frac{1}{\pi}\int_0^{2\pi} y \sin nx dx \tag{9-9}$$

로 구할 수 있다.

제 3 절 특수한 파형의 왜형파

왜형파 중에서, 식(9-6)~(9-9)의 a_0, a_n, b_n을 모두 포함하는 일반형의 왜형파는 직류분 a_0의 존재에 의해 1주기에서 y의 파형의 정파(+파)와 부파(-파)의 면적이 다르고, 또 y축 또는 원점 0에 대해서도 비대칭으로 된다.

그림 9-1은 이러한 파형의 한 예를 나타낸 것이다.

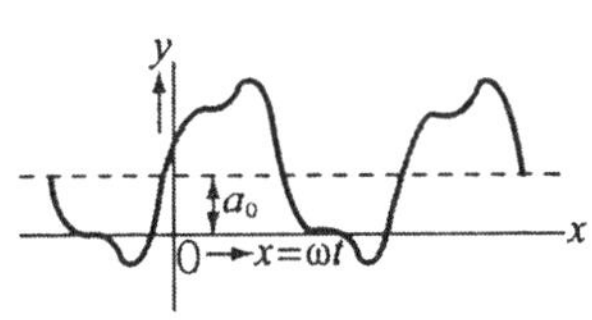

그림 9-1

일반형의 왜형파에 있어서, 직류분 a_0를 포함하지 않은 왜형파는 정파와 부파의 면적이 같은 왜형파로 된다.

그림 9-2는 이 예를 나타낸 것이다.

다음에는 왜형파 중에서 자주 나타나는 특수 왜형파에 대하여 자세히 알아 보기로 하자.

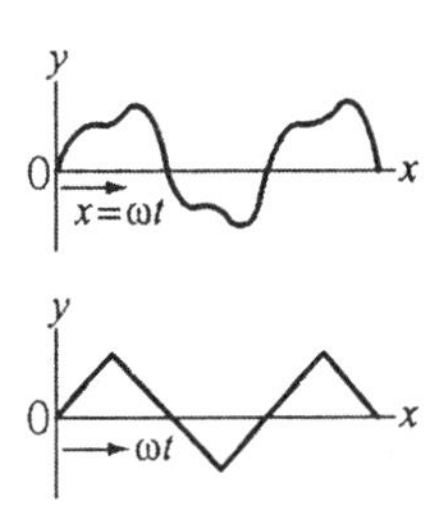

그림 9-2

3-1 반파 대칭파

그림 9-3과 같이 정파와 부파의 파형이 똑 같은 파형은, π[rad](또는 $\frac{T}{2}$[s]) 떨어진 점의 y의 값이 같고 부호가 반대로 되며, x축에 대하여 대칭으로 된다.

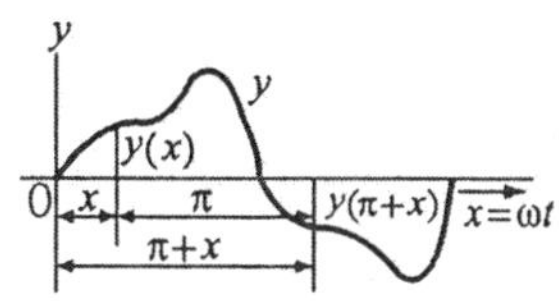

그림 9-3 대칭파

이와 같은 파를 **반파 대칭파**(half wave symmetrical wave)라고 한다. 이것은 정파와 부파의 면적이 같기 때문에 $a_0=0$이 된다. 그래서 반파 대칭파를 수학적으로 나타내면

$$y(x)=-y(\pi+x) \tag{9-10}$$

로 된다. 이 조건에 식(9-3)의 $a_0=0$인 관계를 대입하면

$$y(x)=\sum_{n=1}^{\infty}a_n\cos nx+\sum_{n=1}^{\infty}b_n\sin nx \tag{a}$$

이고, 또한

$$\begin{aligned}-y(\pi+x)&=-\left\{\sum_{n=1}^{\infty}a_n\cos n(\pi+x)+\sum_{n=1}^{\infty}b_n\sin n(\pi+x)\right\}\\&=-\sum_{n=1}^{\infty}a_n(-1)^n\cos nx-\sum_{n=1}^{\infty}b_n(-1)^n\sin nx\end{aligned} \tag{b}$$

로 된다. 식(a)와 (b)를 비교할 때 $y(x)=-y(\pi+x)$가 성립하는 것은 $(-1)^n=-1$일 때이므로, **n가 기수일 때**에만 이 관계가 성립한다고 할 수 있다. 따라서 반파 대칭파는 $m=1, 3, 5\cdots\cdots$의 기수라고 하면 다음과 같이 나타낼 수 있다.

$$y=\sum_{m=1}^{\infty}a_m\cos mx+\sum_{m=1}^{\infty}b_m\sin mx \tag{9-11}$$

$$\therefore\ y = \sum_{m=1}^{\infty} \sqrt{a_m^{\ 2} + b_m^{\ 2}}\ \sin(mx + \phi_m) \tag{9-12}$$

여기서, $\phi_m = \tan^{-1}\dfrac{a_m}{b_m}$ 이다.

또한, 반파 대칭파의 경우는 정파와 부파의 파형이 같기 때문에, a_m, b_m을 구하려면 식(9-8) 및 식(9-9)에서 $x=\omega t$에 대하여 반주기의 0에서 π까지 적분해서 2배하고 $1/\pi$를 곱한다.

$$\left.\begin{aligned} a_m &= \frac{2}{\pi}\int_0^{\pi} y\cos mx\,dx \\ b_m &= \frac{2}{\pi}\int_0^{\pi} y\sin mx\,dx \end{aligned}\right\} \tag{9-13}$$

이와 같은 반파 대칭파는 교류발전기나 변압기 등의 전압 또는 전류가 비틀리게될 때 생기는 것으로, 전력 관계에서 가장 많이 나타나는 왜형파이다.

3-2 기함수파

수학에서 배운 바와 같이 그림 9-4와 같은 곡선이 있을 때, 원점 0에 대하여 a, a′점이 대칭이 되는 곡선은 기함수로 나타낸다. 따라서, 기함수는 임의의 $x=\omega t$에 대하여

$$y(x) = -y(-x)$$

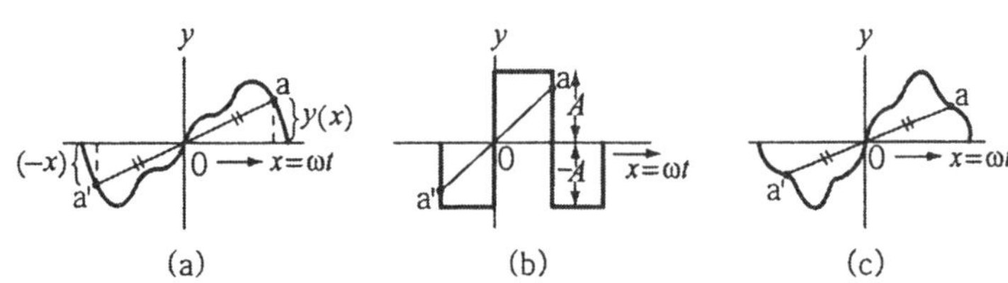

그림 9-4 기함수파

의 관계가 있다. 그리고, 정파와 부파의 면적은 같기 때문에 직류분 a_0는 0이

된다. 따라서 식(9-3)에 의해서

$$y(x)=\sum_{n=1}^{\infty}a_n\cos nx+\sum_{n=1}^{\infty}b_n\sin nx \qquad \text{(a)}$$

$$-y(-x)=-\sum_{n=1}^{\infty}a_n\cos nx+\sum_{n=1}^{\infty}b_n\sin nx \qquad \text{(b)}$$

로 나타낼 수 있으므로, 식(9-14)와 같이 식(a)=식(b)가 성립하려면

$$y=\sum_{n=1}^{\infty}b_n\sin nx \qquad (9\text{-}15)$$

로 되어야 한다. 따라서, y는 정현항만으로 나타내게 된다. 이와 같은 파형을 **기함수파**라 한다. 이 경우에는 원점 0에 대하여 대칭이므로, b_n을 구하려면 식(9-13)과 같은 방법으로

$$b_n=\frac{2}{\pi}\int_0^{\pi}y\sin nxdx \qquad (9\text{-}16)$$

로서 구할 수 있다.

그림 9-4(b), (c)는 기함수이고, 또한 반파 대칭파의 경우이다. 따라서, 이 경우에는 y는 정현항만으로 되는 동시에 식(9-11)일 때와 같이 n는 기수가 되어야 하므로 다음과 같이 나타낼 수 있다.

$$y=\sum_{m=1}^{\infty}b_m\sin mx \qquad (9\text{-}17)$$

여기서, $m=1, 3, 5\cdots\cdots$의 기수로 나타낸다. 이 경우에 식(9-9)에 의해서 b_m을 구하려면, 0에서 $\frac{\pi}{2}$까지의 1/4 사이클의 x에 대한 적분의 4배에 1/π을 곱하여

$$b_m=\frac{4}{\pi}\int_0^{\pi/2}y\sin mxdx \qquad (9\text{-}18)$$

로서 구하면 된다.

例題 1. 그림 9-5(b)의 파형을 나타내는 푸리에 급수를 구하여라.

解 答 이 경우에 $y=A$이므로, b_m은 식(9-18)에 의해서

$$b_m=\frac{4}{\pi}\int_0^{\pi/2}A\sin mx dx=\frac{4A}{m}\left[\frac{-\cos mx}{m}\right]_0^{\pi/2}=\frac{4A}{m}\cdot\frac{1}{m}$$

그리고, $m=1, 3, 5\cdots\cdots$의 기수이므로

$$y=\frac{4A}{\pi}\left(\sin x+\frac{1}{3}\sin 3x+\frac{1}{5}\sin 5x+\cdots\cdots\right)$$

로 된다.

3-3 우함수파

그림 9-5와 같이 y축에 대하여 좌우 대칭이 되는 파형은 우함수로 나타내어지고

$$y(x)=y(-x) \tag{9-20}$$

의 관계가 있다. 이것을 식(9-3)에 적용하여 보면,

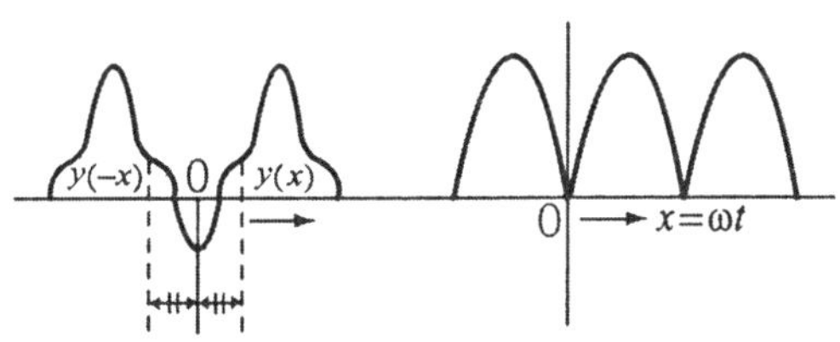

그림 9-5 우함수파

$$y(x)=a_0+\sum_{n=1}^{\infty}a_n\cos nx+\sum_{n=1}^{\infty}b_n\sin nx \tag{a}$$

$$y(-x)=a_0+\sum_{n=1}^{\infty}a_n\cos nx-\sum_{n=1}^{\infty}b_n\sin nx \tag{b}$$

이므로, 식(9-20)에 의해서 식(a)=식(b)가 성립하려면

$$y(x)=a_0+\sum_{n=1}^{\infty}a_n\cos nx \tag{9-21}$$

로서, 여현항만으로 된다(a_0는 $n=0$으로 $a_0\cos(0\times x)=a_0$의 여현항으로 생각해도 된다).

이와 같은 파형을 **우함수파**라 한다. 이것은 정류할 때 자주 나타나는 파형으로 a_0, a_n은 식(9-6), (9-8)에 의해서 구하면 된다.

제 4 절 왜형파의 실효치와 평균치

4-1 실효치

왜형파가 어떤 파형이라도, 실효치의 정의에 의해서 순시치의 2승의 평균을 평방근으로 나타내는 것은 변함이 없다. 지금, 다음과 같은 왜형과 전류

$$i = I_0 + I_{m1}\sin(\omega t + \phi_1) + I_{m2}\sin(2\omega t + \phi_2) + \cdots\cdots$$

가 있다고 하면, 실효치 I는 다음과 같이 나타낼 수 있다.

$$\begin{aligned} I &= \sqrt{\frac{1}{2\pi}\int_0^{\pi} i^2 d(\omega t)} \\ &= \sqrt{\frac{1}{2\pi}\int_0^{\pi}\{I_0 + I_{m1}(\sin\omega t + \phi_1) + I_{m2}\sin(2\omega t + \phi_2) + \cdots\cdots\}^2 d(\omega t)} \end{aligned} \quad (9\text{-}22)$$

여기서, i^2은 다음과 같이 표시할 수 있다.

$$\begin{aligned} i^2 = I_0{}^2 &+ I_{m1}{}^2\sin^2(\omega t + \phi_1) + I_{m2}{}^2\sin^2(2\omega t + \phi_2) + \cdots\cdots \\ &+ 2I_0\{I_{m1}\sin(\omega t + \phi_1) + I_{m2}\sin(2\omega t + \phi_2) + I_{m3}\sin(3\omega t + \phi_3) + \cdots\cdots\} \\ &+ 2I_{m1}\sin(\omega t + \phi_1)\{I_{m2}\sin(2\omega t + \phi_2) + I_{m3}\sin(3\omega t + \phi_3) + \cdots\cdots\} \\ &+ 2I_{m2}\sin(2\omega t + \phi_2)\{I_{m3}\sin(3\omega t + \phi_3) + \cdots\cdots\} \\ &+ \cdots\cdots \end{aligned}$$

따라서, i^2의 항목 중에서, 적분의 형태로서는 $I_0{}^2$, 각 정현파의 2승, I_0와 각 정현파의 곱, 주파수가 다른 정현파의 곱의 항으로 나눌 수 있다. 즉, 적분의 형태로서는 다음과 같은 4개의 모양으로 된다.

① $\frac{1}{2\pi}\int_0^{2\pi} I_0{}^2 d(\omega t) = I_0{}^2$

② $\frac{1}{2\pi}\int_0^{2\pi} I_{mn}{}^2 \sin^2(n\omega t+\phi_n) d\omega t = \frac{I_{mn}{}^2}{2} = I_n{}^2$

여기서, n : 1, 2, 3의 정의 정수

I_n : 실효치

③ $\frac{1}{2\pi}\int_0^{2\pi} 2I_0 I_{mn}\sin(n\omega t+\phi_n) d\omega t = 0$

④ $\frac{1}{2\pi}\int_0^{2\pi} 2I_{mn}\sin(n\omega t+\phi_n)\cdot I_{mk}\sin(k\omega t+\phi_k) d\omega t = 0 \quad (\because\ n \neq k)$

따라서, **직류분 및 교류분의 2승 이 외의 정적분은 모두 0이 된다.**

그러므로 식(9-22)는 다음과 같이 된다.

$$I = \sqrt{I_0{}^2 + I_n{}^2} = \sqrt{I_0{}^2 + I_1{}^2 + I_2{}^2 + \cdots\cdots} \tag{9-23}$$

이상의 관계는 전류에 대하여 설명되었으나, 전압의 경우도 마찬가지가 된다. 그러므로 **일반적으로 왜형파의 실효치는 직류분 및 기본파의 각 고조파 실효치의 2승의 합의 평방근으로 나타내어진다.**

例題 **2.** 어떤 회로에 인가한 전압이

$$v = 3 + 10\sqrt{2}\sin\omega t + 5\sqrt{2}\sin\left(3\omega t - \frac{\pi}{3}\right)[\mathrm{V}]$$

일 때 실효치[V]는 얼마인가?

解答 교류분의 실효치는 기본파 $10\sqrt{2}/\sqrt{2} = 10[\mathrm{V}]$, 제2조파 $5\sqrt{2}/\sqrt{2} = 5[\mathrm{V}]$ 이므로, 실효치 V는 식(9-23)에 의해서 다음과 같이 된다.

$V = \sqrt{3^2 + 10^2 + 5^2} = 11.6[\mathrm{V}]$

4-2 평균치

왜형파의 평균치에 있어서는, 그 평균치를 구하는 목적에 따라 그 정의가 다르게 된다. 일반적으로 직류분을 포함하는 정류파의 경우는 1주기의 평균을 잡고, 대칭파의 경우에는 정현파의 경우와 같이 반파의 평균을 잡는 것이 보통이다.

例題 3. 그림 9-6과 같은 정현파 정류파의 실효치와 평균치를 구하여라.

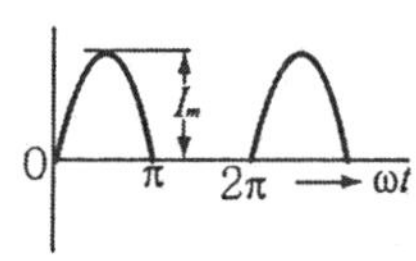

그림 9-6

解答 실효치를 I, 평균치를 I_{av}라고 하면,

$$I=\sqrt{\frac{1}{2\pi}\int_0^{\pi} i^2 d\omega t}=\sqrt{\frac{1}{2\pi}\int_0^{\pi} I_m \sin^2\omega t d\omega t}$$

$$=\sqrt{\frac{I_m^{\ 2}}{2\pi}\int_0^{\pi}\frac{1-\cos 2\omega t}{2}d\omega t}=\sqrt{\frac{I_m^{\ 2}}{2\pi}\left[\frac{1}{2}\left(\omega t-\frac{\sin 2\omega t}{2}\right)\right]_0^{\pi}}$$

$$=\sqrt{\frac{I_m^{\ 2}}{2\pi}\cdot\frac{\pi}{2}}=\frac{I_m}{2} \tag{9-24}$$

$$I_{av}=\frac{1}{2\pi}\int_0^{\pi} I_m \sin\omega t d\omega t=\frac{I_m}{2\pi}[-\cos\omega t]_0^{\pi}=\frac{I_m}{\pi} \tag{9-25}$$

이다.

제 5 절 파형률, 파고률, 왜형률

5-1 파형률과 파고률

왜형파가 대칭파로 되고, 정현파에 가까운 경우에 왜형의 정도를 알기 위한 양으로서 다음과 같이 정의한다. 즉, **파형률**(form factor)과 **파고률**(crest factor)을

나타내면 다음과 같다.

$$\text{파형률} = \frac{\text{실효치}}{\text{평균치}} \tag{9-26}$$

$$\text{파고률} = \frac{\text{최대치}}{\text{실효치}} \tag{9-27}$$

이 정의에 의해서 각종 파형의 파형률, 파고률을 구하여 나타내면 표 9-1과 같다.

표 9-1

명칭	파형	파형률	파고률
구형파	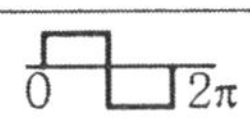	1.0	1.0
반원파	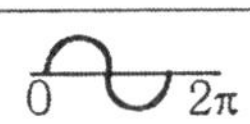	1.04	1.226
포물선파	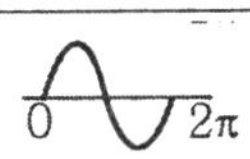	1.10	1.370
정현파	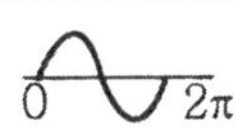	1.11	1.414
삼각파	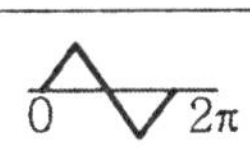	1.155	1.732

이 표에서 알 수 있는 바와 같이, 파형률, 파고률은 1에 가까울수록 평탄하여지며, 1보다 클수록 파형이 뾰족하여짐을 알 수 있다. 또한 파형률 및 파고률이 정현파의 1.11 및 1.414에 가까울수록 정현파에 가까워진다고 판정할 수 있다.

5-2 왜형률

비정현파에서 기본파에 대해서 고조파 성분이 포함되어 있는 정도를 다음과 같이 정의되는 **왜형률**(distortion factor)로 표시한다.

$$왜형률 = \frac{전\ 고조파의\ 실효치}{기본파의\ 실효치} \tag{9-28}$$

로 정의되며, 예를 들면

$$v = \sqrt{2}\,V_1 \sin(\omega t + \phi_1) + \sqrt{2}\,V_2 \sin(2\omega t + \phi_2) + \sqrt{2}\,V_3 \sin(3\omega t + \phi_3) + \cdots\cdots$$

인 전압의 왜형률은, 기본파의 실효치를 V_1, 고조파 전체의 실효치를 $\sqrt{V_2{}^2 + V_3{}^2 + \cdots\cdots}$ 라 하면

$$왜형률 = \frac{\sqrt{V_2{}^2 + V_3{}^2 + \cdots\cdots}}{V_1} \tag{9-29}$$

로서 구할 수 있다.

제 6 절 왜형파 회로의 계산

$R \cdot L \cdot C$ 회로정수가 전류나 전압의 크기에 의하여 변화하지 않는 선형회로에서는, 제6장, 6, 7절에서 배운 중첩의 정리가 성립한다. 따라서, 왜형파의 선형 회로에 있어서의 계산은 중첩의 정리를 응용하여, **직류분은 직류분만의 회로, 교류분은 각 주파수마다의 별개의 회로에 대하여 계산하여 합하면 된다.**

왜형파 회로에 있어서, 리액턴스를 포함하는 회로에서는 각 조파의 주파수에 따라 왜형파의 전압과 전류의 파형이 다르게 된다.

먼저, R, L 및 C의 단독회로에 있어서 전압과 전류의 파형 관계를 알아 보기로 하자.

6-1 R, L 및 C의 단독회로

(1) 저항 R의 회로

저항 R만의 회로에

$$v = V_0 + V_{m1} \sin(\omega t + \phi_1) + V_{m2} \sin(2\omega t + \phi_2) + \cdots\cdots \tag{9-30}$$

의 왜형파 전압을 인가하면, 흐르는 전류 i는 중첩의 정리에 의하여

$$i = \frac{V_0}{R} + \frac{V_{m1}}{R} \sin(\omega t + \phi_1) + \frac{V_{m2}}{R} \sin(2\omega t + \phi_2) + \cdots\cdots \tag{9-31}$$

로 된다. 그러므로 이러한 경우의 전류는 전압과 같은 파형으로 된다.

(2) 자기 인덕턴스 L의 회로

자기 인덕턴스 L만의 회로에

$$v = V_{m1} \sin(\omega t + \phi_1) + V_{m2} \sin(2\omega t + \phi_2) + V_{m3} \sin(3\omega t + \phi_3) + \cdots\cdots \tag{9-32}$$

의 전압을 인가하면, 유도 리액턴스는 $n\omega L$로 주파수에 비례하고, 전류는 전압보다 $\pi/2$ 위상이 뒤지므로 전 전류는 중첩의 정리에 의하여

$$\begin{aligned} i = & \frac{V_{m1}}{\omega L} \sin\left(\omega t + \phi_1 - \frac{\pi}{2}\right) + \frac{V_{m2}}{2\omega L} \sin\left(2\omega t + \phi_2 - \frac{\pi}{2}\right) \\ & + \frac{V_{m3}}{3\omega L} \sin\left(3\omega t + \phi_3 - \frac{\pi}{2}\right) + \cdots\cdots \end{aligned} \tag{9-33}$$

로 된다. 그러므로 유도 리액턴스만의 회로에서는 고조파의 차수가 높을수록 고조파전류는 감소하고, 전류의 파형은 전압의 파형보다 비틀림이 적어져서 정현파에 근접해간다.

(3) 정전용량 C의 회로

정전용량 C만의 회로에 식(9-32)의 전압을 인가하면 용량 리액턴스는 $\frac{1}{n\omega C}$이므로 주파수에 반비례한다. 따라서, 흐르는 전류 i는 중첩의 정리에

의하여 구하면,

$$\begin{aligned} i= &\ \omega CV_{m1}\left(\omega t+\phi_1+\frac{\pi}{2}\right)+2\omega CV_{m2}\left(2\omega t+\phi_2+\frac{\pi}{2}\right) \\ &+3\omega CV_{m3}\left(3\omega t+\phi_3+\frac{\pi}{2}\right)+\cdots\cdots \end{aligned} \tag{9-34}$$

로 된다. 그러므로 용량 리액턴스만의 회로에서는 고조파의 차수가 높을수록 고조파 전류는 증가하며, 전류의 파형은 전압의 파형보다 많이 비틀리게 된다.

6-2 $R \cdot L \cdot C$의 직렬회로와 고조파공진

그림 9-7과 같은 $R \cdot L \cdot C$의 직렬회로에

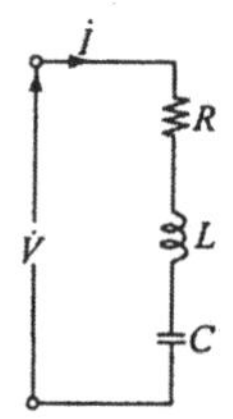

그림 9-7

$$v= \sum_{n=1}^{\infty}\sqrt{2}\ V_n\sin(n\omega t+\phi_n) \tag{9-35}$$

여기서, n : 1, 2, 3……정수

의 전압을 인가했을 때, 회로의 임피던스 $\dot{Z}$는

$$\dot{Z}_n= R+j\left(n\omega L-\frac{1}{n\omega C}\right)$$

$$\left.\begin{aligned} \dot{Z}_n&=\sqrt{R^2+\left(n\omega L-\frac{1}{n\omega C}\right)^2} \\ \theta_n&= \tan^{-1}\frac{n\omega L-\dfrac{1}{n\omega C}}{R} \end{aligned}\right\} \tag{9-36}$$

이므로, 회로에 흐르는 전류 i는

$$i = \sum_{n=1}^{\infty} \frac{\sqrt{2}\, V_n}{Z_n} \sin(n\omega t + \phi_n - \theta_n) \tag{9-37}$$

에서 구할 수 있다.

(1) 고조파 공진

식(9-37)에서 만일 $\dot{Z}_n$ 중의 리액턴스 분이 0이 되었을 때, 즉

$$n\omega L - \frac{1}{n\omega C} = 0$$

$$\therefore\ 1 - n^2\omega^2 LC = 0 \qquad C = \frac{1}{n^2\omega^2 L} \tag{9-38}$$

의 조건이 생기면, 제 n차 고조파에 대하여 직렬 공진을 발생하여, 제 n차의 고조파 전류가 지극히 크게 된다. 이것을 **고조파공진**이라 한다.

그림 9-8은 고조파 공진을 이용한 예를 나타낸 것이다. 그림과 같이 부하에 병렬로 $C \cdot L$의 직렬 회로를 만들고 $C = 1/n^2\omega^2 L$의 관계를 갖도록 하면, 제 n차 고조파의 전류는 $C \cdot L$회로를 통하며, 부하에 제 n차 고조파 전류의 통과를 막을 수 있다.

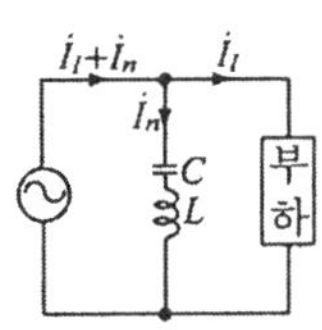

그림 9-8

(2) 병렬 공진

그림 9-9와 같은 병렬 회로에 식(9-35)의 전압을 인가했을 때 흐르는 전류 i는

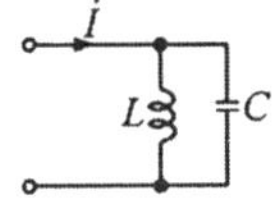

그림 9-9

$$i = \sum_{n=1}^{\infty} \frac{\sqrt{2}\, V_n}{X_n} \sin(n\omega t + \phi_n - \theta_n) \tag{9-39}$$

여기서

$$X_n = \frac{1}{\dfrac{1}{jn\omega L} + jn\omega C}$$

$$\therefore\ X_n = \frac{n\omega L}{1 - n^2\omega^2 LC},\quad \theta_n = \pm\frac{\pi}{2} \tag{9-40}$$

로 된다. 따라서, 만일 $1 - n^2\omega^2 LC = 0$라 하면 X_n은 ∞로 되어, 제 n고조파의 전류는 0이 된다. 이것이 **고조파 병렬공진** 또는 고조파 **반공진**이다.

例題 4. 그림 9-10과 같은 RL 직렬 회로에 $v = V_d + \sqrt{2}\, V_1 \sin(\omega t + \phi_1) + \sqrt{2}\, V_3 \sin(3\omega t + \phi_3)$의 전압을 인가했을 때 흐르는 전류의 순시치 및 전압과 전류의 실효치를 구하여라.

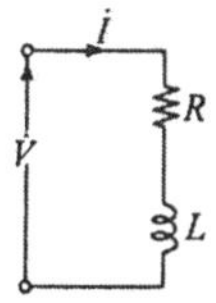

그림 9-10

解答 중첩의 정리가 성립되므로, 직류분, 기본파 및 고조파의 전압이 각각 가해지는 것으로 계산하여 합하면 된다.

직류분; $I_d = \dfrac{V_d}{R}$

기본파; 임피던스 Z_1과 위상각 θ_1은 다음과 같다.

$Z_1 = \sqrt{R^2 + \omega^2 L^2},\quad \theta_1 = \tan^{-1}\dfrac{\omega L}{R}$

$$\therefore\ \left.\begin{aligned} &\text{전류(순시치)}\quad i_1 = \frac{\sqrt{2}\, V_1}{\sqrt{R^2 + \omega^2 L^2}} \sin(\omega t + \phi_1 - \theta_1) \\ &\text{전류의실효치}\quad I_1 = \frac{V_1}{\sqrt{R^2 + \omega^2 L^2}} \end{aligned}\right\}$$

제 3고조파 임피던스 Z_3와 위상각 θ_3는

$Z_3=\sqrt{R^2+(3\omega)^2L^2}$, $\theta_3=\tan^{-1}\frac{3\omega L}{R}$ 이다.

$$\left.\begin{aligned}\therefore\ \text{전류(순시치)}\ \ i_3&=\frac{\sqrt{2}\,V_3}{\sqrt{R^2+9\omega^2L^2}}\sin(3\omega t+\phi_3-\theta_3)\\ \text{전류의실효치}\ \ I_3&=\frac{V_3}{\sqrt{R^2+9\omega^2L^2}}\end{aligned}\right\}$$

따라서, 왜형파 전류의 순시치 i는

$i=I_d+i_1+i_2$이므로

$$\therefore\ i=\frac{V_d}{R}+\frac{\sqrt{2}\,V_1}{\sqrt{R^2+\omega^2L^2}}\sin(\omega t+\phi_1-\theta_1)+$$

$$\frac{\sqrt{2}\,V_3}{\sqrt{R^2+9\omega^2L^2}}\sin(3\omega t+\phi_3-\theta_3)$$

이다.

전류의 실효치 I와 전압의 실효치 V는 식(9-23)에서 다음과 같이 된다.

$$I=\sqrt{I_d{}^2+I_1{}^2+I_3{}^2}=\sqrt{\left(\frac{V_d}{R}\right)^2+\left(\frac{V_1}{\sqrt{R^2+\omega^2L^2}}\right)^2+\left(\frac{V_3}{\sqrt{R^2+9\omega^2L^2}}\right)^2}$$

$$V=\sqrt{V_d{}^2+V_1{}^2+V_3{}^2}$$

제 7 절 왜형파의 전력과 등가 정현파

7-1 왜형파의 전력

왜형파의 전력에 있어서도 전압과 전류의 순시치가 각각 v 및 i라 하면, 순시 전력은 $p=vi$가 되는 것은 변화가 없다. 즉,

$$v=\sum_{n=1}^{\infty}\sqrt{2}\,V_n\sin(n\omega t+\phi_n),\quad i=\sum_{n=1}^{\infty}\sqrt{2}\,I_n\sin(n\omega t+\alpha_n)$$

일 때, 순시 전력 p는

$$p=vi=\sum_{n=1}^{\infty}\sqrt{2}\,V_n\sin(n\omega t+\phi_n)\cdot\sum_{n=1}^{\infty}\sqrt{2}\,I_n\sin(n\omega t+\alpha_n) \tag{9-41}$$

에서 구할 수 있다. 이 평균 전력은 이미 배운 바와 같이 주파수가 다른 전압과 전류간의 전력은 0이 되므로, 같은 주파수의 전압과 전류간의 전력만을 생각하면 된다.

따라서, 동일 주파수의 전압과 전류의 상차가 $(\phi_n-\alpha_n)$이므로

$$P=\sum_{n=1}^{\infty}V_nI_n\cos(\phi_n-\alpha_n) \tag{9-42}$$

로 된다.

例題 5. 그림 9-11과 같이 저항 R, 인덕턴스 L의 직렬 회로에 $v=\sqrt{2}\,V_1\sin(\omega t+\phi_1)+\sqrt{2}\,V_3\sin(3\omega t+\phi_3)$전압을 인가했을 때, 흐르는 전류의 순시치 i와 실효치 I를 구하고, 또 전력 P를 구하라.

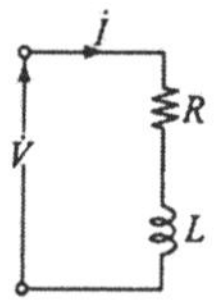

그림 9-11

解答 ① 기본파의 전류의 순시치 i_1, 실효치를 I_1, 전력을 P_1이라 하면

$$i_1=\frac{\sqrt{2}\,V_1}{\sqrt{R^2+\omega^2L^2}}\sin(\omega t-\theta_1)$$

여기서, $\theta_1=\tan^{-1}\dfrac{\omega L}{R}$

$$I_1=\frac{V_1}{\sqrt{R^2+\omega^2L^2}}$$

$$P_1=V_1I_1\cos\theta_1=V_1\frac{V_1}{\sqrt{R^2+\omega^2L^2}}\cdot\frac{R}{\sqrt{R^2+\omega^2L^2}}=\frac{{V_1}^2R}{R^2+\omega^2L^2}$$

혹은 $P_1={I_1}^2R=\left(\dfrac{V_1}{\sqrt{R^2+\omega^2L^2}}\right)^2R=\dfrac{{V_1}^2R}{R^2+\omega^2L^2}$

② 제3고조파의 전류의 순시치 i_3 및 실효치 I_3는

$$i_3 = \frac{\sqrt{2}\,V_3}{\sqrt{R^2+(3\omega)^2L^2}}\sin(3\omega t+\phi_3-\theta_3)$$

여기서, $\theta_3 = \tan^{-1}\frac{3\omega L}{R}$

$$I_3 = \frac{V_3}{\sqrt{R^2+(3\omega)^2L^2}}$$

$$P_3 = V_3 I_3 \cos\theta_3 = V_3\frac{V_3}{\sqrt{R^2+9\omega^2L^2}}\cdot\frac{R}{\sqrt{R^2+9\omega^2L^2}} = \frac{V_3{}^2R}{R^2+9\omega^2L^2}$$

혹은 $P_3 = I_3{}^2R = \left(\frac{V_3}{\sqrt{R^2+9\omega^2L^2}}\right)^2 R = \frac{V_3{}^2R}{R^2+9\omega^2L^2}$ 이다.

③ 구하는 i, I, P는 (a)와 (b)를 더하면 된다.

$$i = i_1 + i_3 = \frac{\sqrt{2}\,V_1}{\sqrt{R^2+\omega^2L^2}}\sin(\omega t+\phi_1-\theta_1) +$$

$$\frac{\sqrt{2}\,V_3}{\sqrt{R^2+9\omega^2L^2}}\sin(3\omega t+\phi_3-\theta_3)$$

$$I = \sqrt{I_1{}^2+I_3{}^2} = \sqrt{\left(\frac{V_1}{\sqrt{R^2+\omega^2L^2}}\right)^2+\left(\frac{V_3}{\sqrt{R^2+9\omega^2L^2}}\right)^2}$$

$$P = P_1 + P_3 = V_1I_1\cos\theta_1 + V_3I_3\cos\theta_3 = I_1{}^2R + I_3{}^2R$$

$$= \frac{V_1{}^2R}{R^2+\omega^2L^2} + \frac{V_3{}^2R}{R^2+9\omega^2L^2}$$

7-2 등가 정현파

왜형파 교류의 계산은, 지금까지 배운 바와 같이 정현파 교류보다 좀 더 복잡하기 때문에 교류 회로에서 왜형률이 작고 정현파형에 가까운 경우에는 이것을 등가인 정현파로 다루는 것이 보통이다.

지금, 어떤 회로에 흐르는 왜형파의 기본 주파수를 f라 하고, 왜형파의 전압의 실효치를 V[V], 전류의 실효치를 I[A]라고 할 때, 전력이 P[W]이면, V, I, P를 정현파의 경우와 같이 생각하여, 역률 $\cos\theta$를 가상하여

$$P = VI\cos\theta\,[\text{W}]$$

의 관계가 있는 것으로 한다. 이 때 $\cos\theta$는

$$\cos\theta = \frac{P}{VI} \tag{9-43}$$

로서 구할 수 있다. 이와 같이 $\cos\theta$를 왜형파의 정현파 교류의 역률과 같이 다루는 경우에 이 $\cos\theta$를 **등가역률**(equivalent power factor)이라 한다.

또한 왜형파 교류를 전압 V, 전류 I, 역률 $\cos\theta$의 정현파로 다루는 것을 **등가정현파**라고 한다.

실제로 등가 정현파로서 자주 다루는 예로는, 변압기의 여자 전류, 형광등 등의 경우가 있다.

제 8 절 3상회로 중의 왜형파

교류발전기에서 발생하는 기전력에는 여러 가지 원인으로 극히 적지만 고조파를 포함하고 있다. 그러나, 이것은 대칭파이므로 이 파중에 포함되는 고조파는 식 (9-11)에서 배운 바와 같이 기수차의 고조파뿐이다.

다음에는 대칭 3상 교류 기전력 내에 포함되는 고조파에 대해서 알아 보기로 하자.

각 상의 제 n차 고조파에 있어서 각 상간의 상차는 기본파 상차의 n배가 되므로 a, b, c 각 상의 기전력 e_a, e_b, e_c는 다음과 같이 표시 된다.

$$e_a = E_{m1}\sin(\omega t + \phi_1) + E_{m3}\sin(3\omega t + \phi_3) + E_{m5}\sin(5\omega t + \phi_5) + \cdots\cdots$$

$$e_b = E_{m1}\sin\left(\omega t + \phi_1 - \frac{2\pi}{3}\right) + E_{m3}\sin\left(3\omega t + \phi_3 - 3\times\frac{2\pi}{3}\right)$$
$$+ E_{m5}\sin\left(5\omega t + \phi_5 - 5\times\frac{2\pi}{3}\right) + \cdots\cdots$$

$$e_c = E_{m1}\sin\left(\omega t + \phi_1 - \frac{4\pi}{3}\right) + E_{m3}\sin\left(3\omega t + \phi_3 - 3\times\frac{4\pi}{3}\right)$$
$$+ E_{m5}\sin\left(5\omega t + \phi_5 - 5\times\frac{4\pi}{3}\right) + \cdots\cdots$$

이것을 정리하면 다음과 같이 된다.

$$\left.\begin{aligned} e_a &= E_{m1}\sin(\omega t + \phi_1) + E_{m3}\sin(3\omega t + \phi_3) \\ &\quad + E_{m5}\sin(5\omega t + \phi_5) + \cdots\cdots \\ e_b &= E_{m1}\sin\left(\omega t + \phi_1 - \frac{2\pi}{3}\right) + E_{m3}\sin(3\omega t + \phi_3) \\ &\quad + E_{m5}\sin\left(5\omega t + \phi_5 - \frac{4\pi}{3}\right) + \cdots\cdots \\ e_c &= E_{m1}\sin\left(\omega t + \phi_1 - \frac{4\pi}{3}\right) + E_{m3}\sin(3\omega t + \phi_3) \\ &\quad + E_{m5}\sin\left(5\omega t + \phi_5 - \frac{2\pi}{3}\right) + \cdots\cdots \end{aligned}\right\} \tag{9-44}$$

식(9-44)에서 다음과 같음을 알 수 있다.

① 기본파는 대칭 기전력으로 상회전은 a→b→c 이다.

② 제3고조파는 a, b, c 각상의 기전력의 크기가 같고 동상이다.

③ 제5고조파는 각상의 기전력의 크기가 같고 대칭 3상 기전력이지만, 상회전은 a→b→c로서, 기본파와 역상의 관계가 있다.

④ 제7고조파는 윗식에서 구하지 않았으나 각 상의 기전력의 크기가 같은 대칭 3상 기전력이다. 또 상순은 a→b→c로 기본파와 같은 상회전이다.

이것을 실효치의 벡터도로 나타내면 그림 9-12 (a)~(d)와 같은 관계로 된다.

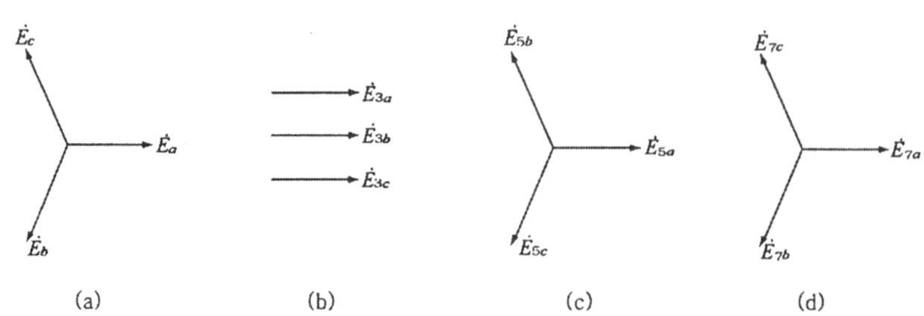

그림 9-12

일반적으로 대칭 3상회로의 전압, 전류에 포함되는 전압, 전류의 고조파는 n를 임의의 정수로 하는 기수차 고조파로써

제 (3n) 고조파 : 각상 동위상(영상)

제 (3n−1) 고조파 : 대칭 3상 교류(역상)로 되지만 상 고조파의 벡터도 회전은 기본파와 반대로 된다.(역상)

제 (3n+1) 고조파 : 대칭 3상 교류(정상)로 되고, 상회전은 기본파와 같게 된다.(정상)

의 관계가 있다.

실제로 대칭 3상 교류 중에 포함되는 고조파는 차수가 적을수록 크고, 차수가 클수록 작게 된다. 따라서, 제 3, 제 5고조파의 영향이 가장 많고, 다음에 제 7고조파, 그 이상의 고조파는 점차 적어진다.

기본파에 대하여 설계된 교류기기 중에 고조파가 흐르면, 기기에 좋지 않은 영향을 주며, 유도장해를 발생하기 쉽기 때문에 교류 발전기나 변압기 등의 기기는 될 수 있으면 고조파가 적게 되도록 설계하고, 또 접속하고 있다. 이것에 대해서는 전기기기에서 자세히 배우고 있으나, 이러한 예를 간단히 들면 다음과 같은 것이 있다.

3상 △결선인 경우는, $3n-1$(5, 11, 17……) 및 제$3n+1$(7, 13, 19……) 고조파 기전력은 합성되어 0이 되지만, 제$3n$ (3, 9, 15……)고조파는 합성되어 3배의 기전력으로 되어 큰 순환전류가 흐른다. 그래서, 보통 교류발전기에서는 다른 원인도 있으나, Y결선이 많이 쓰이고 있다. 또 3상 Y결선으로 하면 상전압에 제 $3n$ 고조파를 포함하고 있어도 중성점을 접지하지 않을 때에는 제 $3n$ 고조파는 흐르지 않는다. 그러나, 한편 변압기에서는 자기포화의 영향으로 여자전류 중에 제3고조파를 포함하지 않으면, 자속의 파형이 비틀려서 기전력에 많은 고조파를 포함하게 된다. 따라서 3상 변압기의 접속에서는 여자 전류내의 제 3고조파의 통로를 만들기 위하여 적어도 1차나 2차측의 한쪽을 △결선으로 하여 사용하고 있다.

9 연/습/문/제 Exercise

01 그림 9-13과 같은 파형의 푸리에 급수를 구하여라.

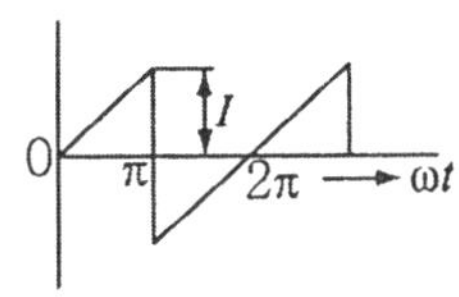

그림 9-13

02 $i=7+14\sqrt{2}\sin\omega t+19\sqrt{2}\sin\left(3\omega t+\frac{\pi}{6}\right)$의 실효치를 구하여라.

03 그림 9-14와 같이 저항 $R=3[\Omega]$, 리액턴스 $\omega L=4[\Omega]$의 회로에 $v=6+100\sqrt{2}\sin\left(\omega t-\frac{\pi}{6}\right)+50\sqrt{2}\sin 3\omega t[\mathrm{V}]$의 전압을 인가했을 때 흐르는 전류의 순시치와 실효치를 구하여라.

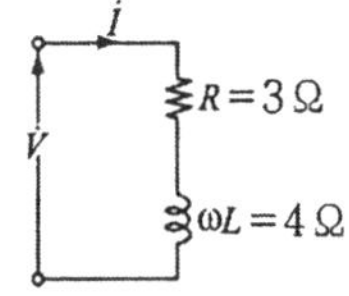

그림 9-14

04 그림 9-15와 같이 직류 전압 V와 주파수 f의 정현파 기전력 E(실효치)가 직렬로 접속된 전원이 있다. 이 전원에 저항 R 및 r, 자기 인덕턴스 L, 정전 용량 C의 부하를 그림과 같이 접속했을 때, R에 흐르는 전류의 실효치를 구하여라.

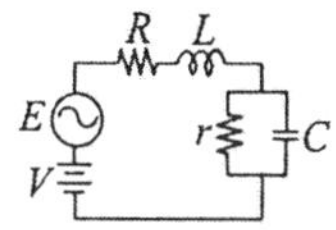

그림 9-15

05 그림 9-16과 같이 C와 L의 병렬 회로에 공급되는 전압이 $v = V_1 \sin \omega t + V_3 \sin (3\omega t + \phi)(V)$ 일 때, 전류계 A_1, A_2 및 A_3의 지시(실효치)는 얼마인가?

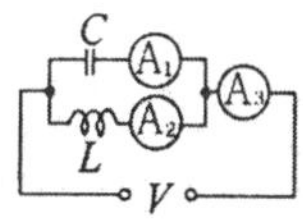

그림 9-16

06 내부 임피던스 $r[\Omega]$, 자기 인덕턴스 L[H]의 정류기가 $e = E + E_m \sin \omega t$ [V]의 기전력을 발생하고 있다. 이 정류기의 단자에 콘덴서를 접속하여, 직류전압을 E[V]로 유지하고, 교류 전압의 최대치를 $E_m/2$로 하려면 콘덴서 C의 용량은 얼마로 하면 좋은가?

07 어떤 회로에 $v = 120\sqrt{2} \sin \omega t + 10\sqrt{2} \sin (5\omega t + 20°)$[V]의 전압을 인가했을 때 $i = 30 \sin (\omega t - 30°) + 2\sqrt{2} \sin (5\omega t - 40°)$[A]의 전류가 흘렀다. 이 회로를 등가정현파로 생각하였을 때 전압, 전류의 실효치 및 등가 역률을 구하여라.

08 평형 3상 4선식 회로에서 각 선의 전류가 I[A]일 때, 중성선의 전류가 I_0[A]을 나타낸다고 한다. 회로의 상전압은 기본파와 제3고조파뿐이라고 하면, 기본파와 제3고조파의 전류는 얼마인가?

CHAPTER 10

2단자망

2개의 단자를 가지는 임의의 회로망을 2단자회로, 또는 **1쌍단자**(port)**회로**라 한다. 일반적으로 전원으로서 전압이 인가되었을 경우, 이 단자에 본 임피던스가 **구동점 임피던스**가 되며, 2단자 회로에서는 임피던스나 어드미던스를 주파수의 함수로서 고찰하고, 특히 이 장에서는 구동점 임피던스의 **주파수 특성**에 대하여 설명한다.

제 1 절 2단자 회로의 임피던스

1-1 수동 2단자 회로의 임피던스

그림 10-1과 같은 2단자 회로 a, b에 전압 $\dot{E}_1$이 인가되었을 경우, 키르히호프(Kirchhoff)의 법칙에 의하면

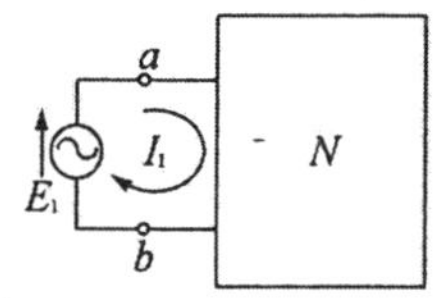

그림 10-1

$$\begin{bmatrix} \dot{Z}_{11} & \dot{Z}_{12} \cdots\cdots \dot{Z}_{1n} \\ \dot{Z}_{21} & \dot{Z}_{22} \cdots\cdots \dot{Z}_{2n} \\ \cdots\cdots & \cdots\cdots \\ \dot{Z}_{n1} & \dot{Z}_{n2} \cdots\cdots \dot{Z}_{nn} \end{bmatrix} \begin{bmatrix} \dot{I}_1 \\ \dot{I}_2 \\ \vdots \\ \dot{I}_n \end{bmatrix} = \begin{bmatrix} \dot{E}_1 \\ \dot{E}_2 \\ \vdots \\ \dot{E}_n \end{bmatrix}$$

단자 a, b에서 본 구동점 임피던스 $\dot{Z}$는

$$\dot{Z} = \frac{\Delta}{\Delta_{11}} \tag{10-1}$$

$$단, \ \Delta = \begin{vmatrix} \dot{Z}_{11} & \dot{Z}_{12} \cdots\cdots \dot{Z}_{1n} \\ \dot{Z}_{21} & \dot{Z}_{22} \cdots\cdots \dot{Z}_{2n} \\ \cdots\cdots & \cdots\cdots \\ \dot{Z}_{n1} & \dot{Z}_{n2} \cdots\cdots \dot{Z}_{nn} \end{vmatrix}$$

$$\begin{aligned} \dot{Z}_{jk} &= j\omega L_{jk} + R_{jk} + \frac{1}{j\omega C_{jk}} = \frac{1}{j\omega}\left\{L_{jk}(j\omega)^2 + j\omega R_{jk} + \frac{1}{C_{jk}}\right\} \\ &= \frac{1}{s}\left(L_{jk}s^2 + R_{jk}s + \frac{1}{C_{jk}}\right) \end{aligned} \tag{10-2}$$

단, $s = j\omega$ 이다.

그런데 Δ는 $\dot{Z}_{jk}$에 관하여 n차이므로

$$\Delta = \frac{1}{s^n}(a_0 + a_1 s + \cdots\cdots + a_{2n}s^{2n}) \tag{10-3}$$

또한 Δ_{11}은 $\dot{Z}_{jk}$의 $n-1$차이므로

$$\Delta_{11} = \frac{1}{s^{n-1}}(b_1 + b_2 s + \cdots\cdots + b_{2n-1}s^{2n-2}) \tag{10-4}$$

식(10-3), 식(10-4)와 식(10-1)에서

$$\dot{Z}(s)=\frac{a_0+a_1s+\cdots\cdots+a_{2n}s^{2n}}{b_1+b_2s^2+\cdots\cdots b_{2n-1}s^{2n-1}} \tag{10-5}$$

식(10-5)에서 $\dot{Z}(s)=0$이 되는 s의 값 s_n을 **영점**(zero)이라 하고, $\dot{Z}(s)=\infty$가 되는 s의 값 s_m을 **극**(pole)이라 한다.

식(10-5)에서 $s=j\omega$를 대입하여 정리하면,

$$\dot{Z}(j\omega)=\frac{A_0(\omega)+jA_1(\omega)}{B_0(\omega)+jB_1(\omega)}=R(\omega)+jX(\omega) \tag{10-6}$$

이다. 여기서 $R(\omega)$를 **등가저항**, $X(\omega)$를 **등가 리액턴스**라 한다.

제 2 절 리액턴스와 2단자 회로

회로망이 리액턴스 소자만으로 구성되어 있을 경우, 이것을 **리액턴스 회로망**(reactance network)이라 한다.

2-1 간단한 리액턴스 2단자 회로의 주파수 특성

(1) 인덕턴스 L만의 회로

리액턴스 $X=\omega L$은 ω에 비례하기 때문에, 그림 10-2(a)와 같이 직선적으로 변화한다.

(2) 용량 C만의 회로

리액턴스 $X=-\dfrac{1}{\omega C}$이 되기 때문에 그림 10-2(b)와 같이 $\omega=0$에서 $X=-\infty$, 그리고 $\omega=\infty$에서 $X=0$이 된다.

(3) $L \cdot C$ 직렬 회로

$X=\omega L-\frac{1}{\omega C}$ 이 되므로, 그림 10-2(a)와 (b)의 합인 그림 10-2(c)와 같은 주파수 특성을 가지며, 특히 $\omega=\omega_0=\frac{1}{\sqrt{LC}}$ 인 경우 $X=0$이 된다. 이것이 **공진 각주파수**이다.

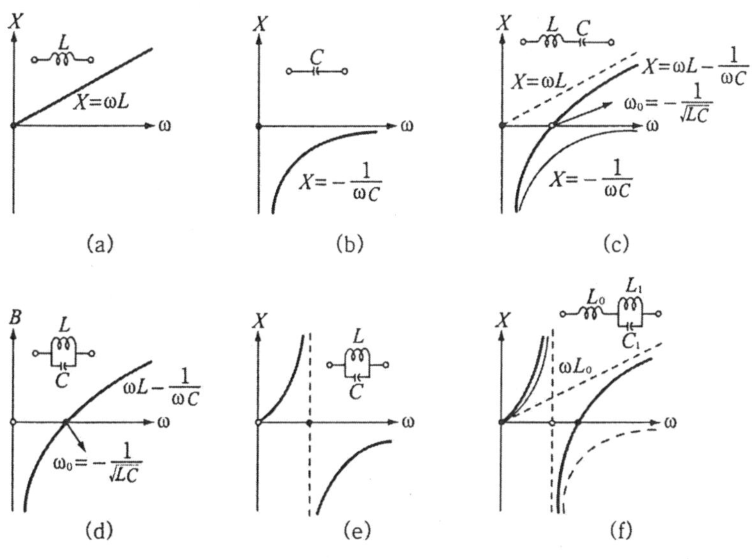

그림 10-2

(4) $L \cdot C$병렬 회로

어드미턴스 $\dot{Y}=j\omega C+\frac{1}{j\omega L}$ 로서 $L \cdot C$직렬 회로의 임피던스와 같은 형이 된다.

여기서 $\dot{Y}=jB$라 하면 그림 10-2(d)에 나타난 B의 주파수 특성은 $L \cdot C$ 직렬 회로의 X와 같은 형이 된다.

$\omega=\omega_0=\frac{1}{\sqrt{LC}}$ 일 때 $B=0$이 되며, $\dot{Z}=jX=\frac{1}{jB}=\frac{j\omega L}{1-\omega^2 LC}$ 은 그림 10-2(e)와 같은 주파수 특성이 된다.

이 경우 $\omega=\omega_0$를 **반공진 각주파수**(anti resonance angular frequency)라 한다.

(5) $L_1 \cdot C_1$병렬 회로에 L_0를 직렬로 접속한 회로

$$\dot{Z}=\frac{j\omega(L_0+L_1-\omega^2L_0L_1C_1)}{1-\omega^2L_1C_1}$$

반공진 각주파수 $\omega_1=\dfrac{1}{\sqrt{L_1C_1}}$

공진 각주파수 $\omega_2=\sqrt{\dfrac{L_0+L_1}{L_0L_1C_1}}=\omega_1\sqrt{1+\dfrac{L_1}{L_0}}>\omega_1$

이 경우 리액턴스 X의 주파수 특성은 그림 10-2의 (a)와 (e)를 합한 그림 10-2(f)와 같다.

2-2 리액턴스 함수

리액턴스 2단자 회로의 구동점 임피던스를 ω의 함수로 나타내 보자.

지금 2단자 사이의 임피던스 $\dot{Z}$는 식(10-1)에서 $\varDelta=\dfrac{\varDelta}{\varDelta_{11}}$이므로, 리액턴스 회로망에서

$$\dot{Z}_{jk}=j\omega L_{jk}+\frac{1}{j\omega C_{jk}}=\frac{L_{jk}}{s}(s^2+\omega_{jk}^2)$$

$$\text{단, } s=j\omega,\quad \omega_{jk}^2=\frac{1}{L_{jk}C_{jk}} \tag{10-7}$$

이것을 식(10-1)의 $\varDelta$에 대입하면

$$\varDelta=\left(\frac{1}{s}\right)^n\begin{vmatrix} (s^2+\omega_{11}{}^2)L_{11} & (s^2+\omega_{12}{}^2)L_{12}\cdots\cdots(s^2+\omega_{1n}{}^2)L_{1n} \\ (s^2+\omega_{21}{}^2)L_{21} & (s^2+\omega_{22}{}^2)L_{22}\cdots\cdots(s^2+\omega_{2n}{}^2)L_{2n} \\ \cdots\cdots & \cdots\cdots \\ (s^2+\omega_{n1}{}^2)L_{n1} & (s^2+\omega_{n2}{}^2)L_{n2}\cdots\cdots(s^2+\omega_{nn}{}^2)L_{nn} \end{vmatrix}$$

가 되며, 행렬식 중에서 s^2에 관한 n차식이 된다. 지금 $\varDelta=0$되는 s의 값을

$-\omega_1{}^2,\ -\omega_3{}^2,\ \cdots\cdots,\ -\omega_{2n-1}{}^2$이라 하면

$$\Delta=\left(\frac{1}{s}\right)^n A(s^2+\omega_1{}^2)(s^2+\omega_3{}^2)\cdots\cdots(s^2+\omega_{2n-1}{}^2) \tag{10-8}$$

이 된다. A는 S^2의 최고차 계수이므로

$$A=\begin{vmatrix} L_{11} & L_{12}\cdots\cdots L_{1n} \\ L_{21} & L_{22}\cdots\cdots L_{2n} \\ \cdots\cdots & \cdots\cdots \\ L_{n1} & L_{n2}\cdots\cdots L_{nn} \end{vmatrix},\quad A\geqq 0$$

같은 방법으로 $\Delta_{11}=0$되는 값(근)을 $-\omega_2{}^2,\ -\omega_4{}^2,\ \cdots\cdots,\ -\omega_{2n-2}{}^2$이라 하면

$$\Delta_{11}=\left(\frac{1}{s}\right)^{n-1} B(s^2+\omega_2{}^2)(s^2+\omega_4{}^2)\cdots\cdots(s^2+\omega_{2n-2}{}^2) \tag{10-9}$$

이 되며

$$B=\begin{vmatrix} L_{22} & L_{23}\cdots\cdots L_{2n} \\ L_{32} & L_{33}\cdots\cdots L_{3n} \\ \cdots\cdots & \cdots\cdots \\ L_{n2} & L_{n3}\cdots\cdots L_{nn} \end{vmatrix} \geqq 0$$

그러므로, $\dot{Z}(S)$는 다음과 같다.

$$\dot{Z}(s)=\frac{\Delta}{\Delta_{11}}=\frac{H(s^2+\omega_1{}^2)(s^2+\omega_3{}^2)\cdots\cdots(s^2+\omega_{2n-1}{}^2)}{s(s^2+\omega_2{}^2)(s^2+\omega_4{}^2)\cdots\cdots(s^2+\omega_{2n-2}{}^2)} \tag{10-10}$$

단, $H=\dfrac{A}{B}>0$ (10-11)

2-3 리액턴스 함수의 주파수 특성

일반적으로 리액턴스 2단자 회로망에서 ω가 증가하면 리액턴스 X도 증가한다. 이것을 증명하기 위하여

$X_1=\omega L$

$X_2=-1/\omega C$

이라고 하면

$$\frac{dX_1}{d\omega}=L>0, \quad \frac{dX_2}{d\omega}=\frac{1}{\omega^2 C}>0$$

이 된다. 이와 같은 L, C의 직렬 접속에서는

$$X=X_1+X_2$$

라 하면

$$\frac{dX}{d\omega}=\frac{dX_1}{d\omega}+\frac{dX_2}{d\omega}>0$$

이 되고, 병렬접속일 때에도

$$X=\frac{X_1X_2}{X_1+X_2}$$

라 하면

$$\frac{dX}{d\omega}=\frac{1}{(X_1+X_2)^2}\left(X_1{}^2\frac{dX_2}{d\omega}+X_2{}^2\frac{dX_1}{d\omega}\right)>0$$

이 된다. 즉, **리액턴스 회로망의 리액턴스 함수는 단조 증가 함수이다.**

따라서, 식(10-10)에서 $\dot{Z}(s)$가 0이 되는 두 점의 사이에서도 그 기울기가 항상 정(正)이 되어야 하므로 $+\infty$에서부터 $-\infty$까지 일단 비약하였다가 ω의 증가와 더불어 $-\infty$에서 0으로 증가한다.

그러므로

$$0=\omega_0<\omega_1<\omega_2<\omega_3<\omega_4<\cdots\cdots\omega_{2n-2}<\omega_{2n-1}\leq\infty$$

의 관계가 성립해야 한다.

그런데 $\dot{Z}(s)=0$이면 공진상태이고, $\dot{Z}(s)=\infty$이면 반공진 상태이므로 두 개의 공진점 사이에는 반드시 한 개의 반공진점이 있게 된다.

또 특수한 경우로서

① $\dot{Z}(S)=\infty$일 때에는 $\omega_0=0$이고, 다음에 나타나는 공진 각주파수는 ω_1으로 표시된다.

② $\dot{Z}(0)=0$일 때에는 $\omega_1=0$이고, 다음에 나타나는 공진 각주파수는 ω_2로 표시된다.

③ $\dot{Z}(\infty)=\infty$일 때는 ω가 증가함에 따라 유한한 ω의 값에 대해서 최종적으로 나타날 수 있는 공진은 병렬 공진이고, 이 때의 각주파수는 ω_{2n-2}이다. 따라서 $(s^2+\omega_{2n-1}{}^2)$항은 제외되어야 한다.

④ $\dot{Z}(\infty)=\infty$일 때는 최종적으로 나타나는 공진은 직렬 공진이고, 이 때의 각주파수는 ω_{2n-1}이다.

2-4 리액턴스 정리

지금 $s=j\omega$라 두고 $\dot{Z}$를 s의 함수라 하면, 식(10-10) 및 식(10-5)에서

$$\begin{aligned}\dot{Z}(s) &= \frac{\Delta}{\Delta_{11}} = \frac{H(s^2+\omega_1{}^2)(s^2+\omega_3{}^2)\cdots\cdots(s^2+\omega_{2n-1}{}^2)}{s(s^2+\omega_2{}^2)(s^2+\omega_4{}^2)\cdots\cdots(s^2+\omega_{2n-2}{}^2)} \\ &= \frac{a_0+a_2s^2+a_4s^4+\cdots\cdots a_{2n}s^{2n}}{(b_1+b_3s^2+b_5s^4+\cdots\cdots b_{2n-1}s^{2n-2})}\end{aligned} \tag{10-12}$$

이 리액턴스의 구동점 임피던스 $\dot{Z}(s)$는 다음과 같은 성질을 가진다.

① **$\dot{Z}(s)$는 s의 정의 실계수 유리함수이다.**

② **$\dot{Z}(s)$의 극과 영점은 중복근이 아닌 단순근이며, 항상 허축상에 존재한다.**

③ **$\frac{d\dot{Z}}{ds}$는 항상 실수이다.**

이상의 세 가지 성질이 $\dot{Z}(s)$가 리액턴스 2단자 회로의 구동점 임피던스가 되기 위한 필요하고 충분한 조건이며, 포스터의 **리액턴스 정리**(Foster reactance theorem)라 한다.

이것을 다시 증명하면 ①의 성질은 식(10-12)에서 분명히 알 수 있으며, ②는 $\dot{Z}(s)$의 극이 식(10-12)에서 0, $\pm j\omega_2$, $\pm j\omega_4$, ……, $\pm j\omega_{2n-2}$이고 $\dot{Z}(s)$의 영점이 $\pm j\omega_1$, $\pm j\omega_3$, ……, $\pm j\omega_{2n-1}$이므로, $\dot{Z}(s)$의 영점 및 극은 반드시 허수로서 중복근이 아니다. 위의 정리 ③은 $\dot{Z}(j\omega)=jX(\omega)$, $s=j\omega$라 하면 $\frac{d\dot{Z}(s)}{ds}=\frac{dX(\omega)}{d\omega}>0$이다.

2-5 병렬 공진회로의 직렬접속

주어진 주파수 특성을 가지는 리액턴스가 2단자 회로를 구성하는 경우의 구동점 임피던스 $\dot{Z}(s)$는 다음과 같다.

$$\dot{Z}(s) = \frac{H(s^2+\omega_1{}^2)(s^2+\omega_3{}^2)\cdots\cdots(s^2+\omega_{2n-1}{}^2)}{s(s^2+\omega_2{}^2)(s^2+\omega_4{}^2)\cdots\cdots(s^2+\omega_{2n-2}{}^2)} \tag{10-13}$$

이것을 부분분수로 분해하면 다음과 같다.

$$\dot{Z}(s) = s\left(\frac{A_0}{s^2} + \frac{A_2}{s^2+\omega_2{}^2} + \frac{A_4}{s^2+\omega_4{}^2} + \frac{A_{2n-2}}{s^2+\omega_{2n-2}{}^2} + A_\infty\right) \tag{10-14}$$

$$A_\infty = H$$

$$A_k = \left\{(s^2+\omega_k{}^2)\frac{\dot{Z}(s)}{s}\right\}_{s=j\omega k} \tag{10-15}$$

$$k=0,\ 2,\ 4,\ \cdots\cdots,\ 2n-2$$

또한, 그림 10-3의 L_k와 C_k의 병렬회로의 임피던스 $\dot{Z}_k$는

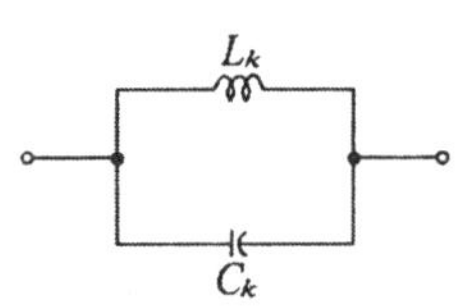

그림 10-3

$$\dot{Z}_k = \frac{K_{ks}}{1+L_kC_{ks}{}^2} = \frac{\dfrac{s}{C_k}}{s^2+\dfrac{1}{L_kC_k}} \tag{10-16}$$

식(10-14)의 부분 분수의 제 k항을 $\dfrac{A_{ks}}{s^2+\omega_k{}^2} = \dot{Z}_k$라 하면

$$A_k = +\frac{1}{C_k},\quad C_k = +\frac{1}{A_k},\quad \omega_k = +\frac{1}{\sqrt{L_kC_k}},\quad L_k = +\frac{1}{C_k\omega_k{}^2} \tag{10-17}$$

식(10-14)로 주어진 $\dot{Z}(s)$를 그림 10-4와 같이 표시함으로써 병렬 공진회로의 직렬접속을 나타낼 수 있다.

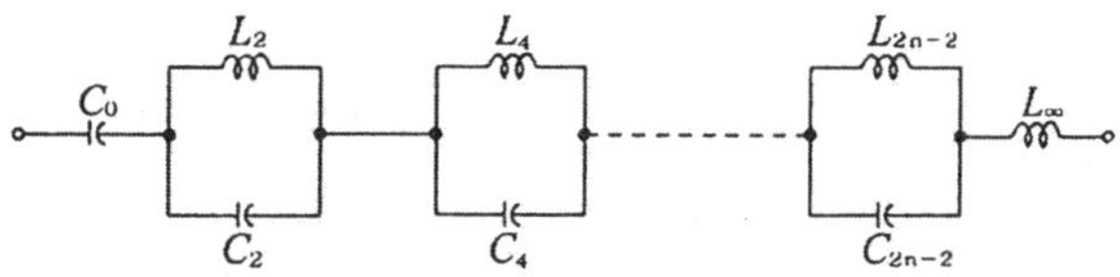

그림 10-4

$$C_k=\left(\frac{1}{s^2+\omega_k^{\,2}}\cdot\frac{1}{Z(s)}\right)_{s=j\omega k} \tag{10-18}$$

$$L_k=\frac{1}{C_k\omega_k^{\,2}},\quad L_\infty=H$$

$$(k=0,\ 2,\ 4,\ \cdots\cdots,\ 2n-2)$$

$s=0$이면 $\dot{Z}(s)=\infty$로서 $C_0=\infty$, 즉 C_0는 단락되지 않으면 안 된다. 또, $s=\infty$이면 $\dot{Z}(s)=0$이 되어 $L_\infty=0$, 즉 L_∞는 단락되어야 한다.

例題 1. $H=0.2$〔H〕, 공진 각주파수 $\omega_1=3000$〔rad/s〕, $\omega_3=5000$〔rad/s〕, 반공진 각주파수 $\omega_2=4000$〔rad/s〕일 때, 이러한 주파수 특성을 지닌 리액턴스 2단자 회로를 만들어라.

解答 이 경우 임피던스 $\dot{Z}(s)$는 식(10-13)에서

$$\dot{Z}(s)\ =\frac{H(s^2+\omega_1^{\,2})(s^2+\omega_3^{\,2})}{s(s^2+\omega_2^{\,2})}$$

이며,

$$C_0=\left\{\frac{1}{s^2}\cdot\frac{s}{\dot{Z}(s)}\right\}_{s=0}=\frac{\omega_2^{\,2}}{1+\omega_1^{\,2}\omega_3^{\,2}}=\frac{4^2\times10^{-5}}{0.2\times3^2\times5^2}\simeq0.356\mu\text{F}$$

$$C_2=\left\{\frac{1}{s^2+\omega_2^{\,2}}\cdot\frac{s}{\dot{Z}(s)}\right\}_{s=j\omega k}=\frac{4^2\times10^{-6}}{0.2(4^2-3^2)(5^2-4^2)}\simeq1.27[\mu\text{F}]$$

$$L_2=\left\{\frac{1}{C_k\omega_2{}^2}\right\}=\frac{1}{1.27\times10^{-6}\times4^2\times10^6)}=0.049[\,\mathrm{H}]$$

$$L_\infty=0.2\,[\mathrm{H}]$$

따라서 그림 10-5와 같다.

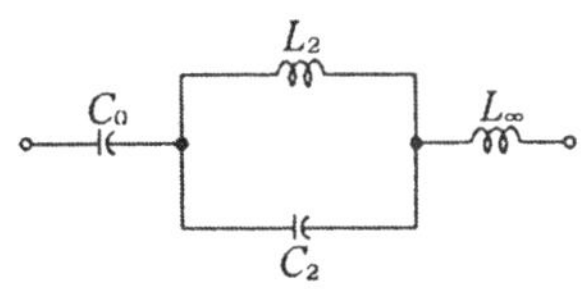

그림 10-5

2-6 직렬 공진회로의 병렬접속

직렬 공진회로를 병렬로 접속시킨 회로의 $\dot{Z}(s)$를 얻기 위하여 먼저 구동점 어드미턴스 $\dot{Y}(s)$를 구한다.

$$\dot{Y}(s)=\frac{1}{Z(s)}=\frac{s(s^2+\omega_2{}^2)(s^2+\omega_4{}^2)\cdots\cdots(s^2+\omega_{2n-n}{}^2)}{H(s^2+\omega_1{}^2)(s^2+\omega_3{}^2)\cdots\cdots(s^2+\omega_{2n-1}{}^2)} \tag{10-19}$$

이것을 부분분수로 고치면

$$\dot{Y}(s)=s\left(\frac{B_1}{s^2+\omega_1{}^2}+\frac{B_2}{s^2+\omega_3{}^2}+\cdots\cdots\frac{B_{2n-1}}{s^2+\omega_{2n-1}{}^2}\right) \tag{10-20}$$

$$B_k=\left\{(s^2+\omega_k{}^2)\frac{\dot{Y}(s)}{s}\right\}_{s=j\omega k}$$

그림 10-6에서 직렬 어드미턴스는

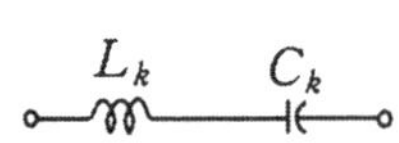

그림 10-6

$$\dot{Y}_k=\frac{sC_k}{1+L_kC_{ks}{}^2}=\frac{s\cdot\frac{1}{L_k}}{s^2+\frac{1}{L_kC_k}}$$

이므로, 식 (10-19)의 제 1항과 이것을 비교하여 $\dot{Y}_k = \dfrac{B_{ks}}{s^2+\omega_k{}^2}$ 로 두면

$$B_k = \frac{1}{L_k},\ L_k = \frac{1}{B_k},\ \omega_k = \frac{1}{\sqrt{L_kC_k}},\ C_k = \frac{1}{L_kC_k{}^2} \tag{10-21}$$

식 (10-19)는 그림 10-7과 같은 직렬 공진회로를 병렬로 접속시킨 회로로 만들 수 있다.

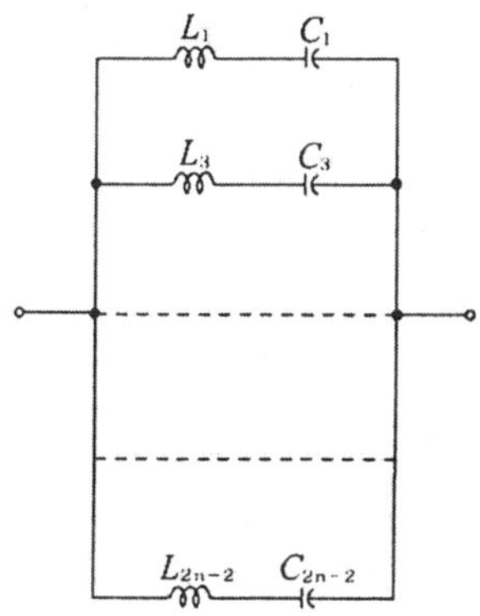

그림 10-7

例題 2. $H=0.2$〔H〕, 공진각주파수 $\omega_1=3000$〔rad/s〕, $\omega_3=5000$〔rad/s〕, 반공진각주파수 $\omega_2=4000$〔rad/s〕인 경우, 이와 같은 주파수 특성을 가지는 리액턴스 2단자 회로를 직렬공진회로의 병렬접속으로 나타내어라.

解答 $\dot{Y}(s) = \dfrac{s(s^2+\omega_2{}^2)}{H(s^2+\omega_1{}^2)(s^2+\omega_3{}^2)}$

이 $\dot{Y}(s)$의 식에서

$$L_1 = \left\{\frac{1}{s^2+\omega_1{}^2}\cdot\frac{s}{\dot{Y}_{(s)}}\right\}_{s=j\omega_1} = H\frac{\omega_1{}^2-\omega_3{}^2}{\omega_1{}^2-\omega_2{}^2} = 0.2\frac{5^2-3^2}{4^2-3^2} \simeq 0.457[\mathrm{H}]$$

$$L_3 = H\frac{\omega_3{}^2-\omega_1{}^2}{\omega_3{}^2-\omega_2{}^2} \simeq 0.356[\mathrm{H}]$$

$$C_1 = \frac{1}{L_1\omega_1{}^2} \cong \frac{10^{-6}}{0.457\times3^2} = 0.213[\mu\mathrm{F}]$$

$$C_3 = \frac{1}{L_3 \omega_3{}^2} \simeq \frac{10^{-2}}{0.356 \times 5^2} = 0.112[\mu\mathrm{F}]$$

즉, 그림 10-8과 같은 회로가 된다.

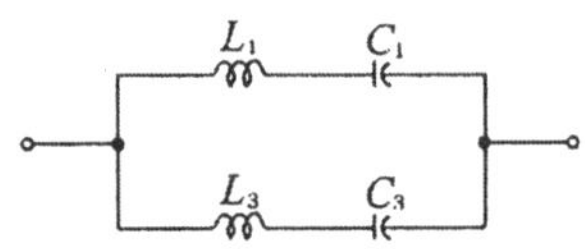

그림 10-8

제 3 절 R · L 2단자 회로

3-1 $R \cdot L$ 구동점 임피던스의 성질

저항과 인덕턴스로 된 $R \cdot L$ 2단자 회로에 대해서는 앞 절에서 설명한 바와 같이 식(10-7)에서

$$\dot{Z}_{jk} = R_{jk} + L_{jk} \cdot s \tag{10-22}$$

식(10-22)를 변형하여

$$\dot{Z}_{jk} = \sqrt{s}\left(\frac{R_{jk}}{\sqrt{s}} + L_{jk}\sqrt{s}\right) \tag{10-23}$$

식(10-23)에서 $\sqrt{s} \to s$, $R_{jk} \to \frac{1}{C_{jk}}$ 로 대치하면, 리액턴스의 경우 식(10-7)과 같은 형으로 되어서

$$\begin{aligned}\dot{Z}(s) &= \frac{\Delta}{\Delta_{11}} = \sqrt{s}\,\frac{a_0 + a_1 s + \cdots\cdots + a_n s^n}{\sqrt{s}(b_1 + b_2 s + b_n s^{n-1})} \\ &= \frac{a_0 + a_1 s + \cdots\cdots + a_n s^n}{b_1 + b_2 s + \cdots\cdots + b_n s^{n-1})}\end{aligned} \tag{10-24}$$

이 $\dot{Z}(s)$의 영점을 s_1, s_3, ……, s_{2n-1}, 극을 s_2, s_4, ……, s_{2n-2}라고 하면

$$\dot{Z}(s)=\frac{H(s-s_1)(s-s_3)\cdots\cdots(s-s_{2n-1})}{(s-s_2)(s-s_4)\cdots\cdots(s-s_{2n-2})} \tag{10-25}$$

3-2 $R \cdot L$ 병렬회로의 직렬접속

식(10-25)를 부분분수로 고치면 다음과 같이 된다.

$$\dot{Z}(s)=s\left(\frac{A_0}{s}+\frac{A_2}{s-s_2}+\frac{A_4}{s-s_4}+\cdots\cdots+\frac{A_{2n-2}}{s-s_{2n-2}}+A_\infty\right) \tag{10-26}$$

$$\left.\begin{aligned} A_k&=\left\{\frac{s-s_k}{s}\cdot\dot{Z}(s)\right\}_{s=s_k}(k=0,\ 2,\ 4,\cdots\cdots 2n-2) \\ A_\infty&=\left\{\frac{Z(s)}{s}\right\}_{s=\infty} \end{aligned}\right\} \tag{10-27}$$

리액턴스 2단자 회로와 같이 그림 10-9의 $R \cdot L$병렬 회로의 임피던스 $\dot{Z}_k$는

$$\dot{Z}_k=\frac{sL_kR_k}{R_k+sL_k}=\frac{sR_k}{s+\dfrac{R_k}{L_k}} \tag{10-28}$$

이 된다.

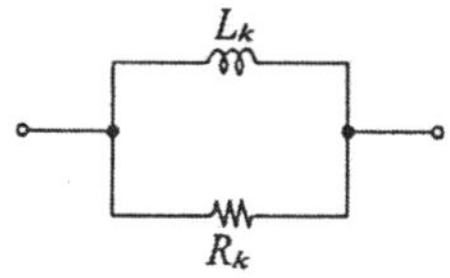

그림 10-9

식(10-28)과 식(10-27)을 비교하면 $A_k=R_k,\ s_k=-\dfrac{R_k}{L_k}$가 되고, 그림 10-10과 같은 병렬회로의 직렬접속으로 나타난다.

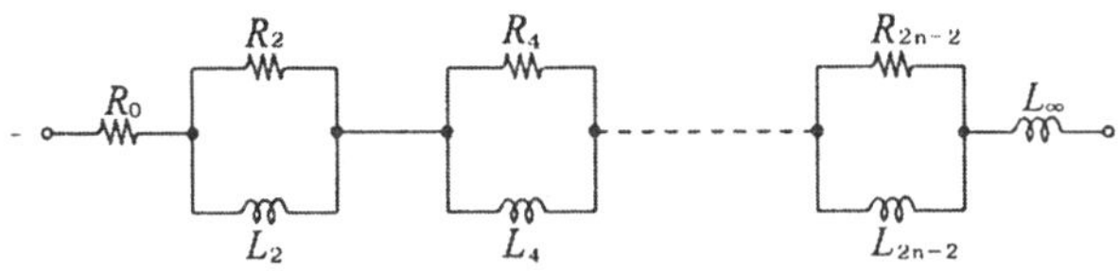

그림 10-10

3-3 $R \cdot L$직렬회로의 병렬접속

같은 방법으로 $\dot{Y}(s)$를 부분분수로 고치면

$$\dot{Y}(s) = \frac{B_1}{s - s_1} + \frac{B_3}{s - s_3} + \cdots\cdots \frac{B_{2n-1}}{s - s_{2n-1}} \tag{10-29}$$

여기서

$$B(K) = \{(s - s_k)\dot{Y}(s)\}_{s=s_k}$$
$$s_k = 1,\ 3,\ 5,\ \cdots\cdots,\ 2n-1 \tag{10-30}$$

이 부분분수의 제 K항을 그림 10-11과 같은 저항 R_k, 인덕턴스 L_k로 된 직렬회로의 어드미턴스 $\dot{Y}_k$, 즉

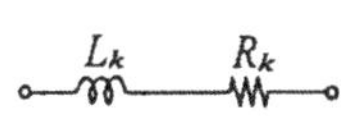

그림 10-11

$$\dot{Y}_k = \frac{1}{R_k + j\omega L_k} = \frac{\frac{1}{L_k}}{s + \frac{R_k}{L_k}} \tag{10-31}$$

와 비교하여

$$B_k = \frac{1}{L_k} \qquad -s_k = \frac{R_k}{L_k} \tag{10-32}$$

라 놓으면

$$L_k=\left\{\frac{1}{(s-s_k)\dot{Y}_{(s)}}\right\}_{s=s_k}=\left\{\frac{\dot{Z}(s)}{s-s_k}\right\}_{s=s_k}$$

$$R_k=-s_kL_k$$

$$k=1,\ 3,\ 5,\ \cdots\cdots,\ 2n-1 \tag{10-33}$$

이므로, 그림 10-12와 같은 $L_k \cdot R_k$ 직렬 회로의 병렬 접속을 얻을 수 있다.

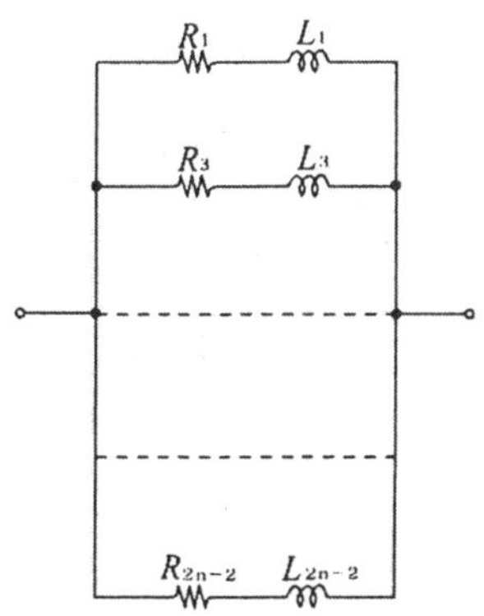

그림 10-12

제 4 절 R · C 2단자 회로

4-1 $R \cdot C$ 구동점 임피던스의 성질

저항 R, 용량 C로 구성되는 2단자 회로에서 2단자 사이의 임피던스 $\dot{Z}(s)$는

$$\dot{Z}(s)=\frac{a_0+a_1s+\cdots\cdots a_ns^n}{s(b_1+b_2s+\cdots\cdots b_ns^{n-1})} \tag{10-34}$$

이 $\dot{Z}(s)$의 영점을 s_1, s_3, $\cdots\cdots$, s_{2n-1}, 극을 s_2, s_4, $\cdots\cdots$, s_{2n-2}라고 하면

$$\dot{Z}(s)=\frac{H(s-s_1)(s-s_3)\cdots\cdots(s-s_{2n-1})}{s(s-s_2)(s-s_4)\cdots\cdots(s-s_{2n-2})} \tag{10-35}$$

이 된다.

4-2 $R \cdot C$ 구동점 임피던스의 구성

식(10-35)를 부분분수로 전개하여 그림 10-13과 같은 $R_k \cdot C_k$ 병렬 회로의 직렬 접속으로 만들 수 있다.

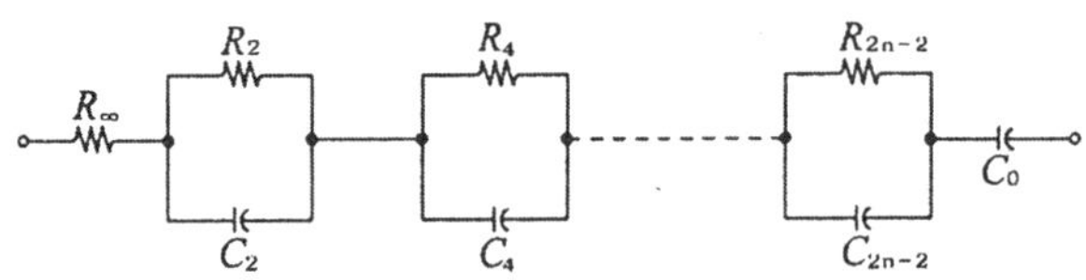

그림 10-13

$$C_k=\left\{\frac{1}{(s-s_k\dot{Z}(s))}\right\}_{s=s_k},\quad R_k=-\frac{1}{s_kC_k}$$

$$R_\infty=H$$

$$k=0,\ 2,\ 4,\ \cdots\cdots,\ 2n-2 \tag{10-36}$$

같은 방법으로 $\dot{Y}(s)$를 부분분수로 전개하면, 그림 10-14와 같은 $R_k \cdot C_k$ 직렬 회로의 병렬접속으로 나타낼 수 있다.

제 5 절 역회로

5-1 역회로의 정의

2개의 2단자 회로에서 각 회로의 단자 사이의 임피던스를 $\dot{Z}_1$, $\dot{Z}_2$라 하면, 그의 곱 $\dot{Z}_1\dot{Z}_2$가 주파수에 관계 없이 정수일 경우, 즉

$$\dot{Z}_1\dot{Z}_2 = K^2$$

의 관계가 있는 경우 $\dot{Z}_1$, $\dot{Z}_2$는 K에 관하여 **역회로**가 된다.

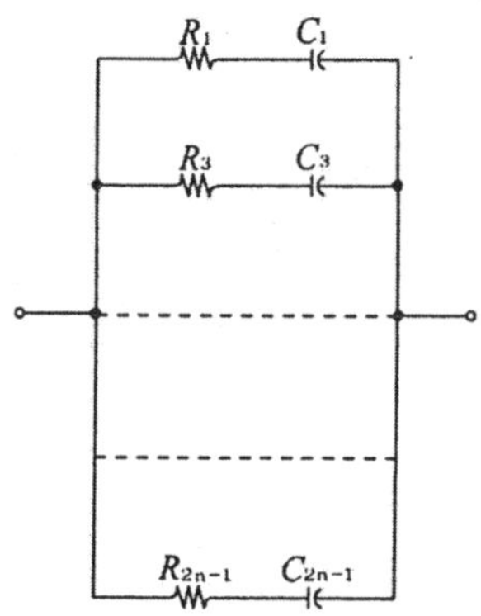

그림 10-14

예를 들면, $\dot{Z}_1 = j\omega L_1$, $\dot{Z}_2 = \dfrac{1}{j\omega C_1}$인 때에 $\dot{Z}_1\dot{Z}_2 = \dfrac{L_1}{C_1} = K^2$이 되어 인덕턴스 L_1과 용량 C_1은 서로 역회로가 된다.

식(10-37)에서

$$\dot{Y}_2 = \frac{\dot{Z}_1}{K^2} \tag{10-38}$$

이 된다. 여기서, $\dot{Z}_1$이 리액턴스 구동점 임피던스라면, $\dot{Z}_1$의 공진 주파수는 $\dot{Z}_2$의 반공진 주파수가 되고, $\dot{Z}_1$의 반공진 주파수는 $\dot{Z}_2$의 공진 주파수가 된다.

5-2 역회로를 만드는 방법

지금 $\dot{Z}_1$이 $\dot{Z}_{11}$, $\dot{Z}_{12}$, ……, $\dot{Z}_{1n}$의 직렬 회로라면

$$\dot{Z}_1 = \dot{Z}_{11} + \dot{Z}_{12} + \cdots\cdots \dot{Z}_{1n} \tag{10-39}$$

이 되며, 그의 역회로는

$$\dot{Y}_2 = \frac{\dot{Z}_1}{K^2} = \frac{\dot{Z}_{11}}{K^2} + \frac{\dot{Z}_{12}}{K^2} + \cdots\cdots + \frac{\dot{Z}_{1n}}{K^2}$$
$$= \dot{Y}_{21} + \dot{Y}_{22} + \cdots\cdots \dot{Y}_{2n} \quad (10\text{-}40)$$

이 되어, $\dot{Z}_{11}$, $\dot{Z}_{12}$, ……, $\dot{Z}_{1n}$의 역회로를 병렬로 접속시킨 결과가 된다.

여기서, 직렬 또는 병렬로 접속된 2단자 회로의 역회로는 직렬 접속은 병렬, 병렬 접속은 직렬로 접속시키면 되고, 인덕턴스와 용량을 바꾸어서 넣으면 된다.

예를 들면, 그림 10-15와 같은 역회로의 관계를 얻을 수 있다.

여기서, $\frac{L_0}{C_0} = \frac{L_1}{C_1} = \frac{L_2}{C_2} = \frac{L_3}{C_3} = \frac{L_4}{C_4} = K^2$의 관계가 있으며, 모두 K에 관한 역회로가 된다.

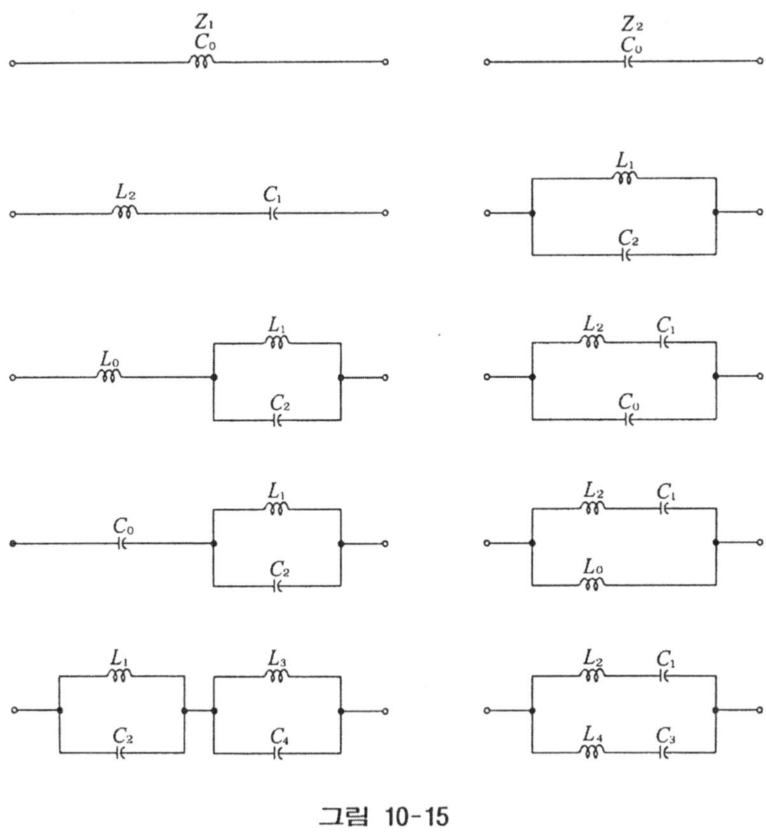

그림 10-15

제 6 절 정저항회로

일반적으로 구동점 임피던스 $\dot{Z}(s)$는 식(10-5)에서

$$\dot{Z}(s)=\frac{a_0+a_1 s+\cdots\cdots+a_{2n}s^{2n}}{b_1 s+b_2 s^2+\cdots\cdots+b_{2n-1}s^{2n-1}}$$

이 되며, 여기에 $s=j\omega$를 대입하면

$$\dot{Z}(j\omega)=\frac{a_0-a_2\omega^2+\cdots(-1)^n a_{2n}\omega^{2n}+j\omega\{a_1-a_3\omega^2+\cdots(-1)^{n-1}a_{2n-1}\omega^{2n-2}\}}{-b_2\omega^2+b_4\omega^4+\cdots(-1)^{n-1}b_{2n-2}\omega^{2n-2}+j\omega\{b_1-b_3\omega^2\cdots+(-1)^{n-1}b_{2n-1}\omega^{2n-2}\}} \tag{10-41}$$

이 된다. 이 식을 정리하면 식(10-6)에서와 같이

$$\dot{Z}(j\omega)=\frac{A_0(\omega)+jA_1(\omega)}{B_0(\omega)+jB_1(\omega)} \tag{10-42}$$

식(10-42)의 $\dot{Z}(j\omega)$의 허수부가 ω의 값에 관계 없이 0이 되기 위해서는

$$\frac{A_0(\omega)}{B_0(\omega)}=\frac{A_1(\omega)}{B_1(\omega)}=K \tag{10-43}$$

이어야 한다. 이것을 식(10-42)에 대입하면

$$\dot{Z}(j\omega)=\frac{A_0(\omega)}{B_0(\omega)}=\frac{A_1(\omega)}{B_1(\omega)} \tag{10-44}$$

이다. 식(10-44)와 식(10-41)을 비교하여

$$\frac{a_0-a_2\omega^2+\cdots\cdots(-1)^n a_{2n}\omega^{2n}}{-b_2\omega^2+b_4\omega^4+\cdots\cdots(-1)^{n-1}b_{2n-2}\omega^{2n-2}} =\frac{a_1-a_3\omega^2+\cdots\cdots(-1)^{n-1}a_{2n-1}\omega^{2n-2}}{b_1-b_3\omega^2+\cdots\cdots(-1)^{n-1}b_{2n-1}\omega^{2n-2}} \tag{10-45}$$

를 얻을 수 있다. 식(10-45)가 성립하려면

$$\frac{a_1}{b_1} = \frac{a_2}{b_2} = \frac{a_3}{b_3} = \cdots\cdots \frac{a_{2n-1}}{b_{2n-1}}, \quad a_0 = a_{2n} = 0 \tag{10-46}$$

의 관계를 성립해야 한다. 따라서

$$\dot{Z}(j\omega) = \frac{a_1}{b_1} \tag{10-47}$$

이 되어 주파수에 관계 없게 된다.

이상에서 보는 바와 같이 식(10-46)의 조건을 만족하면 구동점 임피던스의 허수부는 주파수에 관계없이 0이 되며, 실수부는 주파수에 관계 없이 일정하게 된다. 이와 같은 회로를 **정저항 회로**라 하며, 그림 10-16은 그 예이다.

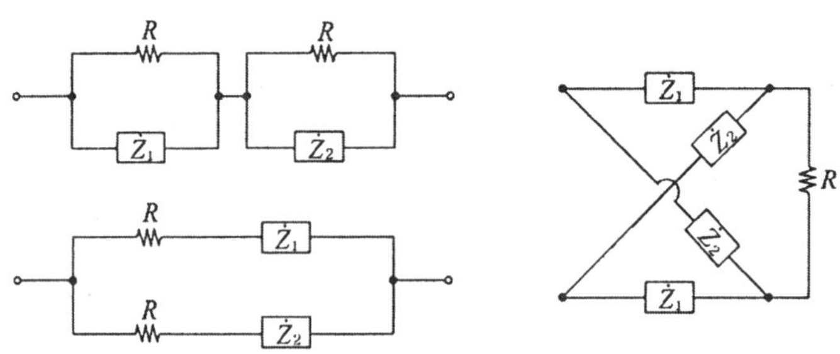

그림 10-16

10 연/습/문/제 Exercise

01 그림 10-2의 (5)에서 $L_0=0.025$[mH], $L_1=0.2$[mH], $C_1=0.02$[μF]일 때, 이 회로의 공진 주파수 및 반공진 주파수를 구하여라.

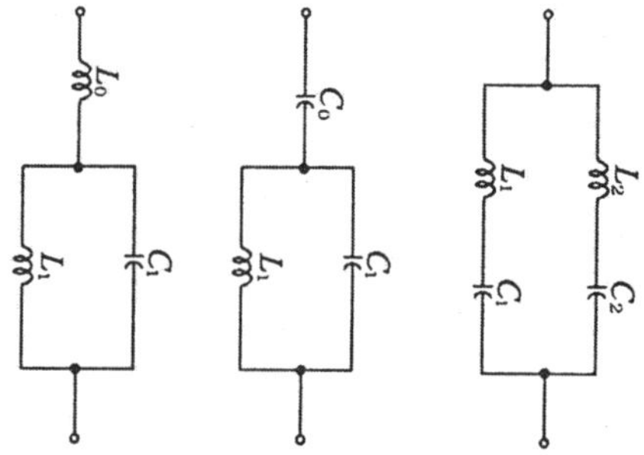

그림 10-17

02 그림 10-17의 (a), (b), (c)의 리액턴스 단자망의 공진 주파수 및 반공진 주파수를 구하라.

03 $H=0.1$[H], 공진 각주파수 $\omega_1=1000$[rad/s], $\omega_3=5000$[rad/s], 반공진 각주파수 $\omega_2=2000$[rad/s]일 때, 리액턴스 2단자 회로를

(a) 병렬 공진회로의 직렬접속

(b) 직렬 공진회로의 병렬접속으로 나타내어라.

04 리액턴스함수 $\dot{Z}(s)$가 다음 식으로 나타났을 때, 리액턴스 회로망을 합성하라.

$$\dot{Z}(s)=\frac{8(s^2+1)(s^2+3)}{s(s^2+2)(s^2+4)}$$

05 그림 10-18의 회로에서 $K=100[\Omega]$에 대한 역회로를 구하라.

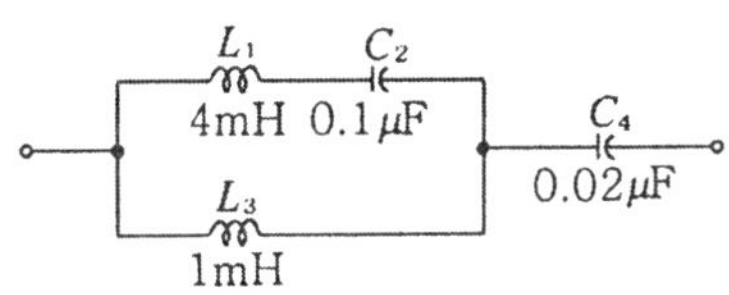

그림 10-18

06 그림 10-19에서 $K=10[\Omega]$에 대한 역회로를 구하라.

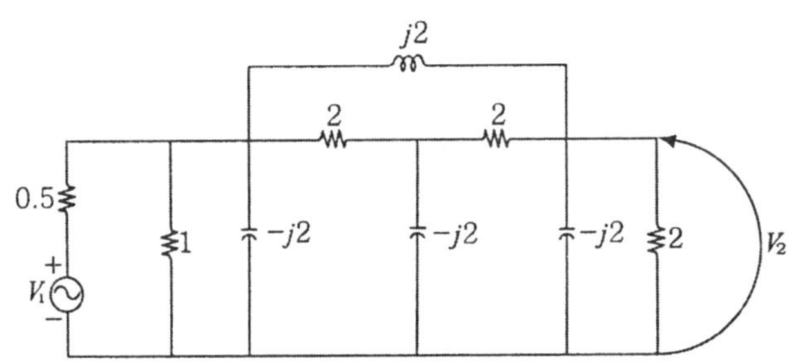

그림 10-19

07 그림 10-20의 회로가 정저항회로가 되기 위한 C의 값을 구하라.

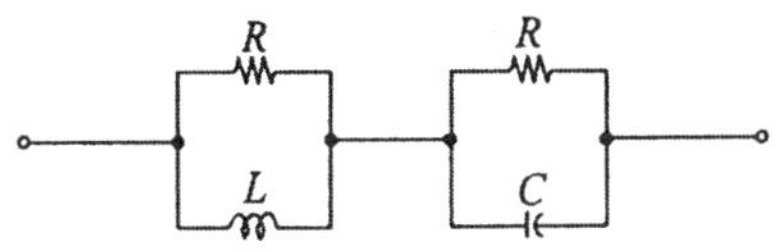

그림 10-20

08 그림 10-21의 회로가 정저항 회로가 되기 위한 저항 R의 크기는 얼마인가? 단, $L=4[\text{mH}]$, $C=0.1[\mu\text{F}]$이다.

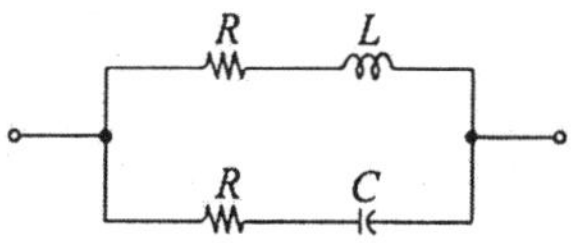

그림 10-21

CHAPTER 11

4단자회로

회로망에는 한쌍의 입력 단자와 또 다른 한 쌍의 출력 단자가 있는데, 이 2쌍의 단자를 통해서만 회로를 취급할 때 이것을 **4단자회로**, 또는 **2쌍단자**(port)**회로**라 한다. 이 장에서는 회로망의 내부에 기전력이 포함되지 않은 수동 4단자회로에 대하여 설명한다.

제 1 절 임피던스 파라미터

1-1 정의와 기초 방정식

4단자회로의 입력전압 $\dot{V}_1$, 입력전류 $\dot{I}_1$, 출력전압 $\dot{V}_2$, 출력전류 $\dot{I}_2$를 그림 11-1과 같이 표시하면, 이 4변수의 관계식을 쓸 수 있다.

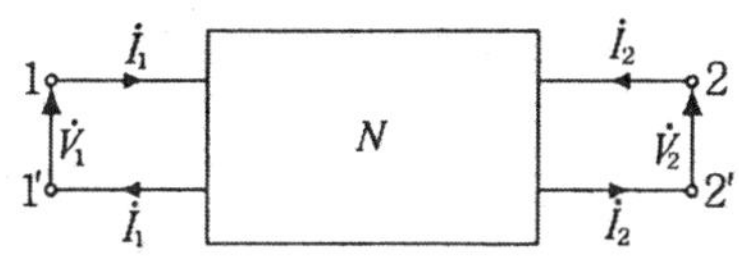

그림 11-1

$\dot{z}_{11}$, $\dot{z}_{22}$를 **구동점 임피던스**(driving point impedence), $\dot{z}_{12}$, $\dot{z}_{21}$을 **전달 임피던스**라고 하면 회로망(transfer impedence) 내부에는 전원이 없으므로

$$\dot{V}_1 = \dot{z}_{11}\dot{I}_1 + \dot{z}_{12}\dot{I}_2 \tag{11-1}$$

$$\dot{V}_2 = \dot{z}_{21}\dot{I}_1 + \dot{z}_{22}\dot{I}_2 \tag{11-2}$$

이다.

이것을 행렬을 써서 다시 쓰면

$$\begin{bmatrix} \dot{V}_1 \\ \dot{V}_2 \end{bmatrix} = \begin{bmatrix} \dot{z}_{11} & \dot{z}_{12} \\ \dot{z}_{21} & \dot{z}_{22} \end{bmatrix} \begin{bmatrix} \dot{I}_1 \\ \dot{I}_2 \end{bmatrix} \tag{11-3}$$

이 된다.

식(11-4)에서 $\dot{z}_{11}$, $\dot{z}_{12}$, $\dot{z}_{21}$, $\dot{z}_{22}$를 4단자회로의 **임피던스 파라미터**(impedance parameter)라 한다.

즉, 식(11-4)는 임피던스 파라미터를 사용한 4단자회로의 기초방정식이 된다.

식(11-1) 및 (11-2)에서 $\dot{z}_{11}$, $\dot{z}_{22}$, $\dot{z}_{21}$, $\dot{z}_{12}$의 정의 및 그 물리적 의미는 다음과 같다.

$$\dot{z}_{11} = \left.\frac{\dot{V}_1}{\dot{I}_1}\right|_{\dot{I}_2=0} \text{ : 단자 1-1'에서의 개방 구동점임피던스} \tag{11-4}$$

$$\dot{z}_{21} = \left.\frac{\dot{V}_2}{\dot{I}_1}\right|_{\dot{I}_2=0} \text{ : 개방 순방향 전달임피던스} \tag{11-5}$$

$$\dot{z}_{12} = \left.\frac{\dot{V}_1}{\dot{I}_2}\right|_{\dot{I}_1=0} \text{ : 개방 순방향 전달임피던스} \tag{11-6}$$

$$\dot{z}_{22} = \left.\frac{\dot{V}_2}{\dot{I}_2}\right|_{\dot{I}_1=0} \text{ : 단자 2-2'에서의 개방 구동점임피던스} \tag{11-7}$$

를 얻을 수 있는데, 식(11-5)과 식(11-6)은 2차 단자의 개방상태이고, 식(11-7)과 식(11-8)는 1차 단자의 개방상태이다.

1-2 4단자회로의 직렬접속

그림 1-2와 같이 4단자회로 N_1, N_2를 접속하여 새로운 4단자회로 N을 만드는 방식을 직렬접속이라 한다.

4단자회로 N_1에 대해서는

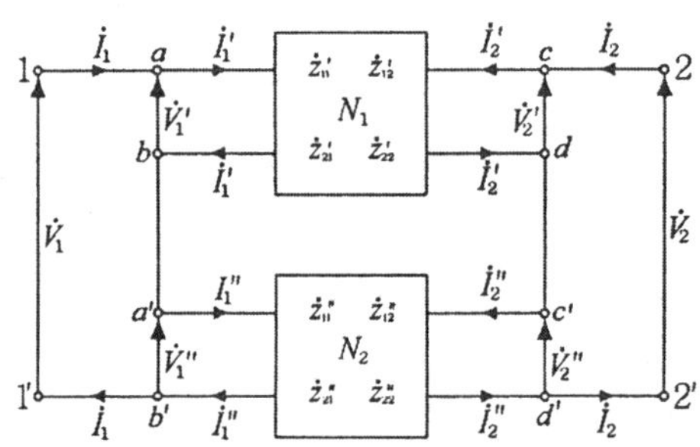

그림 11-2

$$\begin{bmatrix} \dot{V}_1' \\ \dot{V}_2' \end{bmatrix} = \begin{bmatrix} \dot{z}_{11}' & \dot{z}_{12}' \\ \dot{z}_{21}' & \dot{z}_{22}' \end{bmatrix} \begin{bmatrix} \dot{I}_1' \\ \dot{I}_2' \end{bmatrix} \tag{11-8}$$

4단자회로 N_2에 대해서는

$$\begin{bmatrix} \dot{V}_1'' \\ \dot{V}_2'' \end{bmatrix} = \begin{bmatrix} \dot{z}_{11}'' & \dot{z}_{12}'' \\ \dot{z}_{21}'' & \dot{z}_{22}'' \end{bmatrix} \begin{bmatrix} \dot{I}_1'' \\ \dot{I}_2'' \end{bmatrix}$$

또, 직렬 접속일 때에는

$$\dot{V}_1 = \dot{V}_1' + \dot{V}_1'' \qquad \dot{V}_2 = \dot{V}_2' + \dot{V}_2''$$

$$\dot{I}_1 = \dot{I}_1' + \dot{I}_1'' \qquad \dot{I}_2 = \dot{I}_2' + \dot{I}_2''$$

그러므로,

$$\begin{bmatrix} \dot{V}_1 \\ \dot{V}_2 \end{bmatrix} = \begin{bmatrix} \dot{V}_1' \\ \dot{V}_2' \end{bmatrix} + \begin{bmatrix} \dot{V}_1'' \\ \dot{V}_2'' \end{bmatrix} = \left\{ \begin{bmatrix} \dot{z}_{11}' & \dot{z}_{12}' \\ \dot{z}_{21}' & \dot{z}_{22}' \end{bmatrix} + \begin{bmatrix} \dot{z}_{11}'' & \dot{z}_{12}'' \\ \dot{z}_{21}'' & \dot{z}_{22}'' \end{bmatrix} \right\} \begin{bmatrix} \dot{I}_1 \\ \dot{I}_2 \end{bmatrix} \quad (11\text{-}9)$$

새로 만들어지는 4단자회로 N에 대해서는

$$\begin{bmatrix} \dot{V}_1 \\ \dot{V}_2 \end{bmatrix} = \begin{bmatrix} \dot{z}_{11} & \dot{z}_{12} \\ \dot{z}_{21} & \dot{z}_{22} \end{bmatrix} \begin{bmatrix} \dot{I}_1 \\ \dot{I}_2 \end{bmatrix}$$

여기서,

$$\dot{z}_{11} = \dot{z}_{11}' + \dot{z}_{11}'' \qquad \dot{z}_{12} = \dot{z}_{12}' + \dot{z}_{12}''$$

$$\dot{z}_{21} = \dot{z}_{21}' + \dot{z}_{21}'' \qquad \dot{z}_{22} = \dot{z}_{22}' + \dot{z}_{22}'' \quad (11\text{-}10)$$

이다.

제 2 절 어드미턴스 파라미터

2-1 정의와 기초 방정식

임피던스 역행렬을 구해서 다음과 같이 두자.

$$\begin{bmatrix} \dot{z}_{11} & \dot{z}_{12} \\ \dot{z}_{21} & \dot{z}_{22} \end{bmatrix}^{-1} = \begin{bmatrix} \dot{y}_{11} & \dot{y}_{12} \\ \dot{y}_{21} & \dot{y}_{22} \end{bmatrix} \quad (11\text{-}11)$$

그러면 식(11-4)에서 $\dot{I}_1$, $\dot{I}_2$는 다음과 같다.

$$\begin{bmatrix} \dot{I}_1 \\ \dot{I}_2 \end{bmatrix} = \begin{bmatrix} \dot{y}_{11} & \dot{y}_{12} \\ \dot{y}_{21} & \dot{y}_{22} \end{bmatrix} \begin{bmatrix} \dot{V}_1 \\ \dot{V}_2 \end{bmatrix} \quad (11\text{-}12)$$

$\dot{y}_{11}$, $\dot{y}_{12}$, $\dot{y}_{21}$, $\dot{y}_{22}$를 **어드미턴스 파라미터**(admittance parameter)라 한다.

$$\dot{y}_{11} = \frac{\dot{z}_{22}}{\Delta_Z} \qquad \dot{y}_{12} = \frac{-\dot{z}_{21}}{\Delta_Z} \qquad \dot{y}_{21} = \frac{-\dot{z}_{12}}{\Delta_Z} \qquad \dot{y}_{22} = \frac{\dot{z}_{11}}{\Delta_Z}$$

단, $\Delta_Z = \begin{bmatrix} \dot{z}_{11} & \dot{z}_{12} \\ \dot{z}_{21} & \dot{z}_{22} \end{bmatrix}$ (11-13)

이다.

식(11-12)를 다시 쓰면

$$\dot{I}_1 = \dot{y}_{11}\dot{V}_1 + \dot{y}_{12}\dot{V}_2$$

$$\dot{I}_2 = \dot{y}_{21}\dot{V}_1 + \dot{y}_{22}\dot{V}_2 \quad (11\text{-}14)$$

$$\dot{y}_{11} = \left.\frac{\dot{I}_1}{\dot{V}_1}\right|_{\dot{V}_2=0}$$: 단자 1-1'에서의 구동점어드미턴스 (11-15)

$$\dot{y}_{21} = \left.\frac{\dot{I}_2}{\dot{V}_1}\right|_{\dot{V}_2=0}$$: 단락 순방향 전달어드미턴스 (11-16)

$$\dot{y}_{12} = \left.\frac{\dot{I}_1}{\dot{V}_2}\right|_{\dot{V}_1=0}$$: 단락 역방향 전달어드미턴스 (11-17)

$$\dot{y}_{22} = \left.\frac{\dot{I}_2}{\dot{V}_2}\right|_{\dot{V}_1=0}$$: 단자 2-2'에서의 구동점어드미턴스 (11-18)

식(11-15)와 식(11-16)은 2차측의 단락상태이며, 식(11-17)과 식(11-18)은 1차측의 단락상태가 된다.

특히, 4단자회로가 상반회로이면 $\dot{y}_{12} = \dot{y}_{21}$이 되며, 대칭인 경우 $\dot{y}_{11} = \dot{y}_{22}$가 된다.

2-2 4단자회로의 병렬접속

그림 11-3과 같이 N_1 및 N_2의 4단자회로의 입력과 출력단자를 병렬로 접속하여 새로운 4단자회로를 만드는 접속을 **병렬접속**이라 한다.

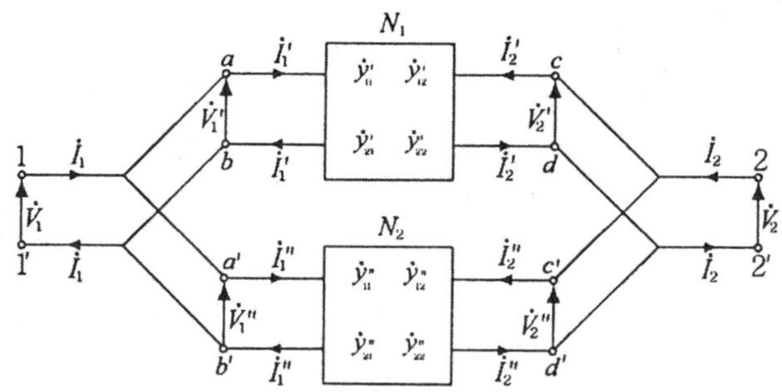

그림 11-3

4단자회로 N_1에서는

$$\begin{bmatrix} \dot{I}_1' \\ \dot{I}_2' \end{bmatrix} = \begin{bmatrix} \dot{y}_{11}' & \dot{y}_{12}' \\ \dot{y}_{21}' & \dot{y}_{22}' \end{bmatrix} \begin{bmatrix} \dot{V}_1' \\ \dot{V}_2' \end{bmatrix}$$

4단자회로 N_2에 대해서는

$$\begin{bmatrix} \dot{I}_1'' \\ \dot{I}_2'' \end{bmatrix} = \begin{bmatrix} \dot{y}_{11}'' & \dot{y}_{12}'' \\ \dot{y}_{21}'' & \dot{y}_{22}'' \end{bmatrix} \begin{bmatrix} \dot{V}_1'' \\ \dot{V}_2'' \end{bmatrix}$$

새로운 4단자회로 N에서는

$$\begin{bmatrix} \dot{I}_1 \\ \dot{I}_2 \end{bmatrix} = \begin{bmatrix} \dot{y}_{11} & \dot{y}_{12} \\ \dot{y}_{21} & \dot{y}_{22} \end{bmatrix} \begin{bmatrix} \dot{V}_1 \\ \dot{V}_2 \end{bmatrix}$$

또, 병렬 접속에서는 다음과 같은 관계가 있다.

$$\dot{I}_1 = \dot{I}_1' + \dot{I}_1'' \qquad \dot{I}_2 = \dot{I}_2' + \dot{I}_2''$$

$$\dot{V}_1 = \dot{V}_1' + \dot{V}_1'' \qquad \dot{V}_2 = \dot{V}_2' + \dot{V}_2'' \tag{11-19}$$

그러므로,

$$\begin{bmatrix} \dot{I}_1 \\ \dot{I}_2 \end{bmatrix} = \begin{bmatrix} \dot{I}_1' \\ \dot{I}_2' \end{bmatrix} + \begin{bmatrix} \dot{I}_1'' \\ \dot{I}_2'' \end{bmatrix} = \left\{ \begin{bmatrix} \dot{y}_{11}' & \dot{y}_{12}' \\ \dot{y}_{21}' & \dot{y}_{22}' \end{bmatrix} + \begin{bmatrix} \dot{y}_{11}'' & \dot{y}_{12}'' \\ \dot{y}_{21}'' & \dot{y}_{22}'' \end{bmatrix} \right\} \begin{bmatrix} \dot{V}_1 \\ \dot{V}_2 \end{bmatrix}$$

$$= \begin{bmatrix} \dot{y}_{11}' + \dot{y}_{11}'' & \dot{y}_{12}' + \dot{y}_{12}'' \\ \dot{y}_{21}' + \dot{y}_{21}'' & \dot{y}_{22}' + \dot{y}_{22}'' \end{bmatrix} \begin{bmatrix} \dot{V}_1 \\ \dot{V}_2 \end{bmatrix}$$

따라서,

$$\dot{y}_{11} = \dot{y}_{11}{}' + \dot{y}_{11}{}'' \qquad \dot{y}_{12} = \dot{y}_{12}{}' + \dot{y}_{12}{}''$$

$$\dot{y}_{21} = \dot{y}_{21}{}' + \dot{y}_{21}{}'' \qquad \dot{y}_{22} = \dot{y}_{22}{}' + \dot{y}_{22}{}'' \tag{11-20}$$

이다.

제 3 절 *h*파라미터

3-1 정의와 기초 방정식

4단자회로에서 $\dot{V}_1$, $\dot{I}_2$를 $\dot{I}_1$, $\dot{V}_2$로 나타낼 때 ***h*파라미터**(parameter)로 표시하며, 전자회로에 많이 사용된다.

*h*파라미터의 물리적 의미는 임피던스 파라미터, 어드미턴스 파라미터의 관계가 되며, 식(11-20)에서 다음 식들을 구할 수 있다.

$$\dot{h}_{11} = \left.\frac{\dot{V}_1}{\dot{I}_1}\right|_{\dot{V}_{2=0}} = \frac{\Delta z}{\dot{z}_{22}} = \frac{1}{\dot{y}_{11}} \text{ : 단락 구동점 임피던스} \tag{11-21}$$

$$\dot{h}_{12} = \left.\frac{\dot{V}_1}{\dot{V}_2}\right|_{\dot{I}_{1=0}} = \frac{\dot{z}_{12}}{\dot{z}_{22}} = \frac{\dot{y}_{12}}{\dot{y}_{11}} \text{ : 개방 역방향 전압이득} \tag{11-22}$$

$$\dot{h}_{21} = \left.\frac{\dot{I}_2}{\dot{I}_1}\right|_{\dot{V}_{2=0}} = \frac{-\dot{z}_{21}}{\dot{z}_{22}} = \frac{\dot{y}_{21}}{\dot{y}_{11}} \text{ : 단락 순방향 전류이득} \tag{11-23}$$

$$\dot{h}_{22} = \left.\frac{\dot{I}_2}{\dot{V}_2}\right|_{\dot{I}_{1=0}} = \frac{1}{\dot{z}_{22}} = \frac{\Delta y}{\dot{y}_{11}} \text{ : 개방 구동점 어드미턴스} \tag{11-24}$$

3-2 4단자회로의 직병렬 접속

4단자회로 N_1, N_2를 그림 11-4와 같이 접속하여 새로운 4단자회로 N을 만드는 방식을 **직병렬접속**이라 한다.

이때, 4단자회로 N_1에서는

$$\begin{bmatrix} \dot{V}_1{}' \\ \dot{I}_2{}' \end{bmatrix} = \begin{bmatrix} \dot{h}_{11}{}' & \dot{h}_{12}{}' \\ \dot{h}_{21}{}' & \dot{h}_{22}{}' \end{bmatrix} \begin{bmatrix} \dot{I}_1{}' \\ \dot{V}_2{}' \end{bmatrix} \tag{11-25}$$

4단자회로 N_2에 대해서는

$$\begin{bmatrix} \dot{V}_1{}'' \\ \dot{I}_2{}'' \end{bmatrix} = \begin{bmatrix} \dot{h}_{11}{}'' & \dot{h}_{12}{}'' \\ \dot{h}_{21}{}'' & \dot{h}_{22}{}'' \end{bmatrix} \begin{bmatrix} \dot{I}_1{}'' \\ \dot{V}_2{}'' \end{bmatrix} \tag{11-26}$$

또한, 4단자회로 N에서는

$$\begin{bmatrix} \dot{V}_1 \\ \dot{I}_2 \end{bmatrix} = \begin{bmatrix} \dot{h}_{11} & \dot{h}_{12} \\ \dot{h}_{21} & \dot{h}_{22} \end{bmatrix} \begin{bmatrix} \dot{I}_1 \\ \dot{V}_2 \end{bmatrix} \tag{11-27}$$

$$\dot{V}_1 = \dot{V}_1{}' + \dot{V}_1{}'' \qquad \dot{V}_2 = \dot{V}_2{}' + \dot{V}_2{}''$$

$$\dot{I}_2 = \dot{I}_2{}' + \dot{I}_2{}'' \qquad \dot{I}_1 = \dot{I}_1{}' + \dot{I}_1{}''$$

가 성립하므로,

$$\begin{bmatrix} \dot{V}_1 \\ \dot{I}_2 \end{bmatrix} = \begin{bmatrix} \dot{V}_1{}' \\ \dot{I}_2{}' \end{bmatrix} + \begin{bmatrix} \dot{V}_1{}'' \\ \dot{I}_2{}'' \end{bmatrix} = \begin{bmatrix} \dot{h}_{11}{}' + \dot{h}_{11}{}'' & \dot{h}_{12}{}' + \dot{h}_{12}{}'' \\ \dot{h}_{21}{}' + \dot{h}_{21}{}'' & \dot{h}_{22}{}' + \dot{h}_{22}{}'' \end{bmatrix} \begin{bmatrix} \dot{I}_1 \\ \dot{V}_2 \end{bmatrix} \tag{11-28}$$

$$\dot{h}_{11} = \dot{h}_{11}{}' + \dot{h}_{11}{}'' \qquad \dot{h}_{12} = \dot{h}_{12}{}' + \dot{h}_{12}{}''$$

$$\dot{h}_{21} = \dot{h}_{21}{}' + \dot{h}_{21}{}'' \qquad \dot{h}_{22} = \dot{h}_{22}{}' + \dot{h}_{22}{}''$$

이다.

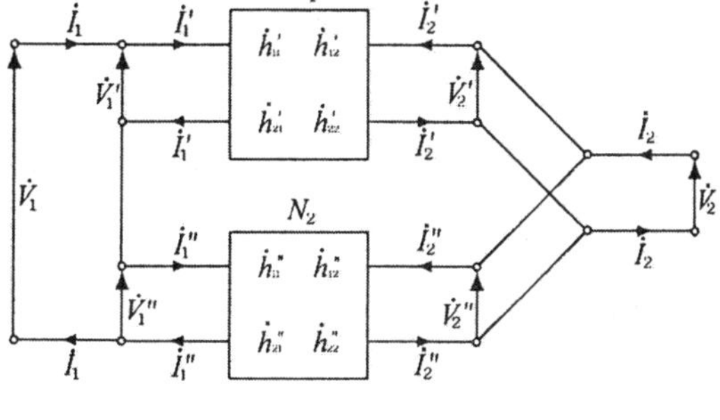

그림 11-4

제 4 절 G파라미터

4-1 정의와 기초 방정식

4단자회로에서 $\dot{I}_1$, $\dot{V}_2$를 $\dot{V}_1$, $\dot{I}_2$로 나타내는데 g파라미터가 사용된다.

$$\begin{bmatrix} \dot{I}_1 \\ \dot{V}_2 \end{bmatrix} = \begin{bmatrix} \dot{g}_{11} & \dot{g}_{12} \\ \dot{g}_{21} & \dot{g}_{22} \end{bmatrix} \begin{bmatrix} \dot{V}_1 \\ \dot{I}_2 \end{bmatrix} \tag{11-29}$$

$\dot{g}_{11}$, $\dot{g}_{12}$, $\dot{g}_{21}$, $\dot{g}_{22}$를 **g파라미터**라 한다.

$$\dot{g}_{11} = \left.\frac{\dot{I}_1}{\dot{V}_1}\right|_{\dot{I}_2=0} = \frac{1}{\dot{z}_{11}} = \frac{\Delta y}{\dot{y}_{22}} \tag{11-30}$$

$$\dot{g}_{12} = \left.\frac{\dot{I}_1}{\dot{I}_2}\right|_{\dot{V}_1=0} = \frac{-\dot{z}_{12}}{\dot{z}_{11}} = \frac{\dot{y}_{12}}{\dot{y}_{22}} \tag{11-31}$$

$$\dot{g}_{21} = \left.\frac{\dot{V}_2}{\dot{V}_1}\right|_{\dot{I}_2=0} = \frac{\dot{z}_{21}}{\dot{z}_{11}} = \frac{-\dot{y}_{21}}{\dot{y}_{22}} \tag{11-32}$$

$$\dot{g}_{22} = \left.\frac{\dot{V}_2}{\dot{I}_2}\right|_{\dot{V}_1=0} = \frac{\Delta z}{\dot{z}_{11}} = \frac{1}{\dot{y}_{22}} \tag{11-33}$$

4-2 4단자회로의 병직렬 접속

그림 11-5와 같은 접속을 병직렬 접속이라 하며, 4단자회로 N_1, N_2 및 N 사이에는 다음과 같은 관계가 있다.

$$\begin{bmatrix} \dot{I}_1' \\ \dot{V}_2' \end{bmatrix} = \begin{bmatrix} \dot{g}_{11}' & \dot{g}_{12}' \\ \dot{g}_{21}' & \dot{g}_{22}' \end{bmatrix} \begin{bmatrix} \dot{V}_1' \\ \dot{I}_2' \end{bmatrix} \tag{11-34}$$

$$\begin{bmatrix} \dot{I}_1'' \\ \dot{V}_2'' \end{bmatrix} = \begin{bmatrix} \dot{g}_{11}'' & \dot{g}_{12}'' \\ \dot{g}_{21}'' & \dot{g}_{22}'' \end{bmatrix} \begin{bmatrix} \dot{V}_1'' \\ \dot{I}_2'' \end{bmatrix} \tag{11-35}$$

$$\dot{I}_1 = \dot{I}_1' + \dot{I}_1'' \qquad \dot{V}_2 = \dot{V}_2' + \dot{V}_2''$$

$$\dot{V}_1 = \dot{V}_1' + \dot{V}_1'' \qquad \dot{I}_2 = \dot{I}_2' + \dot{I}_2''$$

$$\begin{bmatrix} \dot{I}_1 \\ \dot{V}_2 \end{bmatrix} = \begin{bmatrix} \dot{I}_1' \\ \dot{V}_2' \end{bmatrix} + \begin{bmatrix} \dot{I}_1'' \\ \dot{V}_2'' \end{bmatrix} = \begin{bmatrix} \dot{g}_{11}' + \dot{g}_{11}'' & \dot{g}_{12}' + \dot{g}_{12}'' \\ \dot{g}_{21}' + \dot{g}_{21}'' & \dot{g}_{22}' + \dot{g}_{22}'' \end{bmatrix} \begin{bmatrix} \dot{V}_1 \\ \dot{I}_2 \end{bmatrix} \tag{11-36}$$

$$\begin{bmatrix} \dot{I}_1 \\ \dot{V}_2 \end{bmatrix} = \begin{bmatrix} \dot{g}_{11} & \dot{g}_{12} \\ \dot{g}_{21} & \dot{g}_{22} \end{bmatrix} \begin{bmatrix} \dot{V}_1 \\ \dot{I}_2 \end{bmatrix} \tag{11-37}$$

$$\dot{g}_{11} = \dot{g}_{11}' + \dot{g}_{11}'' \qquad \dot{g}_{12} = \dot{g}_{12}' + \dot{g}_{12}''$$

$$\dot{g}_{21} = \dot{g}_{21}' + \dot{g}_{21}'' \qquad \dot{g}_{22} = \dot{g}_{22}' + \dot{g}_{22}''$$

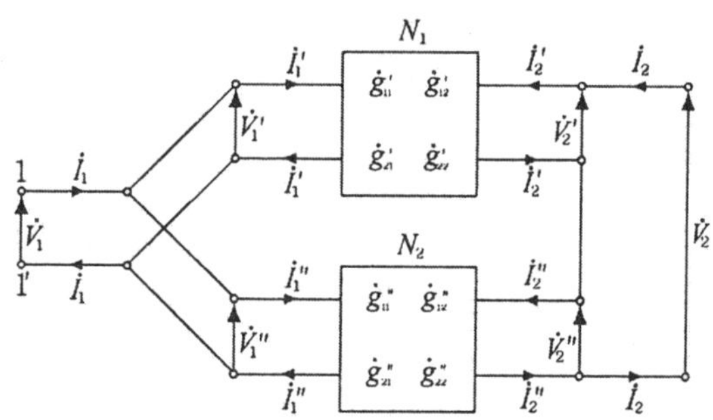

그림 11-5

제 5 절 4단자 정수

5-1 정의와 기초 방정식

입력측의 전압 $\dot{V}_1$, 전류 $\dot{I}_1$, 출력측의 전압 $\dot{V}_2$, 전류 $\dot{I}_2$라 하고, 그림 11-6과 같이 입력측의 전압, 전류를 출력측의 전압과 전류로 나타내 보자. 여기서 주의할 것은 출력측 전류의 방향을 위에서 설명한 전류의 방향과 반대로 생각한다.

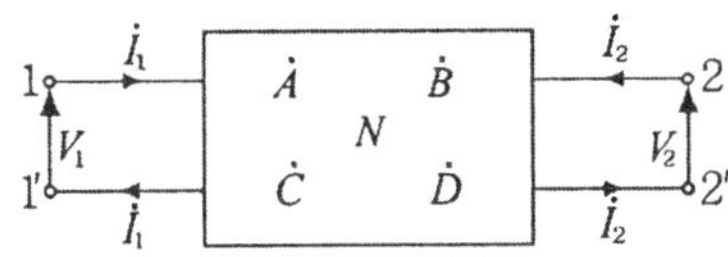

그림 11-6

식(11-4)에서

$$\begin{bmatrix} \dot{V}_1 \\ \dot{V}_2 \end{bmatrix} = \begin{bmatrix} \dot{z}_{11} & \dot{z}_{12} \\ \dot{z}_{21} & \dot{z}_{22} \end{bmatrix} \begin{bmatrix} \dot{I}_1 \\ -\dot{I}_2 \end{bmatrix} \tag{11-38}$$

$$\dot{V}_1 = \frac{\dot{z}_{11}}{\dot{z}_{21}} \dot{V}_2 + \frac{\dot{z}_{11}\dot{z}_{22} - \dot{z}_{12}\dot{z}_{21}}{\dot{z}_{21}} \dot{I}_2$$

$$\dot{I}_1 = \frac{1}{\dot{z}_{21}} \dot{V}_2 + \frac{\dot{z}_{22}}{\dot{z}_{21}} \dot{I}_2$$

$$\dot{A} = \frac{\dot{z}_{11}}{\dot{z}_{21}} \qquad \dot{B} = \frac{\dot{z}_{11}\dot{z}_{22} - \dot{z}_{12}\dot{z}_{21}}{\dot{z}_{21}}$$

$$\dot{C} = \frac{1}{\dot{z}_{21}} \qquad \dot{D} = \frac{\dot{z}_{22}}{\dot{z}_{21}}$$

여기서,

$$\begin{bmatrix} \dot{V}_1 \\ \dot{I}_1 \end{bmatrix} = \begin{bmatrix} \dot{A} & \dot{B} \\ \dot{C} & \dot{D} \end{bmatrix} \begin{bmatrix} \dot{V}_2 \\ \dot{I}_2 \end{bmatrix} \tag{11-39}$$

이 $\dot{A}$, $\dot{B}$, $\dot{C}$, $\dot{D}$를 **4단자 정수**(constants of four terminal network, four terminal constants)라 한다.

5-2 4단자 정수의 의미

식(11-39)에서

$$\left.\begin{aligned} \dot{V}_1 &= \dot{A}\dot{V}_2 + \dot{B}\dot{I}_2 \\ \dot{I}_1 &= \dot{C}\dot{V}_2 + \dot{D}\dot{I}_2 \end{aligned}\right\} \tag{11-40}$$

가 되며, 식(11-40)에서

$$\dot{A}=\left.\frac{\dot{V}_1}{\dot{V}_2}\right|_{\dot{I}_2=0} \tag{11-41}$$

식(11-41)은 출력측을 개방시켰을 때의 $\dot{V}_1$과 $\dot{V}_2$의 비가 된다.

$$\dot{B}=\left.\frac{\dot{V}_1}{\dot{I}_2}\right|_{\dot{V}_2=0}=\frac{1}{\dot{y}_{21}} \tag{11-42}$$

$\dot{B}$는 출력측을 단락시켰을 때 $\dot{V}_1$과 $\dot{V}_2$의 비로서 **단락 전달 임피던스**가 된다.

$$\dot{C}=\left.\frac{\dot{I}_1}{\dot{V}_2}\right|_{\dot{I}_2=0}=\frac{1}{\dot{z}_{21}} \tag{11-43}$$

$\dot{C}$는 출력측을 개방시켰을 때 $\dot{I}_1$과 $\dot{I}_2$의 비로서 **개방전달 어드미턴스**가 된다.

$$\dot{D}=\left.\frac{\dot{I}_1}{\dot{I}_2}\right|_{\dot{V}_2=0}$$

$\dot{D}$는 출력측을 단락시켰을 때의 $\dot{I}_1$과 $\dot{I}_2$의 비가 된다.

식(11-41), 식(11-43)에서

$$\frac{\dot{A}}{\dot{C}}=\left(\frac{\dot{V}_1}{\dot{I}_1}\right)_{\dot{I}_2=0}=\dot{z}_{11} \tag{11-44}$$

식(11-44)는 출력측을 개방시켰을 때 입력측에서 본 구동점 임피던스 $\dot{Z}_{11}$과 같다. 그리고 식(11-42), 식(11-44)에서

$$\frac{\dot{B}}{\dot{D}}=\left(\frac{\dot{V}_1}{\dot{I}_1}\right)_{\dot{V}_2=0}=\frac{1}{\dot{y}_{11}} \tag{11-45}$$

식(11-45)는 출력측을 단락시켰을 때 입력측에서 본 구동점 임피던스 $\frac{1}{\dot{y}_{11}}$과 같다.

$$\begin{bmatrix} \dot{z}_{11} & \dot{z}_{12} \\ \dot{z}_{21} & \dot{z}_{22} \end{bmatrix} = \begin{bmatrix} \dfrac{\dot{A}}{\dot{C}} & \dfrac{\Delta_F}{\dot{C}} \\ \dfrac{1}{\dot{C}} & \dfrac{\dot{D}}{\dot{C}} \end{bmatrix}$$

$$\begin{bmatrix} \dot{y}_{11} & \dot{y}_{12} \\ \dot{y}_{21} & \dot{y}_{22} \end{bmatrix} = \begin{bmatrix} \dfrac{\dot{D}}{\dot{B}} & -\dfrac{\Delta_F}{\dot{B}} \\ -\dfrac{1}{\dot{B}} & \dfrac{\dot{A}}{\dot{B}} \end{bmatrix} \tag{11-46}$$

$$\text{단,}\ \Delta_F = \begin{vmatrix} \dot{A} & \dot{C} \\ \dot{B} & \dot{D} \end{vmatrix} = \frac{\dot{z}_{11}\dot{z}_{22} - \dot{z}_{11}\dot{z}_{22} + \dot{z}_{12}\dot{z}_{21}}{\dot{z}_{21}{}^{2}} = \frac{\dot{z}_{12}}{\dot{z}_{21}} = \frac{\dot{y}_{12}}{\dot{y}_{21}} \tag{11-47}$$

상반 4단자회로에서는 $\dot{z}_{12} = \dot{z}_{21}(\dot{y}_{12} = \dot{y}_{21})$이므로 $\dot{A}\dot{D} - \dot{B}\dot{C} = 1$의 관계가 성립하며, 또한 4단자회로가 대칭이면 $\dot{z}_{11} = \dot{z}_{22}(\dot{y}_{11} = \dot{y}_{22})$이므로 $\dot{A} = \dot{D}$가 된다.

5-3 4단자회로의 종속 접속

2개의 4단자회로 N_1과 N_2를 그림 11-7과 같이 접속하는 방식을 **종속접속**(cascade connection)이라 한다.

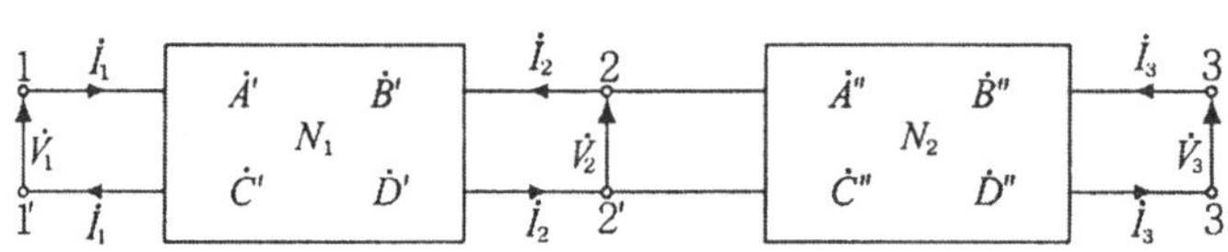

그림 11-7

4단자회로, N_1, N_2에서는

$$\begin{bmatrix} \dot{V}_1 \\ \dot{I}_1 \end{bmatrix} = \begin{bmatrix} \dot{A}' & \dot{B}' \\ \dot{C}' & \dot{D}' \end{bmatrix} \begin{bmatrix} \dot{V}_2 \\ \dot{I}_2 \end{bmatrix} \tag{11-48}$$

$$\begin{bmatrix} \dot{V}_2 \\ \dot{I}_2 \end{bmatrix} = \begin{bmatrix} \dot{A}'' & \dot{B}'' \\ \dot{C}'' & \dot{D}'' \end{bmatrix} \begin{bmatrix} \dot{V}_3 \\ \dot{I}_3 \end{bmatrix} \tag{11-49}$$

식(11-48)과 식(11-49)에서

$$\begin{bmatrix} \dot{V}_1 \\ \dot{I}_1 \end{bmatrix} = \begin{bmatrix} \dot{A}' & \dot{B}' \\ \dot{C}' & \dot{D}' \end{bmatrix} \begin{bmatrix} \dot{A}'' & \dot{B}'' \\ \dot{C}'' & \dot{D}'' \end{bmatrix} \begin{bmatrix} \dot{V}_3 \\ \dot{I}_3 \end{bmatrix} \tag{11-50}$$

합성 4단자회로에서는

$$\begin{bmatrix} \dot{V}_1 \\ \dot{I}_1 \end{bmatrix} = \begin{bmatrix} \dot{A} & \dot{B} \\ \dot{C} & \dot{D} \end{bmatrix} \begin{bmatrix} \dot{V}_3 \\ \dot{I}_3 \end{bmatrix} \tag{11-51}$$

여기서,

$$\begin{bmatrix} \dot{A} & \dot{B} \\ \dot{C} & \dot{D} \end{bmatrix} = \begin{bmatrix} \dot{A}' & \dot{B}' \\ \dot{C}' & \dot{D}' \end{bmatrix} \begin{bmatrix} \dot{A}'' & \dot{B}'' \\ \dot{C}'' & \dot{D}'' \end{bmatrix} \tag{11-52}$$

이므로

$$\begin{bmatrix} \dot{A} & \dot{B} \\ \dot{C} & \dot{D} \end{bmatrix} = \begin{bmatrix} \dot{A}'\dot{A}'' + \dot{B}'\dot{C}'' & \dot{A}'\dot{B}'' + \dot{B}'\dot{D}'' \\ \dot{C}'\dot{A}'' + \dot{D}'\dot{C}'' & \dot{C}'\dot{B}'' + \dot{D}'\dot{D}'' \end{bmatrix} \tag{11-53}$$

이다.

例題 1. 그림 11-8에서 4단자 정수를 구하라.

解答 식(11-41), 식(11-42), 식(11-43)에서

$$\dot{A} = \left(\frac{\dot{V}_1}{\dot{V}_2}\right)_{\dot{I}_2=0} = 1 \qquad \dot{B} = \left(\frac{\dot{V}_1}{\dot{I}_2}\right)_{\dot{V}_2=0} = \dot{Z}$$

$$\dot{C} = \left(\frac{\dot{I}_1}{\dot{V}_2}\right)_{\dot{I}_2=0} = 0 \qquad \dot{D} = \left(\frac{\dot{I}_1}{\dot{I}_2}\right)_{\dot{V}_2=0} = 1$$

그러므로,

$$\begin{bmatrix} \dot{A} & \dot{B} \\ \dot{C} & \dot{D} \end{bmatrix} = \begin{bmatrix} 1 & \dot{Z} \\ 0 & 1 \end{bmatrix} \tag{11-54}$$

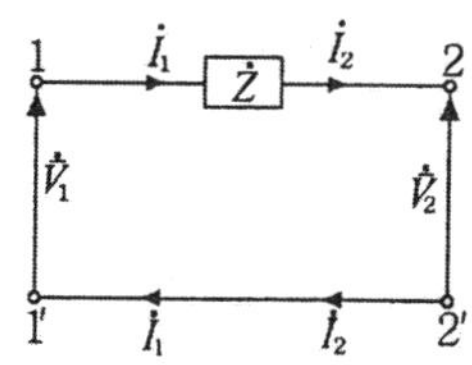

그림 11-8

例題 2. 그림 11-9와 같은 4단자회로의 4단자 정수 $\dot{A}$, $\dot{B}$, $\dot{C}$, $\dot{D}$를 구하라.

解答 $\dot{V}_1 = \dot{V}_2$

$\dot{I}_1 = \dfrac{\dot{V}_2}{\dot{Z}} + \dot{I}_2$에서

$$\begin{bmatrix} \dot{A} & \dot{B} \\ \dot{C} & \dot{D} \end{bmatrix} = \begin{bmatrix} 1 & 0 \\ \dfrac{1}{\dot{Z}} & 1 \end{bmatrix} \tag{11-55}$$

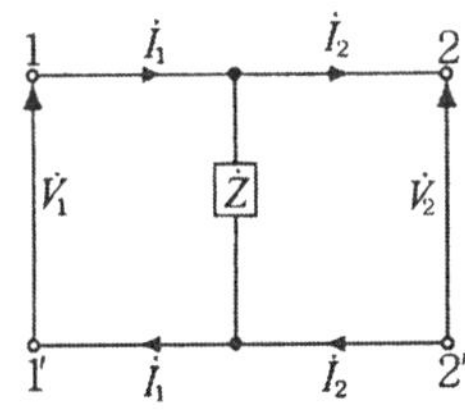

그림 11-9

例題 3. 그림 11-10과 같은 L형 회로의 4단자 정수를 구하라.

解答 그림 11-10을 그림 11-8, 그림 11-11의 종속 접속으로 생각하면 된다.

$$\begin{bmatrix} \dot{A} & \dot{B} \\ \dot{C} & \dot{D} \end{bmatrix} = \begin{bmatrix} 1 & \dot{Z}_1 \\ 0 & 1 \end{bmatrix} \begin{bmatrix} 1 & 0 \\ \dfrac{1}{\dot{Z}_2} & 1 \end{bmatrix} = \begin{bmatrix} 1+\dfrac{\dot{Z}_1}{\dot{Z}_2} & \dot{Z}_1 \\ \dfrac{1}{\dot{Z}_2} & 1 \end{bmatrix} \tag{11-56}$$

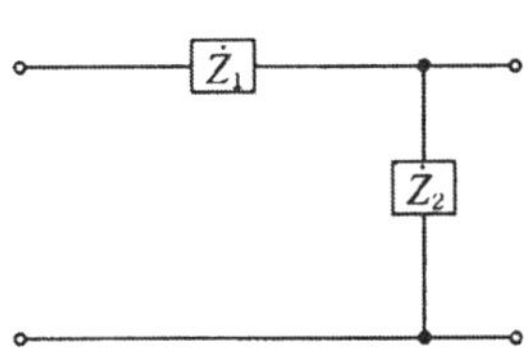

그림 11-10

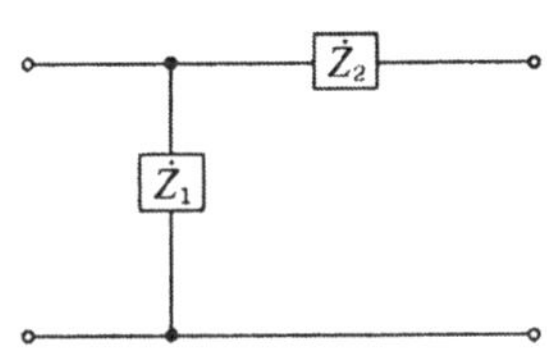

그림 11-11

例題 4. 그림 11-11의 4단자 정수를 구하라.

解答 그림 11-11은 그림 11-9, 그림 11-8의 종속으로 생각하면 된다.

$$\begin{bmatrix} \dot{A} & \dot{B} \\ \dot{C} & \dot{D} \end{bmatrix} = \begin{bmatrix} 1 & 0 \\ \frac{1}{\dot{Z}_1} & 1 \end{bmatrix} \begin{bmatrix} 1 & \dot{Z}_2 \\ 0 & 1 \end{bmatrix} = \begin{bmatrix} 1 & \dot{Z}_2 \\ \frac{1}{\dot{Z}_1} & \frac{1}{1+\frac{\dot{Z}_2}{\dot{Z}_1}} \end{bmatrix} \tag{11-57}$$

例題 5. 그림 11-12와 같은 T형 회로의 4단자 정수를 구하라.

解答 그림 11-12은 그림 11-9, 그림 11-8의 종속접속으로 생각하면 된다.

$$\begin{bmatrix} \dot{A} & \dot{B} \\ \dot{C} & \dot{D} \end{bmatrix} = \begin{bmatrix} 1 & \dot{Z}_1 \\ 0 & 1 \end{bmatrix} \begin{bmatrix} 1 & 0 \\ \frac{1}{\dot{Z}_3} & 1 \end{bmatrix} \begin{bmatrix} 1 & \dot{Z}_2 \\ 0 & 1 \end{bmatrix}$$

$$= \begin{bmatrix} 1+\frac{\dot{Z}_1}{\dot{Z}_3} & \frac{\dot{Z}_1\dot{Z}_3+\dot{Z}_3\dot{Z}_2+\dot{Z}_3\dot{Z}_1}{\dot{Z}_3} \\ \frac{1}{\dot{Z}_3} & 1+\frac{\dot{Z}_2}{\dot{Z}_3} \end{bmatrix} \tag{11-58}$$

例題 6. 그림 11-13과 같은 π형 회로의 4단자 정수를 구하라.

解答 그림 11-13은 그림 11-5, 그림 11-11의 종속접속으로 생각하면

$$\begin{bmatrix} \dot{A} & \dot{B} \\ \dot{C} & \dot{D} \end{bmatrix} = \begin{bmatrix} 1 & 0 \\ \frac{1}{\dot{Z}_1} & 1 \end{bmatrix} \begin{bmatrix} 1 & \dot{Z}_2 \\ 0 & 1 \end{bmatrix} \begin{bmatrix} 1 & 0 \\ \frac{1}{\dot{Z}_3} & 1 \end{bmatrix}$$

$$= \begin{bmatrix} 1+\frac{\dot{Z}_2}{\dot{Z}_3} & \dot{Z}_2 \\ \frac{\dot{Z}_1+\dot{Z}_2+\dot{Z}_3}{\dot{Z}_2\dot{Z}_3} & 1+\frac{\dot{Z}_2}{\dot{Z}_1} \end{bmatrix} \tag{11-59}$$

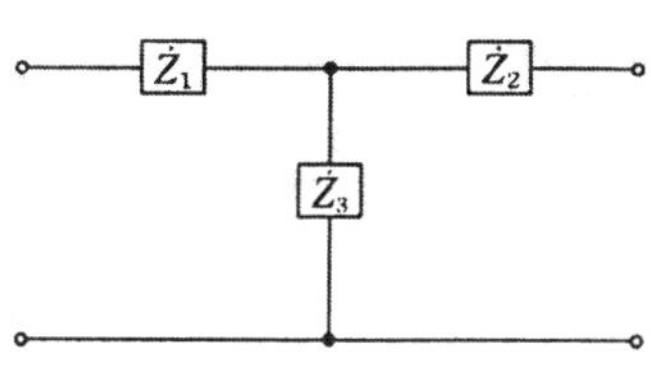

그림 11-12

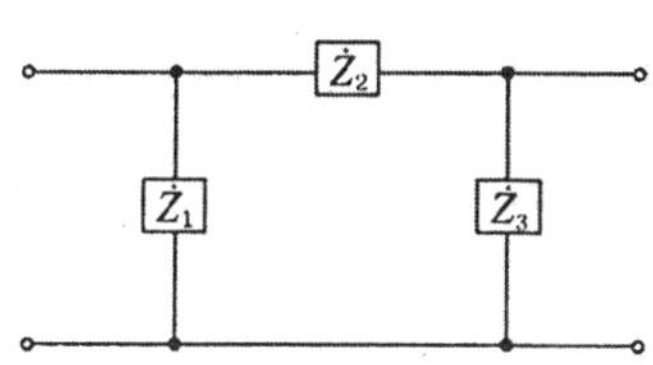

그림 11-13

例題 7. 그림 11-14와 같은 격자형 회로(lattice type network)의 4단자 정수를 구하라.

解答 앞의 예제에서와 같이 출력측을 개방, 또는 단락시킴으로써

$$\dot{A}=\frac{(\dot{Z}_1+\dot{Z}_3)(\dot{Z}_2+\dot{Z}_4)}{\dot{Z}_2\dot{Z}_3-\dot{Z}_1\dot{Z}_4} \qquad \dot{B}=\frac{\dot{Z}_1\dot{Z}_2(\dot{Z}_3+\dot{Z}_4)+\dot{Z}_3\dot{Z}_4(\dot{Z}_1+\dot{Z}_2)}{\dot{Z}_2\dot{Z}_3-\dot{Z}_1\dot{Z}_4}$$

$$\dot{C}=\frac{\dot{Z}_1+\dot{Z}_2+\dot{Z}_3+\dot{Z}_4}{\dot{Z}_2\dot{Z}_3-\dot{Z}_1\dot{Z}_4} \qquad \dot{D}=\frac{(\dot{Z}_1+\dot{Z}_2)(\dot{Z}_3+\dot{Z}_4)}{\dot{Z}_2\dot{Z}_3-\dot{Z}_1\dot{Z}_4} \tag{11-60}$$

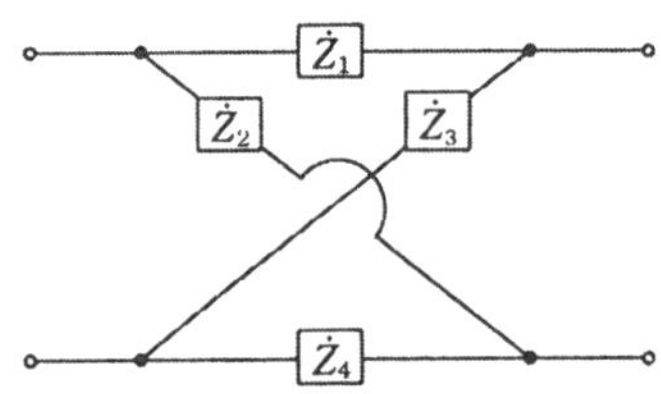

그림 11-14

5-4 입력단자와 출력단자를 바꾼 *K*파라미터

4단자회로망에서 입력단자와 출력단자를 바꾸어 생각하면, $\dot{V}_1$과 $\dot{V}_2$는

$$\begin{bmatrix} \dot{V}_2 \\ \dot{I}_2 \end{bmatrix}=\begin{bmatrix} \dot{A} & \dot{B} \\ \dot{C} & \dot{D} \end{bmatrix}^{-1}\begin{bmatrix} \dot{V}_1 \\ \dot{I}_1 \end{bmatrix}=\begin{bmatrix} \dot{K}_{11} & \dot{K}_{12} \\ \dot{K}_{21} & \dot{K}_{22} \end{bmatrix}\begin{bmatrix} \dot{V}_1 \\ \dot{I}_1 \end{bmatrix} \tag{11-61}$$

이 되고, 따라서 **K 파라미터는**

$$\dot{K}_{11}=\frac{\dot{D}}{\Delta_F} \quad \dot{K}_2=\frac{-\dot{B}}{\Delta_F} \quad \dot{K}_{21}=\frac{-\dot{C}}{\Delta_F} \quad \dot{K}_{22}=\frac{\dot{A}}{\Delta_F} \tag{11-62}$$

로 정의된다. 특히 상반회로에서는 $\Delta_{F=1}$이므로 그림 11-15의 (a)에서 그림 1-15의 (b)로 바꾸면 $\dot{I}_1$, $\dot{I}_2$의 방향은 거꾸로 되어 다음과 같이 된다.

$$\begin{bmatrix} \dot{V}_2 \\ \dot{I}_2 \end{bmatrix}=\begin{bmatrix} \dot{D} & \dot{B} \\ \dot{C} & \dot{A} \end{bmatrix}\begin{bmatrix} \dot{V}_1 \\ \dot{I}_1 \end{bmatrix} \tag{11-63}$$

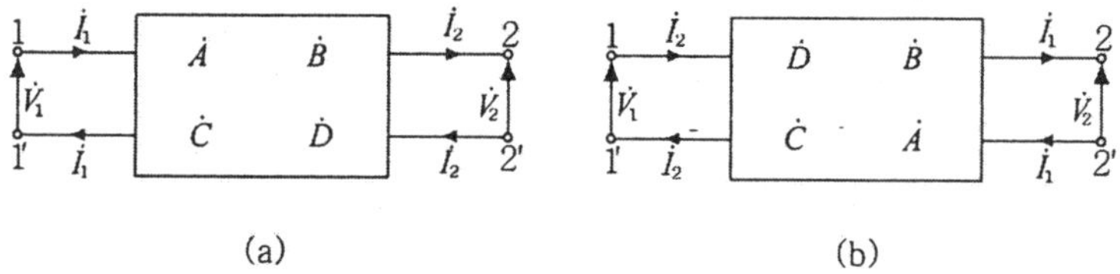

그림 11-15

제 6 절 영상 파라미터

6-1 영상 임피던스

그림 11-16과 같이 정수 $\dot{A}$, $\dot{B}$, $\dot{C}$, $\dot{D}$를 가진 4단자회로의 입력단자 1-1′에 임피던스 $\dot{Z}_{01}$을 접속하고, 출력단자 2-2′에 임피던스 $\dot{Z}_{02}$를 연결한 경우, 1-1′ 단자에서 우측으로 본 임피던스나 좌측으로 본 임피던스가 $\dot{Z}_{01}$이 되고, 2-2′ 단자에서 우측 및 좌측으로 본 임피던스가 $\dot{Z}_{02}$가 된다고 하면 1-1′, 2-2′ 단자에서는 거울의 영상과 같은 관계가 있으므로, 이들을 **영상 임피던스**라 한다.

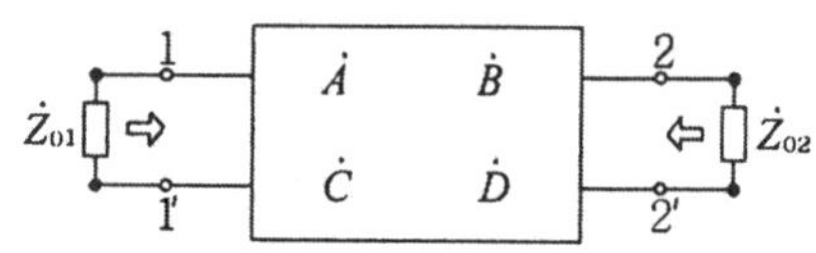

그림 11-16

6-2 영상 임피던스와 4단자 정수의 관계

$\dot{V}_1 = \dot{A}\dot{V}_2 + \dot{B}\dot{I}_2$, $\dot{I}_1 = \dot{C}\dot{V}_2 + \dot{D}\dot{I}_2$에서

$$\dot{Z}_{01} = \frac{\dot{V}_1}{\dot{I}_1} = \frac{\dot{A}\dot{V}_2 + \dot{B}\dot{I}_2}{\dot{C}\dot{V}_2 + \dot{D}I_2}$$

$\dot{V}_2 = \dot{Z}_{02}\dot{I}_2$이므로

$$\dot{Z}_{01} = \frac{\dot{A}\dot{Z}_{02} + \dot{B}}{\dot{C}\dot{Z}_{02} + \dot{D}} \tag{11-64}$$

다음에 4단자회로에서 이 회로의 입출력 단자를 거꾸로 생각해서 $\dot{V}_2 = \dot{D}\dot{V}_1 + \dot{B}\dot{I}_1$, $\dot{I}_2 = \dot{C}\dot{V}_1 + \dot{A}\dot{I}_1$에 $\dot{V}_1 = \dot{Z}_{01}\dot{I}_1$을 대입하면,

$$\dot{Z}_{02} = \frac{\dot{V}_2}{\dot{I}_2} = \frac{\dot{D}\dot{Z}_{01} + \dot{B}}{\dot{C}\dot{Z}_{01} + \dot{A}} \tag{11-65}$$

식(11-64), 식(11-65)에서

$$\left.\begin{aligned} \dot{C}\dot{Z}_{01}\dot{Z}_{02} + \dot{D}\dot{Z}_{01} - \dot{A}\dot{Z}_{02} - \dot{B} = 0 \\ \dot{C}\dot{Z}_{01}\dot{Z}_{02} - \dot{D}\dot{Z}_{01} + \dot{A}\dot{Z}_{02} - \dot{B} = 0 \end{aligned}\right\} \tag{11-66}$$

식(11-66)에서

$$\frac{\dot{B}}{\dot{C}} = \dot{Z}_{01}\dot{Z}_{02} \tag{11-67}$$

$$\frac{\dot{Z}_{01}}{\dot{Z}_{02}} = \frac{\dot{A}}{\dot{D}} \tag{1-68}$$

를 식(11-67)과 식(11-68)에서

$$\dot{Z}_{01} = \sqrt{\frac{\dot{A}\dot{B}}{\dot{C}\dot{D}}} \qquad \dot{Z}_{02} = \sqrt{\frac{\dot{D}\dot{B}}{\dot{C}\dot{A}}} \tag{11-69}$$

4단자회로가 대칭이면 $\dot{A} = \dot{D}$ 이므로 다음과 같다.

$$\dot{Z}_{01} = \dot{Z}_{02} = \dot{Z}_0 = \sqrt{\frac{\dot{B}}{\dot{C}}} \tag{11-70}$$

6-3 영상 임피던스와 단락 어드미턴스 및 개방 임피던스와의 관계

식(11-46)에서 $\frac{\dot{D}}{\dot{B}} = \dot{y}_{11}$, $\frac{\dot{A}}{\dot{B}} = \dot{y}_{22}$, $\frac{\dot{A}}{\dot{C}} = \dot{z}_{11}$, $\frac{\dot{D}}{\dot{C}} = \dot{z}_{22}$이므로

$$\dot{z}_{01}=\sqrt{\frac{\dot{z}_{11}}{\dot{y}_{11}}} \qquad \dot{z}_{02}=\sqrt{\frac{\dot{z}_{11}}{\dot{y}_{22}}} \tag{11-71}$$

이다.

6-4 전달정수 θ의 정의

입력측과 출력측에 각각 영상 임피던스 $\dot{Z}_{01}$과 $\dot{Z}_{02}$가 접속되어 있을 때,

$$e^{\theta}=\sqrt{\frac{\dot{V}_1\dot{I}_1}{\dot{V}_2\dot{I}_2}} \tag{11-72}$$

으로 정의되는 θ를 **영상 전달정수** 혹은 간단히 **전달정수**(transfer constant)라 한다.

4단자망의 관계식(11-39)에서

$$\left.\begin{aligned}\dot{V}_1&=\dot{A}\dot{V}_2+\dot{B}\dot{I}_2\\ I_1&=\dot{C}\dot{V}_2+\dot{D}\dot{I}_2\end{aligned}\right\} \tag{11-73}$$

이고, 여기서 $\dot{V}_1=\dot{Z}_{01}\dot{I}_1$, $\dot{V}_2=\dot{Z}_{02}\dot{I}_2$의 관계를 이용하면,

$$\left.\begin{aligned}\frac{\dot{V}_1}{\dot{V}_2}&=\dot{A}+\frac{\dot{B}}{\dot{Z}_{02}}=\dot{A}+\dot{B}=\sqrt{\frac{\dot{A}\dot{C}}{\dot{B}\dot{D}}}=\sqrt{\frac{\dot{A}}{\dot{D}}}\left(\sqrt{\dot{A}\dot{D}}+\sqrt{\dot{B}\dot{C}}\right)\\ \frac{\dot{I}_1}{\dot{I}_2}&=\dot{C}\dot{Z}_{02}+\dot{D}=\dot{C}\sqrt{\frac{\dot{B}\dot{D}}{\dot{A}\dot{C}}}+\dot{D}=\sqrt{\frac{\dot{D}}{\dot{A}}}\left(\sqrt{\dot{A}\dot{D}}-\sqrt{\dot{B}\dot{C}}\right)\end{aligned}\right\} \tag{11-74}$$

를 얻는다. 따라서,

$$\begin{aligned}e^{\theta}&=\sqrt{\frac{\dot{V}_1\dot{I}_1}{\dot{V}_2\dot{I}_2}}=\sqrt{\left(\frac{\dot{V}_1}{\dot{V}_2}\right)\cdot\left(\frac{\dot{I}_1}{\dot{I}_2}\right)}\\ &=\sqrt{\dot{A}\dot{D}}+\sqrt{\dot{B}\dot{C}}\end{aligned} \tag{11-75}$$

를 얻는다. 또 $\dot{A}\dot{D}-\dot{B}\dot{C}=1$이므로

$$e^{-\theta}=\sqrt{\frac{\dot{V}_2\dot{I}_2}{\dot{V}_1\dot{I}_1}}=\frac{1}{\sqrt{\dot{A}\dot{D}}+\sqrt{\dot{B}\dot{C}}}=\frac{\sqrt{\dot{A}\dot{D}}-\sqrt{\dot{B}\dot{C}}}{\dot{A}\dot{D}-\dot{B}\dot{C}}$$

$$=\sqrt{\dot{A}\dot{D}}-\sqrt{\dot{B}\dot{C}}$$

가 된다.

이들을 정리하면 전달정수 θ는 다음과 같이 여러 형태로 표현된다.

$$\left.\begin{aligned} e^{j\theta}&=\sqrt{\dot{A}\dot{D}}+\sqrt{\dot{B}\dot{C}} \\ \theta&=\ln(\sqrt{\dot{A}\dot{D}}+\sqrt{\dot{B}\dot{C}}) \end{aligned}\right. \tag{11-76}$$

$$\left.\begin{aligned} \cos h\theta&=\sqrt{\dot{A}\dot{D}}, \\ \sin h\theta&=\sqrt{\dot{B}\dot{C}}, \\ \tan h\theta&=\sqrt{\frac{\dot{B}\dot{C}}{\dot{A}\dot{D}}} \end{aligned}\right\} \tag{11-77}$$

6-5 4단자 정수와 영상 파라미터의 관계

4단자 정수 $\dot{A}$, $\dot{B}$, $\dot{C}$, $\dot{D}$를 식(1-67), 식(11-68), 식(11-77)의 **영상 파라미터**로써 나타내면 다음과 같이 된다.

$$\left.\begin{aligned} \dot{A}&=\sqrt{\frac{\dot{Z}_{01}}{\dot{Z}_{02}}}\cos h\theta \\ \dot{B}&=\sqrt{\dot{Z}_{01}\dot{Z}_{02}}\sin h\theta \\ \dot{C}&=\frac{1}{\sqrt{\dot{Z}_{01}\dot{Z}_{02}}}\sin h\theta \\ \dot{D}&=\sqrt{\frac{\dot{Z}_{02}}{\dot{Z}_{01}}}\cos h\theta \end{aligned}\right\} \tag{11-78}$$

6-6 영상 파라미터에 의한 4단자회로의 기초 방정식

식(11-40)에 식(11-78)을 대입하면,

$$\left.\begin{aligned}\dot{V}_1 &= \sqrt{\frac{\dot{Z}_{01}}{\dot{Z}_{02}}}\,(\dot{V}_2 \cos h\theta + \dot{I}_2\dot{Z}_{02} \sin h\theta) \\ \dot{I}_1 &= \sqrt{\frac{\dot{Z}_{02}}{\dot{Z}_{01}}}\left(\frac{\dot{V}_2}{\dot{Z}_{02}} \sin h\theta + \dot{I}_2 \cos h\theta\right)\end{aligned}\right\} \quad (11\text{-}79)$$

가 되고, 대칭 4단자회로의 경우는 $Z_{01} = Z_{02} = Z_0$이므로

$$\left.\begin{aligned}\dot{V}_1 &= \dot{V}_2 = \cos h\theta + \dot{I}_2\dot{Z}_0 \sin h\theta \\ \dot{I}_1 &= \frac{\dot{V}_2}{\dot{Z}_0} \sin h\theta + \dot{I}_2 \cos h\theta\end{aligned}\right\} \quad (11\text{-}80)$$

이다.

6-7 영상 파라미터의 종속 접속

영상 임피던스가 각각 $\dot{Z}_{01}$, $\dot{Z}_{02}$, $\dot{Z}_{03}$, ……, $\dot{Z}_{0n}$, $\dot{Z}_{0(n+1)}$이고, 전달정수가 θ_1, θ_2, ……, θ_n인 n개의 4단자회로를 그림 11-17과 같이 접속하고 그 최종단에 $\dot{Z}_{0(n+1)}$을 접속한 경우, 제 n번째의 4단자회로망의 입력측 단자 $n-n'$에서 우측으로 본 임피던스는 $\dot{Z}_{0n}$이고, 단자 $(n-1)-(n-1)'$에서 우측으로 본 임피던스는 $\dot{Z}_{0(n-1)}$이다.

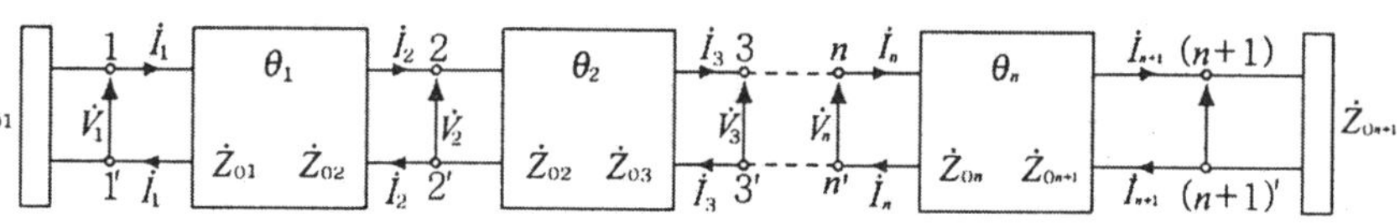

그림 11-17

위와 같이 하여 단자 1-1'에서 우측으로 본 임피던스는 $\dot{Z}_{01}$이다.

그러므로,

$$\frac{\dot{V}_1}{\dot{V}_2}=\sqrt{\frac{\dot{Z}_{01}}{\dot{Z}_{02}}}\,e^{\theta 1}, \qquad \frac{\dot{V}_2}{\dot{V}_3}=\sqrt{\frac{\dot{Z}_{02}}{\dot{Z}_{03}}}\,e^{\theta 2}\cdots\cdots$$

$$\cdots\cdots\frac{\dot{V}_n}{\dot{V}_{n+1}}=\sqrt{\frac{\dot{Z}_{0n}}{\dot{Z}_{0(n+1)}}}\,e^{\theta n} \tag{11-81}$$

따라서,

$$\frac{\dot{V}_1}{\dot{V}_{(n+1)}}=\sqrt{\frac{\dot{Z}_{0n}}{\dot{Z}_{0(n+1)}}}\,e^{\theta_1+\theta_2+\cdots\cdots+\theta^{n}} \tag{11-82}$$

이다.

한편, 전류도 똑같은 방법으로

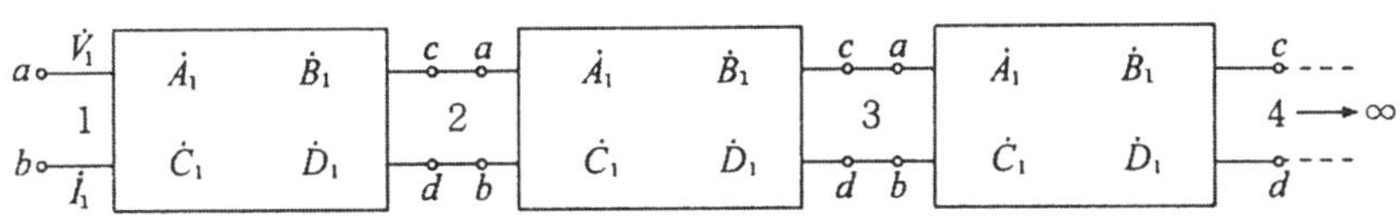

그림 11-18

$$\frac{\dot{I}_1}{\dot{I}_2}=\sqrt{\frac{\dot{Z}_{02}}{\dot{Z}_{01}}}\,e^{\theta_1} \qquad \frac{\dot{I}_2}{\dot{I}_3}=\sqrt{\frac{\dot{Z}_{03}}{\dot{Z}_{02}}}\,e^{\theta_2}\cdots\cdots$$

$$\frac{\dot{I}_3}{\dot{I}_4}=\sqrt{\frac{\dot{Z}_{04}}{\dot{Z}_{03}}}\,e^{\theta_3} \qquad \cdots\cdots\frac{\dot{I}_n}{\dot{I}_{n+1}}=\sqrt{\frac{\dot{Z}_{0(n+1)}}{\dot{Z}_{0n}}}\,e^{\theta_n} \tag{11-83}$$

따라서,

$$\frac{\dot{I}_1}{\dot{I}_{(n+1)}}=\sqrt{\frac{\dot{Z}_{0(n+1)}}{\dot{Z}_{01}}}\,e^{\theta_1+\theta_2+\cdots\cdots+\theta_n} \tag{11-84}$$

즉, **n개의 4단자망을 접속한 합성 4단자망의 영상임피던스는 $\dot{Z}_{01}$, $\dot{Z}_{0(n+1)}$과 같고, 전달정수 θ는 개개의 전달정수의 합 $\theta_1+\theta_2+\cdots\cdots+\theta_n$과 같다.**

제 7 절 반복 파라미터

7-1 반복 임피던스

그림 11-18과 같이 ab단자에서 시작하여 오른쪽으로 무한개의 같은 4단자망을 종속으로 접속한 경우 1, 2등의 단자에서 우측으로 본 임피던스는 4단자의 우측으로 무한개의 단위가 접속되어 있으므로 어느 단자에서나 우측으로 본 임피던스는 동일하다. 이와 같은 임피던스를 **반복 임피던스**(iterative impedance)라고 한다.

또한, 그림 11-19와 같이 단자 2-2′에 $\dot{Z}_{k1}$의 임피던스가 접속되었을 대 단자 1-1′에서 본 임피던스가 $\dot{Z}_{k1}$이라면, $\dot{Z}_{k1}$을 반복 임피던스라 한다.

마찬가지로 1-1′에 $\dot{Z}_{k2}$의 임피던스를 접속했을 때 단자 2-2′에서 본 임피던스가 $\dot{Z}_{k2}$라면, $\dot{Z}_{k2}$도 반복 임피던스가 된다.

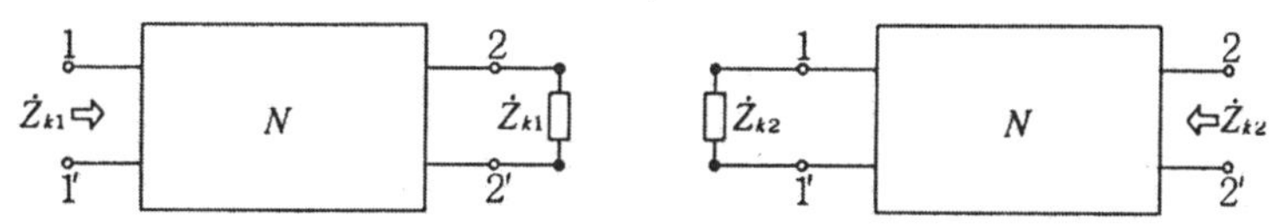

그림 11-19

7-2 반복 임피던스와 4단자 정수의 관계

$$\dot{V}_1 = \dot{A}\dot{V}_2 + \dot{B}\dot{I}_2, \quad \dot{I}_1 = \dot{C}\dot{V}_2 + \dot{D}\dot{I}_2$$

$$\dot{Z}_{k1} = \frac{\dot{V}_1}{\dot{I}_1} = \frac{\dot{A}\dot{V}_2 + \dot{B}\dot{I}_2}{\dot{C}\dot{V}_2 + \dot{D}\dot{I}_2} = \frac{\dot{A}\left(\frac{\dot{V}_2}{\dot{I}_2}\right) + \dot{B}}{\dot{C}\left(\frac{\dot{V}_2}{\dot{I}_2}\right) + \dot{D}} \text{ 이고}$$

$$\frac{\dot{V}_2}{\dot{I}_2} = \dot{Z}_{k1} \text{ 이므로}$$

$$\dot{Z}_{k1} = \frac{\dot{A}\dot{Z}_{k1} + \dot{B}}{\dot{C}\dot{Z}_{k1} + \dot{B}} \tag{11-85}$$

이다. 식(11-85)에서

$$\dot{C}\dot{Z}_{k1}{}^2 + (\dot{D} - \dot{A})\dot{Z}_{k1} - \dot{B} = 0$$

$$\dot{Z}_{k1} = \frac{1}{2C}\{\dot{A} - \dot{D} \pm \sqrt{(\dot{A} - \dot{D})^2 + 4\dot{B}\dot{C}}\} \tag{11-86}$$

마찬가지로 $\dot{Z}_{k2}$는

$$\dot{Z}_{k2} = \frac{1}{2C}\{\dot{D} - \dot{A} \pm \sqrt{(\dot{D} - \dot{A})^2 + 4\dot{B}\dot{C}}\} \tag{11-87}$$

가 된다.

7-3 전파정수와 4단자 정수의 관계

이러한 반복 임피던스를 종속으로 접속하면

$$\frac{\dot{V}_1}{\dot{I}_1} = \frac{\dot{V}_2}{\dot{I}_2} = \dot{Z}_{k1}$$

이다. 따라서,

$\dot{V}_1 = \dot{A}\dot{V}_2 + \dot{B}\dot{I}_2 = \left(\dot{A} + \dot{B}\frac{1}{\dot{Z}_{k1}}\right)\dot{V}_2$이므로

$$\frac{\dot{V}_1}{\dot{V}_2} = \dot{A} + \frac{\dot{B}}{\dot{Z}_{k1}} = e^{\gamma_1} \tag{11-88}$$

으로 표시할 수 있다.

그런데, 식(11-85)에서 $\dot{A} + \frac{\dot{B}}{\dot{Z}_{k1}} = \dot{C}\dot{Z}_{k1} + 1$이므로

$$\frac{\dot{V}_1}{\dot{V}_2} = \frac{\dot{I}_1}{\dot{I}_2} = \dot{C}\dot{Z}_{k1} + \dot{D} = e^{\gamma_1} \tag{11-89}$$

이 되고, 이것을 식(11-86)에 대입하면 다음과 같이 된다.

$$e^{\gamma_1} = \dot{C}\dot{Z}_{k1} + \dot{D} = \frac{1}{2}\{\dot{A}+\dot{D}+\sqrt{(\dot{A}-\dot{D})^2+4\dot{B}\dot{C}}\}$$

$$= \frac{\dot{A}+\dot{D}}{2} + \sqrt{\left(\frac{\dot{A}+\dot{D}}{2}\right)^2 - 1} \tag{11-90}$$

이 γ_1을 이 회로망의 **전파정수**(propagation constant)라 하며, 전압과 전류의 전파정수는 서로 같다.

이것을 쌍곡선 함수로 나타내면 다음과 같이 된다.

$$\cos h\gamma_1 = \frac{1}{2}(\dot{A}+\dot{D}) \tag{11-91}$$

전파정수 γ_2는 γ_1의 경우에서 $\dot{A}$와 $\dot{D}$를 바꾸어 놓은 결과가 되므로,

$$\gamma_2 = \gamma_1 = \cos h^{-1}\frac{\dot{A}+\dot{D}}{2} = \gamma \tag{11-92}$$

이러한 반복 임피던스 $\dot{Z}_{k1}$, $\dot{Z}_{k2}$와 전파 정수 γ를 **반복 파라미터**(iterative parameter)라 한다.

7-4 반복 파라미터에 의한 4단자회로의 종속 접속

그림 11-20과 같이 반복 임피던스 $\dot{Z}_{k1}$, $\dot{Z}_{k2}$를 가지고 전파 정수가 γ_1, γ_2, γ_3, ……, γ_n인 4단자망을 n개 종속으로 접속하고, 최종 단자에 $\dot{Z}_{k1}$을 연결한 경우를 생각하자.

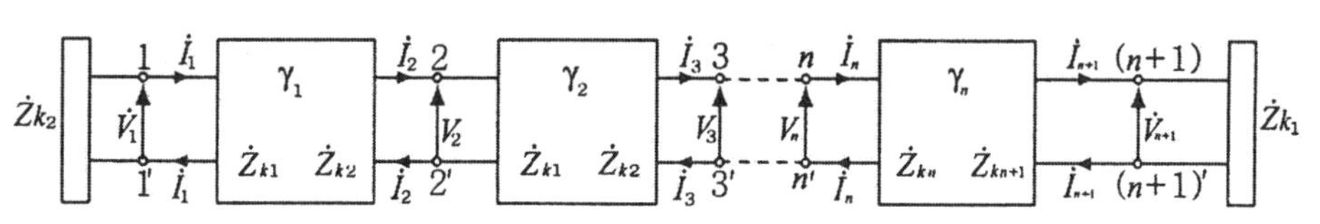

그림 11-20

$$\frac{\dot{V}_1}{\dot{V}_2}=e^{r_1},\quad \frac{\dot{V}_2}{\dot{V}_3}=e^{r_2},\quad \cdots\cdots,\quad \frac{\dot{V}_n}{\dot{V}_{n+1}}=e^{r_n} \tag{11-93}$$

그러므로,

$$\frac{\dot{V}_n}{\dot{V}_{n+1}}=e^{r_1+r_2\cdots\cdots+r_n} \tag{11-94}$$

마찬가지로,

$$\frac{\dot{I}_n}{\dot{I}_{n+1}}=e^{r_1+r_2\cdots\cdots+r_n} \tag{11-95}$$

그러므로 회로 전체, 즉 1-1′ 단자를 입력단자로 하고 $(n-1)-(n-1)'$ 단자를 출력단자로 하는 4단자회로망을 생각하면, 그 반복 임피던스는 $\dot{Z}_{k1}$, $\dot{Z}_{k2}$이고 그 전파정수 γ는

$$\gamma=\gamma_1+\gamma_2+\cdots\cdots+\gamma_n \tag{11-96}$$

과 같다.

7-5 대칭 4단자회로의 반복 파라미터

4단자회로가 대칭이면 $\dot{A}=\dot{D}$이므로 식(11-69), 식(11-86), 식(11-87)에서

$$\dot{Z}_{k1}=\dot{Z}_{k2}=\sqrt{\frac{\dot{B}}{\dot{C}}}=\dot{Z}_{01}=\dot{Z}_{02} \tag{11-97}$$

$$\gamma=\cos h^{-1}\dot{A}=\theta \tag{11-98}$$

가 되어, 영상 임피던스와 반복 임피던스가 같고, 전달정수와 전파정수도 같게 된다.

例題 8. 그림 11-21에 나타난 대칭 T형 회로의 영상 임피던스 $\dot{Z}_{0\gamma}$와 전달정수 θ를 구하라.

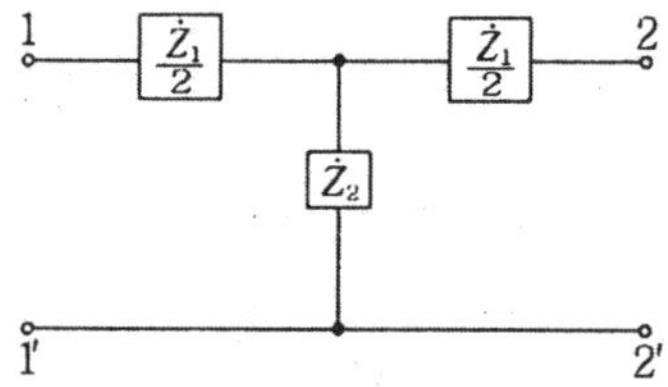

그림 11-21

解答 먼저 식(11-58)에서 4단자 정수는

$$\dot{A}=1+\frac{\dot{Z}_1}{2\dot{Z}_2}=\dot{D} \qquad \dot{B}=\dot{Z}_1+\frac{\dot{Z}_1^{\,2}}{4\dot{Z}_2}, \qquad \dot{C}=\frac{1}{\dot{Z}_2}$$

이고, 식(11-97)과 식(11-98)에서

$$\dot{Z}_{0\gamma}=\sqrt{\frac{\dot{B}}{\dot{C}}}=\sqrt{\dot{Z}_1\dot{Z}_2\left(1+\frac{\dot{Z}_1}{4\dot{Z}_2}\right)} \tag{11-99}$$

$$\theta=\cos h^{-1}\dot{A}=\cos h^{-1}\left(1+\frac{\dot{Z}_1}{2\dot{Z}_2}\right) \tag{11-100}$$

例題 9. 그림 11-22와 같은 대칭 π형 회로의 영상 임피던스 $\dot{Z}_{0\pi}$, 전달 정수 θ를 구하라.

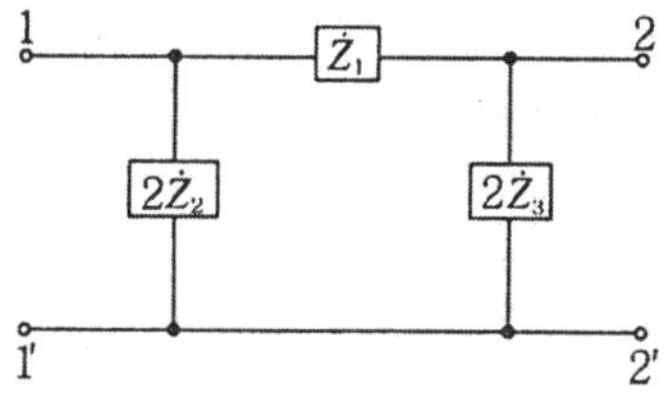

그림 11-22

解答 식(11-59)에서 4단자 정수는

$$\dot{A}=\dot{D}=1+\frac{\dot{Z}_1}{2\dot{Z}_2} \qquad \dot{B}=\dot{Z}_1, \qquad \dot{C}=\frac{1}{\dot{Z}_2}\left(1+\frac{\dot{Z}_1}{4\dot{Z}_2}\right)$$

또한, 식(11-97)에서

$$\dot{Z}_{0}\gamma=\sqrt{\frac{\dot{B}}{\dot{C}}}=\sqrt{\frac{\dot{Z}_1\dot{Z}_2}{1+\frac{\dot{Z}_1}{4\dot{Z}_2}}} \tag{11-101}$$

$$\theta=\cos h^{-1}\dot{A}=\cos h^{-1}\left(1+\frac{\dot{Z}_1}{2\dot{Z}_2}\right) \tag{11-102}$$

例題 10. 그림 11-23의 대칭격자회로의 영상 임피던스 $\dot{Z}_0\gamma$, 전달정수 θ를 구하라.

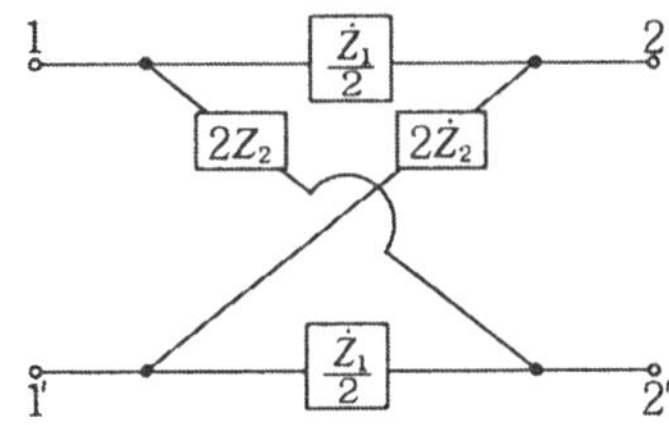

그림 11-23

解答 식(11-60)에서 4단자 정수는

$$\dot{A}=\dot{D}=\frac{\dot{Z}_1+4\dot{Z}_2}{4\dot{Z}_2-\dot{Z}_1} \qquad B=\frac{4\dot{Z}_1\dot{Z}_2}{4\dot{Z}_2-\dot{Z}_1}, \qquad C=\frac{4}{4\dot{Z}_2-\dot{Z}_1}$$

이고,

$$\dot{Z}_0=\sqrt{\frac{\dot{B}}{\dot{C}}}=\sqrt{\dot{Z}_1\dot{Z}_2} \tag{11-103}$$

$$\theta=\cos h^{-1}\dot{A}=\cos h^{-1}\frac{4\dot{Z}_2+\dot{Z}_1}{4\dot{Z}_2-\dot{Z}_1}=2\tan h^{-1}\frac{1}{2}\sqrt{\frac{\dot{Z}_1}{\dot{Z}_2}} \tag{11-104}$$

例題 11. 그림 11-24의 회로에서 영상 임피던스 및 전달정수를 구하라.

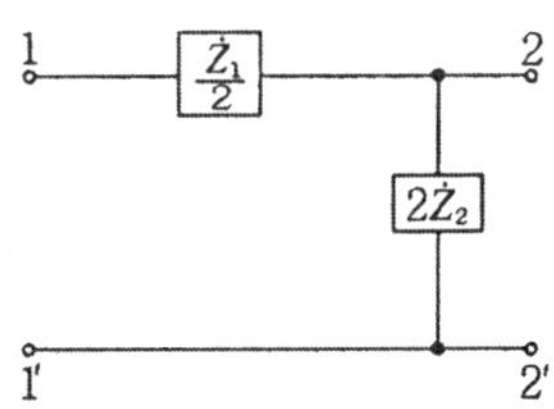

그림 11-24

解答 이 4단자회로는 비대칭이므로 영상 임피던스 $\dot{Z}_{01}\neq\dot{Z}_{02}$이다. 먼저 식(11-56)에서 4단자 정수는

$$\dot{A}=1+\frac{\dot{Z}_1}{4\dot{Z}_2} \quad \dot{B}=\frac{\dot{Z}_1}{2} \quad \dot{C}=1+\frac{1}{2\dot{Z}_2} \quad \dot{D}=1$$

이다.

여기서, $\dot{Z}_{01}$, $\dot{Z}_{02}$, θ를 구하면 식(11-69)에서

$$\dot{Z}_{01}=\sqrt{\frac{\dot{A}\dot{B}}{\dot{C}\dot{D}}}=\sqrt{\dot{Z}_1\dot{Z}_2\left(1+\frac{\dot{Z}_1}{4\dot{Z}_2}\right)}$$

$$\dot{Z}_{01}=\sqrt{\frac{\dot{D}\dot{B}}{\dot{C}\dot{A}}}=\sqrt{\frac{\dot{Z}_1\dot{Z}_2}{1+\frac{\dot{Z}_1}{4\dot{Z}_2}}} \tag{11-105}$$

가 된다.

식(11-77)에서

$$\theta=\cos h^{-1}\sqrt{\dot{A}\dot{D}}=\cos h^{-1}\sqrt{1+\frac{\dot{Z}_1}{4\dot{Z}_2}} \tag{11-106}$$

$$\theta=\sin h^{-1}\sqrt{\dot{B}\dot{C}}=\sin h^{-1}\sqrt{\frac{\dot{Z}_1}{4\dot{Z}_2}} \tag{11-107}$$

이 $\dot{Z}_{01}$도 예제 8의 T형 회로의 영상 임피던스와 같고, $\dot{Z}_{02}$는 예제 9의 π형 회로의 영상 임피던스와 같다.

$\cos h2\theta=2\cos h^2\theta-1$이므로

식(11-106)을 대입하면 다음과 같이 된다.

$$\cos h2\theta=2+\frac{\dot{Z}_1}{2\dot{Z}_2}-1=1+\frac{\dot{Z}_1}{2\dot{Z}_2}$$

제 8 절 여파기

8-1 정 K형 여파기

여파기의 기본 회로로서 그림 11-25와 같은 회로를 생각한다.

$\dot{Z}_1$, $\dot{Z}_2$가 역회로, 즉

$$\dot{Z}_1\dot{Z}_2=K^2 \tag{11-108}$$

의 관계가 있을 때, 이것을 **정 K형 여파기**(constant-K type filter)라 한다. 그리고, 여파기에서는 K를 **공칭 임피던스**(nominal impedance)라 한다.

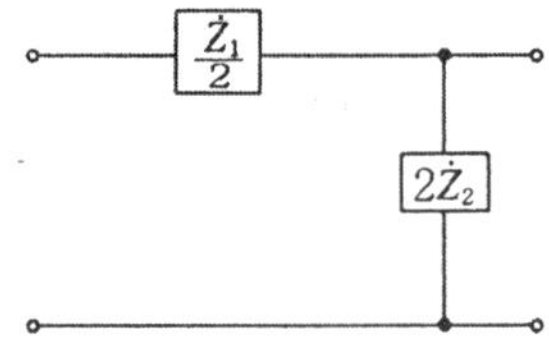

그림 11-25

8-2 정 K형 여파기의 감쇄정수와 위상정수

그림 11-25와 같은 4단자회로에서는 식(11-106), 식(11-107)에서 보는 바와 같이 $\sin h\theta=\sqrt{\dfrac{\dot{Z}_1}{4\dot{Z}_2}}$ 이므로, 이것을 식(11-108)에 대입하면

$$\sin h\theta=\frac{\dot{Z}_1}{2K} \tag{11-109}$$

이며, Z_1은 리액턴스 회로이므로 허수 $jX_1(\omega)$로 표시된다. 그리고, θ는 일반적으로 복소수이므로

$$\theta=\alpha+j\beta \tag{1-110}$$

라 놓는데, α를 **감쇠정수**(attenuation constant)라 하고 단위로는 네퍼(neper), 또는 데시벨(Decibell, db)을 사용한다. 또, β는 **위상정수**(phase constant)라 하며 단위로는 라디안(radian), 또는 도(degree)를 사용한다.

식(11-110)을 식(11-109)에 대입하면,

$$\sin h(\alpha+j\beta)=j\frac{X_1(\omega)}{2K}$$

또는

$$\sin h\alpha\cos\beta+j\cos h\alpha\sin\beta=j\frac{X_1(\omega)}{2K}$$

그러므로

$$\left.\begin{aligned}&\sin h\alpha\cos\beta=0\\&\cos h\alpha\sin\beta=\frac{X_1(\omega)}{2K}\end{aligned}\right\} \tag{11-111}$$

가 된다. 식(11-111)이 성립하기 위해서는 다음 세 가지 경우를 생각할 수 있다.

가) $-1 \leq \frac{X_1(\omega)}{2K} \leq 1$이면

$$\alpha=0, \quad \beta=\sin^{-1}\frac{X_1(\omega)}{2K} \tag{11-112}$$

나) $\frac{X_1(\omega)}{2K} \geq 1$이면

$$\alpha=\cos h^{-1}\frac{X_1(\omega)}{2K}, \quad \beta=\frac{\pi}{2} \tag{11-113}$$

다) $\frac{X_1(\omega)}{2K} \leq -1$이면

$$\alpha=\cos h^{-1}\left(\frac{X_1(\omega)}{2K}\right), \quad \beta=-\frac{\pi}{2} \tag{11-114}$$

$\alpha=0$, 즉 감쇠정수가 0인 주파수 범위를 **통과역**(transmission band)이라 하고, 그렇지 않은 범위를 **감쇠역**(attenuation band)이라 한다. 그 경계가 되는 주파수를 **차단주파수**(cut-off frequency)라 한다.

그러므로 식(11-112), 식(11-113), 식(11-114)에서 보는 바와 같이

$$\frac{X_1(\omega)}{2K}=\pm 1 \tag{11-115}$$

을 만족시키는 주파수가 차단주파수이다.

8-3 정 K형 저역 여파기

지금 $\dot{Z}_1$을 인덕턴스 L의 임피던스라 하면 $\dot{Z}_1=j\omega L$, $\dot{Z}_2$는 역회로이므로

$$\dot{Z}_2=\frac{1}{j\omega L}, \quad \frac{L}{C}=K^2 \tag{11-116}$$

으로 놓을 수 있어, 그림 11-26과 같은 정 K형 여파기를 생각할 수 있다.

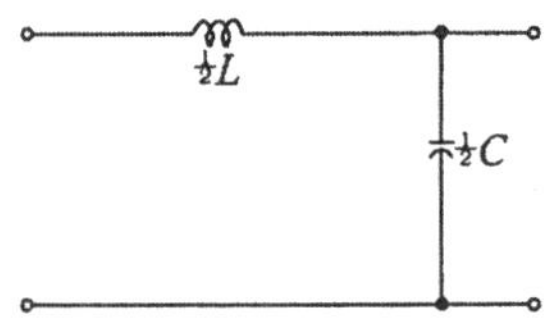

그림 11-26

그러면

$$\frac{X_1(\omega)}{2K} = \frac{\omega L}{2K} \tag{11-117}$$

에서 ω가 0에서 ∞까지 변화할 때 식(11-117)은 항상 양이므로 $0 \leqq \frac{\omega L}{2K} < 1$을 만족시키는 주파수 대역이 통과역이고, 차단주파수 f_1은 다음 식에서 구해진다.

$$\frac{\omega_1 L}{2K} = \frac{2\pi f_1 L}{2K} = 1, \text{ 즉 } f_1 = \frac{K}{\pi L} \text{ 또는 } \omega_1 = \frac{2K}{L} \tag{11-118}$$

가) $0 \leqq \omega \leqq \omega_1$일 때

$$\alpha = 0, \quad \beta = \sin^{-1}\frac{\omega K}{2K} = \sin^{-1}\frac{\omega}{\omega_1}$$

나) $\omega \geqq \omega_1$일 때

$$\alpha = \cosh^{-1}\frac{\omega K}{2K} = \cosh^{-1}\frac{\omega}{\omega_1}, \quad \beta = \frac{\pi}{2}$$

이 때의 α와 β의 주파수 특성은 그림 11-27과 같다.

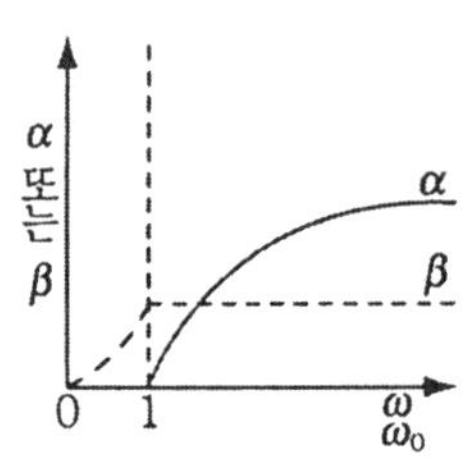

그림 11-27

이와 같이, 어떤 주파수 이하를 통과시키는 여파기를 **저역여파기**(low-pass fliter)이라 한다.

차단주파수 f_1과 공칭임피던스 K를 주면 L, C는 식(11-118), 식(11-116)으로부터 다음과 같이 된다.

$$L=\frac{K}{\pi f_1} \quad C=\frac{1}{\pi f_1 K} \tag{11-119}$$

8-4 정 K형 고역 여파기

그림 11-28과 같이 $\dot{Z}_1=\frac{1}{j\omega C}$, $\dot{Z}_2=j\omega L$이라 하면, 정 K형 여파기가 되고 공칭 임피던스는 다음과 같다.

$$K^2=\frac{L}{C} \tag{11-120}$$

$$\frac{X_1(\omega)}{2K}=\frac{-1}{2K\omega C} \tag{11-121}$$

ω가 0에서 ∞까지 변할 때, 식(11-121)은 $-\infty$에서 0까지 변화하고 항상 부이다.

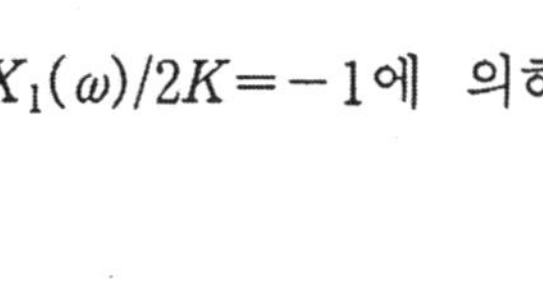

그림 11-28

여기서, 차단주파수는 $X_1(\omega)/2K=-1$에 의하여 정해진다. 즉, 다음 (가), (나)와 같다.

$$\omega_1=\frac{1}{2KC} \quad f_1=\frac{1}{4\pi KC} \tag{11-122}$$

가) $0 \leqq \omega \leqq \omega_1$일 때

$$\frac{K_1}{2K} \leqq -1$$이 되므로

$$\alpha = \cosh^{-1}\frac{1}{2K\omega C} = \cosh^{-1}\frac{\omega_1}{\omega}, \quad \beta = -\frac{\pi}{2}$$

나) $\omega \geqq \omega_1$일 때

$$0 \geqq \frac{K_1}{2K} \geqq -1$$이 되므로

$$\alpha = 0, \quad \beta = -\sin\left(\frac{\omega_1}{\omega}\right)$$

이 때의 α 및 β의 주파수 특성은 그림 11-29와 같다. 이와 같이 어떤 주파수 이상을 통과시키는 여파기를 **고역여파기**(high pass filter)라 한다.

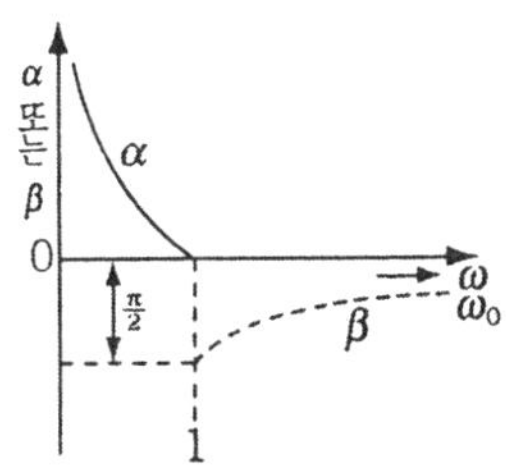

그림 11-29

K 및 f_1을 주면 C, L은 다음 식으로 구해진다.

$$C = \frac{1}{4\pi f_1 K}, \quad L = \frac{K}{4\pi f_1} \tag{1-123}$$

8-5 정 K형 대역 여파기

그림 11-30과 같이

$$\dot{Z}_1 = j\omega L_1 + \frac{1}{j\omega C_1}, \quad \dot{Z}_2 = \frac{1}{j\omega C_2 + \dfrac{1}{j\omega L_2}}$$

이라 하면

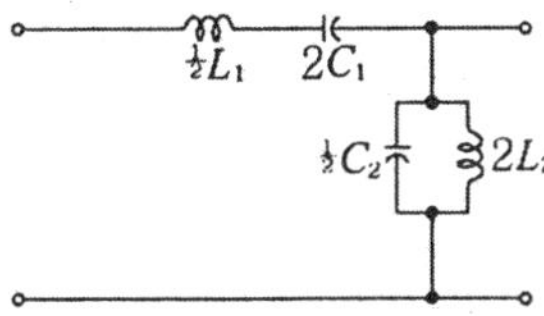

그림 11-30

$$\frac{L_1}{C_2}=\frac{L_2}{C_1}=K^2 \tag{11-124}$$

일 때 $\dot{Z}_1$과 $\dot{Z}_2$는 역회로가 되고, 정 K형 여파기가 된다.

$$\left.\begin{aligned}&\frac{X_1(\omega)}{2K}=\frac{L_1}{2K}\cdot\frac{\omega^2-\omega_0{}^2}{\omega}=\frac{L_1\omega_0}{2K}\left(\frac{\omega_1}{\omega_0}-\frac{\omega_0}{\omega}\right)\\&\text{단,}\quad \omega_0=\frac{1}{\sqrt{L_1C_1}}=\frac{1}{\sqrt{L_2C_2}}\end{aligned}\right\} \tag{11-125}$$

$\dfrac{X_1}{2K}=\pm1$일 때의 주파수를 $f_1=\dfrac{\omega_1}{2\pi}$, $f_2=\dfrac{\omega_2}{2\pi}$라 하면

$$\left.\begin{aligned}&\frac{L_1}{2K}\cdot\frac{\omega_1{}^2-\omega_0{}^2}{\omega_1}=-1\\&\frac{L_1}{2K}\cdot\frac{\omega_2{}^2-\omega_0{}^2}{\omega_2}=1\end{aligned}\right\} \tag{11-126}$$

식(11-126)에서

$$\omega_1\omega_2=\omega_0{}^2 \qquad \frac{L_1}{2K}=\frac{1}{\omega_2-\omega_1} \tag{11-127}$$

식(11-127)을 식(11-125)에 대입하면

$$\frac{X_1(\omega)}{2K}=\frac{\omega_0}{\omega_2-\omega_1}\left(\frac{\omega}{\omega_0}-\frac{\omega_0}{\omega}\right) \tag{11-128}$$

가) $0\leqq\omega\leqq\omega_1$일 때

$\dfrac{K_1}{2K}\leqq-1$이 되고

$$\alpha = \cos h^{-1}\frac{\omega_0}{\omega_2-\omega_1}\left(\frac{\omega}{\omega_0}-\frac{\omega}{\omega_0}\right), \quad \beta = -\frac{\pi}{2}$$

나) $\omega_1 \leqq \omega \leqq \omega_2$일 때

$-1 \leqq \dfrac{X_1}{2K} < 1$이 되고

$$\alpha = 0, \quad \beta = \sin^{-1}\frac{\omega_0}{\omega_2-\omega_1}\left(\frac{\omega}{\omega_0}-\frac{\omega_0}{\omega}\right)$$

다) $\omega \geqq \omega_2$일 때

$\dfrac{X_1}{2K} \geqq 1$이 되고

$$\alpha = \cos h^{-1}\frac{\omega_0}{\omega_2-\omega_1}\left(\frac{\omega}{\omega_0}-\frac{\omega_0}{\omega}\right), \quad \beta = \frac{\pi}{2}$$

α, β의 주파수 특성은 그림 11-31과 같다. 이와 같이, 두 주파수 사이의 주파수를 통과시키는 여파기를 **대역여파기**(band-pass filter)라 한다.

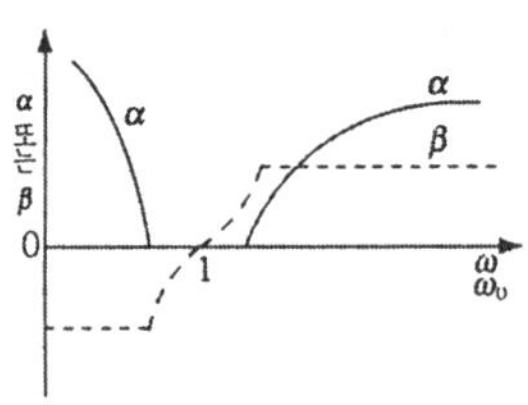

그림 11-31

K, ω_0 및 $\omega_2-\omega_1$를 주면 L_1, L_2, C_1, C_2는 다음 식으로 구해진다.

$$\left.\begin{aligned} L_1 &= \frac{2K}{\omega_2-\omega_1}, \quad L_2 = \frac{K(\omega_2-\omega_1)}{2{\omega_0}^2} \\ C_1 &= \frac{\omega_2-\omega_1}{2K{\omega_0}^2}, \quad C_2 = \frac{2}{K(\omega_2-\omega_1)} \end{aligned}\right\} \qquad (11\text{-}129)$$

11 연/습/문/제 Exercise

01 그림 11-32와 같은 4단자망의 4단자 정수를 구하라.

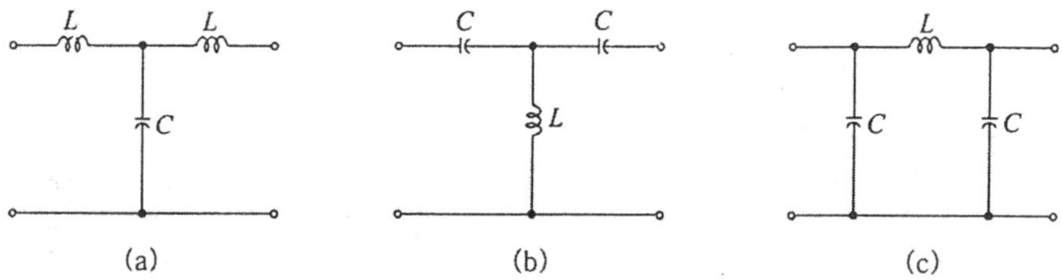

그림 11-32

02 문제 1의 4단자망의 영상임피던스 $\dot{Z}_0$와 전달 정수 θ를 구하라.

03 영상임피던스 $\dot{Z}_{01}$, $\dot{Z}_{02}$, 전달정수 θ인 4단자망과 등가인 π형 회로를 만들어라.

04 T형 회로망의 각 임피던스는 순저항이고 그 직렬 저항은 50[Ω], 병렬 저항은 5000[Ω]이다. 이 회로의 특성 임피던스 및 감쇠정수를 구하라.

05 그림 11-33과 같은 T형 회로의 임피던스와 감쇠 정수를 구하라.

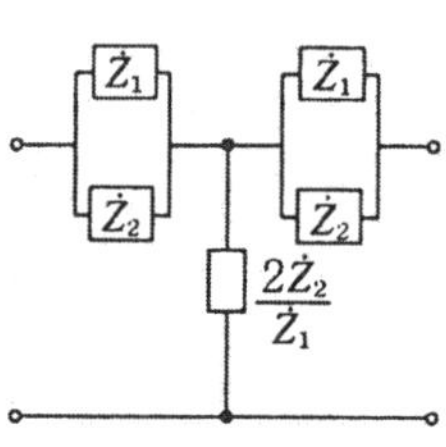

그림 11-33

06 그림 11-34의 회로에서 영상 및 반복파라미터를 구하라.

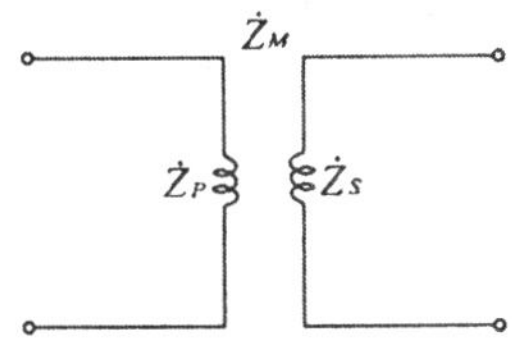

그림 11-34

07 그림 11-35와 같은 3회로가 등가임을 증명하라.

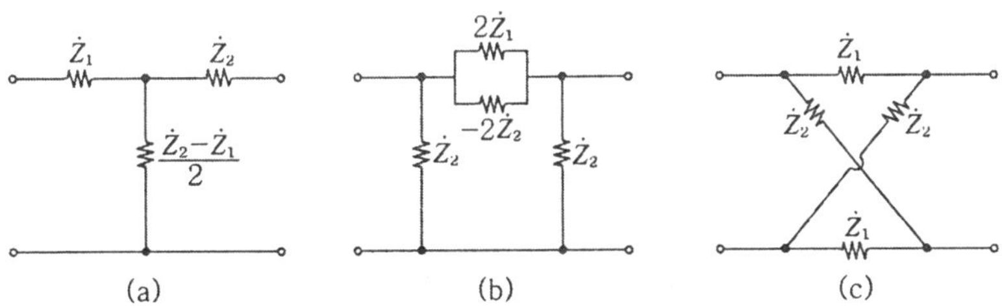

그림 11-35

08 그림 11-36(a) 및 (b)의 회로가 등가가 되기 위한 조건을 구하라.

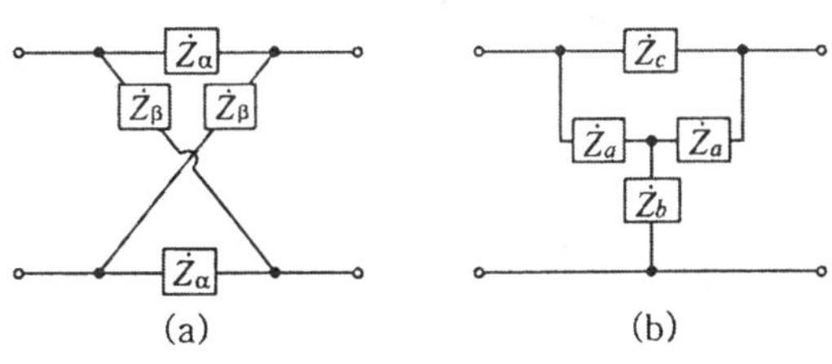

그림 11-36

09 저항 0.2[Ω/km], 인덕턴스 1.4[mH/km], 용량 0.085[μF/km], 길이 250[km]인 송전선로가 있다. 주파수 60[Hz]일 때 등가 4단자망의 4단자 정수를 구하라.

10 그림 11-26과 같은 저역 여파기에서 공칭 임피던스 $K=600[\Omega]$, 차단주파수 $f=10[\text{kHz}]$일 때, L과 C를 정하라.

11 그림 11-28과 같은 고역 여파기에서 공칭 임피던스 $K=600[\Omega]$, 차단주파수 $f_1=30[kHz]$일 때, L과 C를 정하라.

12 그림 11-30과 같은 대역 여파기에서 공칭 임피던스 $K=600[\Omega]$, 차단주파수 $f_1=30[kHz]$, $f_2=40[kHz]$일 때, L_1, L_2, C_1, C_2를 정하라.

CHAPTER 12

분포 정수회로

제 1 절 분포 정수회로

지금까지 우리는 저항 · 리액턴스 · 정전용량 등의 회로정수가 한 점에 집중되어 있을 때의 회로의 취급방법에 대하여 배웠다. 그러나, 자세히 고찰하여 보면 모든 도선은 저항이나 자기 인덕턴스를 가지고 있으며, 또 두 개의 도선사이에는 미소하긴 하나 정전용량 · 누설 콘덕턴스 · 상호 인덕턴스가 형성되어 있다.

그러므로 왕복선으로 되어 있는 송전선 · 통신전화선 · 급전선 등의 전송회로는 그림 12-1과 같이 미소한 저항 r와 인덕턴스 l가 직렬로, 선간에 미소한 정전용량 c와 누설 콘덕턴스 g가 형성되고, 이들이 반복하여 분포되어 있는 회로로 표시된다. 이와 같은 회로를 **분포 정수회로**(distributed constant constant circuit)라 하고, r, l, g, c를 **분포정수**라 한다. 이들에 대하여 앞에서 배운 R, L, C가 집중되어 있는 회로를 **집중 정수회로**(circuit of concentrated constant circuit)라 한다.

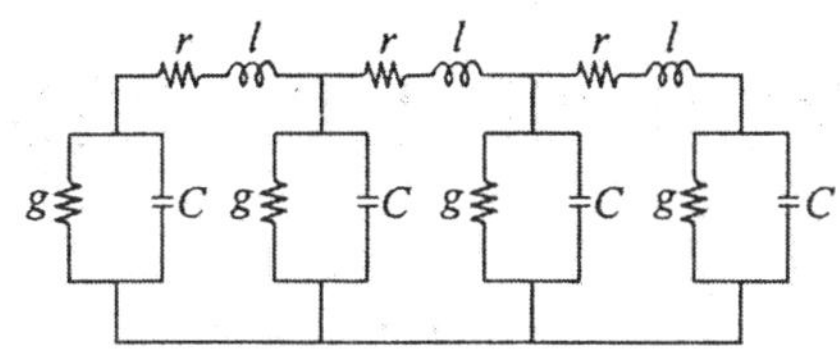

그림 12-1 대표적인 분포정수회로

집중정수회로에서는, 전류(전압)가 집중정수를 전파하는데에 시간을 필요로 하지 않으므로, 집중정수 내의 전류(전압)는 공간적으로 균등하게 분포되어 있다. 따라서 이 경우의 전류(전압)는 단순히 그 시간적 변화만을 고려하면 충분하다. 그런데, 분포정수 회로에서는 전류(전압)가 회로를 전파하는데 시간을 필요로 하므로, 전류(전압)는 길이의 방향을 따라서 점점 변화한다.

이 때문에 분포정수회로에서는 전류(전압)의 시간적 변화 이외에 공간적으로 길이의 방향에 대한 변화를 고찰하여 취급하지 않으면 안된다.

그러므로, 통신선 · 전화선 · 장거리 송전선로 등에서는, 지금까지 배운 집중 정수회로의 취급방법으로는 실태를 알기 어려우므로 분포정수회로의 취급방법을 알아두어야 할 필요성이 생기게 된다.

그러나, 낮은 주파수의 교류회로이고, 전류(전압)의 파장에 비하여 전선로나 전송회로의 길이가 아주 짧다면, 전류(전압)가 회로를 전파하는데 거의 시간을 필요로 하지 않으므로, 선로 상의 전류(전압)의 공간분포는 실용적으로 대개 균등하다고 생각해도 지장이 없다. 그러므로 단거리의 송배전 선로 등에서는 분포정수회로이더라도 간단히 집중정수회로로 취급하는 것이 보통이다.

제 2 절 분포정수회로의 기본식과 특성 임피던스

2-1 기본식과 일반해

분포정수가 균등하게 분포되어 있는 균일 분포정수회로에 정현파 전압을 인가할 때 선로의 전압과 전류를 관찰하여 보자.

그림 12-2(a)와 같이 왕복 2선의 균일선로가 있다. 왕복선의 단위 길이에 대한 선로정수(line constant)가 직렬 임피던스 $\dot{Z}=R+j\omega L[\Omega/\text{m}]$, 병렬 어드미턴스 $\dot{Y}=G+j\omega C[\Omega/\text{m}]$이다.

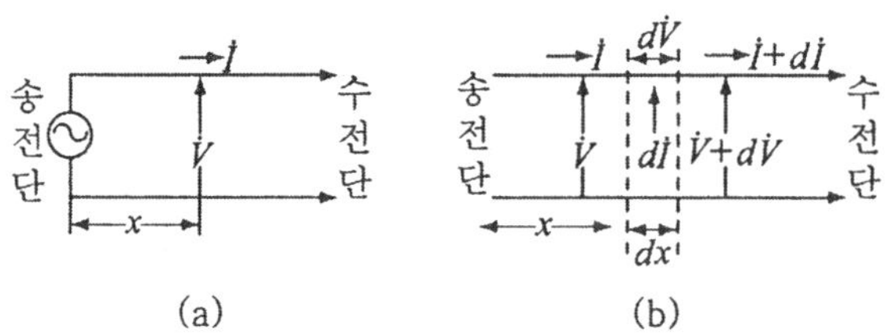

그림 12-2 분포정수회로

이 선로의 송전단에 각주파수 ω[rad/s]의 정현파 교류를 인가할 때, 송전단에서 x[m] 떨어진 점의 전압이 $\dot{V}$, 전류가 $\dot{I}$라고 하자. 또, 그림(b)와 같이 송전단에서 x만큼 떨어진 점에서 수전단의 방향으로 미소거리 dx를 취하고, dx간의 전압 및 전류의 증가를 $d\dot{V}$ 및 $d\dot{I}$라 하면 dx간의 $\dot{Z}dx$의 임피던스에 I가 흘러서 $d\dot{V}$의 전압이 상승하고, 또 Ydx의 병렬 어드미턴스에 $\dot{V}$의 전압이 가해져 $d\dot{I}$의 전류가 증가하므로 다음의 식이 성립된다.

$$\left.\begin{aligned} d\dot{V}&=-\dot{I}\dot{Z}dx \qquad \therefore \ \frac{d\dot{V}}{dx}=-\dot{Z}\dot{I} \\ d\dot{I}&=-\dot{V}\dot{Y}dx \qquad \therefore \ \frac{d\dot{I}}{dx}=-\dot{Y}\dot{V} \end{aligned}\right\} \qquad (12\text{-}1)$$

식(12-1)을 x에 대해서 미분하면 다음과 같다.

$$\left.\begin{aligned}\frac{d^2\dot{V}}{dx^2} &= -\dot{Z}\frac{d\dot{I}}{dx} = \dot{Y}\dot{Z}\dot{V} = \gamma^2\dot{V} \\ \frac{d^2\dot{I}}{dx^2} &= -\dot{Y}\frac{d\dot{V}}{dx} = \dot{Y}\dot{Z}\dot{I} = \gamma^2\dot{I}\end{aligned}\right\} \tag{12-2}$$

여기서 $\gamma^2 = \dot{Y}\dot{Z} \qquad \therefore\ \gamma = \sqrt{\dot{Y}\dot{Z}}$ (12-3)

다음에 이 해를 구하여 보자.

식(12-2)의 $\dot{V}$의 관계 식에 대해서 $\dot{V} = \dot{A}\varepsilon^{px}$라 하면

$$\frac{d^2\dot{V}}{dx^2} = \frac{d^2\dot{A}\varepsilon^{px}}{dx^2} = p^2\dot{A}\varepsilon^{px} = \gamma^2\dot{A}\varepsilon^{px}$$

$\therefore\ p = \pm\sqrt{\gamma^2} = \pm\gamma$로 되므로, 식(12-2)의 일반해는

$$\dot{V} = \dot{A}_1\varepsilon^{\gamma x} + \dot{B}_1\varepsilon^{-\gamma x} \tag{12-4}$$

이다. 이 관계를 식(12-1)에 대입하면 다음과 같이 된다.

$$\dot{I} = \frac{-1}{\dot{Z}} \cdot \frac{d\dot{V}}{dx} = -\frac{1}{\dot{Z}}(\gamma\dot{A}_1\varepsilon^{\gamma x} - \gamma\dot{B}_1\varepsilon^{-\gamma x})$$

$$\therefore\ \dot{I} = \frac{-1}{\sqrt{\dot{Z}/\dot{Y}}}(\dot{A}_1\varepsilon^{\gamma x} - \dot{B}_1\varepsilon^{-\gamma x}) = \frac{1}{\dot{Z}_0}(\dot{A}_1\varepsilon^{\gamma x} - \dot{B}_1\varepsilon^{-\gamma x}) \tag{12-5}$$

단, $\dot{Z}_0 = \sqrt{\dfrac{\dot{Z}}{\dot{Y}}}$ (12-6)

식(12-4), 식(12-5)를 **분포정수회로의 기본식**이라 한다.

또한 식(2-4), 식(12-5)를 변형하면

$$\begin{aligned}\dot{V} &= \frac{\dot{A}_1 + \dot{B}_1}{2}(\varepsilon^{\gamma x} + \varepsilon^{-\gamma x}) + \frac{\dot{A}_1 - \dot{B}_1}{2}(\varepsilon^{\gamma x} - \varepsilon^{-\gamma x}) \\ &= (\dot{A}_1 + \dot{B}_1)\cos h\gamma x + (\dot{A}_1 - \dot{B}_1)\sin h\gamma x \qquad (12\text{-}7) \\ &= \dot{A}_2\cos h\gamma x + \dot{B}_2\sin h\gamma x\end{aligned}$$

$$\dot{I}=-\frac{1}{\dot{Z}}\cdot\frac{d\dot{V}}{dx}=-\frac{\gamma}{\dot{Z}}(\dot{A}_2\sin h\gamma x+\dot{B}_2\cos h\gamma x)$$
$$=-\frac{1}{\dot{Z}_0}(\dot{A}_2\sin h\gamma x+\dot{B}_2\cos h\gamma x) \qquad (12\text{-}8)$$

이다. 여기서, A_1, B_1 및 A_2, B_2는 송전단 또는 수전단 등의 한계조건에서 정해지는 정수이다.

2-2 특성 임피던스와 전파정수

식(12-5), (12-8)에서 $\dot{Z}_0=\sqrt{\dot{Z}/\dot{Y}}$ 를 **파동임피던스**(surge impedance) 또는 **특성임피던스**(characteristic impedance)라 하고, $\gamma=\sqrt{\dot{Y}\dot{Z}}$ 를 **전파정수**(propagation constant)라 하며, 일반적으로 복소수이다.

다음에 $\gamma=\sqrt{\dot{Y}\dot{Z}}=\alpha+j\beta$라 놓을 때, α, β와 선로정수와의 관계를 관찰하여 보자.

$$\gamma=\alpha+j\beta=\sqrt{\dot{Y}\dot{Z}}=\sqrt{(G+j\omega C)(R+j\omega L)}$$

양변을 자승하여

$$\alpha^2-\beta^2+j2\alpha\beta=(RG-\omega^2LC)+j\omega(GL+RC)$$

$$\therefore\ \alpha^2-\beta^2=RG-\omega^2LC \qquad (a)$$

$$2\alpha\beta=\omega(GL+RC) \qquad (b)$$

식(a), (b)에서 $X=\omega L$, $G=\omega C$, $\dot{Z}=\sqrt{R^2+X^2}$, $\dot{Y}=\sqrt{G^2+B^2}$이라고 하면,

$$\alpha=\sqrt{\frac{1}{2}(\dot{Z}\dot{Y}+RG-XG)} \qquad (12\text{-}9a)$$

$$\beta=\sqrt{\frac{1}{2}(\dot{Z}\dot{Y}-RG+XG)} \qquad (12\text{-}9b)$$

또 $\dot{Z}$와 $\dot{Y}$를 $\dot{Z}=Z\angle\theta_z$, $\dot{Y}=Y\angle\theta_y$로 표시하는 경우에는

$$\gamma=\sqrt{\dot{Z}\dot{Y}}=\sqrt{ZY}\ \angle\frac{1}{2}(\theta_z+\theta_y)=\alpha+j\beta$$

이므로

$$\alpha=\sqrt{ZY}\cos\frac{\theta_z+\theta_y}{2} \tag{12-9a'}$$

$$\beta=\sqrt{ZY}\sin\frac{\theta_z+\theta_y}{2} \tag{12-9b'}$$

이다.

제 3 절 무한장 선로

무한장의 선로의 송전단에 $\dot{V}_s$의 전압을 인가하여 $\dot{I}_s$의 전류가 흐른다면, 식(12-4)에서, $x=0$일 때 $\dot{V}=\dot{V}_s$, $x=\infty$일 때 $\dot{V}=0$가 되므로

$x=\infty$일 때 $\qquad 0=A_1\times\infty+B_1\times 0 \qquad \therefore A_1=0$

$x=0$일 때 $\qquad \dot{V}_s=A_1\times 1+B_1\times 1 \qquad \therefore B_1=V_s$

따라서, 식(12-5) 및 식(12-6)은

$$\dot{V}=\dot{V}_s\varepsilon^{-\gamma x}=\dot{V}_s\varepsilon^{-(\alpha+j\beta)x}$$

$$\dot{I}=\frac{\dot{V}_s}{\dot{Z}_0}\varepsilon^{-\gamma x}=\dot{I}_s\varepsilon^{-(\alpha+j\beta)x} \tag{12-10}$$

단, $\dot{I}_s=\dfrac{\dot{V}_s}{\dot{Z}_0}$

식(12-10)을 바꿔 쓰면 다음과 같이 된다.

$$\dot{V}=\dot{V}_s\varepsilon^{-\alpha x}\varepsilon^{-j\beta x}$$

$$\dot{I}=\dot{I}_s\varepsilon^{-\alpha x}\varepsilon^{-j\beta x} \tag{12-11}$$

이것은 송전단으로부터 x거리의 전압 $\dot{V}$ 및 전류 $\dot{I}$는 어느 것이나 송전단의 전압 $\dot{V}_s$ 및 전류 $\dot{I}_s$의 $\varepsilon^{-\alpha x}$배로 감소하는 것을 나타내고, 또 위상이 βx만큼 늦어지는 것을 나타낸다. 그러므로, α를 **감쇠정수**(attenuation constant), β를 **위상정수**(phase constant)라 한다. 식(12-11)의 절대치를 종축에, 거리 x를 횡축에 취하여 나타내면 그림 12-3과 같이 된다.

또 $\dot{V}$, $\dot{I}$는 말할 것도 없이 실효치이나, 참고적으로 식(12-11)의 $\dot{V}$, $\dot{I}$가 정현파 교류일 때의 전압 및 전류의 순시치 v, i의 x에 대한 변화에 대해서 생각하여 보자.

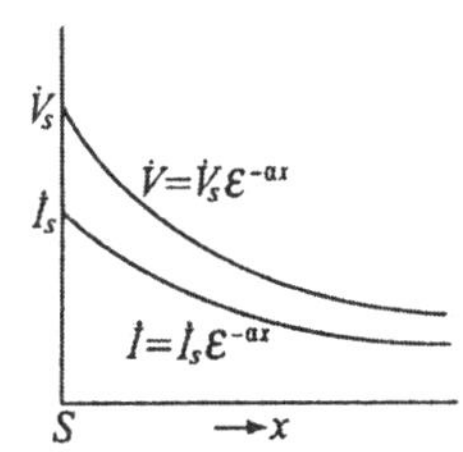

그림 12-3 전압 전류의 거리에 의한 감쇠(실효치)

각주파수를 ω, $\dot{Z}_0=Z_0\angle-\theta$라 하면, v, i에서의 최대치는 $\sqrt{2}\,\dot{V}_s$, $\sqrt{2}\,\dot{I}_s$이므로 v, i는

$$v=\sqrt{2}\,\dot{V}_s\varepsilon^{-\alpha t}\sin(\omega t-\beta x)$$

$$i=\frac{\sqrt{2}\,\dot{V}_s}{\dot{Z}_0}\varepsilon^{-\alpha t}\sin(\omega t-\beta x+\theta)=\sqrt{2}\,\dot{I}_s\varepsilon^{-\alpha x}\sin(\omega t-\beta x+\theta) \tag{12-12}$$

로 된다.

전압과 전류의 순시치는 공간적으로 $\varepsilon^{-\alpha x}$로 감쇠하고, 또한 동일 시각에는 공간적으로 정현파형으로 분포되며, 이것이 시간적으로 변화하면 그분포가 변화하는 것을 의미한다. 그림 12-4는 $t=0$일 때 v와 i의 공간분포를 나타낸 것이다.

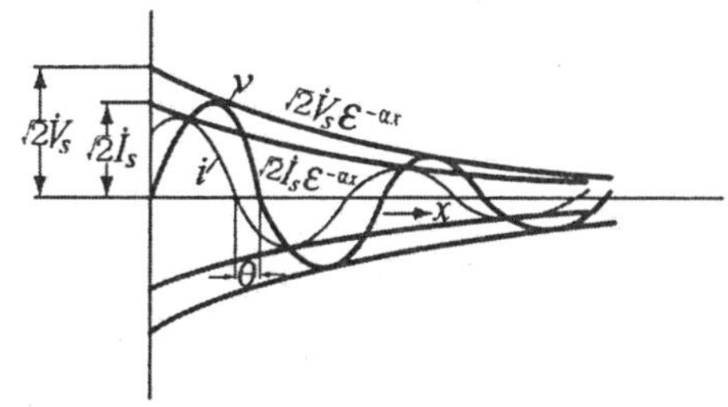

그림 12-4 전압 전류의 거리에 의한 감쇠(순시치)

또 시각 t와 함께 변화하는 v의 공간 분포의 변화를 표시하면 그림 12-5와 같이 된다. 그림에서 v의 공간 분포는, 시간의 경과에 따라 선로의 말단으로 향하여 (a)→(b)→(c) 곡선과 같이 진행하는 것을 말한다. 이것은 v에 대해서 조사한 것이나 i에 대해서도 똑같이 된다. 이와 같이 전압이나 전류가 진행하는 파를 **진행파** (propagation wave)라 한다. 결국 무한장 선로에 전압을 인가하면 진행파를 발생하는 것이라 할 수 있다.

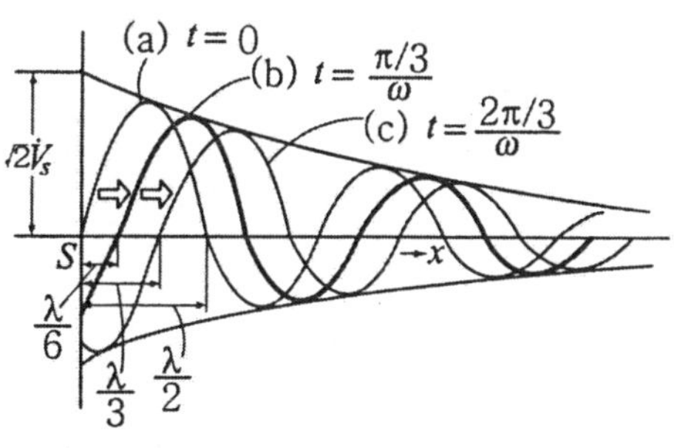

그림 12-5 진행파

무한장선로의 입력 임피던스

무한장 선로에 대한 전압과 전류는 식(12-10)과 같이 변화하므로, 송전단의 $x=0$에 대한 입력 임피던스 $\dot{Z}_s$는 다음과 같이 된다.

$$\dot{Z}_s=\left(\frac{\dot{V}}{\dot{I}}\right)_{x=0}=\dot{Z}_0$$

또 선로 상의 임의의 x점의 임피던스 $\dot{Z}$도 똑같이 되며,

$$\dot{Z}_s = \dot{Z} = \dot{Z}_0 \quad (12\text{-}13)$$

의 관계가 있다. 따라서 **무한장선로의 입력임피던스 및 임의의 점의 임피던스는 항상 특성 임피던스와 같다**라고 할 수 있다.

제 4 절 무손실 선로의 무왜형 선로

4-1 무손실 선로

무손실 선로에서는 저항 R과 콘덕턴스 G는 0이다. 이때의 전파정수 γ 및 특성 임피던스 $\dot{Z}_0$는 식(12-3) 및 식(12-6)에 $R=0$, $G=0$의 조건을 대입하면,

$$\dot{Z}_0 = \sqrt{\frac{\dot{Z}}{\dot{Y}}} = \sqrt{\frac{R+j\omega L}{G+j\omega C}} = \sqrt{\frac{L}{C}} \quad (12\text{-}14)$$

$$\gamma = \alpha + j\beta = \sqrt{\dot{Y}\dot{Z}} = \sqrt{(G+j\omega C)(R+j\omega L)} = j\omega\sqrt{LC} \quad (12\text{-}15)$$

$$\therefore \ \alpha = 0, \quad \beta = \omega\sqrt{LC}$$

파장과 전파속도 : 전압이나 전류의 위상이 선로상의 공간에서 2π[rad] 변화하는 사이의 거리 λ를 **파장**이라 한다. 따라서 파장과 위상정수 β와의 사이에는 다음의 관계가 있다.

$$2\pi = \beta\lambda \qquad \therefore \ \lambda = \frac{2\pi}{\beta} \quad (12\text{-}16)$$

또, 주파수를 f라 하면 진행파의 전파속도 v, 즉 진행파의 같은 위상의 점이 선로 상을 진행해 가는 속도 v는 식(12-16)의 관계에서 다음과 같이 된다.

$$v = \lambda f = \frac{2\pi f}{\beta} = \frac{\omega}{\beta} \quad (12\text{-}17)$$

또, 식(12-15)의 관계에서 $\beta=\omega\sqrt{LC}$이므로, 위 식은,

$$v=\lambda f=\frac{\omega}{\beta}=\frac{\omega}{\omega\sqrt{LC}}=\frac{1}{\sqrt{LC}} \tag{12-18}$$

로 나타낼 수 있다. 따라서, 무손실 회로에서는 당연히 감쇠정수 $\alpha=0$로서 감쇠는 없고, 전파속도 v는 주파수에 관계없이 일정한 값으로 된다.

4-2 무왜형 회로

선로정수 $R,\ L,\ G,\ C$ 사이에

$$\frac{R}{L}=\frac{G}{C} \qquad \therefore\ RC=GL \tag{12-19}$$

와 같은 관계가 있다면, $\dot{Z}_0,\ \gamma,\ v$는 다음과 같이 된다.

$$\dot{Z}_0=\sqrt{\frac{\dot{Z}}{\dot{Y}}}=\sqrt{\frac{R+j\omega L}{G+j\omega C}}=\sqrt{\frac{R+j\omega L}{\frac{RC}{L}+j\omega C}}=\sqrt{\frac{L}{C}} \tag{12-20}$$

$$\begin{aligned}\gamma&=\sqrt{\dot{Y}\dot{Z}}=\sqrt{(G+j\omega C)(R+j\omega L)}\\&=\sqrt{RG}+j\omega\sqrt{LC}\end{aligned} \tag{12-21}$$

$$\therefore\ \gamma=\alpha+j\beta$$

$$v=\frac{\omega}{\beta}=\frac{\omega}{\omega\sqrt{LC}}=\frac{1}{\sqrt{LC}} \tag{12-22}$$

따라서, 식(12-19)의 관계가 있으면, 특성 임피던스 $\dot{Z}_0$, 감쇠정수 α 및 전파속도 v는 어느 것이나 주파수에 관계가 없다.

일반적인 전송회로에서는 송전단에서 보내는 신호파 등은 주파수가 다른 여러 가지의 정현파가 모인 것으로 생각된다. 따라서, 모든 주파수에 대해서 $\dot{Z}_0$, α, v가 다를 때는 신호파를 전송하면 그 파형이 변한 왜형으로 된다. 그런데 식(12-19)의 관계를 만족하려면, $\dot{Z}_0$, α, v는 주파수에 관계없기 때문에 동일

한 비율로 감쇠하여 위상이 변하고, 동일한 속도로 전파되므로 파형이 일그러지지 않는다. 그러므로 식(12-19)의 관계를 **무왜조건**이라 한다.

또 일반의 선로에서는 $RC > GL$의 관계가 있는 것이 보통이다. 그러므로 식(12-19)의 무왜형 조건을 만족시키기 위하여 L을 크게 하는 방법이 선택된다. 이와 같이 L를 크게 하여 $LG = CR$의 상태로 하는 것을 **장하**(loading)라 한다.

제 5 절 일반의 유한장 선로

분포정수회로의 일반해는, 식(12-7), (12-8)에 의해서 다음과 같은 식으로 표시된다.

$$\left.\begin{aligned} \dot{V} &= \dot{A}_2 \cos h\gamma x + \dot{B}_2 \sin h\gamma x \\ \dot{I} &= -\frac{1}{\dot{Z}_0}(\dot{A}_2 \sin h\gamma x + \dot{B}_2 \cos h\gamma x) \end{aligned}\right\} \qquad (12\text{-}23)$$

다음에 그림 12-6과 같이 유한장 l의 선로에 생기는 정수 $\dot{A}_2$, $\dot{B}_2$를 결정하여 보자.

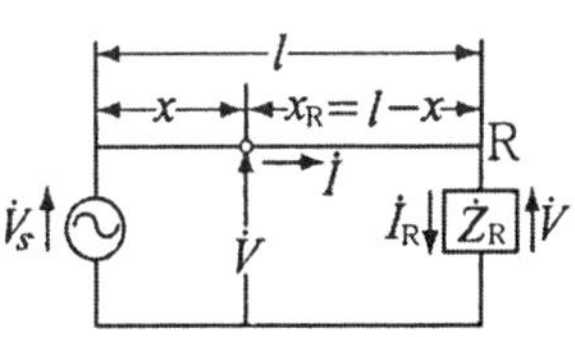

그림 12-6 유한장 선로

5-1 송전단 전압 $\dot{V}_s$와 전류 $\dot{I}_s$가 주어졌을 때

$x=0$일 때, $\dot{V}=\dot{V}_s$, $\dot{I}=\dot{I}_s$의 조건을 식(12-23)에 대입하면,

$$\dot{A}_2=\dot{V}_s \qquad \dot{I}_s=-\frac{1}{\dot{Z}_0}\dot{B}_2 \qquad \therefore\ \dot{B}_2=-\dot{Z}_0\dot{I}_s$$

로 된다. 그러므로,

$$\left.\begin{aligned}\dot{V}&=\dot{V}_s\cos h\gamma x-\dot{Z}_0\dot{I}_s\sin h\gamma x\\ \dot{I}&=-\frac{\dot{V}_s}{\dot{Z}_0}\sin h\gamma x+\dot{I}_s\cos h\gamma x\end{aligned}\right\} \tag{12-24}$$

이것을 행렬로 표시하면

$$\begin{bmatrix}\dot{V}\\ \dot{I}\end{bmatrix}=\begin{bmatrix}\cos h\gamma x & -\dot{Z}_0\sin h\gamma x\\ -\dfrac{1}{\dot{Z}_0}\sin h\gamma x & \cos h\gamma x\end{bmatrix}\begin{bmatrix}\dot{V}_s\\ \dot{I}_s\end{bmatrix}$$

$$\therefore\ \begin{bmatrix}\dot{V}_s\\ \dot{I}_s\end{bmatrix}=\begin{bmatrix}\cos h\gamma x & -\dot{Z}_0\sin h\gamma x\\ -\dfrac{1}{\dot{Z}_0}\sin h\gamma x & \cos h\gamma x\end{bmatrix}^{-1}\begin{bmatrix}\dot{V}\\ \dot{I}\end{bmatrix}$$

$$=\begin{bmatrix}\cos h\gamma x & \dot{Z}_0\sin h\gamma x\\ \dfrac{1}{\dot{Z}_0}\sin h\gamma x & \cos h\gamma x\end{bmatrix}\begin{bmatrix}\dot{V}\\ \dot{I}\end{bmatrix} \tag{12-25}$$

여기서,

$$[\ \dot{T}\ ]=\begin{bmatrix}\cos h\gamma x & \dot{Z}_0\sin h\gamma x\\ \dfrac{1}{\dot{Z}_0}\sin h\gamma x & \cos h\gamma x\end{bmatrix} \tag{12-26}$$

는 4단자망의 F파라미터이다. 그래서 이 $[\dot{T}]$는 $\dot{V}$, $\dot{I}$를 송전단쪽에서 x거리점의 $\dot{V}_s$, $\dot{I}_s$로 변환하는 변환 행렬이라 하며,

$$|\dot{T}| = \begin{vmatrix} \cos h\gamma x & \dot{Z}_0 \sin h\gamma x \\ \frac{1}{\dot{Z}_0} \sin h\gamma x & \cos h\gamma x \end{vmatrix} = \cos h^2 \gamma x - \sin h^2 \gamma x = 1 \tag{12-27}$$

의 관계가 있다.

5-2 수전단 전압 $\dot{V}_R$와 전류 $\dot{I}_R$가 주어졌을 때

$x=l$ 일 때, $\dot{V}=\dot{V}_B$, $\dot{I}=\dot{I}_B$이므로 식(12-23)에 이 조건을 대입하여 정수를 구하는 것도 좋으나, 여기서는 식(12-26)의 변환행렬을 사용하여 $\dot{V}$, $\dot{I}$를 구하여 보자.

그림 12-6의 수전단 쪽에서 $x_R=l-x$ 떨어진 점의 $\dot{V}$, $\dot{I}$는, 식(12-25)의 관계에서 변환 행렬을 사용하면 다음과 같이 표시할 수 있다.

$$\begin{bmatrix} \dot{V} \\ \dot{I} \end{bmatrix} = \begin{bmatrix} \cos h\gamma x_R & \dot{Z}_0 \sin h\gamma x_R \\ \frac{1}{\dot{Z}_0} \sin h\gamma x_R & \cos h\gamma x_R \end{bmatrix} \begin{bmatrix} \dot{V}_R \\ \dot{I}_R \end{bmatrix} \tag{12-28}$$

이것을 전개하면 다음과 같다.

$$\left. \begin{aligned} \dot{V} &= \dot{V}_R \cos h\gamma x_R + \dot{Z}_0 \dot{I}_R \sin h\gamma x_R \\ \dot{I} &= \frac{\dot{V}_R}{\dot{Z}_0} \sin h\gamma x_R + \dot{I}_R \cos h\gamma x_R \end{aligned} \right\} \tag{12-29}$$

이상의 결과에서 유한장 선로의 $\dot{V}$, $\dot{I}$의 식은, 식(12-24), 식(12-29)로 표시될 수 있으나, 지금부터는 식(12-29)를 중심으로 하여 사용하기로 한다.

5-3 입력 임피던스

그림 12-6의 수전단의 부하 임피던스가 $\dot{Z}_R$일 때, 선로의 임의의 점의 임피던스 $\dot{Z}$는 식(12-29)를 사용하여 $\dot{V}_R=\dot{Z}_R\dot{I}_R$의 관계를 대입하면, 다음과 같이 된다.

$$\dot{Z}=\frac{\dot{V}}{\dot{I}}=\frac{\dot{V}_R\cos h\gamma x_R+\dfrac{\dot{Z}_0\dot{V}_R}{\dot{Z}_R}\sin h\gamma x_R}{\dfrac{\dot{V}_R}{\dot{Z}_0}\sin h\gamma x_R+\dfrac{\dot{V}_R}{\dot{Z}_R}\cos h\gamma x_R}$$

$$\therefore\ \dot{Z}=\dot{Z}_0\frac{\dot{Z}_R\cos h\gamma x_R+\dot{Z}_0\sin h\gamma x_R}{\dot{Z}_R\sin h\gamma x_R+\dot{Z}_0\cos h\gamma x_R} \tag{12-30}$$

또 송전단에서 본 입력 임피던스 $\dot{Z}_s$는, 위 식에서 $x_R=l$로 되므로

$$\dot{Z}_s=\dot{Z}_0\frac{\dot{Z}_R\cos h\gamma l+\dot{Z}_0\sin h\gamma l}{\dot{Z}_R\sin h\gamma l+\dot{Z}_0\cos h\gamma l} \tag{12-31}$$

로 된다. 다음에 식(12-31)에서, 수전단을 (가) 개방 $\dot{Z}_R=\infty$, (나) 단락 $\dot{Z}_R=0$, (다) $\dot{Z}_R=\dot{Z}_0$의 임피던스를 접속할 때, 입력 임피던스에 대해서 조사하여 보자.

(가) **수전단 개방 $\dot{Z}_R=\infty$ 일때** : 식(12-31)의 양변을 $\dot{Z}_R$로 나누고 $\dot{Z}_R=\infty$를 대입하면, 입력 임피던스 $\dot{Z}_{s0}$는 다음과 같이 된다.

$$\dot{Z}_{s0}=\dot{Z}_0\cdot\frac{\cos h\gamma l+\dfrac{\dot{Z}_0}{\dot{Z}_R}\sin h\gamma l}{\sin h\gamma l+\dfrac{\dot{V}_0}{\dot{Z}_R}\cos h\gamma l}_{(Z_R=\infty)}=\dot{Z}_0\cot h\gamma l \tag{12-32}$$

(나) **수전단단락 $\dot{Z}_R=0$ 일 때** : 식(12-31)에서 $\dot{Z}_R=0$으로 놓으면, 입력 임피던스 $\dot{Z}_{ss}$는 다음과 같다.

$$\dot{Z}_{ss}=\dot{Z}_0\frac{\dot{Z}_0\sin h\gamma l}{\dot{Z}_0\cos h\gamma l}=\dot{Z}_0\tan h\gamma l \tag{12-33}$$

(다) **수전단에 $\dot{Z}_R=\dot{Z}_0$의 특성 임피던스를 접속시킬 때** : 식(12-31)에 $\dot{Z}_R=\dot{Z}_0$를 대입하면 다음과 같다.

$$\dot{Z}_s=\dot{Z}_0\frac{\dot{Z}_0\cos h\gamma l+\dot{Z}_0\sin h\gamma l}{\dot{Z}_0\sin h\gamma l+\dot{Z}_0\cos h\gamma l}=\dot{Z}_0 \tag{12-34}$$

이 때의 임의의 점의 임피던스는 식(12-30)에 $\dot{Z}_R=\dot{Z}_0$의 관계를 대입하면 $\dot{Z}=\dot{Z}_0$로 된다. 따라서 이 때는

$$\dot{Z}=\dot{Z}_s=\dot{Z}_0 \tag{12-35}$$

의 관계가 있다. 이것은 식(12-13)의 무한장 선로일 때와 같으며, 입력 임피던스는 길이 l에 관계없이 항상 특성 임피던스와 같게 됨을 표시한다. 따라서 이 때는 다음에 배울 반사파를 일으키지 않고, 진행파만으로 되어 정합상태로 된다.

例題 1. 어떤 유한장 선로를 개방 또는 단락시킬 때의 송전단의 입력 임피던스가 $\dot{Z}_{s0}$ 및 $\dot{Z}_{ss}$이었다면, 이 선로의 특성 임피던스 $\dot{Z}_0$ 및 $\tan h\gamma l$은 어떻게 되는가?

解答 식(12-32) 및 식(12-33)에 의해서

$$\dot{Z}_{s0}=\dot{Z}_0\cot h\gamma l,\quad \dot{Z}_{ss}=\dot{Z}_0\tan h\gamma l$$

$$\therefore\ \dot{Z}_{s0}\dot{Z}_{ss}=\dot{Z}_0{}^2\cot h\gamma l\ \tan h\gamma l=\dot{Z}_0{}^2$$

$$\therefore\ \dot{Z}_0=\sqrt{\dot{Z}_{s0}\dot{Z}_{ss}} \tag{12-36}$$

또,

$$\frac{\dot{Z}_{ss}}{\dot{Z}_{s0}}=\frac{\dot{Z}_0\tan h\gamma l}{\dot{Z}_0\cot h\gamma l}=\tan h^2\gamma l$$

$$\therefore\ \tan h\gamma l=\sqrt{\frac{\dot{Z}_{ss}}{\dot{Z}_{s0}}} \tag{12-37}$$

가 된다.

제 6 절 반사파

그림 12-6의 유한장 선로의 임의의 점의 전압 $\dot{V}$ 및 전류 $\dot{I}$를 지수형태로 나타내면, 식(12-31)에

$$\cos h\gamma x_R=\frac{\varepsilon^{\gamma x_R}+\varepsilon^{-\gamma x_R}}{2},\quad \sin h\gamma x_R=\frac{\varepsilon^{\gamma x_R}-\varepsilon^{-\gamma x_R}}{2}$$

의 관계를 대입하여 정리하면, 다음과 같이 표시된다.

$$\left.\begin{aligned}\dot{V}&=\frac{\dot{V}_R+\dot{Z}_0\dot{I}_R}{2}\varepsilon^{\gamma x_R}+\frac{\dot{V}_R-\dot{Z}_0\dot{I}_R}{2}\varepsilon^{-\gamma x_R}\\ \dot{I}&=\frac{\dot{V}_R+Z_0\dot{I}_R}{2Z_0}\varepsilon^{\gamma x_R}+\left(-\frac{\dot{V}_R-\dot{Z}_0\dot{I}_R}{2\dot{Z}_0}\right)\varepsilon^{-\gamma x_R}\end{aligned}\right\} \tag{2-38}$$

위 식에서 $\gamma=\alpha+j\beta$는 전파정수를 나타내며, $x_R=l-x$는 수전단에서 송전단에 이르기까지의 거리를 나타내므로, x_R는 송전단에서 수전단으로 갈수록 차츰 작아진다. 따라서 식(12-38)의 제1항은 송전단에서 수전단으로 진행함에 따라 크기가 차츰 작아지고, 위상이 늦어짐을 나타내는 것으로, 전원에서의 입사파를 나타낸다. 이것에 대해서 제2항은 반대로 수전단에서 송전단으로 되돌아오는 반사파를 나타내고 있다. 그래서 전압의 반사파는 입사파와 같은 극성이 되나, 전류의 반사파는 입사파와 반대의 극성으로 된다.

수전단 R에 있어서는 식(12-38)의 $x_R=0$로서, $\dot{V}=\dot{V}_R$, $\dot{I}=\dot{I}_R$가 되므로 다음과 같이 표시할 수 있다.

$$\left.\begin{aligned}\dot{V}_R&=\frac{\dot{V}_R+\dot{Z}_0\dot{I}_R}{2}+\frac{\dot{V}_R-\dot{Z}_0\dot{I}_R}{2}\\ &=\underset{(\text{입사파})}{\dot{V}_1}+\underset{(\text{반사파})}{\dot{V}_2}\\ \dot{I}_R&=\frac{\dot{V}_R+\dot{Z}_0\dot{I}_R}{2\dot{Z}_0}+\left(-\frac{\dot{V}_R-\dot{Z}_0\dot{I}_R}{2\dot{Z}_0}\right)\\ &=\underset{(\text{입사파})}{\dot{I}_1}+\underset{(\text{반사파})}{\dot{I}_2}\end{aligned}\right\} \tag{12-39}$$

이 식으로부터 수전단에 있어서의 입사파와 **반사파**의 관계를 알 수 있다.

이 상태를 그림으로 나타내면 그림 12-7과 같이 된다. 이 때의 $\dot{V}_R$와 $\dot{I}_R$의 전압과 전류는 R점에서 임피던스 $\dot{Z}_R$로 투과한다고 말할 수 있으므로, $\dot{V}_R$와 $\dot{I}_R$을 전압과 전류의 **투과파**라고도 한다.

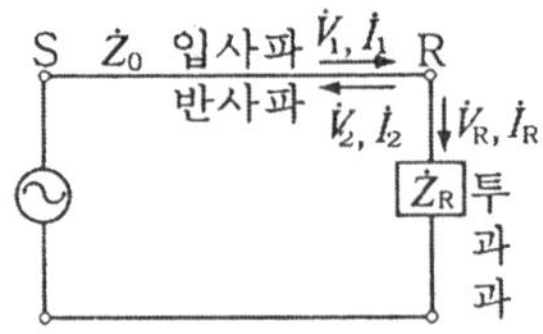

그림 12-7 입사파와 반사파

반사율과 투과율

이와 같이 선로상의 전압이나 전류의 반사나 투과를 생각할 때

$$\text{반사율} = \frac{\text{반사파}}{\text{입사파}}, \qquad \text{투과율} = \frac{\text{투과파}}{\text{입사파}} \tag{12-40}$$

로 정의한다.

다음에 식(12-39)에서 전압과 전류의 반사율 m_v와 m_i, 투과율 n_v와 n_i를 구하면 다음과 같이 된다.

$$\left.\begin{aligned} m_v &= \frac{\dot{V}_2}{\dot{V}_1} = \frac{\dot{V}_R - \dot{Z}_0\dot{I}_R}{\dot{V}_R + \dot{Z}_0\dot{I}_R} = \frac{\dot{Z}_R\dot{I}_R - \dot{Z}_0\dot{I}_R}{\dot{Z}_R\dot{I}_R + \dot{Z}_0\dot{I}_R} = \frac{\dot{Z}_R - \dot{Z}_0}{\dot{Z}_R + \dot{Z}_0} \\ m_i &= \frac{\dot{I}_2}{\dot{I}_1} = -\frac{\dot{V}_R - \dot{Z}_0\dot{I}_R}{\dot{V}_R - \dot{Z}_0\dot{I}_R} = -\frac{\dot{Z}_R - \dot{Z}_0}{\dot{Z}_R + \dot{Z}_0} = -m_v \end{aligned}\right\} \tag{12-41}$$

또 같은 방법으로 투과율을 구하면

$$\left.\begin{aligned} n_v &= \frac{\dot{V}_R}{\dot{V}_1} = \frac{2\dot{Z}_R}{\dot{Z}_R + \dot{Z}_0} = 1 + m_v \\ n_i &= \frac{\dot{I}_R}{\dot{I}_1} = \frac{2\dot{Z}_0}{\dot{Z}_R + \dot{Z}_0} = 1 + m_i \end{aligned}\right\} \tag{12-42}$$

이다. 그래서, 식(12-41)은 $\dot{Z}_R \neq \dot{Z}_0$ 때에 한하여, 반사파를 발생하고 있음을 나타내고 있다. 또, $\dot{Z}_R = \dot{Z}_0$일 때는 m_v, m_i는 0으로 되며, $n_v = n_i = 1$로 되어, 반사파를 발생하지 않으며, R점에 들어온 전압과 전류는 그대로 진행됨을 알 수 있다. 이 상태는 앞에서 배운 영상 임피던스 정합의 경우이다.

이상은 분포 정수회로인 경우에 대해서 설명하였으나, 이 반사파나 투과파의 관계는 단순히 분포 정수회로만이 아니고, 집중 정수회로에서도 발생한다. 즉, 일반적으로 진행파에 대해서 회로 정수가 변화하는 점에서, 전압이나 전류파의 반사와 투과 현상을 발생한다.

제 7 절 무손실 유한장 회로와 공진

분포정수회로에서 손실이 아주 적은 회로나 고주파 전송회로 등에서 주파수가 대단히 높은 회로에서는

$$R \ll \omega L, \quad G \ll \omega C$$

로 되므로, 실용상 $R=0$, $G=0$의 무손실 회로로 취급할 수 있다. 이와 같은 무손실 회로의 전파정수 γ 및 특성 임피던스 $\dot{Z}_0$는 식(12-15)에서

$$\left.\begin{aligned} \gamma &= j\beta = j\omega\sqrt{LC} \\ \dot{Z}_0 &= \sqrt{\frac{L}{C}} = R_0 \ \text{순저항} \end{aligned}\right\} \qquad (12\text{-}42)$$

로 된다. 따라서 그림 12-8과 같은 무손실 회로의 선로 상의 전압 및 전류는 식(12-31)에 식(12-42)의 관계를 대입하면, 다음과 같다.

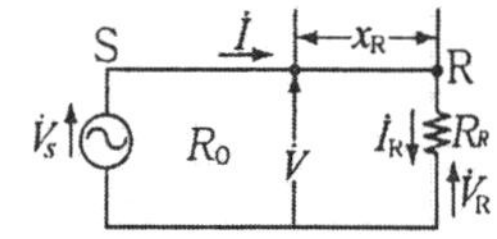

그림 12-8

$$\dot{V} = \dot{V}_R \cos hj\beta x_R + R_0 \dot{I}_R \sin hj\beta x_R$$

$$\dot{I} = \frac{\dot{V}_R}{R_0} \sin hj\beta x_R + \dot{I}_R \cos hj\beta x_R$$

그래서,

$$\cos hj\beta x_R = \cos \beta x_R, \quad \sin hj\beta x_R = j\sin \beta x_R$$

이므로

$$\left.\begin{aligned} \dot{V} &= \dot{V}_R \cos \beta x_R + jR_0 \dot{I}_R \sin \beta x_R \\ \dot{I} &= j\frac{\dot{V}_R}{R_0}\sin \beta x_R + \dot{I}_R \cos \beta x_R \end{aligned}\right\} \tag{12-43}$$

로 나타낼 수 있다.

이와 같은 무손실 선로 또는 손실이 작은 선로에서는 집중정수회로 일때와 같이 공진현상을 일으킨다. 다음에 무손실 선로에 대해서 수전단을 개방, 단락 및 순저항을 연결한 회로의 공진현상을 중심으로 하여 알아 보자.

7-1 수전단 개방일 때

그림 12-9와 같이 수전단을 개방하면 $\dot{I}_R = 0$으로 되므로, 식(12-43)은

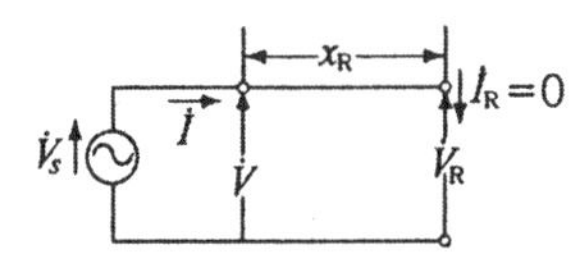

그림 12-9

$$\dot{V}_R = \dot{V}_R \cos \beta x_R, \quad \dot{I} = j\frac{\dot{V}_R}{R_0}\sin \beta x_R \tag{12-44}$$

로 된다.

(1) 입력 임피던스

송전단에서 본 입력 임피던스 $\dot{Z}_{s0}$는, 식(12-44)에서 $x_R = l$ 일 때 $\dot{V} = \dot{V}_s$로 되므로

$$\dot{V}_s = \dot{V}_R \cos \beta l, \quad \dot{I}_s = j\frac{\dot{V}_R}{R_0}\sin \beta l \tag{12-45}$$

$$\therefore\ \dot{Z}_{s0} = \frac{\dot{V}_s}{\dot{I}_s} = -jR_0 \cot \beta l = -j\sqrt{\frac{L}{C}} \cot \beta l \qquad (12\text{-}46)$$

로 된다. 그래서 무손실 회로에서 $R_0 = \sqrt{L/C}$의 순저항이므로, $\dot{Z}_{s0}$는 리액턴스로 되며, $\cot \beta l$에 비례하여 0에서 $\pm\infty$까지 변화한다. 이 $\dot{Z}_{s0}$의 변화를 횡축에 βl을 취하여 표시하면 그림 12-10과 같이 된다.

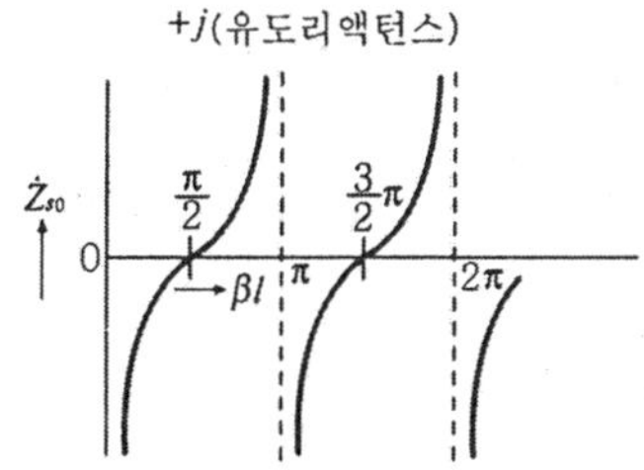

그림 12-10 무손실 무한장 회로의 수전단 개방시의 입력 임피던스

이때 집중정수회로의 공진과 똑같이 입력 임피던스가 가장 작을 때의 공진(직렬 공진)과 가장 클 때의 반 공진(병렬 공진)의 현상이 있다. 다음에 공진과 반공진의 조건을 알아보자.

(2) 공진 조건

(가) **공진(직렬공진)** : 공진은 $\dot{Z}_{s0} = 0$일 때이다. 공진이 되기 위해서는 식(12-45)에서 $\cot \beta l = 0$이라야 하므로, 일반적으로 공진에는 다음과 같은 조건이 필요하다.

$$\beta l = (2n+1)\frac{\pi}{2} = n\pi + \frac{\pi}{2} \quad (n : 0,\ 1,\ 2,\ 3\cdots\cdots) \qquad (12\text{-}47)$$

위 식에, 식(12-16)의 $\beta = 2\pi/\lambda = \omega\sqrt{LC}$의 관계를 대입하면,

$$l = (2n+1)\frac{\pi}{2\beta} = (2n+1)\frac{\lambda}{4} \quad (n : 0,\ 1,\ 2,\ 3\cdots\cdots) \qquad (12\text{-}48)$$

이고, 또, 공진 주파수를 f_r라 하면, $\omega = \beta/\sqrt{LC}$로서, $\omega = 2\pi f_r$이므로, 식

(12-47)의 관계를 대입하면 식(12-49)와 같이 된다.

$$f_r = \frac{\omega}{2\pi} = -\frac{\beta}{2\pi\sqrt{LC}} = \frac{2n+1}{4l\sqrt{LC}} \tag{12-49}$$

(나) **반공진(병렬공진)** : 반공진은 $\dot{Z}_{s0} = \pm\infty$일 때이다. 반공진이 되기 위해서는 식(12-46)에서 $\cot\beta l = \pm\infty$이라야 하므로, 일반적으로 다음의 조건이 필요하다.

$$\beta l = n\pi \quad (n: 1, 2, 3\cdots\cdots) \tag{12-50}$$

따라서, 반공진 때의 l 및 주파수를 f_r라 하면,

$$l = n\frac{\lambda}{2}, \quad f_r = \frac{n}{2l\sqrt{LC}} \quad (n: 1, 2, 3\cdots\cdots) \tag{12-51}$$

가 된다.

(3) 선로상의 전압과 전류

선로 상의 임의의 점에 있어서 수전단을 개방시킬 때의 전압 $\dot{V}$ 및 전류 $\dot{I}$의 일반식을 송전단의 전압 $\dot{V}_s$, 전류 $\dot{I}_s$로 표시하면, 식(12-44)에 식(12-45)의 관계를 대입하여 정리하면, 다음과 같이 된다.

$$\left.\begin{aligned} \dot{V} &= \dot{V}_s\frac{\cos\beta x_R}{\cos\beta l} = -jR_0\dot{I}_s\frac{\cos\beta x_R}{\sin\beta l} \\ \dot{I} &= j\frac{\dot{V}_s}{R_0}\cdot\frac{\sin\beta x_R}{\cos\beta l} = \dot{I}_s\frac{\sin\beta x_R}{\sin\beta l} \end{aligned}\right\} \tag{12-52}$$

따라서, 공진 때와 반공진 때의 $\dot{V}$, $\dot{I}$는 다음의 (가), (나)와 같이 된다.

(가) **공진일 때** : 공진 시에는 입력 임피던스 $\dot{Z}_{s0} = 0$가 되므로, 송전단의 전류 $\dot{I}_s$는 무한대로 되어야만 되나, 실제는 저항이 0인 선로는 없으므로 $\dot{I}_s$는 대단히 큰 유한의 값으로 된다.

그래서 식(12-52)에 식(12-47)의 관계를 대입하면, 다음과 같다.

$$\dot{V}=-jR_0\dot{I}_s\frac{\cos\beta x_R}{\sin\beta l(_{\beta l=(2n+1)}\frac{\pi}{2})}=-jR_0\dot{I}_s\frac{\cos(2n+1)\frac{\pi x_R}{2l}}{(-1)^n}$$

$$\dot{I}=\dot{I}_s\cdot\frac{\sin\beta x_R}{\sin\beta l(_{\beta l=(2n+1)}\frac{\pi}{2})}=\dot{I}_s\frac{\sin(2n+1)\frac{\pi x_R}{2l}}{(-1)^n}$$

$$(n:0,\ 1,\ 2\cdots\cdots) \qquad (12\text{-}53)$$

따라서, $\dot{V}$는 여현에, $\dot{I}$는 정현에 비례하여 분포하며, 선로 상의 각 점의 $\dot{V}$와 $\dot{I}$의 사이에는 90°의 위상차가 있다. 이 공진 시의 $\dot{V}$, $\dot{I}$의 절대치의 분포를 l이 $\lambda/4$ 및 $3\lambda/4$일 때를 예로 하여 표시하면 그림 12-1 (a), (c)와 같이 된다. 그림에서 수전단 R에서는, 개방되어 있으므로 전류가 0, 전압이 최대로 됨을 알 수 있다. 이 때 전류 및 전압이 0인 점을 **파절**(node), 전압 및 전류가 최대로 되는 점을 **파복**(loop)이라 한다.

또 그림 12-11은 $|\dot{V}|$와 $|\dot{I}|$의 실효치로 나타낸 것이나, 송전단 전압 $\dot{V}_s$의 순시치가 $\sqrt{2}\,\dot{V}_s\sin\omega t$로 시간과 더불어 변화할 때의, 선로 상의 각 점의 전압과 전류의 순시치는 각각 $\sqrt{2}\,\dot{V}$ 및 $\sqrt{2}\,\dot{I}$를 최대치로 하여 시간적으로 그 크기가 정현파와 같이 변화한다.

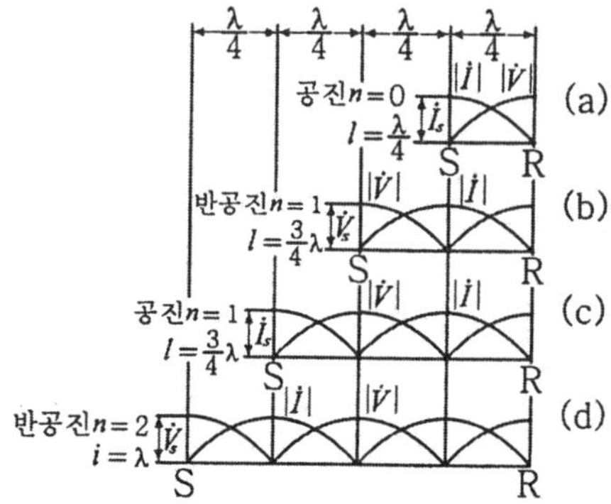

그림 12-11 수전단 개방시의 공진과 반공진

그러나, 파복과 파절은 항상 일정한 위치에 생기며, 파가 진행하지는 않는다. 이와 같은 파를 **정재파**(standing wave)라 한다.

이와 같은 정재파는 전원에서 공급된 전기에너지가 수전단에서 반사하여 송전단으로 되돌아 오고, 또 반사하여 이것을 반복하여 각 점에서 중첩된 결과로 생기게 된 것이다. 따라서, 정재파는 반사파의 어떤 유한장 선로에 한하여 생긴다.

(나) **반공진일 때** : 이 때는 $\dot{Z}_{s0} = \pm\infty$로 되므로 $\dot{I}_s = 0$로 된다.

그래서 식(12-52)에 식(12-50)의 관계를 대입하면

$$\dot{V} = \dot{V}_s \cdot \frac{\sin\beta x_R}{\cos\beta l_{\ (\beta l = n\pi)}} = \dot{V}_s \frac{\sin\dfrac{n\pi x_R}{l}}{(-1)^n}$$

$$\dot{I} = j\frac{\dot{V}_s}{R_0} \cdot \frac{\cos\beta x_R}{\cos\beta l} = j\frac{\dot{V}_s}{R_0} \cdot \frac{\cos\dfrac{n\pi x_R}{l}}{(-1)^n} \quad (n : 1, 2, 3, \cdots\cdots) \tag{12-54}$$

로 되어, $\dot{V}$는 $\dot{V}_s$를 최대로 하여 선로에 정현에 비례하여 분포하고, $\dot{I}$는 $\dot{V}_s/R_0$를 최대치로 하여 여현상으로 분포하는 정재파로 된다. 그래서 선로 상의 같은 점의 $\dot{V}$와 $\dot{I}$와의 사이에는 90°의 위상차가 있다. 이 때의 $l = \frac{\lambda}{2}$ 및 λ일 때의 선로상의 $|\dot{V}|$와 $|\dot{I}|$의 분포를 나타내면 그림 12-11 (b), (d)와 같이 된다.

7-2 수전단 단락

수전단을 단락하면 식(12-43)에서 $\dot{V}_R = 0$로 되므로 $\dot{V}$, $\dot{I}$는 다음과 같이 된다.

$$\dot{V} = jR_0\dot{I}_R\sin\beta x_R, \quad I = \dot{I}_R\cos\beta x_R \tag{12-55}$$

송전단 전압 $\dot{V}_s$, 전류 $\dot{I}_s$는 위 식에서 $x_R = l$일 때이므로 다음과 같이 된다.

$$\dot{V}_s = jR_0\dot{I}_R\sin\beta l, \quad \dot{I}_s = \dot{I}_R\cos\beta l \tag{12-56}$$

(1) 입력 임피던스

수전단을 단락시킬 때의 입력 임피던스 $\dot{Z}_{ss}$는 다음과 같다.

$$\dot{Z}_{ss} = \frac{\dot{V}_s}{\dot{I}_s} = jR_0 \tan \beta l \tag{12-57}$$

따라서, 횡축에 βl을 취하여 l의 변화에 의한 $\dot{Z}_{ss}$의 변화를 표시하면 그림 12-12와 같이 된다.

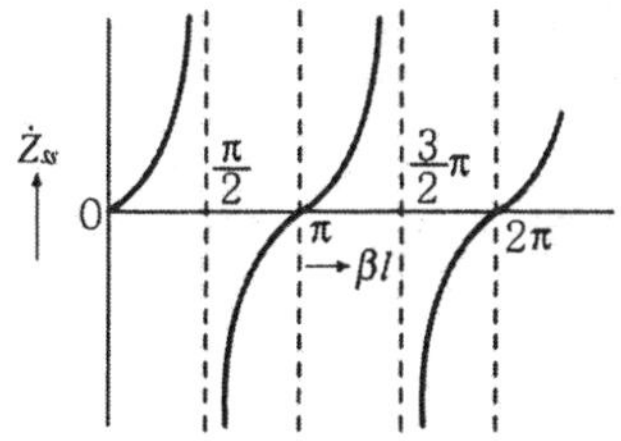

그림 12-12 무손실 유한장 회로의 수전단 단락 때의 입력임피던스

(2) 공진 조건

(가) **공진(직렬공진)** : $Z_{ss}=0$일 때는 $\tan \beta l=0$일 때 이므로, 일반적으로

$$\beta l = n\pi \ (n : 1,\ 2,\ 3\cdots\cdots) \tag{12-58}$$

일 때 공진한다.

여기에 $\beta = 2\pi/\lambda = \omega\sqrt{LC}$의 관계를 대입하면, 공진 때의 선로 길이 l 및 공진 주파수 f_r는 다음과 같이 된다.

$$l = n\frac{\lambda}{2}, \quad f_r = \frac{n}{2l\sqrt{LC}} \tag{12-59}$$

(나) **반공진조건** : $\dot{Z}_{ss} = \pm\infty$로 되기 위해서는 $\tan \beta l = \pm\infty$일 것이 필요하다. 따라서, 다음의 조건이 필요하게 된다.

$$\beta l = (2n+1)\frac{\pi}{2} = n\pi + \frac{\pi}{2} \quad (n : 0,\ 1,\ 2\cdots\cdots) \tag{12-60}$$

$$\therefore\ l = (2n+1)\frac{\lambda}{4}, \quad f_r = \frac{2n+1}{4l\sqrt{LC}} \tag{12-61}$$

(3) 선로상의 전압과 전류

수전단을 단락시킬 때 선로상의 수전단에서 x_R의 점의 전압 $\dot{V}$ 및 전류 $\dot{I}$를 송전단의 전압 $\dot{V}_s$, 전류 $\dot{I}_s$로 나타내면, 식(12-55)에 식(12-56)의 관계를 대입하여 정리하면 다음과 같이 된다.

$$\left.\begin{aligned} \dot{V} &= \dot{V}_s \frac{\sin\beta x_R}{\sin\beta l} = jR_0 \dot{I}_s \frac{\sin\beta x_R}{\cos\beta l} \\ \dot{I} &= -j\frac{\dot{V}_s}{R_0} \cdot \frac{\cos\beta x_R}{\sin\beta l} = \dot{I}_s \frac{\cos\beta x_R}{\cos\beta l} \end{aligned}\right\} \tag{12-62}$$

따라서, 공진 때와 반공진 때의 $\dot{V}$, $\dot{I}$는 다음 (가), (나)와 같다.

(가) **공진일 때** : 공진 시에는 $\dot{Z}_{ss}=0$로 되므로, $\dot{I}_s$는 무한대로 되나 저항이 0인 선로가 아니므로, 대단히 큰 유한의 값으로 된다. 선로 상의 전압 $\dot{V}$와 전류 $\dot{I}$는 식(12-62)에 식(12-58)의 $\beta l = n\pi$ $(n : 1, 2, 3\cdots\cdots)$의 관계를 대입하면 다음과 같이 된다.

$$\left.\begin{aligned} \dot{V} &= jR_0 \dot{I}_s \frac{\sin\beta x_R}{\cos\beta l_{\,(\beta l = n\pi)}} = jR_0 \dot{I}_s \frac{\sin\dfrac{n\pi x_R}{l}}{(-1)^n} \\ \dot{I} &= \dot{I}_s \frac{\cos\beta x_R}{\cos\beta l_{\,(\beta l = n\pi)}} = \dot{I}_s \frac{\cos\dfrac{n\pi x_R}{l}}{(-1)^n} \end{aligned}\right\} (n : 1, 2, 3\cdots\cdots) \tag{12-63}$$

그림 12-13의 (b), (d)에 $l=\frac{\lambda}{2}$ 및 λ일 때의 공진시의 $|\dot{V}|$, $|\dot{I}|$의 절대치의 분포를 표시했다. 이것은 수전단을 단락시켰으므로 수전단 R에서 $\dot{I}$가

최대가 되어 $\dot{V}$가 0으로 됨을 나타내고 있다.

(나) **반공진 일때** : 선로 상의 전압 $\dot{V}$와 전류 $\dot{I}$는 식(12-62)에 식(12-60)의 $\beta l=(2n+1)\times\frac{\pi}{2}$의 관계를 대입하면 다음과 같이 된다.

$$\left.\begin{aligned}\dot{V}&=\dot{V}_s\frac{\sin\beta x_R}{\sin\beta l(_{\beta l=(2n+1)}\frac{\pi}{2})}=\dot{V}_s\frac{\sin(2n+1)\frac{\pi x_R}{2l}}{(-1)^n}\\ \dot{I}&=-j\frac{\dot{V}_s}{R_0}\cdot\frac{\cos\beta x_R}{\sin\beta l(_{\beta l=(2n+1)}\frac{\pi}{2})}=-j\frac{\dot{V}_s}{R_0}\frac{\cos(2n+1)\frac{\pi x_R}{2l}}{(-1)^n}\end{aligned}\right\}$$

$(n:0,1,2,3\cdots\cdots)$ (12-64)

그림 12-13 (a), (c)는 l가 $\frac{\lambda}{4}$, $\frac{3\lambda}{4}$의 반공진시의 $|\dot{V}|$, $|\dot{I}|$의 선로상의 분포를 표시한 것이다.

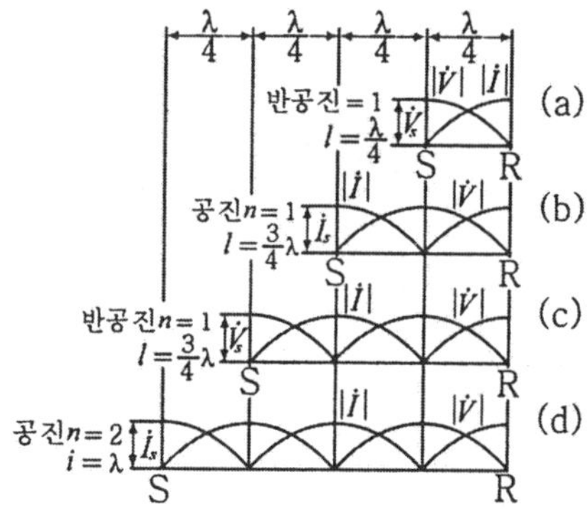

그림 12-13 수전단 단락때의 공진과 반공진에 의한 정재파

7-3 수전단에 $R_R\neq R_0$을 접속시킬 때

7-1, 7-2에서는 $R_R=\infty$ 및 0인 특별한 경우를 알아 보았으나, 여기에서는 수전단에 $R_R\neq R_0$의 저항을 연결할 때에 대하여 알아 보자.

식(12-43)에 $\dot{I}_R = \dot{V}_R / R_R$을 대입하면

$$\left.\begin{aligned} \dot{V} &= \dot{V}_R \cos\beta x_R + jR_0 \frac{\dot{V}_R}{R_R}\sin\beta x_R = \dot{V}_R\left(\cos\beta x_R + j\frac{R_0}{R_R}\sin\beta x_R\right) \\ \dot{I} &= j\frac{R_R \dot{I}_R}{R_0}\sin\beta x_R + \dot{I}_R \cos x_R = \dot{I}_R\left(\cos\beta x_R + j\frac{R_R}{R_0}\sin\beta x_R\right) \end{aligned}\right\} \quad (12\text{-}65)$$

이 절대치를 구하면 다음과 같다.

$$\left.\begin{aligned} |\dot{V}| &= |\dot{V}_R|\sqrt{\cos^2\beta x_R + \frac{{R_0}^2}{{R_R}^2}\sin^2\beta x_R} \\ &= |\dot{V}_R|\sqrt{1 - \frac{{R_R}^2 - {R_0}^2}{{R_R}^2}\sin^2\beta x_R} \\ |\dot{I}| &= |\dot{I}_R|\sqrt{\cos^2\beta x_R + \frac{{R_R}^2}{{R_0}^2}\sin^2\beta x_R} \\ &= |\dot{I}_R|\sqrt{1 + \frac{{R_R}^2 - {R_0}^2}{{R_0}^2}\sin^2\beta x_R} \end{aligned}\right\} \quad (12\text{-}66)$$

위 식은 $R_R > R_0$인가, $R_R < R_0$에 따라서 그 최대와 최소의 위치가 반대로 된다.

(가) **$R_R > R_0$일 때** : 식 (12-66)에 있어서 $\sin\beta x_R = 0$, 따라서 $\beta x_R = n\pi$ 또는 $x_R = \frac{n\lambda}{2}$, $(n=0,\ 1,\ 2\cdots\cdots)$일 때,

$|\dot{V}|$는 최대의 $|\dot{V}|_{max}$

$|\dot{I}|$는 최소의 $|\dot{I}|_{min}$

$\sin\beta x_R = \pm 1$, 따라서, $\beta x_R = n\frac{\pi}{2}$ 또는 $x_R = \frac{n\lambda}{4}$, $(n=1,\ 3,\ 5\cdots\cdots)$일 때

$|\dot{V}|$는 최소의 $|\dot{V}|_{min}$

$|\dot{I}|$는 최대의 $|\dot{I}|_{max}$

로 된다. 이것을 그림으로 표시하면 그림 12-14(a)와 같은 정재파로 된다.

(나) **$R_R < R_0$일 때** : 이 때는, 식(12-60)의 근호 안의 제2항의 $R_R{}^2 - R_0{}^2$이 부로 되므로, 전압과 전류의 최대와 최소의 위치가 $R_R > R_0$일 때와 반대로 된다. 따라서, 이 때는 그림 12-14(b)와 같은 정재파로 된다.

이상의 결과에서 알 수 있는 바와 같이 $R_0 \neq R_R$일 때도 정재파를 발생하나, 7-1, 7-2일 때와 다르며 정재파의 절점이 0이 되지 않고 어느 크기를 갖게 된다. 이 때 정재파의 최소치에 대한 최대치의 비를 **정재파비**(standing wave ratio)라 한다. 따라서, 전압 및 전류의 정재파비는 그림 12-14에서

$$\text{전압 정재파 비} = \frac{|\dot{V}|_{max}}{|\dot{V}|_{min}}$$

$$\text{전류 정재파 비} = \frac{|\dot{I}|_{max}}{|\dot{I}|_{min}} \tag{12-67}$$

로 구할 수 있다. 일반적으로 정재파비는 **전압정재파비**(voltage standing wave ratio : VSWR)를 말한다.

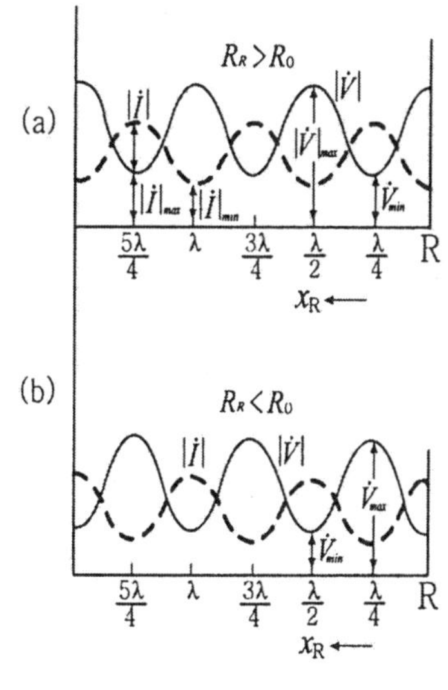

그림 12-14 정재파

(다) **$R_0 = R_R$일 때** : 식(12-32)의 $\dot{Z}_0 = \dot{Z}_R$의 정합의 무손실의 경우에 상당하므로, 무한장 선로와 같은 결과로 되어, 진행파만 있고 반사파는 없으므로 정재파를 만들지 않는다. 따라서, 선로상의 어떤 점에서도 전압이나 전류가 똑같이 평류로 된다.

7-4 손실을 갖는 선로의 정재파

이상에서 모두 무손실 또는 무손실에 가까운 선로를 중심으로 하여 배웠다. 그러나 선로의 R이나 G가 크게 되어 무손실로 볼 수 없는 선로로 되면, 그림 12-1, 12-13 등의 정재파의 절점은 0이 아니고, 어떤 값을 갖게 되며, 그 파복값도 작게 된다. 그래서, 일반적으로 선로의 정재파는 수전단에 가까워질수록 감쇠되므로, 정재파의 파복값도 수전단에 가까워질수록 작아진다.

12 연/습/문/제 Exercise

01 어떤 반송 케이블의 $R=6[\Omega/\text{km}]$, $L=0.78[\text{mh/km}]$, $G=300[\text{m}\Omega/\text{km}]$, $C=3\times10^{-9}[\text{F/km}]$로, 10[kHz]일 때의 특성 임피던스, 전파정수 γ를 구하여라.

02 주파수 ω일 때 전파정수 $\gamma=0.075+j0.0523\,[\text{km}^{-1}]$의 무한장 선로의 송전단에 $20\sin\omega t$의 전압을 인가할 때, 송전단에서 100[km] 점의 전압의 순시치는 어떻게 되는가?

03 어떤 케이블의 위상정수 $\beta=0.05[\text{rad/km}]$일 때, 10[kHz]의 교류의 전파속도는 얼마인가?

04 특성 임피던스 $\dot{Z}_0=R_0$의 급전선의 말단에 R_r의 저항을 연결할 때, 그림 12-15와 같이 C, L을 접속하여 정합시키고자 한다. 이때 C와 L는 어떤 값으로 되면 좋은가? 단, 주파수는 ω이다.

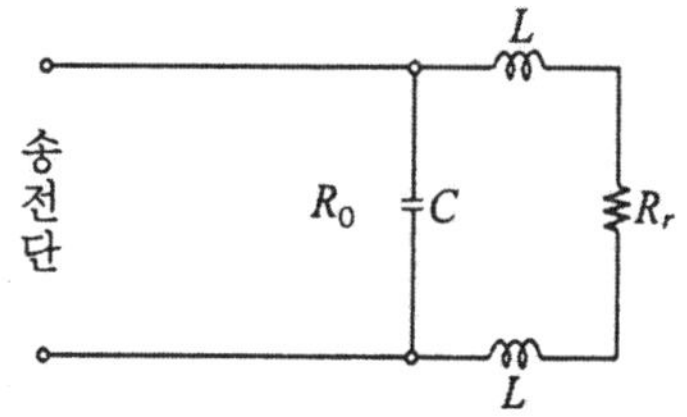

그림 12-15

05 특성 임피던스 $\dot{Z}_0$의 말단에 그림 12-16과 같이 어떤 임피던스 $\dot{Z}_r$를 연결하였을 때, 전압 반사 계수가 0.6이었다고 한다. 임피던스는 얼마인가?

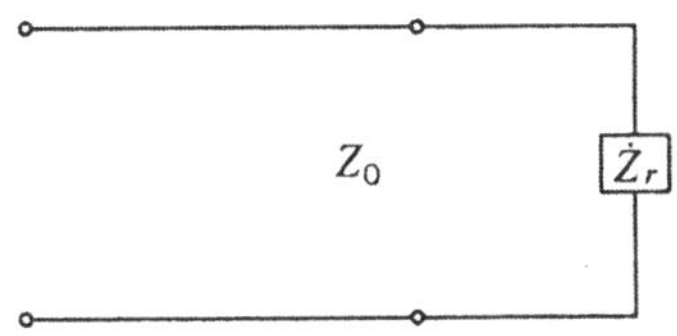

그림 12-16

06 길이 $\frac{\lambda}{4}$, $\frac{\lambda}{2}$, λ의 선로에 고주파 전압을 인가하고, 다른쪽 단을 개방시켰을 때 전압과 전류의 정재파의 그림을 그려라.

CHAPTER 13

과도현상

제 1 절 과도현상

지금까지 배운 회로는, 회로에 흐르는 전류, 전압이 시간에 대하여 항상 같은 상태의 변화를 반복하고, 일정한 시간에 일정한 전력을 소비하는 것으로 배웠다. 이와 같은 상태를 **정상상태**(steady state)라 한다.

그러나 L나 C를 포함한 회로에서 스위치의 개폐, 또는 회로상태의 변화에 의해서 어느 정상 상태에서 다음의 정상 상태로 변화할 때, 자기 또는 정전에너지의 변화를 방해하는 역기전력을 발생하여 전류나 전압은 순시에 정상치로 변화하지 않고 정상치로 될 때 까지 어떤 시간을 요한다. 이 정상상태로 될 때 까지의 상태를 **과도상태**(transient state)라 하고, 이러한 현상을 **과도현상**(transient phenomena)이라 한다.

이와 같은 과도현상 중에서 $R \cdot L$ 또는 $R \cdot C$회로에서는, 자기적 또는 정전적 에너지의 한 종류만이 회로에 주고 받는 일이 일어나므로, 이것을 **단 에너지 회로**

의 과도현상이라 한다. 이에 대해서 $R \cdot L \cdot C$회로에서는 자기 및 정전에너지가 이중으로 주고 받는 일이 일어나므로, 이것을 **복에너지 회로의 과도현상**이라 한다.

제 2 절 R · L직렬의 직류회로

2-1 직류전압을 인가하는 경우

그림 13-1과 같이 저항 R와 자기 인덕턴스 L의 직렬 회로에 시간 $t=0$의 순간에 직류기전력 E를 인가할 때, 흐르는 전류를 i라 하자.

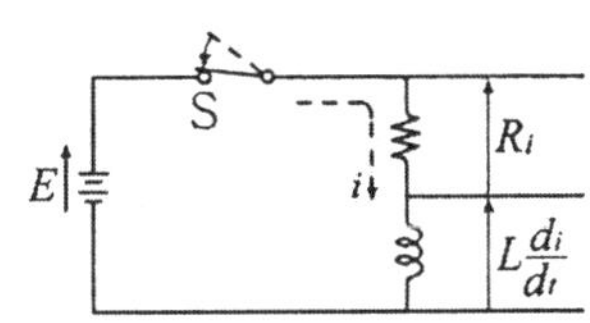

그림 13-1

이때, R의 전압은 Ri, L의 역기전력은 $L\dfrac{di}{dt}$가 되므로 다음과 같은 식이 성립한다.

$$L\frac{di}{dt}+Ri=E \tag{13-1}$$

따라서 식(13-1)의 미분방정식을 풀이 하면 i가 구해진다.

또한 수학에서 배운 가장 일반적인 일반해를 이용하는 방법에 의하여 구하여 보자. 식(13-1)를 변형하면 다음 식과 같다.

$$L \cdot \frac{di}{E-di}=dt$$

양 변을 적분하면

$$L\int \frac{di}{E-Ri} = \int dt$$

$$-\frac{L}{R}\log(E-Ri) = t+C$$

$$\log(E-Ri) = -\frac{R}{L}(t+C)$$

$$E-Ri = \varepsilon^{-\frac{R}{L}(t+c)} = A_1\varepsilon^{-\frac{R}{L}t} \quad (\text{단, } \varepsilon^{-\frac{R}{L}c} = A_1)$$

$$\therefore\ i = \frac{E}{R} - A_2\varepsilon^{-\frac{R}{L}t}\left(\frac{A_1}{R} = A_2\right) \tag{13-2}$$

식(13-2)에 초기 조건 $t=0$일 때, $i=0$을 대입하면

$$0 = \frac{E}{R} - A_2 \quad \therefore\ A_2 = \frac{E}{R}$$

$$\therefore\ i = \frac{E}{R} - \frac{E}{R}\varepsilon^{-\frac{R}{L}t} = \frac{E}{R}\left(1-\varepsilon^{-\frac{R}{L}t}\right) \tag{13-3}$$

로서, 식(13-1)의 일반해가 구하여진다.

이것은 하나의 예에 지나지 않으나, 전기회로에서는 일반적으로 식(13-1)과 같은 상수계수미분방정식으로 되는 것이 가장 보편적이다.

다음에 이 상수계수미분방정식의 일반해를 다시 한번 자세히 알아보기로 하자. 식(13-3)은 $\frac{E}{R} = i_s$, $-\frac{E}{R}\varepsilon^{-\frac{R}{L}t} = i_t$라고 하면,

$$i = i_s + i_t = \frac{E}{R} + \left(-\frac{E}{R}\right)\varepsilon^{-\frac{R}{L}t} \tag{13-3'}$$

로 표시된다. 그런데, $i_s = \frac{E}{R}$는 식(13-3)에서 $t=\infty$로 놓은 경우 정상상태로 되었을 때의 값으로, 시간 t에 관계 없는 정상항이다.

또, $i_t = -\frac{E}{R}\varepsilon^{-\frac{R}{L}t}$는 시간 t에 따라 변화하고, $t=\infty$일 때는 0으로 되는 과도항이다.

따라서, 식(13-1)과 같은 모양의 미분방정식의 일반해는

$$\text{일반해} = \text{정상항} + \text{과도항} \tag{13-4}$$

의 형태로 됨을 알 수 있다.

이 때문에 정수계수미분방정식을 풀이하는 한 가지 방법으로는, 다음과 같이 정상항과 과도항을 각각 구하여, 일반해를 구하는 경우가 많다.

정상항은 미분방정식에서 $t=\infty$일 때의 해를 구한다.

예를 들면, 식(13-1)에 있어서, $t=\infty$에서는 직류 회로이므로 $i=i_s$의 일정치로 되며, $di_s/dt=0$이 되므로

$$Ri_s = E, \qquad \therefore\ i_s = \frac{E}{R} \tag{a}$$

로 구할 수 있다. 이 정상항은 결국 앞 장에서 배운 보통의 회로 계산에 의해서 얻어진 답과 같은 것이다.

과도항은 원래의 미분방정식의 우변을 0으로 놓은 **보조방정식**을 만들고, 그 보조해를 구하여 얻는다. 예를 들면, 식(13-1)의 보조방정식은

$$L\frac{di}{dt} + Ri = 0 \tag{13-5}$$

로 되며, 이 해 i는 일반적으로 $i = A\varepsilon^{pt}$의 모양이 되므로, 식(13-5)는

$$L\frac{dA\varepsilon^{pt}}{dt} + RA\varepsilon^{pt} = 0$$

$$(Lp+R)A\varepsilon^{pt} = 0$$

$$Lp + R = 0 \qquad \therefore\ p = -\frac{R}{L} \tag{b}$$

따라서

$$i = A\varepsilon^{-\frac{R}{L}t} \tag{c}$$

로 됨을 알 수 있다. 이것이 과도항 i_t이다.

일반해 : 이상과 같이, 정상항과 과도항을 구하면, 일반해는 그들의 합에서 구할 수 있다. 예를 들면, 식(13-1)의 일반해는

$$i = i_s + i_t = \frac{E}{R} + A\varepsilon^{-\frac{R}{L}t} \tag{d}$$

로 된다. 이때 초기 조건은 $t=0$일 때 $i=0$이라고 하면, 식(d)에 이 조건을 대입하여

$$0 = \frac{E}{R} - A\varepsilon^0 = \frac{E}{R} - A \qquad \therefore\ A = \frac{E}{R} \tag{e}$$

가 된다. 따라서, 식(d)에서

$$i = \frac{E}{R} - \frac{E}{R}\varepsilon^{-\frac{R}{L}t} = \frac{E}{R}\left(1-\varepsilon^{-\frac{R}{L}t}\right) = I\left(1-\varepsilon^{-\frac{R}{L}t}\right) \tag{f}$$

단, $I = \frac{E}{R}$

로 구한다. 그래서, 이 식은 식(13-3)과 같게 된다.

R, *L*의 단자전압

식(13-3)과 같은 전류가 흐를 때, R 및 L의 양단의 전압을 v_R 및 v_L이라고 하면

$$\left.\begin{aligned} v_L &= L\frac{di}{dt} = \frac{L \cdot d\frac{E}{R}\left(1-\varepsilon^{-\frac{R}{L}t}\right)}{dt} = E\varepsilon^{-\frac{R}{L}t} \\ v_R &= Ri = E\left(1-\varepsilon^{-\frac{R}{L}t}\right) \end{aligned}\right\} \tag{13-6}$$

로 된다. 이것을 그림으로 나타내면 그림 13-2와 같이 된다.

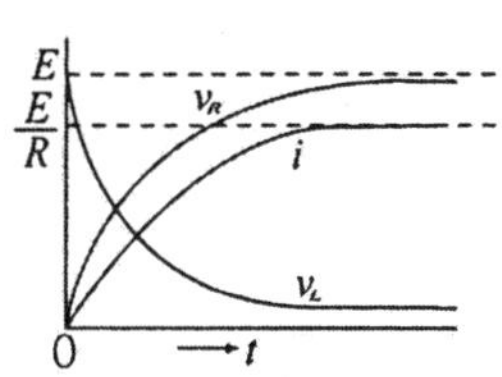

그림 13-2 *E*를 인가할 때의 과도전류와 전압

전 전력량 : 다음에 전력량을 W라 하면

$$W=\int_0^{\infty} Eidt=\int_0^{\infty}\left(L\frac{di}{dt}+Ri\right)idt$$

$$=\int_0^{\infty}(Lidi+Ri^2dt)=\left[L\cdot\frac{i^2}{2}\right]_0^{\infty}+\int_0^{\infty}Ri^2dt$$

$$=\frac{L}{2}\cdot\left[\left\{\frac{E}{R}\left(1-\varepsilon^{-\frac{R}{L}t}\right)\right\}^2\right]_0^{\infty}+\int_0^{\infty}Ri^2dt$$

$$\therefore\ W=\frac{1}{2}L\left(\frac{E}{R}\right)^2+\int_0^{\infty}Ri^2dt \tag{13-7}$$

등식의 우변 제1항의 E/R는 정상치 I이므로, 전기자기학에서 배운 자기에너지 $LI^2/2$[J]을 나타내며, 제2항은 R에서 소비되는 주울손(Joule loss)을 나타낸다.

2-2 전원을 제거하고, 방전하는 경우

그림 13-3과 같이 직류전원에서 $L\cdot R$회로에 전류 I를 흘릴 때, S_2를 닫는 동시에 S_1을 개방하면, L에 축적되어 있던 $\frac{1}{2}LI^2$의 자기 에너지가 방출되어 과도전류 i가 흐른다.

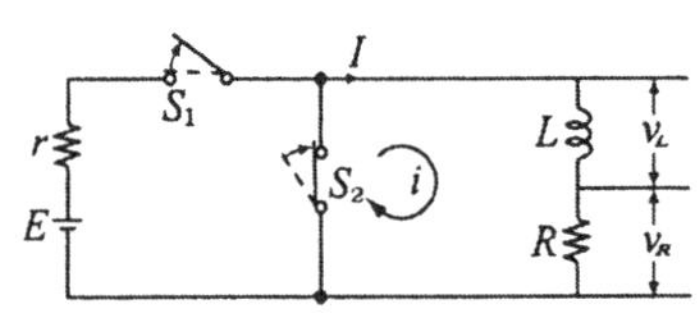

그림 13-3

이때

$$L\frac{di}{dt}+Ri=0 \tag{13-8}$$

의 식이 성립된다. 이 식은 식(13-1)의 보조방정식인 식(13-5)와 같으므로, 해

의 정상항 i_s는 0으로 되며, 전류 i는

$$i = i_s + i_t = 0 + A\varepsilon^{-\frac{R}{L}t}$$

의 과도항만 남는다. 그래서 초기 조건은 $t=0$일 때, $i=I$이므로, $A=I$로 되며

$$i = I\varepsilon^{-\frac{R}{L}t} \tag{13-9}$$

가 된다.

L, R의 양단의 전압을 V_L 및 V_R이라고 하면, $i=I\varepsilon^{-\frac{R}{L}t}$이므로

$$\left.\begin{aligned} V_L &= L\frac{di}{dt} = L\frac{dI\varepsilon^{-\frac{R}{L}t}}{dt} = -RI\varepsilon^{-\frac{R}{L}t} \\ V_R &= Ri = RI\varepsilon^{-\frac{R}{L}t} \end{aligned}\right\} \tag{13-10}$$

또, 회로에서 소비되는 에너지 W는

$$\begin{aligned} W &= \int_0^{\infty} Ri^2 dt = \int_0^{\infty} R\left(I\varepsilon^{-\frac{R}{L}t}\right)^2 dt \\ &= \int_0^{\infty} RI^2\varepsilon^{-\frac{2R}{L}t} dt = RI^2\left[-\frac{L}{2R}\varepsilon^{-\frac{2R}{L}t}\right]_0^{\infty} \\ &= \frac{1}{2}LI^2 \end{aligned} \tag{13-11}$$

이다.

이것은, 식(13-7)의 제1항에서 최초 L에 축적되어 있던 자기 에너지가 R에서 열에너지로 방출되는 것을 의미한다.

2-3 시정수

$R \cdot L$의 직렬회로에 있어서 과도항의 변화를 좀더 자세히 알아 보기로 하자. $R \cdot L$ 직렬회로에 기전력을 갑자기 인가할 때, 흐르는 전류 i_a는 식(13-3)에 의하여

$$i_a = \frac{E}{R}\left(1-\varepsilon^{-\frac{R}{L}t}\right) = \frac{E}{R} - \frac{E}{R}\varepsilon^{-\frac{R}{L}t} \qquad \text{(a)}$$

로 나타낼 수 있으므로, i_a는 그림 13-4(a)와 같은 곡선이 된다.

이 전류는 그림과 같이 정상항 $i_s = \frac{E}{R}$와 과도항 $i_t = -\frac{E}{R}\varepsilon^{-\frac{R}{L}t}$로 분해된다.

또, $R \cdot L$회로의 전압을 제거하여 단락시킬 때 흐르는 전류 i_b는, 식(13-9)에 의하여

$$i_b = I\varepsilon^{-\frac{R}{L}t} = I\varepsilon^{-\frac{t}{T}} \qquad \text{(b)}$$

로 되며, 이것을 그래프로 나타내면 그림 13-4(b)와 같이 된다.

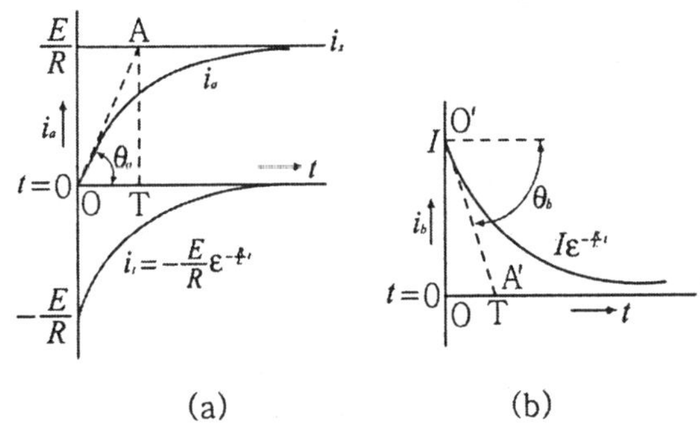

그림 13-4

이들의 과도상태에 있어서 전류 변화의 속도는 식 (a), (b)의 $T = \frac{L}{R}$에 의하여 정해지며, T의 값이 큰 것일수록 전류의 변화가 늦으므로 과도 상태가 오래 계속된다.

예를 들면, $t = T = \frac{L}{R}$초 일 때의 전류를 구하면, $\varepsilon = 2.718$이므로

$$i_a = \frac{E}{R}\left(1-\varepsilon^{-\frac{t}{T}}\right) = \frac{E}{R} - \frac{E}{R}\cdot\frac{1}{\varepsilon} = \frac{E}{R} - 0.368\frac{E}{R} = 0.632\frac{E}{R}$$

$$\therefore\ i_a \Big/ \frac{E}{R} = i_a/I = 0.632 \tag{13-12}$$

같은 방법으로 $i_b = I\varepsilon^{-\frac{t}{T}} = I \cdot \frac{1}{\varepsilon} = 0.368\,I$

$$\therefore\ i_b/I = 0.368 \tag{13-13}$$

으로 된다. 이상의 결과에서 $t=0$에서 $t=T=\frac{L}{R}$초 경과될 때 과도전류는 전압을 인가할 때는 정상치의 0.632배, 또 전압을 인가할 때의 과도항 및 전압을 제거하여 방전했을 때의 과도전류는 초기전류의 0.368배로 된다.

따라서, $T=\frac{L}{R}$의 값이 클수록 과도상태는 더 오랫동안 계속된다. 이 때문에 $T=\frac{L}{R}$을 $R \cdot L$ 직렬 회로의 **시정수**(time constant)라 하고, L은 [H], R는 [Ω]의 단위일 때, T의 단위는 [s]의 단위로 표시한다.

시정수는 $R \cdot L$회로뿐 아니라, 일반적으로 과도전류가 흐르는 회로에서는 반드시 고려하여야 한다.

다음에, $t=0$인 순간의 그림 13-4의 과도전류의 접선의 기울기를 알아 보면,

그림 (a)에서는, $$\tan\theta_a = \left(\frac{di_a}{dt}\right)_{t=0} = \left(\frac{d\frac{E}{R}\left(1-\varepsilon^{-\frac{t}{T}}\right)}{dt}\right)_{t=0}$$
$$= \left(\frac{1}{T} \cdot \frac{E}{R}\varepsilon^{-\frac{t}{T}}\right)_{t=0} = \frac{1}{T} \cdot \frac{E}{R} \tag{13-14}$$

그림 (b)에서는, $$\tan\theta_b = \left(\frac{di_b}{dt}\right)_{t=0} = \left(\frac{dI\varepsilon^{-\frac{t}{T}}}{dt}\right)_{t=0}$$
$$= -\left(\frac{1}{T} \cdot I\varepsilon^{-\frac{t}{T}}\right)_{t=0} = -\frac{1}{T} \cdot I \tag{13-15}$$

로 된다. 따라서 $t=0$일 때의 i_a 및 i_b의 접선은 OA 및 O′A′로 되며, $t=T$

일 때, $i=\frac{E}{R}$ 및 $i=0$의 직선과 만난다.

이상에서 알 수 있는 바와 같이, 과도현상은 이론적으로는 무한대의 시간까지 계속되고 있으나, t가 시정수의 4.5배로 되면 과도항은 초기값의 1[%] 이하로 되기 때문에, 실용적으로는 아주 짧은 시간이 경과하면 과도상태는 끝나는 것으로 생각해도 된다.

例題 1. 그림 13-5와 같이 저항과 인덕턴스의 직병렬 회로에서, S를 닫고서 t초 후의 각 분로의 전류를 구하여라.

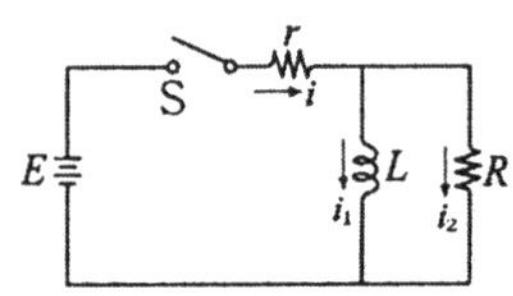

그림 13-5

解答 그림 13-5와 같이 전류를 i, i_1, i_2라고 하면

$$i=i_1+i_2 \tag{a}$$

$$L\frac{di_1}{dt}+ri=E \tag{b}$$

$$L\frac{di_1}{dt}-Ri_2=0 \tag{c}$$

식(a), (b)에서

$$L\frac{di_1}{dt}+r(i_1+i_2)=E \tag{d}$$

식 (d)에 식(c)의 i_2의 관계를 대입하여 정리하면

$$L\frac{di_1}{dt}+ri_1+r\frac{L}{R}\cdot\frac{di_1}{dt}=E$$

$$\therefore\ \left(\frac{L(R+r)}{R}\right)\frac{di_1}{dt}+ri_1=E \tag{13-16}$$

로 된다.

식(13-16)에서 $t=\infty$일 때 정상항 i_s는, L가 단락 상태로 되고, $i_s=\frac{E}{r}$, 과도항 i_t는 식(13-16)의 우변을 0으로 놓은 특해를 구하면 되므로

$$\frac{L(R+r)}{R} \times \frac{di_t}{dt} + ri_t = 0$$

$i_t = A\varepsilon^{pt}$라고 하면 윗식은

$$\left(\frac{L(R+r)}{R} \times p + r\right)A\varepsilon^{pt} = 0$$

$$\therefore\ p = -\frac{Rr}{L(R+r)}$$

$$\therefore\ i_t = A\varepsilon^{-\frac{Rr}{L(R+r)}t}$$

$$\therefore\ i_1 = i_2 + i_t = \frac{E}{r} + A\varepsilon^{-\frac{Rr}{L(R+r)}t}$$

$t=0$일 때, $i_1 = 0$이므로, $A = -\frac{E}{r}$, 따라서

$$i_1 = \frac{E}{r}\left(1-\varepsilon^{-\frac{Rr}{L(R+r)}t}\right) \tag{1}$$

다음에 i_2를 구하면 식(c)에서

$$i_2 = \frac{L}{R} \times \frac{di_1}{dt} = \frac{L}{R} \times \frac{d\frac{E}{r}\left(1-\varepsilon^{-\frac{Rr}{L(R+r)}t}\right)}{dt} = \frac{E}{R+r}\varepsilon^{-\frac{Rr}{L(R+r)}t} \tag{2}$$

로 된다.

제 3 절 R · C직렬의 직류회로

3-1 직류기전력으로 충전하는 경우

그림 13-6과 같이 R와 C의 직렬회로에서 스위치 S를 닫고, 직류기전력 E를 인가할 때 전류 i가 흐른다고 하면, 다음 식이 성립한다.

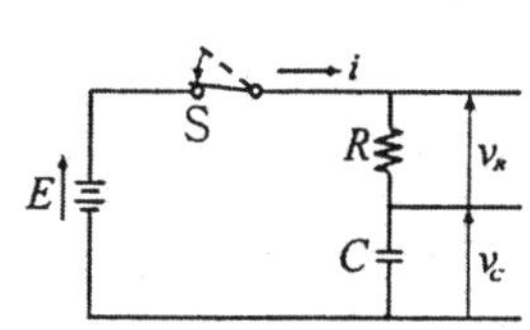

그림 13-6

$$Ri+\frac{\int idt}{C}=E \tag{13-17}$$

C의 전하를 q, 전압을 v_c라고 하면

$$q=\int idt=Cv_c, \qquad \frac{dq}{dt}=i \tag{13-18}$$

의 관계가 있으므로, 식(13-17)은 다음과 같이 표시할 수 있다.

$$R\frac{dq}{dt}+\frac{q}{C}=E \tag{13-19}$$

이의 해 q는 정상항을 q_s, 과도항을 q_t라고 하면

$$q=q_s+q_t$$

로서, $t=0$일 때 정상항은 $q_t=CE$로 된다. 또 q_t는

$$R\frac{dq_t}{dt}+\frac{q_t}{C}=0$$

의 보조방정식의 보조해를 구하면 된다. 즉, $q_t=Aq^{pt}$라고 하면, 식(3-19)는 $q_t=A\varepsilon^{pt}$라 놓으면

$$\left(Rp+\frac{1}{C}\right)A\varepsilon^{pt}=0$$

$$\therefore\ p=-\frac{1}{RC}$$

$$\therefore\ q_t=A\varepsilon^{-\frac{t}{RC}} \tag{13-20}$$

로 된다. 따라서

$$q=q_s+q_t=CE+A\varepsilon^{-\frac{t}{RC}} \tag{13-21}$$

로 되어, $t=0$일 때 $q=0$를 초기 조건이라고 하면, $A=-CE$로 되므로

$$q = CE - CE\varepsilon^{-\frac{t}{RC}} = CE\left(1 - \varepsilon^{-\frac{t}{RC}}\right) \tag{13-22}$$

또,

$$i = \frac{dq}{dt} = \frac{E}{R}\varepsilon^{-\frac{t}{RC}} \tag{13-23}$$

여기서, RC는 시정수로서, R의 단위로 [Ω], C의 단위로 [F]를 사용하면 시정수는 [s]의 단위로 나타내어진다.

다음에 R 및 C의 단자전압을 v_R 및 v_C라고 하면

$$\left.\begin{aligned} v_R &= Ri = R\frac{dq}{dt} = E\varepsilon^{-\frac{t}{RC}} \\ v_C &= \frac{q}{C} = \frac{CE}{C}\left(1 - \varepsilon^{-\frac{t}{RC}}\right) = E\left(1 - \varepsilon^{-\frac{t}{RC}}\right) \end{aligned}\right\} \tag{13-24}$$

이다. 전 전력량 W는, W_R 및 W_C를 저항과 정전용량의 전력량이라고 하면,

$$\begin{aligned} W &= W_R + W_C = \int_0^\infty v_R i dt + \int_0^\infty v_C i dt \\ &= \int_0^\infty E\varepsilon^{-\frac{t}{RC}} \cdot \frac{E}{R}\varepsilon^{-\frac{t}{RC}} dt + \int_0^\infty E\left(1 - \varepsilon^{-\frac{t}{RC}}\right)\frac{E}{R}\varepsilon^{-\frac{t}{RC}} dt \\ &= \left[-\frac{CE^2}{2}\varepsilon^{-\frac{2t}{RC}}\right]_0^\infty + \left[-CE^2\varepsilon^{-\frac{t}{RC}} + \frac{CE^2}{2}\varepsilon^{-\frac{2t}{RC}}\right]_0^\infty \\ &= \frac{CE^2}{2} + \frac{CE^2}{2} = CE^2 \end{aligned} \tag{13-25}$$

으로 된다.

이상의 예에서 알 수 있는 바와 같이, $R \cdot C$ 직렬회로에 직류전압을 인가할 때 주어진 전 전력량은, R와 C에 똑같이 나누어져 각각 $CE^2/2$은 정전에너지로서 정전용량중에 축적된다.

3-2 전원을 제거하고 방전하는 경우

콘덴서가 전하 Q_0로 충전되어 있을 때, 그림 13-7의 S를 닫아서 방전시킬 때 흐르는 전류를 i, C의 전하를 q라 하면, 다음의 식이 성립한다.

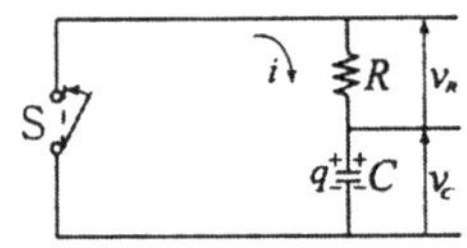

그림 13-7

$$R\frac{dq}{dt}+\frac{q}{C}=0 \tag{13-26}$$

이것은 식(13-19)의 보조해의 경우와 같으므로

$$q=A\varepsilon^{-\frac{t}{RC}}$$

$t=0$일 때 Q_0라 하면, $A=Q_0$이므로

$$\therefore\ q=Q_0\varepsilon^{-\frac{t}{RC}} \tag{13-27}$$

$$i=\frac{dq}{dt}=-\frac{Q_0}{RC}\varepsilon^{-\frac{t}{RC}}=-\frac{E}{R}\varepsilon^{-\frac{t}{RC}} \tag{13-28}$$

단, $Q_0/C=E$이다. 그래서

i는 부가 되므로 그림 13-7에서, 충전될 때와 반대 방향으로 흐르는 것을 의미한다.

다음에 R 및 C의 양단전압을 v_R 및 v_C라고 하면

$$\left.\begin{aligned} v_R&=Ri=-E\varepsilon^{-\frac{t}{RC}} \\ v_C&=\frac{q}{C}=E\varepsilon^{-\frac{t}{RC}} \end{aligned}\right\} \tag{13-29}$$

로 된다. 이 때 R에서의 전 소비전력량은

$$W=\int_0^\infty v_R i dt=\int_0^\infty \frac{E^2}{R}\varepsilon^{-\frac{2t}{RC}}dt=\left[-\frac{CE^2}{2}\varepsilon^{-\frac{2t}{RC}}\right]_0^\infty$$
$$=\frac{CE^2}{2} \tag{13-30}$$

로 되며, 최초에 C에 축적된 정전에너지 $\frac{-CE^2}{2}$이 모두 R중에 방출되며, 열에너지로 변화함을 나타내고 있다.

例題 **2**. 그림 13-8과 같이 회로의 스위치 S를 닫을 때, 각 분로에 흐르는 전류를 구하여라.

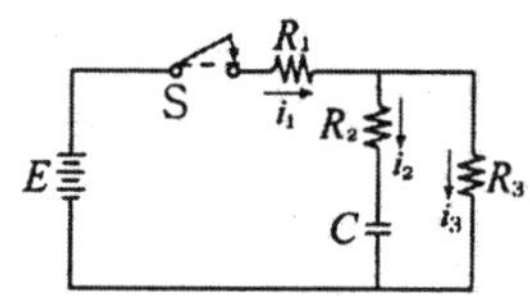

그림 13-8

解答 각 전류를 그림 13-8과 같이, i_1, $i_2=\frac{dq}{dt}$, i_3라 하면, 키르히호프의 법칙에 의하여 다음 식이 성립한다.

$$R_1 i_1+R_3 i_3=E \tag{1}$$

$$R_2\frac{dq}{dt}+\frac{q}{C}=R_3 i_3 \tag{2}$$

$$i_1=\frac{dq}{dt}+i_3 \tag{3}$$

식(1), (3)에서 i_1을 소거하여 i_3를 구하고, 이것을 식(2)에 대입하면

$$(R_1R_2+R_2R_3+R_3R_1)\frac{dq}{dt}+\frac{R_1+R_3}{C}q=R_3E \tag{13-31}$$

이다.

일반해는

$$q=q_s+q_t$$

q_s는 식(13-31)에서, $t=\infty$에서는 $dq/dt=0$이 되므로(정상 상태의 전하를 생각해도 된다.)

$$q_s=\frac{R_3CE}{R_1+R_3} \tag{a}$$

또 q_t는, 식(13-31)의 우변을 0으로 놓은 보조방정식의 해이므로

$$(R_1R_2+R_2R_3+R_3R_1)\frac{dq_t}{dt}+\frac{R_1+R_3}{C}q_t=0$$

$q_t=A\varepsilon^{pt}$이라고 하면

$$\left\{(R_1R_2+R_2R_3+R_3R_1)P+\frac{R_1+R_3}{C}\right\}A\varepsilon^{pt}=0$$

$$\therefore\ p=-\frac{R_1+R_3}{C(R_1R_2+R_2R_3+R_3R_1)} \qquad \therefore\ q_t=A\varepsilon^{-\frac{t}{T}} \tag{b}$$

단, $T=\dfrac{C(R_1R_2+R_2R_3+R_3R_1)}{R_1+R_3}$

$$\therefore\ q=q_s+q_t=\frac{R_3CE}{R_1+R_3}+A\varepsilon^{-\frac{t}{T}} \tag{c}$$

$t=0$일 때 $q=0$이라고 하면, $A=-\dfrac{R_3CE}{R_1+R_3}$

$$\therefore\ q=\frac{R_3CE}{R_1+R_3}\left\{1-\varepsilon^{-\frac{t}{T}}\right\} \tag{13-32}$$

따라서

$$i_2=\frac{dq}{dt}=\frac{R_3E}{R_1R_2+R_2R_3+R_3R_1}\varepsilon^{-\frac{t}{T}} \tag{13-33}$$

다음에 i_3는, 식(1), (3)에서 i_1을 소거하여 식(13-33)의 값을 대입하여 정리하면

$$i_3=\frac{E}{R_1+R_3}\left(1-\frac{R_1R_3}{R_1R_2+R_2R_3+R_3R_1}\varepsilon^{-\frac{t}{T}}\right) \tag{13-34}$$

$$\therefore\ i=i_2+i_3=\frac{E}{R_1+R_3}\left(1+\frac{R_3^{\ 2}}{R_1R_2+R_2R_3+R_3R_1}\varepsilon^{-\frac{t}{T}}\right) \tag{13-35}$$

가 된다.

제 4 절 L · C직렬의 직류회로

4-1 L · C회로의 직류에 의한 충전

그림 13-9와 같이 $L \cdot C$의 직렬회로에 S를 닫아서 직류기전력을 인가할 때

흐르는 전류를 i라고 하면, 다음 식이 성립한다.

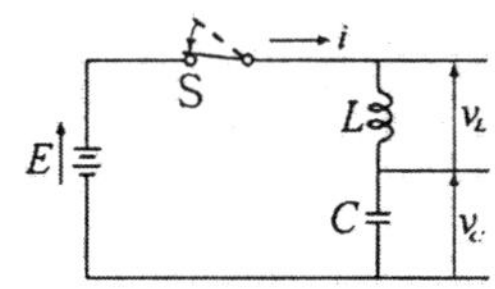

그림 13-9

$$L\frac{di}{dt}+\frac{\int idt}{C}=E \tag{13-36}$$

C의 전하를 q라 하면, $i=dq/dt$의 관계가 있으므로

$$L\frac{d^2q}{dt^2}+\frac{q}{C}=E \tag{13-37}$$

일반해 q는 정상해 q_s와 윗 식의 우변을 0으로 놓은 보조방정식의 해 q_t의 합이다.

$$q=q_s+q_t \tag{13-38}$$

q_s는 $t=\infty$일 때의 값으로 CE이다. q_t는 식(13-34)의 우변을 0으로 놓은 보조방정식

$$L\frac{d^2q_t}{dt^2}+\frac{qt}{C}=0 \tag{13-39}$$

에 있어서 $q_t=A\varepsilon^{pt}$라고 놓으면, 윗 식은

$$\left(Lp^2+\frac{1}{C}\right)A\varepsilon^{pt}=0$$

$$p=\pm\sqrt{-\frac{1}{LC}}=\pm j\frac{1}{\sqrt{LC}}=\pm j\omega$$

$$\therefore\ q_t=A\varepsilon^{j\omega t}+B\varepsilon^{-j\omega t} \tag{13-40}$$

또 이것을 삼각함수로 나타내면

$$q_t = A\varepsilon^{j\omega t} + B\varepsilon^{-j\omega t} = A(\cos\omega t + j\sin\omega t) + B(\cos\omega t - j\sin\omega t)$$

$$= (A+B)\cos\omega t + j(A-B)\sin\omega t \qquad (13\text{-}41)$$

$$= A_1\cos\omega t + B_1\sin\omega t$$

라는 해가 얻어진다. 따라서

$$\left.\begin{aligned} q &= q_s + q_t = CE + A_1\cos\omega t + B_1\sin\omega t \\ i &= \frac{dq}{dt} = -\omega A_1\sin\omega t + \omega B_1\cos\omega t \end{aligned}\right\} \qquad (13\text{-}42)$$

초기 조건이 $t=0$일 때, $q=0$, $i=0$이라고 하면, 식(13-42)에 대입하면

$$0 = CE + A_1$$

$$0 = \omega B_1$$

$$\therefore\ A_1 = -CE, \quad B_1 = 0 \qquad (13\text{-}43)$$

이 관계를 식(13-42)에 대입하면

$$\left.\begin{aligned} q &= CE(1-\cos\omega t) \\ i &= \omega CE\sin\omega t = \frac{E}{\sqrt{L/C}}\sin\frac{t}{\sqrt{LC}} \end{aligned}\right\} \qquad (13\text{-}44)$$

따라서, q도 i도 $\omega = 1/\sqrt{LC}$의 각 주파수로서 진동한다. 이것을 그림으로 나타내면 그림 13-10(a)와 같이 된다.

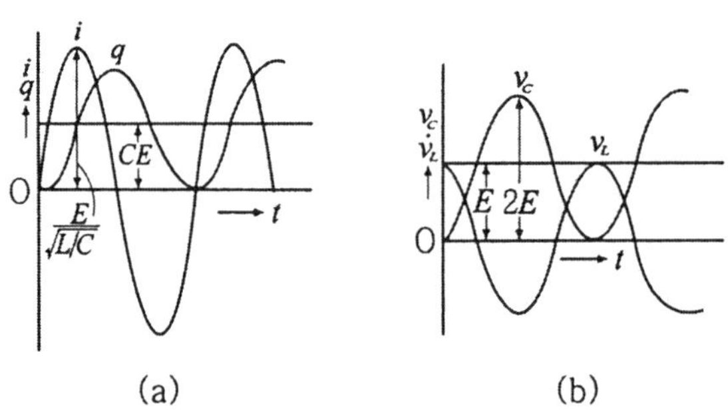

그림 13-10

4-2 $L \cdot C$ 회로의 방전

콘덴서 C가 전하 Q로 충전되어 있을 때, 스위치 S를 닫아서 이것을 방전시키면, 식(13-39)의 보조방정식과 같이

$$L\frac{d^2q}{dt^2}+\frac{q}{C}=0 \tag{13-45}$$

가 성립하며,

$$\left.\begin{aligned} q&=A_1\cos\omega t+B_1\sin\omega t \\ i&=\frac{dq}{dt}=-A_1\sin\omega t+B_1\cos\omega t \end{aligned}\right\} \tag{13-46}$$

로 된다. 그래서 $t=0$의 초기 조건은

$q=Q_0$, $i=0$이므로

$$\left.\begin{aligned} &A_1=Q_0,\ B_1=0 \\ \therefore\ &q=Q_0\cos\omega t \\ &i=-Q_0\sin\omega t \end{aligned}\right\} \tag{13-47}$$

로 됨을 알 수 있다.

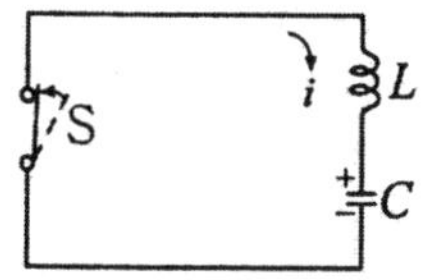

그림 13-11

제 5 절 R · L · C직렬의 직류회로

5-1 직류전원으로 충전한 경우

그림 13-12와 같이 $R \cdot L \cdot C$ 직렬회로가 있다. 스위치 S를 닫아서 E의 직류 기전력을 인가할 때 흐르는 전류를 i, C의 전하를 q라 하면 다음 식이 성립한다.

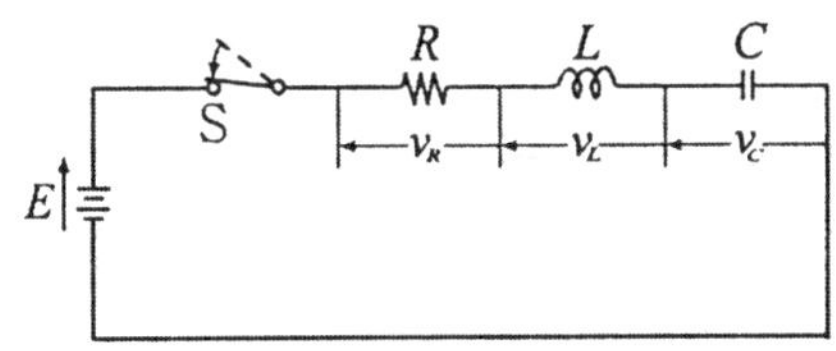

그림 13-12

$$L\frac{di}{dt}+Ri+\frac{\int idt}{C}=E \tag{13-48}$$

그런데 $i=\frac{dq}{dt}$이므로, 윗 식은

$$L\frac{d^2q}{dt^2}+R\frac{dq}{dt}+\frac{q}{C}=E \tag{13-49}$$

로 된다. 윗 식에서 $t=\infty$의 정상항은 $q_s=CE$로 된다. 또, 과도항 q_t는 식(13-49)에서 $E=0$으로 놓고 보조방정식의 해에서 구하여진다. 즉, $q_t=A\varepsilon^{pt}$라고 놓으면

$$L\frac{d^2q_t}{dt^2}+R\frac{dq_t}{dt}+\frac{q_t}{C}=0 \tag{13-50}$$

$$\left(Lp^2+Rp+\frac{1}{C}\right)A\varepsilon^{pt}=0$$

$$\therefore\ p=-\frac{R}{2L}\pm\frac{1}{2L}\sqrt{R^2-\frac{4L}{C}}$$

지금,

$$\left.\begin{aligned} p_1 &= -\frac{R}{2L} + \frac{1}{2L}\sqrt{R^2 - \frac{4L}{C}} \\ p_2 &= -\frac{R}{2L} - \frac{1}{2L}\sqrt{R^2 - \frac{4L}{C}} \end{aligned}\right\} \tag{13-51}$$

이라고 하면

$$q_t = A\varepsilon^{p_1 t} + B\varepsilon^{p_2 t} \tag{13-52}$$

따라서, 식(13-49)의 해는

$$\left.\begin{aligned} q &= q_s + q_t = CE + A\varepsilon^{p_1 t} + B\varepsilon^{p_2 t} \\ i &= \frac{dq}{dt} = Ap_1\varepsilon^{p_1 t} + Bp_2\varepsilon^{p_2 t} \end{aligned}\right\} \tag{13-53}$$

로 되며, 초기 조건은 $t=0$일 때, $i=0$, $q=0$이라고 하면, 식(13-53)은

$$0 = CE + A + B$$

$$0 = Ap_1 + Bp_2$$

$$\therefore\ A = \frac{p_2}{p_1 - P_2}CE, \qquad B = \frac{-p_1}{p_1 - P_2}CE \tag{13-54}$$

따라서, 식(13-53)은 다음과 같이 된다.

$$\left.\begin{aligned} q &= q_s + q_t = CE + \frac{CE}{p_1 - p_2}(p_2\varepsilon^{p_1 t} - p_1\varepsilon^{p_2 t}) \\ i &= CE\frac{p_1 p_2}{p_1 - p_2}(\varepsilon^{p_1 t} - \varepsilon^{p_2 t}) \end{aligned}\right\} \tag{13-55}$$

이 때의 C, L 및 R의 양단전압을 v_C, v_L 및 v_R라고 하면

$$\left.\begin{aligned} v_C &= \frac{q}{C} = E\left\{1 + \frac{1}{p_1 - p_2}(p_2\varepsilon^{p_1 t} - p_1\varepsilon^{p_2 t})\right\} \\ v_L &= L\frac{di}{dt} = LCE\frac{p_1 p_2}{p_1 - p_2}(p_1\varepsilon^{p_1 t} - p_2\varepsilon^{p_2 t}) \\ v_R &= Ri = RCE\frac{p_1 p_2}{p_1 - p_2}(\varepsilon^{p_1 t} - \varepsilon^{p_2 t}) \end{aligned}\right\} \tag{13-56}$$

이다. 또 식(13-55)의 q, i의 값은 식(13-51)의 p_1, p_2의 근호안의 값에 의하여 다음 3가지의 다른 현상을 생기게 한다.

(1) $R^2 > \frac{4L}{C}$ **일 때**(p_1, p_2는 실수로 되며, q, i는 비진동적이다.)

(2) $R^2 < \frac{4L}{C}$ **일 때**(p_1, p_2는 복소수로 되며, q, i는 진동적이다.)

(3) $R^2 = \frac{4L}{C}$ **일 때**($p_1 = p_2$의 실수로 되며, q, i는 임계적이다.)

다음에 이 현상을 자세히 알아 보자.

(1) $\boldsymbol{R^2 > \frac{4L}{C}}$ **일 때**(비진동적) ; 식(13-51)에 있어서, $\alpha = R/2L$,

$\gamma = \frac{1}{2L}\sqrt{R^2 - \frac{4L}{C}}$ 라고 하면, γ는 실수가 되고,

$$p_1 = -\alpha + \gamma, \qquad p_2 = -\alpha - \gamma$$

로 표시된다. $\alpha > \gamma$이므로, p_1과 p_2는 부의 실수로서, $p_1 > p_2$의 관계가 있다.

전하 ; 식(3-55)의 q의 식에 이것을 대입하여 정리하면,

$$q = CE\left[1 + \frac{1}{2\gamma}\{(-\alpha - \gamma)\varepsilon^{(-\alpha+\gamma)t} - (-\alpha + \gamma)\,\varepsilon^{(-\alpha-\gamma)t}\}\right] \tag{13-57}$$

로 되므로, 쌍곡선 함수로 표시하면, $\varepsilon^{\pm\gamma t} = \cos h\gamma t \pm \sin h\gamma t$의 관계가 있으므로

$$q = CE\left[1 - \frac{\varepsilon^{-\alpha t}}{\gamma}(\alpha \sin h\gamma t + \gamma \cos h\gamma t)\right] \tag{13-58}$$

지금, $\phi = \tanh^{-1}\gamma/\alpha$ ($\alpha > \gamma$)라고 하면, 윗 식은

$$\left.\begin{aligned} q &= CE\left\{1 - \frac{\sqrt{\alpha^2 - \gamma^2}}{\gamma}\,\varepsilon^{-\alpha t}\sin h(\gamma t + \phi)\right\} \\ &\text{또는,} \\ q &= CE\left\{1 - \frac{\varepsilon^{-\alpha t}}{\sin h\phi}\,\sin h(\gamma t + \phi)\right\} \end{aligned}\right\} \tag{13-59}$$

로 된다.

전류 ; 식(13-58)에 있어서 dq/dt를 구하면

$$\left.\begin{aligned} i&=\frac{dq}{dt}=CE\frac{d}{dt}\left[1-\frac{1}{\gamma}e^{-\alpha t}(\alpha\sin h\gamma t+\gamma\cos h\gamma t)\right]\\ &=CE\frac{\alpha^2-\gamma^2}{\gamma}\varepsilon^{-\alpha t}\sin h\gamma t\\ &=\frac{E}{\gamma L}\varepsilon^{-\alpha t}\sin h\gamma t \end{aligned}\right\} \tag{13-60}$$

이다. 또, 참고적으로 C의 단자전압 v_C를 구하면, 식(13-59)에서 다음과 같이 된다.

$$v_C=\frac{q}{C}=E\left\{1-\frac{\varepsilon^{-\alpha t}}{\sin h\phi}\sin h(\gamma t+\phi)\right\} \tag{13-61}$$

이것을 그림으로 나타내면, 그림 13-13과 같이 된다.

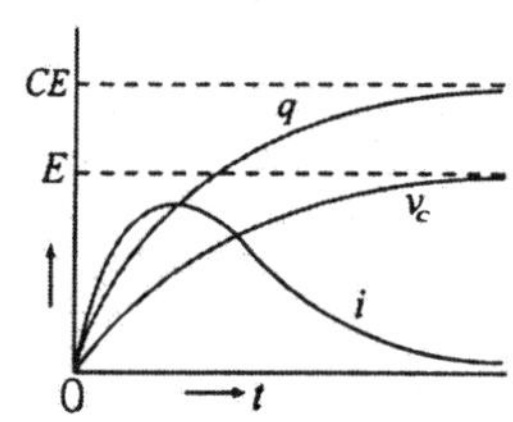

그림 13-13

(2) $R^2 < \frac{4L}{C}$ **일 때**(진동적) ; 이 경우에는 식(13-51)의 근호안이 허수로 되기 때문에 $\alpha=\frac{R}{2L}$, $\beta=\frac{1}{2L}\sqrt{\frac{4L}{C}-R^2}$라고 하면,

$$p_1=-\alpha+j\beta, \qquad p_2=-\alpha-j\beta$$

로 되며, p_1, p_2는 복소수로 된다. 따라서 가장 간단히 풀이하려면 (1)의 결과의 γ 대신에 $j\beta$를 대입하여 정리하면 결과가 얻어진다. 그러나 여기에서는 식(13-55)에서 식을 변화시켜 구해 보자.

전하 ; 식(13-55)의

$$q=CE\left\{1+\frac{1}{p_1-p_2}(p_2\varepsilon^{p_1 t}-p_1\varepsilon^{p_2 t})\right\}$$

에 있어서, $\varepsilon^{\pm j\beta t} = \cos\beta t \pm j\sin\beta t$의 관계를 이용하면

$$q = CE\left[1+\frac{1}{j2\beta}\{(-\alpha-j\beta)\varepsilon^{(-\alpha+j\beta)t}-(-\alpha+j\beta)\varepsilon^{(-\alpha-j\beta)t}\}\right]$$

$$= CE\left\{1-\frac{\varepsilon^{-\alpha t}}{j\beta}(j\alpha\sin\beta t+j\beta\cos\beta t)\right\} \tag{13-62}$$

$$= CE\left\{1-\varepsilon^{-\alpha t}\left(\frac{\alpha}{\beta}\sin\beta t+\cos\beta t\right)\right\}$$

지금, $\tan\theta=\dfrac{\beta}{\alpha}$이라고 하면

$$\left.\begin{aligned} q &= CE\left\{1-\frac{\varepsilon^{-\alpha t}}{\sin\theta}\sin(\beta t+\theta)\right\} \\ &= CE\left\{1-\frac{\sqrt{\alpha^2+\beta^2}}{\beta}\varepsilon^{-\alpha t}\sin(\beta t+\theta)\right\} \end{aligned}\right\} \tag{13-63}$$

와 같다.

전류 ; 전류는 전하를 미분하여도 얻어지나, 식(3-55)의 전류

$$i=\frac{p_1p_2}{p_1-p_2}CE(\varepsilon^{p_1t}-\varepsilon^{p_2t})$$

에서 구하여 보자. $p_1=-\alpha+j\beta$, $p_2=-\alpha-j\beta$를 윗 식에 대입하면

$$i = \frac{\alpha^2+\beta^2}{j2\beta}CE\{\varepsilon^{(-\alpha+j\beta)t}-\varepsilon^{(-\alpha-j\beta)t}\}$$

$$= \frac{\alpha^2+\beta^2}{j2\beta}CE\varepsilon^{-\alpha t}(\varepsilon^{j\beta t}-\varepsilon^{-j\beta t})$$

$$= \frac{\alpha^2+\beta^2}{j2\beta}CE\varepsilon^{-\alpha t}\{(\cos\beta t+j\sin\beta t)-(\cos\beta t-j\sin\beta t)\}$$

$$= \frac{\alpha^2+\beta^2}{\beta}CE\varepsilon^{-\alpha t}\sin\beta t \tag{13-64}$$

$$\therefore\ i=\frac{E}{\beta L}\varepsilon^{-\alpha t}\sin\beta t$$

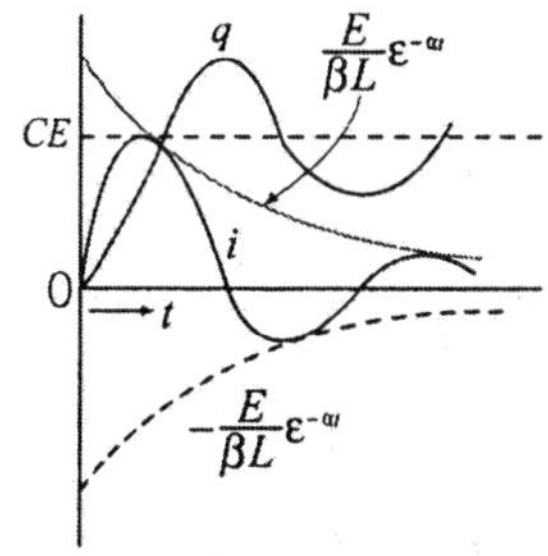

그림 13-14

로 된다. q 및 i의 변화과정을 나타내면 그림 13-14와 같이 된다. 이 그림에서 알 수 있듯이 전류도 전하도 감쇠율 α로서 지수적으로 감쇠하면서 각주파수 β로 진동한다. 그래서 $t=\infty$일 때는 $q=CE$, $i=0$로 된다. 이 때 β를 이 회로의 **고유각주파수**, $f=\beta/2\pi$를 **고유주파수**(natural frequency)라 한다.

또, 감쇠는 저항 중의 열 에너지 손실에 의해서 생기므로, 만약 $R=0$으로 되면 $\theta=\frac{\pi}{2}$, $\alpha=0$, $\beta=1/\sqrt{LC}$로 되고, $f=1/2\pi\sqrt{LC}$의 전기진동이 무한히 계속하게 된다.

(3) $R^2=\frac{4L}{C}$ **일 때**(임계적, critical case) ; 이 경우에는 식(13-51)의 근호 안의 수치가 0이 되므로, $p=p_1=p_2=-\alpha=-R/2L$로 된다. 그래서, 전하의 과도항은 $q_t=(A+BL)\varepsilon^{-\alpha t}$로 되고, 식(13-49)에서 $t=\infty$일 때의 정상항은 $q_s=CE$로 되기 때문에 q 및 i의 일반해는

$$\left.\begin{aligned} q&=q_s+q_t=CE+(A+Bt)\varepsilon^{-\alpha t} \\ i&=\frac{dq}{dt}=(A+Bt)\alpha\varepsilon^{-\alpha t}+B\varepsilon^{-\alpha t}=\{B-\alpha(A+Bt)\}\varepsilon^{-\alpha t} \end{aligned}\right\} \quad (13\text{-}65)$$

로 된다.

그래서 $t=0$일 때, $i=0$, $q=0$이므로, 식(13-65)에 이 관계를 대입하면

$$0 = CE + A \qquad \therefore\ A = -CE$$

$$0 = B - \alpha A \qquad B = \alpha A = -\alpha CE$$

$$\therefore\quad q = CE - (CE + \alpha CEt)\varepsilon^{-\alpha t}$$

$$= CE\{1 - (1 + \alpha t)\varepsilon^{-\alpha t}\} = CE\{1 - \varepsilon^{-\alpha t} - \alpha t\varepsilon^{-\alpha t}\} \tag{13-66}$$

$$i = \{-\alpha CE - \alpha(-CE - \alpha CEt)\varepsilon^{-\alpha t}\}$$

$$= CE\alpha^2 t\varepsilon^{-\alpha t} = CE\left(\frac{R}{2L}\right)^2 t\varepsilon^{-\alpha t} = \frac{E}{L}t\varepsilon^{-\alpha t} \tag{13-67}$$

$$\left(\because\ R^2 = \frac{4L}{C}\right)$$

이 q 및 i의 변화를 그림으로 나타내면 그림 13-15와 같이 된다.

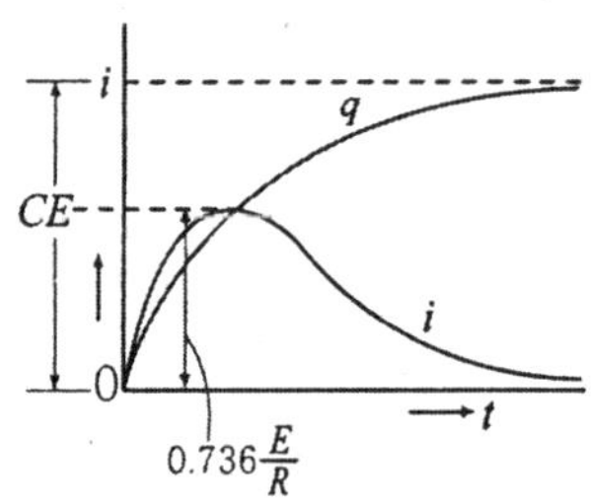

그림 13-15

5-2 전원을 제거하고 방전하는 경우

그림 13-16과 같이 R, L, C의 직렬회로에 있어서, C가 Q_0의 전하로 충전되어 있을 때, 스위치 S를 닫고 방전시키면

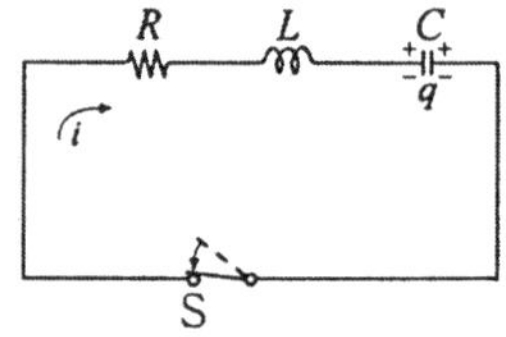

그림 13-16

$$L\frac{d^2q}{dt^2}+R\frac{dq}{dt}+\frac{q}{C}=0 \tag{13-68}$$

로 되며, 식(13-52)와 같게 된다. 따라서 이 일반해는 식(3-52)와 같이

$$\left.\begin{aligned} q&=A\varepsilon^{p_1t}+B\varepsilon^{p_2t} \\ i&=\frac{dq}{dt}=p_1A\varepsilon^{p_1t}+p_2B^{p_2t} \end{aligned}\right\} \tag{13-69}$$

그런데 $t=0$일 때 $q=Q_0=CE$, $i=0$이므로

$$\begin{aligned} &Q_0=A+B, \qquad 0=p_1A+p_2B \\ &\therefore\ A=\frac{-p_2}{p_1-p_2}Q_0, \quad B=\frac{p_1}{p_1-p_2}Q_0 \end{aligned} \tag{13-70}$$

따라서, 식(13-69)는

$$\left.\begin{aligned} q&=\frac{Q_0}{p_1-p_2}(-p_2\varepsilon^{p_1t}+p_1\varepsilon^{p_2t})=-\frac{Q_0}{p_1-p_2}(p_2\varepsilon^{p_1t}-p_1\varepsilon^{p_2t}) \\ i&=\frac{dq}{dt}=-\frac{p_1p_2}{p_1-p_2}Q_0(\varepsilon^{p_1t}-\varepsilon^{p_2t}) \end{aligned}\right\} \tag{13-71}$$

로 된다. 이때 q를 식(13-55)의 과도항 q_t, i를 식(13-55)의 i와 비교해 보면, q는 식(13-55)의 CE를 Q_0로 하고, q와 i의 정부(+, -)의 부호를 반대로 한 것과 같다. 따라서, 이것을 염두에 두고 있으면, 충전될 때의 결과에서 방전결과를 알 수 있다. 이 경우에도 물론 p의 근호안의 상태에 따라, 충전할 때와 같이 3종류의 방전형이 생기게 된다.

(1) **$R^2 > \frac{4L}{C}$ 일 때**(비진동적) : 충전할 때의 6-1의 (1)의 결과로부터 알고 있으나, 여기에서는 연습을 위하여, 다르게 풀어 보자. 지금, $\alpha=R/2L$, $\gamma=\sqrt{R^2-\frac{4L}{C}}\Big/2L$이라고 하면

$$p_1=-\alpha+\gamma, \quad p_2=\alpha-\gamma$$

그래서, $\alpha > \gamma$이므로 p_1과 p_2는 부의 실수로서 $p_1 > p_2$의 관계가 있다.

따라서, 이것을 식(13-71)에 대입하면

$$q=\frac{-Q_0}{2\gamma}\{(-\alpha-\gamma)\varepsilon^{(-\alpha+\gamma)t}-(-\alpha+\gamma)\varepsilon^{(-\alpha-\gamma)t}\} \tag{13-72}$$

가 된다. 그런데 $\varepsilon^{\pm\gamma t}=\cos h\gamma t \pm \sin h\gamma t$의 관계와 $\phi=\tan h^{-1}\frac{\gamma}{\alpha}$, $(\alpha > \gamma)$의 관계를 넣어서 정리하면

$$\begin{aligned} q &= Q_0\frac{\varepsilon^{-\alpha t}}{\gamma}(\alpha\sin h\gamma t+\gamma\cos h\gamma t) \\ &= Q_0\frac{\sqrt{\alpha^2-\gamma^2}}{\gamma}\varepsilon^{-\alpha t}\sin h(\gamma t+\phi) \\ &= Q_0\frac{\varepsilon^{-\alpha t}}{\sin h\phi}\sin h(\gamma t+\phi) \end{aligned} \tag{13-73}$$

이다.

이것은 식(13-59)의 전류의 부호를 반대로 한 것과 같은 결과로 된다.

또

$$\begin{aligned} i &= \frac{dq}{dt}=-Q_0\frac{d^2-\gamma^2}{\gamma}\varepsilon^{-\alpha t}\sin h\gamma t \quad \left(\because\ E=\frac{Q_0}{C}\right) \\ &= \frac{-Q_0}{\gamma LC}\varepsilon^{-\alpha t}\sin h\gamma t \end{aligned} \tag{13-74}$$

로 된다.

이것은 (13-60)의 전류의 부호를 반대로 한 것과 같게 된다. 이것은 전류의 방향을 충전할 때와 똑같이 정하여 식을 세웠으므로, 충전할 때와 반대 방향으로 전류가 흐른다는 것을 나타내고 있다.

(2) **$R^2 < \frac{4L}{C}$ 일 때**(진동적) : (1)의 결과에서 알 수 있는 바와 같이, 충전할 때의 결과를 이용하여, +, -의 부호를 반대로 하면 된다. 다시 말하면, 전하 q는 식(13-63)의 과도항의 부호를 바꾸고, $CE=Q_0$로 한다. 그리고 전류 i는 식(13-64)의 부호를 바꾸면, 다음과 같이 된다.

$$\left.\begin{aligned} q&=Q_0\frac{\varepsilon^{-\alpha t}}{\sin\theta}\sin(\beta t+\theta) \\ i&=-\frac{E}{\beta L}\varepsilon^{-\alpha t}\sin\beta t \end{aligned}\right\} \tag{13-75}$$

단, $\theta=\tan^{-1}\frac{\beta}{\alpha}$

(3) $R^2=\frac{4L}{C}$ **일 때**(임계적) : (2)의 경우와 같이 생각하여, 식(13-66), 식(13-67)에 적용하면, 다음과 같이 된다.

$$\left.\begin{aligned} q&=Q_0(1+\alpha t)\varepsilon^{-\alpha t} \\ i&=-\frac{E}{L}te^{-\alpha t} \end{aligned}\right\} \tag{13-76}$$

제 6 절 상호유도의 직류회로

상호유도회로는 특히 계산이 복잡하게 되므로, 가장 간단한 직류회로의 예에 대해서만 배우기로 한다.

그림 13-17과 같은 상호유도 M으로 결합된 회로가 있다. 스위치, S를 닫고 직류기전력 E를 인가할 때, 1차와 2차 회로에 전류 i_1, i_2가 흐른다고 하면, 다음과 같은 식이 성립한다.

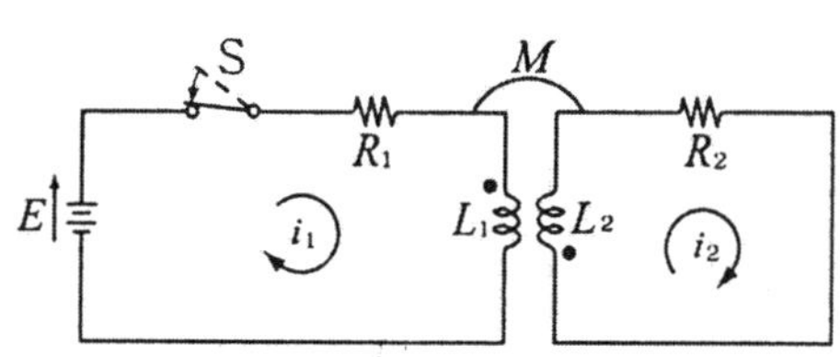

그림 13-17 상호 유도회로

$$L_1\frac{di_1}{dt}+R_1 i_1+M\frac{di_2}{dt}=E \tag{13-77}$$

$$L_2\frac{di_2}{dt}+R_2 i_2+M\frac{di_1}{dt}=0 \tag{13-78}$$

위 두 식에서 i_1 또는 i_2만의 미분방정식을 구한다.

먼저, 두 식을 미분하면

$$L_1\frac{d^2 i_1}{dt^2}+R_1\frac{di_1}{dt}+M\frac{d^2 i_2}{dt^2}=0 \tag{a}$$

$$L_2\frac{d^2 i_2}{dt^2}+R_2\frac{di_2}{dt}+M\frac{d^2 i_1}{dt^2}=0 \tag{b}$$

식(13-77)에서

$$\frac{di_2}{dt}=\frac{E}{M}-\frac{L_1}{M}\frac{di_1}{dt}-\frac{R_1}{M}i_1,$$

$$\therefore\ \frac{d^2 i_2}{dt^2}=-\frac{L_1}{M}\frac{di_1{}^2}{dt^2}-\frac{R_1}{M}\frac{di_1}{dt}$$

이들의 관계를 식(b)에 대입하여 $L_1L_2\geq M$인 것을 염두에 두고 정리하면,

$$\frac{d^2 i_1}{dt^2}+\frac{L_1R_2+L_2R_1}{L_1L_2-M^2}\cdot\frac{di_1}{dt}+\frac{R_1R_2}{L_1L_2-M^2}i_1=\frac{R_2}{L_1L_2-M^2}E \tag{13-79}$$

같은 방법으로 식(13-77)의 관계를 식(a)에 대입하면, i_2에 대한 식을 구하면

$$\frac{d^2 i_2}{dt^2}+\frac{L_1R_2+L_2R_1}{L_1L_2-M^2}\cdot\frac{di_2}{dt}+\frac{R_1R_2}{L_1L_2-M^2}i_2=0 \tag{13-80}$$

일반해는 다음과 같이 된다.

$$i_1=i_{1s}+i_{1t},\qquad i_2=i_{2s}+i_{2t} \tag{13-81}$$

정상항은, $t=\infty$일 때의 값이므로, 식(13-79), (13-80)에 의하여, $i_{1s}=E/R_1$, $i_{2s}=0$이다.

과도항은, 식(13-79), (13-80)의 우변을 0으로 놓은 보조해이다. 그래서, 두 식은 다만 i_1과 i_2만이 다르므로, 과도항 $i_t = A\varepsilon^{pt}$를 만족하는 p의 값은 두 식 다같게 되어

$$\left(p^2 + \frac{L_1R_2 + L_2R_1}{L_1L_2 - M^2}p + \frac{R_1R_2}{L_1L_2 - M^2}\right)A\varepsilon^{pt} = 0$$

$$\therefore\ p = -\frac{L_1R_2 + L_2R_1}{2(L_1L_2 - M^2)} \pm \frac{1}{2(L_1L_2 - M^2)}\sqrt{(L_1R_2 - L_2R_1)^2 + 4R_1R_2M^2}$$

$$= -\alpha \pm \gamma \tag{13-82}$$

가 된다.

여기서 윗 식의 근호안은 항상 정의 값이므로 비진동으로 된다.

따라서, 식(13-81)의 i_1과 i_2는 다음과 같이 쓸 수 있다.

$$\left.\begin{aligned} i_1 &= i_{1s} + i_{1t} = \frac{E}{R_1} + A_1\varepsilon^{(-\alpha+\gamma)t} + B_1\varepsilon^{(-\alpha-\gamma)t} \\ i_2 &= i_{2s} + i_{st} = 0 + A_2\varepsilon^{(-\alpha+\gamma)t} + B_2\varepsilon^{(-\alpha-\gamma)t} \end{aligned}\right\} \tag{13-83}$$

$t=0$일 때, $i_1=0$, $i_2=0$의 초기 조건을 윗 식에 대입하면

$$0 = \frac{E}{R_1} + A_1 + B_1, \qquad 0 = A_2 + B_2 \tag{13-84}$$

또 식(13-83) 및 식(13-84)의 관계를 식(13-77)에 대입하여, $t=0$으로 놓고 식(13-84)의 관계를 대입하면

$$\left.\begin{aligned} (A_1 - B_1)\gamma L_1 + (A_2 - B_2)\gamma M &= E\left(1 - \frac{\alpha L_1}{R_1}\right) \\ (A_1 - B_1)\gamma M + (A_2 - B_2)\gamma L_2 &= -E\frac{\alpha M}{R_1} \end{aligned}\right\} \tag{13-85}$$

이 된다.

식(13-84)와 식(13-85)의 관계에서, A_1, B_1, A_2, B_2를 구하면 다음과 같다.

$$\left.\begin{aligned} A_1 &= \frac{E}{2}\left\{\frac{L_2}{\gamma(L_1L_2-M^2)}-\frac{1}{R_1}\left(1+\frac{\alpha}{\gamma}\right)\right\} \\ B_1 &= \frac{E}{2}\left\{-\frac{L_2}{2\gamma(L_1L_2-M^2)}-\frac{1}{R_1}\left(1-\frac{\alpha}{\gamma}\right)\right\} \\ A_2 &= -B_2 = -\frac{EM}{2\gamma(L_1L_2-M^2)} \end{aligned}\right\} \tag{13-86}$$

이 관계를 식(13-83)에 대입하면, 다음과 같은 일반해를 얻는다.

$$\begin{aligned} i_1 &= \frac{E}{R_1}+\frac{E}{2}\left\{\frac{L_2}{\gamma(L_1L_2-M^2)}-\frac{1}{R_1}\left(1+\frac{\alpha}{\gamma}\right)\right\}\varepsilon^{(-\alpha+\gamma)t} \\ &\quad -\frac{E}{2}\left\{\frac{L_2}{\gamma(L_1L_2-M^2)}+\frac{1}{R_1}\left(1-\frac{\alpha}{\gamma}\right)\right\}\varepsilon^{(-\alpha-\gamma)t} \\ &= \frac{E}{R_1}+\frac{EL_2}{\gamma(L_1L_2-M^2)}\varepsilon^{-\alpha t}\sin h\gamma t-\frac{E}{R_1}\varepsilon^{-\alpha t}\frac{\sin h(\gamma t+\phi)}{\sin h\phi} \end{aligned} \tag{13-87}$$

단, $\phi=\tan^{-1}\dfrac{\gamma}{\alpha}$

같은 방법으로

$$\begin{aligned} i_2 &= -\frac{EM}{2\gamma(L_1L_2-M^2)}\{\varepsilon^{(-\alpha+\gamma)t}-\varepsilon^{(-\alpha-\gamma)t}\} \\ &= -\frac{EM}{\gamma(L_1L_2-M^2)}\varepsilon^{-\alpha t}\sin h\gamma t \end{aligned} \tag{13-88}$$

를 얻을 수 있다.

제 7 절 $R\cdot L$직렬의 교류회로

그림 13-18과 같이 $R\cdot L$의 직렬회로에 $e=E_m\sin(\omega t+\theta)$의 교류기전력을 $t=0$의 순간에 인가할 때, 흐르는 전류를 i라고 하면, 다음 식이 성립한다.

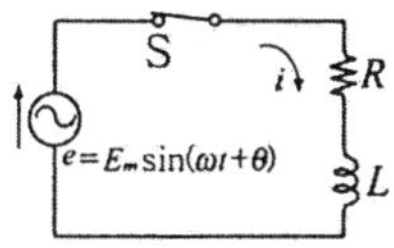

그림 13-18

$$L\frac{di}{dt}+Ri=E_m\sin(\omega t+\theta) \tag{13-89}$$

일반해는 직류회로일 때와 똑같은 방법으로 $t=\infty$일 때의 정상항 i_s와 식의 우변을 0으로 놓은 보조방정식의 해인 과도항 i_t와의 합으로 표시되므로

$$i=i_s+i_t$$

로 된다. 이 중에 정상항 i_s는 일반적인 교류회로에서 배운 정상전류로서

$$i_s=\frac{E_m}{\sqrt{R^2+\omega^2L^2}}\sin(\omega t+\theta-\phi)=\frac{E_m}{Z}\sin(\omega t+\theta-\phi) \tag{13-90}$$

여기서, $Z=$임피던스, $\phi=\tan^{-1}\dfrac{\omega L}{R}$

이다.

정상항을 구하는 방법, 이상은 정상치를 보통 회로 계산에서 구한 것이나, 일반적으로는 교류 회로의 미분 방정식에 있어서, 기호법으로 생각한 각각의 실효치의 벡터적 관계를 알려면, i를 $\dot{I}$, e를 $\dot{E}$의 실효치로 하여, d/dt를 $j\omega$, $\int dt=1/j\omega$로 표시한다.

이와같이 하면, 식(13-89)는 다음과 같이 표시할 수 있다.

$$L\cdot j\omega\dot{I}+R\dot{I}=\dot{E}$$

$$\therefore\ \dot{I}=\frac{\dot{E}}{R+j\omega L}=\frac{\dot{E}\varepsilon^{-j\phi}}{\sqrt{R^2+\omega^2L^2}} \tag{a}$$

여기서 $\phi=\tan^{-1}\dfrac{\omega L}{R}$

이다. 이것은 기호법 계산과 똑같게 나타나고 있음을 알 수 있다.

따라서, 식(a)의 전류의 순시값 i_s는

$$i_s=\frac{E_m}{\sqrt{R^2+\omega^2L^2}}\sin(\omega t+\theta-\phi)=\frac{E_m}{Z}\sin(\omega t+\theta-\phi)$$

임을 알 수 있다.

과도항 i_t는, 식(13-89)의 우변을 0으로 놓은 보조해로서, 이미 배운 바와 같이 $A\varepsilon^{-\frac{R}{L}t}$로 된다. 따라서

$$i=\frac{E_m}{Z}\sin(\omega t+\theta-\phi)+A\varepsilon^{-\frac{R}{L}t} \tag{13-91}$$

단, $\phi=\tan^{-1}\frac{\omega L}{R}$

그리고, $t=0$일 때 $i=0$이므로

$$0=\frac{E_m}{Z}\sin(\theta-\phi)+A \qquad \therefore\ A=-\frac{E_m}{Z}\sin(\theta-\phi)$$

$$\therefore\ i=\frac{E_m}{Z}\left\{\sin(\omega t+\theta-\phi)-\varepsilon^{\frac{R}{L}t}\sin(\theta-\phi)\right\} \tag{13-92}$$

식(13-92)의 전류를 그림으로 나타내면, 그림 13-19와 같이 된다. 또 식(13-92)를, $R\cdot L$의 직렬 회로에 직류전압을 인가할 때의 식(13-3)에 비교해 보면, 직류의 과도항은 전압을 인가하는 순간에 관계없이 일정한 $\frac{E}{R}\varepsilon^{-\frac{R}{L}t}$의 모양으로 되나, 교류에서는 과도항이 $\sin(\theta-\phi)$에 의해 변화됨을 알 수 있다.

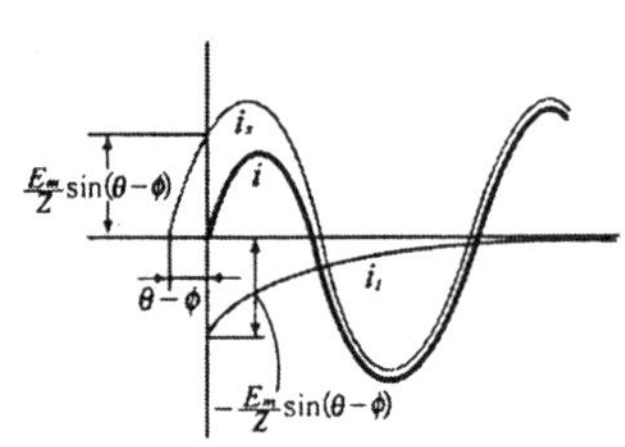

그림 13-19

이것은 교류이므로 스위치를 넣는 순간의 전압이 다르게 되는 것은 당연한 것이다. 즉, $\theta-\phi=\frac{\pi}{2}$일 때는 $\sin(\theta-\phi)=1$로서 최대가 되므로, 과도항의 절대값은 최대로 되고, $\theta-\phi=0$일 때 $\sin(\theta-\phi)=0$이 되므로 과도항은 없어지고, 바로 정상상태로 된다.

이 교류회로의 전원을 제거하여 단락시킬 때는, 그 단락 순간의 전류 $I_m\sin(\omega t+\theta-\phi)$의 값에 의하여 과도전류가 흐르게 되므로, 이것은 직류의 전류 $I=I_m\sin(\omega t+\theta-\phi)$가 흐를 때의 현상과 똑같게 된다. 그러므로 교류회로의 전원을 제거하면서 단락시킬 때의 과도현상은 따로 다루지 않는다.

제 8 절 $R\cdot C$직렬의 교류회로

그림 13-20과 같은 $R\cdot C$직렬회로에, $e=E_m\sin(\omega t+\theta)$의 교류기전력을 $t=0$의 순간에 인가할 때, 전류 i가 흐른다고 하면 다음과 같은 식이 성립한다.

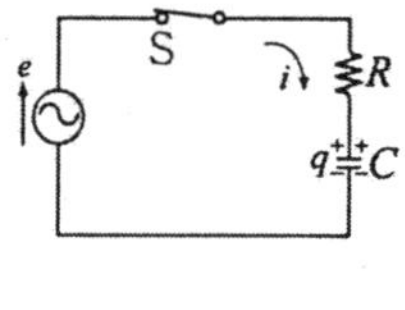

그림 13-20

$$Ri+\frac{\int i dt}{C}=E_m\sin(\omega t+\theta) \tag{13-93}$$

일반해 i는 정상항 i_s와 과도항 i_t와의 합이므로

$$i=i_s+i_t$$

로서, 이것을 앞절과 똑같이 생각하면 다음과 같이 표시할 수 있다.

$$i=\frac{E_m}{Z}\sin(\omega t+\theta+\phi)+A\varepsilon^{-\frac{t}{RC}} \tag{13-94}$$

단, $\phi=\tan^{-1}\frac{1}{R\omega C}$, $Z=\sqrt{R^2+\frac{1}{\omega^2C^2}}$

초기 조건은 $t=0$일 때 C의 전하를 0이라고 하면, $t=0$의 순간은 C가 단락된 상태와 같으며, 전류 $i(0)=\frac{E_m}{R}\sin\theta$로 된다.

따라서, 이 조건을 식(13-94)에 대입하면

$$\frac{E_m}{R}\sin\theta=\frac{E_m}{Z}\sin(\theta+\phi)+A$$

$$\begin{aligned}\therefore\ A &=\frac{E_m}{R}\sin\theta-\frac{E_m}{Z}\sin(\theta+\phi)\\ &=\frac{E_m}{Z}\left\{\frac{Z}{R}\sin\theta-\sin(\theta+\phi)\right\}\\ &=\frac{E_m}{Z}\left\{\frac{\sin\theta}{\cos\phi}-\sin(\theta+\phi)\right\}\\ &=-\frac{E_m}{Z}\cdot\frac{\cos(\theta+\phi)}{\omega CR}\end{aligned}$$

따라서, 식(3-94)는

$$i=\frac{E_m}{Z}\sin(\omega t+\theta+\phi)-\frac{E_m}{Z}\cdot\frac{\cos(\theta+\phi)}{\omega CR}\cdot\varepsilon^{-\frac{t}{RC}} \tag{13-95}$$

로 된다. 즉, 식(13-93)의 전류의 과도항의 최대는 $\theta+\phi=0$일 때 생긴다. 이것을 $(E_m/Z)=I_m$으로 하여 그림으로 나타내면 그림 13-21과 같다.

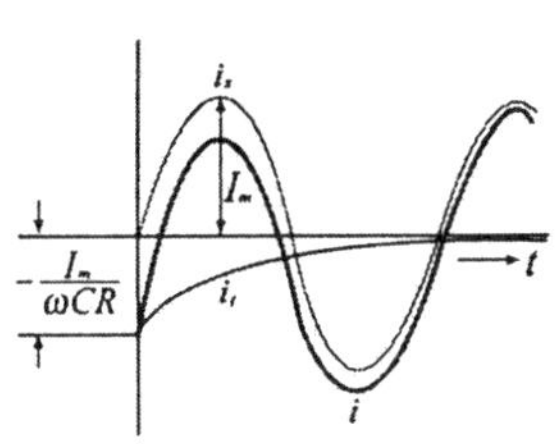

그림 13-21

제 9 절 L · C직렬의 교류회로

그림 13-22와 같이 $L \cdot C$ 직렬회로에 $e = E_m \sin(\omega t + \theta)$의 교류기전력을 $t=0$의 순간에 인가할 때, 전류 i가 흐른다고 하면 다음과 같은 식이 성립한다.

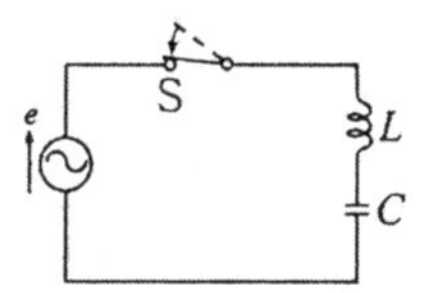

그림 13-22

$$L\frac{di}{dt} + \frac{\int i dt}{C} = E_m \sin(\omega t + \theta) \tag{13-96}$$

또, 전하를 q라 하면

$$L\frac{d^2q}{dt^2} + \frac{q}{C} = E_m \sin(\omega t + \theta) \tag{13-97}$$

일반해 q는, $t=\infty$일 때의 특해 q_s의 정상항과 우변을 0으로 놓은 보조해인 과도항 q_t의 합으로 표시되므로

$$q = q_s + q_t$$

앞절과 같은 방법으로 $d/dt = j\omega$로 놓고, q_s를 구하면

$$q_s = \frac{E_m}{\omega Z}\sin(\omega t + \theta)$$

단, $Z = \dfrac{1}{\omega C} - \omega L$

또, 과도항 q_t는 $1/\sqrt{LC} = \beta$라 하면, 식(13-41)과 같이

$$q_t = A_1 \cos\beta t + B_1 \sin\beta t$$

$$\left.\begin{aligned} \therefore\quad q &= q_s + q_t = \frac{E_m}{\omega Z}\sin(\omega t+\theta) + A_1\cos\beta t + B_1\sin\beta t \\ \text{또}\quad i &= \frac{dq}{dt} = \frac{E_m}{Z}\cos(\omega t+\theta) - A_1\beta\sin\beta t + B_1\beta\cos\beta t \end{aligned}\right\} \tag{13-98}$$

초기 조건은 $t=0$일 때 $q=0$, $i=0$이므로, 이 조건을 식(13-98)에 대입하여

$$0 = \frac{E_m}{\omega Z}\sin\theta + A_1$$

$$0 = \frac{E_m}{Z}\cos\theta + B_1\beta$$

$$\therefore\ A_1 = -\frac{E_m}{\omega Z}\sin\theta, \qquad B_1 = -\frac{E_m}{\beta Z}\cos\theta \tag{13-99}$$

따라서, 식(13-98)에 이 관계를 대입하면

$$\left.\begin{aligned} q &= \frac{E_m}{\omega Z}\left\{\sin(\omega t+\theta) - \sin\theta\cos\beta t - \frac{\omega}{\beta}\cos\theta\sin\beta t\right\} \\ i &= \frac{E_m}{Z}\left\{\cos(\omega t+\theta) + \frac{\beta}{\omega}\sin\theta\sin\beta t - \cos\theta\cos\beta t\right\} \end{aligned}\right\} \tag{13-100}$$

이다.

제10절 R · L · C직렬의 교류회로

그림 13-23과 같이 $R \cdot L \cdot C$ 직렬회로에 $e = E_m\sin(\omega t+\theta)$의 교류기전력을 $t=0$의 순간에 인가할 때, 전류 i가 흐른다면, 다음과 같은 식이 성립한다.

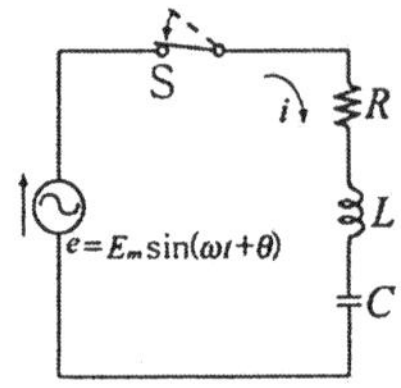

그림 13-23

$$\left.\begin{aligned} &L\frac{di}{dt}+Ri+\frac{1}{C}\int idt=E_m\sin(\omega t+\theta) \\ &L\frac{d^2q}{dt^2}+R\frac{dq}{dt}+\frac{q}{C}=E_m\sin(\omega t+\theta) \end{aligned}\right\} \qquad (13\text{-}101)$$

일반해는, 직류일 때와 달리, i_s가 흐르므로 식(13-102)와 같이 된다.

$$\left.\begin{aligned} &q=q_s+A\varepsilon^{p_1t}+B\varepsilon^{p_2t} \\ &i=\frac{dq}{dt}=i_s+Ap_1\varepsilon^{p_1t}+Bp_2\varepsilon^{p_2t} \end{aligned}\right\} \qquad (13\text{-}102)$$

단, $p_1=-\frac{R}{2L}+\frac{1}{2L}\sqrt{R^2-\frac{4L}{C}}$, $p_2=-\frac{R}{2L}-\frac{1}{2L}\sqrt{R^2-\frac{4L}{C}}$

그리고, 전하 및 전류의 정상치 q_s, i_s는

$$\left.\begin{aligned} &q_s=\frac{-E_m}{\omega Z}\cos(\omega t+\theta-\phi) \\ &i_s=\frac{E_m}{Z}\sin(\omega t+\theta-\phi) \end{aligned}\right\} \qquad (13\text{-}103)$$

단, $Z=\sqrt{R^2+\left(\omega L-\frac{1}{\omega C}\right)^2}$, $\phi=\tan^{-1}\frac{\omega L-\frac{1}{\omega C}}{R}$

따라서,

$$\left.\begin{aligned} &q=-\frac{E_m}{\omega Z}\cos(\omega t+\theta-\phi)+A\varepsilon^{p_1t}+B\varepsilon^{p_2t} \\ &i=\frac{E_m}{Z}\sin(\omega t+\theta-\phi)+Ap_1\varepsilon^{p_1t}+Bp_2\varepsilon^{p_2t} \end{aligned}\right\} \qquad (10\text{-}104)$$

그런데, 초기 조건이 $t=0$일 때 $i=0$, $q=0$이라고 하면, 윗 식에서

$$\left.\begin{aligned} &A=\frac{1}{p_1-p_2}\left\{-\frac{p_2E_m}{\omega Z}\cos(\theta-\phi)-\frac{E_m}{Z}\sin(\theta-\phi)\right\} \\ &B=\frac{1}{p_1-p_2}\left\{+\frac{p_1E_m}{\omega Z}\cos(\theta-\phi)+\frac{E_m}{Z}\sin(\theta-\phi)\right\} \end{aligned}\right\} \qquad (13\text{-}105)$$

이다.

식(13-103)의 일반해는 p_1, p_2의 근호안의 정, 부(+. -)에 의해서, 직류일 때와 같이 세가지의 상태를 발생한다.

(1) $R^2 > \frac{4L}{C}$ **일 때**(비진동적)

이때 $\alpha = R/2L$, $\gamma = \sqrt{\left(\frac{R}{2L}\right)^2 - \frac{1}{LC}}$ 로서 $\alpha > \gamma$이므로, $p_1 = -\alpha + \gamma$, $p_2 = -\alpha - \gamma$의 관계가 있다.

따라서, 식(13-103)를 식(13-104)의 i식에 대입하여 정리하면

$$i = \frac{E_m}{Z}\sin(\omega t + \theta - \phi) + \frac{E_m}{Z}\left[\frac{\alpha^2 - \gamma^2}{2\gamma}\left\{\frac{\sin(\theta - \phi)}{\alpha + \gamma} - \frac{\cos(\theta - \phi)}{\omega}\right\}\varepsilon^{(-\alpha+\gamma)t} + \frac{\alpha^2 - \gamma^2}{2\gamma}\left\{\frac{\sin(\theta - \phi)}{\alpha - \gamma} - \frac{\cos(\theta - \phi)}{\omega}\right\}\varepsilon^{-(\alpha-\gamma)t}\right]$$

$\varepsilon^{\pm\gamma t} = \cos h\gamma t \pm \sin h\gamma t$의 관계를 대입하여 정리하면,

$$i = \frac{E_m}{Z}\sin(\omega t + \theta - \phi) + \frac{E_m}{Z}\varepsilon^{-\alpha t}\left\{(-\cos h\gamma t + \frac{\alpha}{\gamma}\sin h\gamma t)\sin(\theta - \phi) - \frac{\alpha^2 - \gamma^2}{\omega\gamma}\cos(\theta - \phi)\sin\gamma t\right\} \quad (13\text{-}106)$$

여기서, $\tan h\phi = \frac{\gamma}{\alpha}$, $\alpha > \gamma$라고 하면

$$\cos h\phi = \frac{\alpha}{\sqrt{\alpha^2 - \gamma^2}}, \quad \sin h\phi = \frac{\gamma}{\sqrt{\alpha^2 - \gamma^2}}$$

$$\therefore\ i = \frac{E_m}{Z}\sin(\omega t + \theta - \phi) + \frac{E_m}{Z}\varepsilon^{-\alpha t}\left\{\frac{\sin h(\gamma t - \phi)\sin(\theta - \phi)}{\sin h\phi} - \frac{\gamma}{\omega}\ \frac{\cos(\theta - \phi)\sin h\gamma t}{\sin h^2\phi}\right\}$$

$$= \frac{E_m}{Z}\sin(\omega t + \theta - \phi) + \frac{E_m}{Z\sin h\phi}\varepsilon^{-\alpha t}\left\{\sin h(\gamma t - \phi)\sin(\theta - \phi) - \frac{\gamma}{\omega}\ \frac{\sin h\gamma t\cos(\theta - \phi)}{\sin h\phi}\right\}$$

(13-107)

따라서, i는 정상치 이외에 시간과 함께 대수적으로 감쇠하는 과도항으로 되며, $R^2 > \frac{4L}{C}$에서 R가 크면 클수록 과도항의 감쇠가 빠르게 된다.

(2) **$R^2 < \frac{4L}{C}$ 일 때**(진동적)

$\alpha = \frac{R}{2L}$, $\beta = \sqrt{\frac{1}{LC} - \left(\frac{R}{2L}\right)^2}$ 로 놓으면, $p_1 = -\alpha + j\beta$, $p_2 = -\alpha - j\beta$로 된다. 이것을 식(13-105)의 γ 대신에 $j\beta$를 대입하여 정리하면

$$i = \frac{E_m}{Z}\sin(\omega t + \theta - \phi) + \frac{E_m}{Z}\varepsilon^{-\alpha t}\left\{\left(-\cos\beta t + \frac{\alpha}{\beta}\sin\beta t\right)\sin(\theta - \phi) - \frac{\alpha^2 + \beta^2}{\omega\beta}\cos(\theta - \phi)\sin\beta t\right\}$$

$\phi = \tan^{-1}\frac{\beta}{\alpha}$라 놓으면

$$i = \frac{E_m}{Z}\sin(\omega t + \theta - \phi) + \frac{E_m}{Z\sin\phi}\varepsilon^{-\alpha t}\left\{\sin(\beta t - \psi)\sin(\theta - \phi) - \frac{\beta}{\omega}\,\frac{\cos(\theta - \phi)\sin\beta t}{\sin\phi}\right\} \quad (13\text{-}108)$$

로 된다.

(3) **$R^2 = \frac{4L}{C}$ 일 때**(임계적)

이 때는 $p_1 = p_2 = -\frac{R}{2L}$이므로

$$q_t = (A + Bt)\varepsilon^{-\alpha t}, \quad i_t = \frac{dq_t}{dt} = \{B - \alpha(A + Bt)\}\varepsilon^{-\alpha t}$$

따라서

$$\left.\begin{aligned} q &= q_s + q_t = -\frac{E_m}{\omega Z}\cos(\omega t + \theta - \phi) + (A + Bt)\varepsilon^{-\alpha t} \\ i &= i_s + i_t = \frac{E_m}{Z}\sin(\omega t + \theta - \phi) + \{\beta - \alpha(A + Bt)\}\varepsilon^{-\alpha t} \end{aligned}\right\} \quad (13\text{-}109)$$

$t=0$일 때 $i=0$, $q=0$이라고 하면, 윗 식에서

$$0=\frac{-E_m}{\omega Z}\cos(\theta-\phi)+A$$

$$0=\frac{E_m}{Z}\sin(\theta-\phi)+B-\alpha A$$

$$\therefore \quad A=\frac{E_m}{\omega Z}\cos(\theta-\phi)$$

$$B=\alpha A-\frac{E_m}{Z}\sin(\theta-\phi)=\frac{E_m}{Z}\left\{\frac{\alpha}{\omega}\cos(\theta-\phi)-\sin(\theta-\phi)\right\}$$

위에서 구한 A, B를 식(13-108)의 i에 대입하면

$$\begin{aligned} i &=\frac{E_m}{Z}\sin(\omega t+\theta-\phi) \\ &\quad+\frac{E_m}{Z}\left[\left\{\frac{\alpha}{\omega}\cos(\theta-\phi)-\sin(\theta-\phi)\right\}(1-\alpha t)-\frac{\alpha}{\omega}\cos(\theta-\phi)\right]\varepsilon^{-\alpha t} \\ &=\frac{E_m}{Z}\sin(\omega t+\theta-\phi) \\ &\quad+\frac{E_m}{Z}\varepsilon^{-\alpha t}\left[-\sin(\theta-\phi)-\left\{\frac{\alpha^2}{\omega}\cos(\theta-\phi)-\alpha\sin(\theta-\phi)\right\}t\right] \\ &=\frac{E_m}{Z}\sin(\omega t+\theta-\phi) \\ &\quad+\frac{E_m}{Z}\varepsilon^{-\alpha t}\left\{(\alpha t-1)\sin(\theta-\phi)-\frac{\alpha^2}{\omega}t\cos(\theta-\phi)\right\} \qquad (13\text{-}110) \end{aligned}$$

이 된다.

13 연/습/문/제 Exercise

01 그림 13-24와 같이 $R=2[\mathrm{M\Omega}]$, $C=3[\mu\mathrm{F}]$의 직렬 회로에 10[V]의 직류 전압을 인가하고, 6초 후의 C의 전하, 전압 및 전류를 구하여라. 단, $t=0$초에 있어서 C의 전하는 없는 것으로 한다.

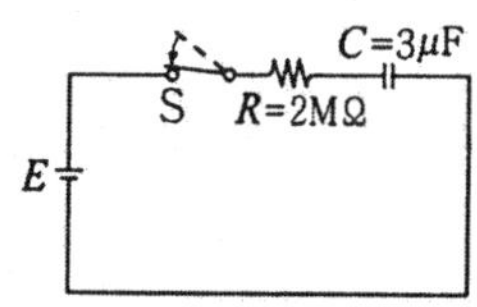

그림 13-24

02 $R=20[\Omega]$, $L=100[\mathrm{H}]$의 직렬 회로에 $E=100[\mathrm{V}]$의 직류 전압을 인가할 때, 스위치를 넣고서 몇초 후에 전류의 최종 값의 90[%]에 달하는가?

03 그림 3-25의 회로의 정상 상태에서, S의 스위치를 넣을 때, L에 흐르는 과도 전류를 구하여라.

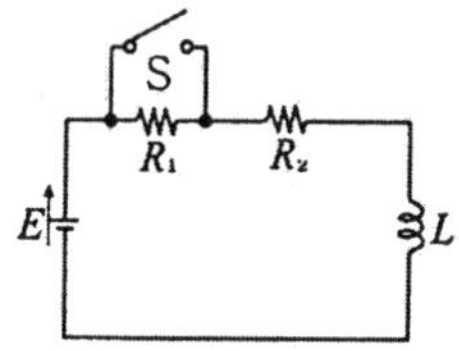

그림 13-25

04 문제 3에서 S를 넣어서 정상 상태로 된 후, S을 열었을 때 L에 흐르는 전류를 구하여라.

05 그림 13-26과 같이 $R \cdot L$직렬 회로에 전류가 흐르고 있을 때, 스위치 S를 b쪽에 연결하여 직류 전압 E를 i_0와 반대로 인가하여, t_0초 후에 $-i_0$로 하려면 E의 값을 얼마로 하여야 하는가?

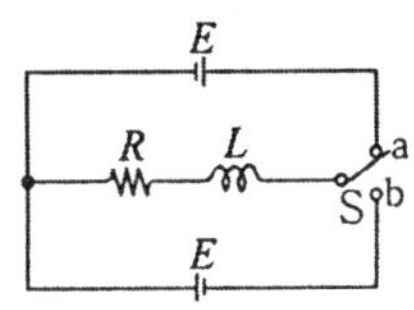

그림 13-26

06 그림 13-27의 회로에서 S를 닫았을 때 전원의 전류는 시간에 관계없이 항상 일정하다고 한다. 이와 같이 하려면 어떤 조건이 만족되어야 하는가?

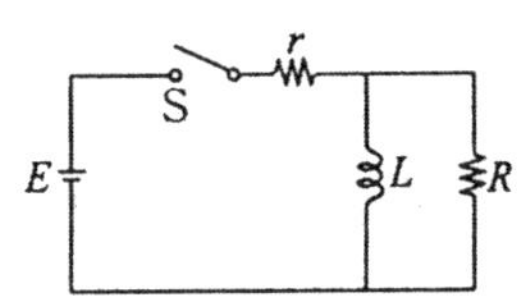

그림 13-27

07 그림 13-28의 회로에서 S를 닫은 후 R에 흐르는 전류와 L에 흐르는 전류가 같을 때까지의 시간을 구하여라.

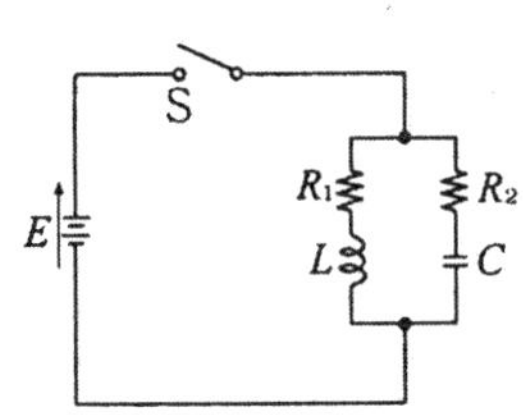

그림 13-28

08 그림 13-29와 같은 직류 회로에서 전지의 전압을 E라 하고, 여기에 정상 전류가 흐르고 있을 때, 이것을 스위치 S로 차단시키면 ab 사이에 발생하는 전압의 최대 값은 어떻게 되는가? 단, L의 저항은 무시한다.

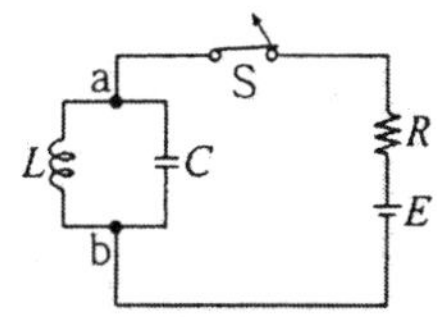

그림 13-29

09 그림 13-30에서 $e=E_m\sin(\omega t+\theta)$의 교류 기전력을 인가하여 정상 전류가 흐르고 있다. $t=0$에서 S를 개방했을 때 흐르는 전류를 구하여라.

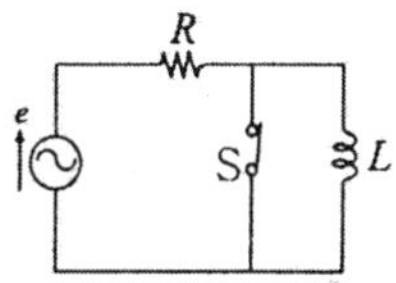

그림 13-30

10 그림 13-31과 같이 직병렬 회로에서 $t=0$일 때 S를 닫고, $e=E_m\sin(\omega t+\theta)$의 교류 기전력을 인가하였을 때, 각 부에 흐르는 전류를 구하여라. 단, C의 전하의 초기 값은 0으로 한다.

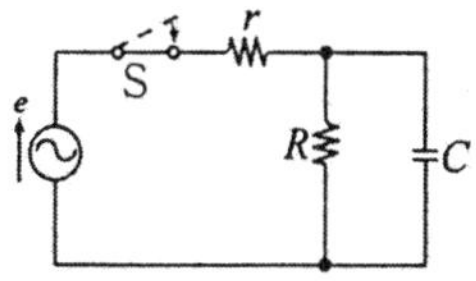

그림 13-31

11 저항 R, 인덕턴스 L 및 콘덴서 C로된 그림 13-32와 같은 회로에서, S를 닫고 직류 전압 E를 갑자기 인가할 때 흐르는 과도전류가 진동적으로 되기 위한 R의 범위를 구하고, 또 진동 주파수를 계산하라.

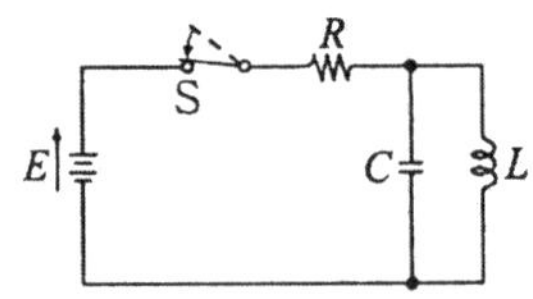

그림 13-32

12 그림 12-33과 같은 인덕턴스 L, 정전용량 C의 직렬회로에 있어서 스위치 S에 의해서 C를 단락시키고, 교류 기전력 $E_m \sin \omega t$을 인가하여 정상상태의 교류가 L에 흐른다고 한다. 시간 $t=0$일 때 갑작히 S를 개방한 후에 있어서 C의 단자 전압을 구하여라.

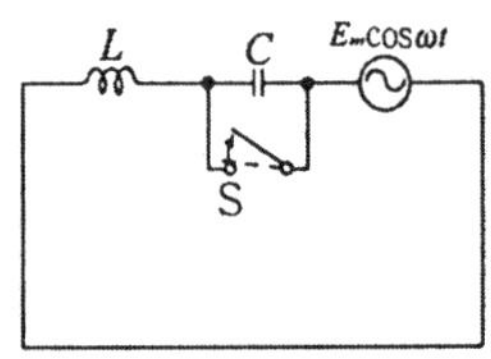

그림 13-33

Appendix

부 록

(1) 지수

$$a^m \times a^n = a^{(m+n)},\ (a^m)^n = a^{mn},\ a^{-n} = 1/a^n,\ a^0 = 1(a \neq 0)$$

(2) 대수

$$y = \log_a x(x = a^y),\ \log_a a = 1,\ \log_a 1 = 0(a > 0,\ a \neq 1)$$

$$\log_a(xy) = \log_a x + \log_a y,\ \log_a(x/y) = \log_a x - \log_a y$$

$$\log_a x^n = n \log_a x,\ \log_\varepsilon x = \frac{1}{M} \log_{10} x,\ 1/M = 2.3026$$

(3) 삼각함수

$$\sin^2\alpha + \cos^2\alpha = 1$$

$$\sin(\alpha \pm \beta) = \sin\alpha\ \cos\beta \pm \cos\alpha\ \sin\beta$$

$$\cos(\alpha \pm \beta) = \cos\alpha\ \cos\beta \mp \sin\alpha\ \sin\beta$$

$$\tan(\alpha \pm \beta) = \frac{\tan\alpha \pm \tan\beta}{1 \mp \tan\alpha\ \tan\beta},\ \cot(\alpha \pm \beta) = \frac{\cot\alpha \cot\beta \mp 1}{\cot\alpha \pm \cot\beta}$$

$$\sin\alpha \pm \sin\beta = 2 \sin\beta \frac{\alpha \pm \beta}{2} \cos\frac{\alpha \mp \beta}{2}$$

$$\cos\alpha + \cos\beta = 2 \cos\frac{\alpha + \beta}{2} \cos\frac{\alpha - \beta}{2}$$

$$\cos\alpha - \cos\beta = -2 \sin\frac{\alpha + \beta}{2} \sin\frac{\alpha - \beta}{2}$$

$$\sin 2\alpha = 2 \sin\alpha\ \cos\alpha,\ \tan 2\alpha = \frac{2\tan\alpha}{1 - \tan^2\alpha}$$

$$\cos 2\alpha = \cos^2\alpha - \sin^2\alpha = 1 - 2\sin^2\alpha = 2\cos^2\alpha - 1$$

$$\sin\frac{\alpha}{2} = \pm\sqrt{\frac{1 - \cos\alpha}{2}},\ \cos\frac{\alpha}{2} = \pm\sqrt{\frac{1 + \cos\alpha}{2}}$$

$$\sin\alpha\ \cos\beta = \frac{1}{2}\{\sin(\alpha + \beta) + \sin(\alpha - \beta)\}$$

$$\sin\alpha\ \sin\beta = \frac{1}{2}\{\cos(\alpha - \beta) - \cos(\alpha + \beta)\}$$

$$\cos\alpha\ \cos\beta=\frac{1}{2}\{\cos(\alpha-\beta)+\cos(\alpha+\beta)\}$$

$$A\cos\alpha+B\sin\alpha=\sqrt{A^2+B^2}\ \sin\left(\alpha+\tan^{-1}\frac{A}{B}\right)$$

(4) 역삼각함수

$$\sin^{-1}x=n\pi+(-1)^n\sin x,\quad \cos^{-1}x=2n\pi\pm\cos x$$

$$\tan^{-1}x=n\pi+\tan^{-1}x$$

단,

$$-\pi/2\leq\sin^{-1}x\leq\pi/2,\quad 0\leq\cos^{-1}x\leq\pi,$$

$$-\pi/2\leq\tan^{-1}x\leq\pi/2$$

(5) 급수와 근사계산

1. Maclaurin의 급수

$$f(x)=f(0)+\frac{f'(0)}{1!}x+\frac{f''(0)}{2!}x^2+\cdots\cdots$$

$$(1+x)^a=1+\frac{a}{1!}x+\frac{a(a-1)}{2!}x^2+\frac{a(a-1)(a-2)}{3!}x^3\cdots\cdots$$

$$e^x=1+\frac{x}{1!}+\frac{x^2}{2!}+\cdots\cdots$$

$$\sin x=x-\frac{x^3}{3!}+\frac{x^5}{5!}-\cdots\cdots,\qquad \sin hx=x+\frac{x^3}{3!}+\frac{x^5}{5!}+\cdots\cdots$$

$$\cos x=1-\frac{x^2}{2!}+\frac{x^4}{4!}-\cdots\cdots,\qquad \cos hx=1+\frac{x^2}{2!}+\frac{x^4}{4!}+\cdots\cdots$$

$$\tan x=x+\frac{x^3}{3}+\frac{2}{15}x^5+\cdots\cdots,\qquad \tan hx=x-\frac{x^3}{3}+\frac{2x^5}{15}-\cdots\cdots$$

$$\log(1+x)=x-\frac{x^2}{2}+\frac{x^3}{3}-\cdots\cdots$$

2. 근사식 ($|x|\ll 1$)

$$(1+x)^n\fallingdotseq 1+nx$$

$e^x \fallingdotseq 1+x$

$\sin hx \fallingdotseq x,\qquad \cos hx \fallingdotseq 1-x$

$\sin x \fallingdotseq x-\dfrac{x^3}{6},\qquad \cos x \fallingdotseq 1-\dfrac{x^2}{2}$

(6) 복소수

$a+jb=\sqrt{a^2+b^2}\ \angle \tan^{-1}b/a\,(j=\sqrt{-1})$

$r\angle\alpha=r(\cos\alpha+j\sin\alpha)$

$\varepsilon^{j\alpha}=\cos\alpha+j\sin\alpha$ (*Euler*의 정리)

$\cos\alpha=\dfrac{1}{2}(\varepsilon^{j\alpha}+\varepsilon^{-j\alpha}),\quad \sin\alpha=\dfrac{1}{2j}(\varepsilon^{j\alpha}-\varepsilon^{-j\alpha})$

$a=\varepsilon^{j2\pi/3}=\cos\dfrac{2\pi}{3}+j\sin\dfrac{2\pi}{3}=-\dfrac{1}{2}+j\dfrac{\sqrt{3}}{2}$

(7) 지수함수

$\cosh x=\dfrac{1}{2}(\varepsilon^x+\varepsilon^{-x})\qquad \cos x=\dfrac{1}{2}(\varepsilon^{jx}+\varepsilon^{-jx})$

$\sinh x=\dfrac{1}{2}(\varepsilon^x-\varepsilon^{-x})\qquad \sin x=\dfrac{1}{2j}(\varepsilon^{jx}-\varepsilon^{-jx})$

$\varepsilon^x=\cosh x+\sinh x\qquad \varepsilon^{jx}=\cos x+j\sin x$

$\varepsilon^{-x}=\cosh x-\sinh x\qquad \varepsilon^{-jx}=\cos x-j\sin x$

(8) 쌍곡선 함수

$\sinh(-x)=-\sinh x\qquad \sinh(0)=0\qquad \sinh(\pm\infty)=\pm\infty$

$\cosh(-x)=\cosh x\qquad \cosh(0)=1\qquad \cosh(\pm\infty)=+\infty$

$\tanh(-x)=-\tanh x\qquad \tanh(0)=0\qquad \tanh(\pm\infty)=\pm 1$

$\cosh^2 x-\sinh^2 x=1\qquad \sinh 2x=2\sinh x\cosh x$

$1-\tanh^2 x=\sec h^2 x\qquad \cosh 2x=\cosh^2 x+\sinh^2 x$

$$1-\cosh^2 x = -\operatorname{cosec} h^2 x \qquad \tanh 2x = \frac{2\tanh x}{1+\tanh^2 x}$$

$$\sinh(x \pm y) = \sinh x \ \cosh y \pm \cosh x \ \sinh y$$

$$\cosh(x \pm y) = \cosh x \ \cosh y \pm \sinh x \ \sinh y$$

$$\tanh(x \pm y) = \frac{\tanh x \pm \tanh y}{1 \pm \tanh x \tanh y}$$

$$\sinh x + \sinh y = 2\sinh\frac{x+y}{2}\cosh\frac{x-y}{2}$$

$$\sinh x - \sinh y = 2\cosh\frac{x+y}{2}\sinh\frac{x-y}{2}$$

$$\cosh x + \cosh y = 2\cosh\frac{x+y}{2}\cosh\frac{x-y}{2}$$

$$\cosh x - \cosh y = 2\sinh\frac{x+y}{2}\sinh\frac{x-y}{2}$$

$$\sinh x \ \sinh y = \frac{1}{2}[\cosh(x+y) - \cosh(x-y)]$$

$$\cosh x \ \cosh y = \frac{1}{2}[\cosh(x+y) + \cosh(x-y)]$$

$$\sinh x \ \cosh y = \frac{1}{2}[\sinh(x+y) + \sinh(x-y)]$$

$$\sinh\frac{x}{2} = \sqrt{\frac{1}{2}(\cosh x - 1)}, \quad \cosh\frac{x}{2} = \sqrt{\frac{1}{2}(\cosh x + 1)}$$

$$\tanh\frac{x}{2} = \frac{\cosh x - 1}{\sinh x} = \frac{\sinh x}{\cosh x + 1}$$

(9) 삼각함수와 쌍곡선함수

$$\sinh jx = j\sin x, \qquad \sinh x = -j\sin jx$$

$$\cosh jx = j\cos x, \qquad \cosh x = \cos jx$$

$$\tanh jx = j\tan x, \qquad \tanh x = -j\tan jx$$

$$\sinh(x \pm jy) = \sinh x \ \cos y \pm j\mathit{coshx} \ \sin y = \pm j\sin(y \mp jx)$$

$$\cosh(x \pm jy) = \cosh x \ \cos y \pm j\sinh x \ \sin y = j\mathit{cos}(y \mp jx)$$

$$\sin(x \pm jy) = \sin x \ \cos hy \pm j\mathit{cosx} \ \sinh y = \pm j\sinh(y \mp jx)$$

$$\cos(x \pm jy) = \cos x \ \cosh y \mp j\sin x \ \sinh y = \cosh(y \mp jx)$$

(10) 역쌍곡선함수

$$\sinh^{-1}x = \cosh^{-1}\sqrt{x^2+1} = \log(x+\sqrt{x^2+1}) = \int\frac{dx}{\sqrt{x^2+1}}$$

$$\cosh^{-1}x = \sinh^{-1}\sqrt{x^2-1} = \log(x+\sqrt{x^2-1}) = \int\frac{dx}{\sqrt{x^2-1}}$$

$$\tanh^{-1}x = \frac{1}{2}\log\frac{1+x}{1-x} = \int\frac{dx}{1-x^2}(x^2<1)$$

$$\coth^{-1}x = \frac{1}{2}\log\frac{x+1}{x-1} = \int\frac{dx}{1-x^2}(x^2>1)$$

(11) 미분

(a) 기본공식

$$\frac{d(u \pm v)}{dx} = \frac{du}{dx} \pm \frac{dv}{dx}, \quad \frac{d(u \cdot v)}{dx} = \frac{du}{dx}v + \frac{dv}{dx}u$$

$$\frac{d\left(\frac{u}{v}\right)}{dx} = \frac{\frac{du}{dx}v - \frac{dv}{dx}u}{v^2}, \quad \frac{dy}{dx} = 1\Big/\frac{dx}{dy}$$

(b) 기초함수

$$\frac{d}{dx}x^n = nx^{n-1}, \quad \frac{d}{dx}e^x = e^x,$$

$$\frac{d}{dx}\left(\frac{1}{x}\right) = -\frac{1}{x^2}, \quad \frac{d}{dx}\log x = \frac{1}{x}$$

$$\frac{d}{dx}\sin x = \cos x, \quad \frac{d}{dx}\cos x = -\sin x$$

$$\frac{d}{dx}\tan x = \sec^2 x, \quad \frac{d}{dx}\cot x = -\operatorname{cosec}^2 x$$

$$\frac{d}{dx}\sin ax = a\cos ax, \quad \frac{d}{dx}\cos ax = -a\sin ax$$

$$\frac{d}{dx}\sin^{-1}x = \pm\frac{1}{\sqrt{1-x^2}}\left(\begin{array}{l} +\text{부호는 } 2n\pi-\frac{\pi}{2} < \sin^{-1}x < 2n\pi+\frac{\pi}{2} \\ -\text{부호는 } 2n\pi+\frac{\pi}{2} < \sin^{-1}x < 2n\pi+\frac{3\pi}{2} \end{array}\right)$$

$$\frac{d}{dx}\cos^{-1}x = \mp\frac{1}{\sqrt{1-x^2}}\left(\begin{array}{l} -\text{부호는 } 2n\pi < \cos^{-1}x < (2n+1)\pi \\ +\text{부호는 } (2n+1)\pi < \cos^{-1}x < (2n+2)\pi \end{array}\right)$$

$$\frac{d}{dx}\tan^{-1}x = \frac{1}{1+x^2}$$

$$\frac{d}{dx}\sinh x = \cosh x, \qquad \frac{d}{dx}\cosh x = -\sinh x$$

$$\frac{d}{dx}\tanh x = \sec h^2 x, \qquad \frac{d}{dx}\coth^{-1}x = -\operatorname{cosec} h^2 x$$

$$\frac{d}{dx}\sin^{-1}x = \frac{1}{\sqrt{1+x^2}} \qquad \frac{d}{dx}\cosh^{-1}x = \pm\frac{1}{\sqrt{x^2-1}}[x^2>1]$$

$$\frac{d}{dx}\tanh^{-1}x = \frac{1}{1-x^2}[1>x^2], \quad \frac{d}{dx}\coth^{-1}x = -\frac{1}{x^2-1}[x^2>1]$$

(12) 적 분

(a) 기본공식

$$\frac{dF(x)}{dx} = f(x)\text{이라 하면 } \int f(x)dx = F(x) + C\ (C\text{는 적분정수})$$

$$\int (u \pm v)dx = \int udx \pm \int vdx, \quad \int af(x)dx = a\int f(x)dx \quad (a\text{는 정수})$$

$$\int udv = uv - \int vdv,$$

(b) 기초함수

$$\int x^n dx = \frac{x^{n+1}}{n+1} + C, \quad \int dx = x + C$$

$$\int \frac{dx}{x} = \log x + C, \quad \int e^x dx = e^x + C$$

$$\int e^{ax}dx = \frac{1}{a}e^{ax} + C, \quad \int e^{-x}dx = -e^{-x} + C$$

$$\int a^x dx = \frac{a^x}{\log a} + C, \qquad \int \log x dx = x(\log x - 1) + C$$

$$\int \sin x dx = -\cos x + C, \qquad \int \cos x dx = \sin x + C$$

$$\int \sin ax dx = -\frac{1}{a}\cos ax + C, \qquad \int \cos ax dx = \frac{1}{a}\sin ax + C$$

$$\int \tan x dx = -\log \cos x + C, \qquad \int \cos x dx = \log \sin x + C$$

$$\int \frac{dx}{\sin x} = \log \tan \frac{x}{2} + C, \qquad \int \frac{dx}{\cos x} = \log \tan\left(\frac{\pi}{4} + \frac{x}{2}\right) + C$$

$$\int \frac{dx}{1+x^2} = \tan^{-1}x + C, \qquad \int \frac{dx}{\sqrt{1-x^2}} = \sin^{-1}x + C = -\cos^{-1}x + C$$

$$\int \sin^2 x dx = \frac{x}{2} - \frac{1}{2}\cos x \sin x + C,$$

$$\int \cos^2 x dx = \frac{x}{2} + \frac{1}{2}\sin x \cos x + C$$

$$\int \sin^{-1} x dx = x \sin^{-1} x + \sqrt{1-x^2} + C,$$

$$\int \cos^{-1} x dx = x \cos^{-1} x - \sqrt{1-x^2} + C$$

$$\int \sinh x dx = \cosh x + C, \qquad \int \cosh x dx = \sinh x + C$$

$$\int \tanh x dx = \log \coth x + C, \qquad \int \coth x dx = \log \sinh x + C$$

(13) 정적분

$$\int_a^b f(x)dx = F(b) - F(a), \qquad \int_a^c f(x)dx = \int_a^b f(x)dx + \int_b^c f(x)dx$$

$$\int_0^\pi \sin^2 ax dx = \int_0^\pi \cos^2 ax dx = \frac{\pi}{2}$$

(14) 미분방정식

$$\frac{dy}{dx}+Py=Q,\ \ y=e^{-\int Pdx}\left[\int Qe^{\int Pdx}dx+C\right]$$

$$\frac{d^2y}{dx^2}+n^2y=Q,\ \ y=A\sin nx+B\cos nx\,(A,\ B\text{ 정수})$$

$$\frac{d^2y}{dx^2}-n^2y=0,\ \ y=Ae^{nx}+Be^{-nx}$$

$$a\frac{d^2y}{dx^2}+b\frac{dy}{dx}+c=0$$

$am^2+bm+C=0$의 근을 m_1, m_2이라 하면,

$b^2-4ac>0: y=C_1e^{m_1x}+C_2e^{m_2x}$

$b^2-4ac=0: y=e^{mx}(A+Bx)$

단, $m=m_1=m_2=\dfrac{-b}{2a}$

$b^2-4ac<0: y=e^{px}(A\cos qx+B\sin qx)$

단, $m_1=p+jq$, $m_2=p-jq$

(15) 행렬식

$$D=\begin{vmatrix} a_{11} & a_{12} \\ a_{21} & a_{22} \end{vmatrix}=a_{11}a_{22}-a_{21}a_{12}$$

$$\begin{vmatrix} a_{11} & a_{12} & a_{13} \\ a_{21} & a_{22} & a_{23} \\ a_{31} & a_{32} & a_{33} \end{vmatrix}=(a_{11}a_{22}a_{33}+a_{12}a_{23}a_{31}+a_{13}a_{21}a_{32})-(a_{11}a_{23}a_{32}+a_{12}a_{21}a_{33}+a_{13}a_{22}a_{31})$$

(16) 행렬(matrix)

$[A]=\begin{bmatrix} a_{11} & a_{12} \\ a_{21} & a_{22} \end{bmatrix}$, $\quad [B]=\begin{bmatrix} b_{11} & b_{12} \\ b_{21} & b_{22} \end{bmatrix}$일때

(a) **가감법**

$$[A]\pm[B]=\begin{bmatrix} a_{11} & a_{12} \\ a_{21} & a_{22} \end{bmatrix}\pm\begin{bmatrix} b_{11} & b_{12} \\ b_{21} & b_{22} \end{bmatrix}=\begin{bmatrix} a_{11}\pm b_{11} & a_{12}\pm b_{12} \\ a_{21}\pm b_{21} & a_{22}\pm b_{22} \end{bmatrix}$$

(b) **승법**(승적)

$$[A][B]=\begin{bmatrix} a_{11} & a_{12} \\ a_{21} & a_{22} \end{bmatrix}\begin{bmatrix} b_{11} & b_{12} \\ b_{21} & b_{22} \end{bmatrix}=\begin{bmatrix} a_{11}b_{11}+a_{12}b_{21} & a_{11}b_{12}+a_{12}b_{22} \\ a_{21}b_{11}+a_{22}b_{21} & a_{21}b_{12}+a_{22}b_{22} \end{bmatrix}$$

일반적으로 $[A]([B]+[C])=[A][B]+[A][C]$

$[A]([B][C])=[A][B][C]$, $[A][B]\neq[B][A]$

(c) **제법**

$[A][B]=[C]$일 때

$[B]=[A]^{-1}[C]$, $[A]=[C][B]^{-1}$

단, $[A]^{-1}$, $[B]^{-1}$역행렬

역행렬의 예

$$[A]^{-1}=\begin{bmatrix} a_{11} & a_{12} \\ a_{21} & a_{22} \end{bmatrix}^{-1}=\frac{\begin{bmatrix} a_{22} & -a_{12} \\ -a_{21} & a_{11} \end{bmatrix}}{\begin{vmatrix} a_{11} & a_{12} \\ a_{21} & a_{22} \end{vmatrix}}$$

Index

찾아보기

ㄱ

ㄴ

ㄷ

ㅅ

ㅇ

사 공 건

-1979~현재 동아대학교 공과대학 전기공학과 교수
-1983~1985 펜실베니아 주립대학교 MRL 연구교수
-1994 뉴저지 주립대학교 연구교수
-1993 일본 동경공업대학 객원연구원
-1997~1998 버지니아 주립대학교 교환교수
-1998~2001 한국전기전자재료학회 부산경남울산지부장
-2001 Toyohashi 과학기술대학 객원연구원
-2002~2003 한국 전기전자 재료학회 부학회장
-2004~2005 대한전기학회 부산지회장
-2006~2007 Oregon 주립대학교 연구교수

교류회로 이론

2018년 09월 20일 발행

저 자 / 사공건
발행인 / 민선옥
발행처 / 대영사

주 소 / 경기도 파주시 광인사길 115
등 록 / 제2021-000099호
전 화 / 031-942-8091
F A X / 031-942-9213
E-mail / daeyoungsa_21@naver.com

정가 23,000 원

ISBN 978-89-7163-279-6 93560
